和谐中华文库

脆弱生态环境与可持续发展

刘燕华　李秀彬　主编

商务印书馆

2007年·北京

图书在版编目(CIP)数据

脆弱生态环境与可持续发展/刘燕华,李秀彬主编. —北京：
商务印书馆,2007
(和谐中华文库"人与自然"系列)
ISBN 978 - 7 - 100 - 05668 - 7

Ⅰ. 脆… Ⅱ. ①刘… ②李… Ⅲ. 生态环境－可持续发展－
研究－中国 Ⅳ. X22

中国版本图书馆 CIP 数据核字(2007)第 164411 号

和谐中华文库

脆弱生态环境与可持续发展

刘燕华　李秀彬 主编

商 务 印 书 馆 出 版
(北京王府井大街36号　邮政编码 100710)
商 务 印 书 馆 发 行
北 京 民 族 印 刷 厂 印 刷
ISBN 978 - 7 - 100 - 05668 - 7

2007 年 12 月第 1 版　　　　开本 787 × 960 1/16
2007 年 12 月北京第 1 次印刷　印张 25

定价: 42.00 元

"和谐中华文库"序

　　在建设中国特色社会主义伟大旗帜的指引下,伴随着伟大祖国的前进脚步,中国生态道德教育促进会和中国出版集团公司组织编辑的"和谐中华文库"大型系列丛书于今梓行,不惟当今国盛之标志,更合吾国同胞之意愿,是和谐社会、和谐文化建设百花园中绽放出的又一朵绚丽奇葩,对此我由衷地感到高兴和欣慰。

　　和谐社会,多少人为之魂牵梦绕。为此夙愿,历史上无数志士仁人,呕心沥血,孜孜以求,卧薪尝胆,卓越奋斗,乃至不惜献出宝贵生命。然最终不以"空想社会主义"而失败,就以"世外桃源"而幻灭,惟中国共产党人,把马克思主义同中国革命和建设的具体实践相结合,才找到走向光明未来的中国特色社会主义道路。党的十六大以来,以胡锦涛同志为总书记的党中央,高举中国特色社会主义伟大旗帜,与时俱进,继往开来,提出科学发展和构建社会主义和谐社会之构想,赋予和谐社会全新内涵,并为之开辟了更宽广的途径。尽管任重道远,然一个以人为本、民主法制、公平正义、诚信友爱、安定有序、充满活力、协调发展、人与社会及自然和谐相处的美好蓝图正日渐清晰地展现。

　　抚今追昔,盛世文兴。而今和谐社会之构建,必得和谐文化相辅相成。"和谐中华文库"大型哲学社会科学学术丛书正是应时代要求,肩负此历史重任而面世。

　　"和谐中华文库"以科学发展观为指导,服务于改革稳定发展之大局,坚持先进文化前进之方向,继承发扬我国优秀文化传统,对和谐社会建设的诸多重要理论和实践问题,通过多学科和跨学科研究,为构建社会主义和谐社会提供更多有价值的思想理论支持及文化知识支持。

　　必须指出,按照胡锦涛总书记提出的马克思主义中国化的基本要求,这套丛书以总结中国自身的历史与经验为主。中国特色社会主义建设是前无古人的事业。这个在中国土地上蓬勃发展的伟大事业是中国人自己的创造。因此有必要出版一套专门研究总结本国历史与经验的丛书。

"和谐中华文库"内容丰富,堪称中华和谐文化宝藏之所。她从中国和谐文化出发,尽可能多地涵盖从靠天的农耕文明、斗天的工业文明到现代的生态文明,以及人们在认识和处理人与自然、人与经济、人与社会的关系以及人自身等诸多领域形成的和谐文化成果。"文库"根据"以人为本"的科学发展观和经济社会协调发展、人与自然和谐相处基本要求,分"人与自然"、"人与经济"、"人与社会"三个系列编辑出版。"人与自然"系列重点探讨生态环境治理保护、建设资源节约型、环境友好型社会,促进人与自然和谐相处,建设生态文明;"人与经济"系列重点探讨经济社会全面协调可持续发展;"人与社会"系列重点探讨社会公平正义、以人为本的自由发展、安定有序、保障人民基本权益和共享发展成果之制度建设和社会管理、社会服务等。

"和谐中华文库"每个系列都力求纵涉古今、承接历史积淀的和谐文化之文明,吸取各方和谐文化探究之新论,以穷"有边无边"之理,收"有尽无尽"之效。民读之以修身,可提高文化之素养,兼收贡献和谐社会与取之和谐社会之康乐;官阅之,可探讨事业成败之因,兴衰之由,反思工作决策得失,方略优劣,由此常怀为民之心,常思为民之策,常兴为民之举,除弊兴利,革旧布新,不断成就和谐社会建设之伟业;为师者可从中得育人之道;研究者能获参考收藏之益。

"和谐中华文库"开宗明义、主旨和谐。尽管著述独立成卷、观点容或有异,但贯穿其中立意之根本,行文之神韵,问题之角度,思考之理性,进而形成的文化纽带即是"以人为本、协调发展、和谐相处、同生共长"。览中国传统和文化史,述和谐文化之笔墨,论和谐文化之典籍,数不胜数。然专从"和谐"之角度,取精华,博众采,发其新意,古为今用,辑以成书者尚不多见。现以此教人成长之道,资以治世之箴言,共塑华夏之文明,诚为创举乎?

脆弱生态环境与可持续发展

"和谐中华文库"的文章和著述,或实际工作者之经验总结,或专家学者之理论思考,概立足实际,在不同层面、从不同角度论述和谐社会、和谐文化的现状,反映现存之问题和矛盾,提出建议和对策。字里行间,均见作者对建设和谐社会、和谐文化之极大关注和热切期盼,更显作者深入实际、调查研究之辛劳,刻苦钻研、勇于创新之果敢,一丝不苟、精益求精之坚毅。理论是灰色的,而生活之树常青。现实生活的丰富性与生动性永远大于各种教条。作者秉承实事求是,一切从实际出发的优秀传统,他们的心血和汗水定会对和谐文化建设产生重要积极影响。承载研究成果之"和谐中华文库"的编辑出版,也定会在我国和谐文化建设史上留下浓重之笔。

　　建设和谐文化是长期战略任务,也是紧迫现实课题。在建设中国特色社会主义的伟大实践中,我们已经取得了非凡的成就。但这只是万里长征第一步,更艰巨任务还有待我们去完成。随着改革开放的更加深入,我们会遇到更多的问题和挑战。二战之前当罗斯福总统步入白宫时,有人祝贺说,重大问题所形成的挑战,是政治家的完美猎物,是一个伟大社会的新起点。对于中国共产党人来说更是如此,所有挑战都是中国特色社会主义建设的伟大起点,而所有的问题与挑战也是产生伟大思想的宝库与摇篮。

　　语云,与时迁移,应物变化,设策之先机也。党的十七大为和谐文化的建设提供了更有利之机遇和土壤,愿一切有识之士抓住当今"天时"、"地利"、"人和"之机,充分发挥聪明才智,奋力为我国和谐社会及和谐文化建设作出新贡献。

　　"和谐中华文库"之编纂出版是一项开创性工作,无他例可学,无前辙可鉴,难免有瑕疵,难免有不尽妥当之处。借"和谐中华文库"梓行之际,谨向著作者、编辑出版者以及所有关心帮助这一工作的同志们深表感谢!

陈　寿　朋

2007 年 10 月

目 录

前　言

可持续发展原则是当代社会发展的指导原则,体现了人类与自然协调关系的愿望和人类世代间的责任感。可持续发展的定义是:"满足当代需求又不损害后代满足其未来需求之能力的发展。"实际上就是要协调好人口、资源、环境与发展的关系,为后代开创一个能够持续健康发展的基础。

自然环境和人类生存方式的差异,使得不同地区在面临环境和发展的胁迫和压力下,有着不同程度的"脆弱性"——面对变化,有些地区更容易遭受打击,或调整的成本更大、时间更长。近年来,随着全球变化影响研究的深入,特别是在全球变化研究领域中对于人类活动研究的加强,"脆弱性评估"和"脆弱地区"的研究受到越来越多的关注。然而,关于脆弱性的概念,直至现在还存在不同的理解。目前对脆弱生态环境的研究也主要是应用生态学和地理学中的一些理论进行的宏观评价,尚未形成针对脆弱生态环境特征(如敏感性和恢复能力等)的理论体系。本书对脆弱性的概念和研究方法进行了较为全面的介绍,并提出了系统性的框架。

本书使用的"生态环境"概念,指以水、土壤、大气、生物为核心组分的地球陆地表层环境,它与人类活动的联系最为密切。贫困往往与脆弱的生态环境相伴生,严重依赖生态系统生产的人类生存方式对于自然灾害和环境变化的胁迫尤为敏感。因此,研究生态环境的脆弱性,宜从自然的胁迫和人类活动的胁迫两方面展开,最后落实到区域上进行综合,并在脆弱性分析的基础上,研究生态环境的整治。这就是贯穿本书各章节的整体思路。

遵循这一思路,本书除探讨了全球气候变化对中国脆弱生态区的可能影响外,重点研究了经济开发对脆弱生态区的影响。应用非线性理论原理构建模型,对脆弱生态区适度经济开发进行了深入的评价。书中构建了脆弱区评价的指标体系,并详细分析了中国典型脆弱区的特征。脆弱生态区的整治模式和整治战略是本书的重心之一,书中以较大的篇幅模拟了典型脆弱区可持续发展的决策情景。为了研究生态脆弱区的可持续发展,选择陕西榆林地区、西北干旱绿洲边缘带、西南干热河谷区、南方喀斯特山地区、藏南河谷地区,研究各区发展模式,提出了各区综合整治的技术体系、管理体系与整治战略。安塞县的农业发展系统分析模型,采用多目标线型规划(MGLP)技术,将区域农业、自然、社会经济条件以及区域发展和环境目标综合起来,形成典型脆弱区可持续发展的决策支持系统。

中国在"八五"期间开展了生态环境综合整治和恢复技术研究工作,重点对脆弱生态环境类型划分、评价方法、分布规律、综合整治等方面进行了研究。"九五"期间,在"八五"工作的基础上,由中国科学院组织,中国科学院地理科学与资源研究所、北京师范大学和中国科学院生态和环境研究中心等单位,承担了国家科技部的重点科技攻关课题"脆弱生态区综合整治与可持续发展研究"中的"脆弱生态区综合整治管理体系与可持续发展战略研究"专题。本书是该专题的研究成果之一。

各章由下列作者撰写:第一章、第二章:唐国平、李秀彬;第三章:薛纪瑜、冉盛宏、龙花楼;第四章:赵名茶、冉盛宏、吕昌河、刘燕华;第五章:陈利顶、龙花楼、吴绍洪;第六章:王国、王强、唐国平;第七章:吕昌河、冷疏影、赵名茶、刘燕华。全书由刘燕华、李秀彬定稿。吕昌河、赵名茶负责全书统稿。书中还吸收了张信宝、方光迪、罗承平等同志发表于赵桂久、刘燕华等主编的《生态环境综合整治与恢复技术研究》(第一、二集)的一些优秀研究成果,特此致谢。

由于水平所限,书中难免存在各种不足与谬误,敬请批评指正。

编者

2000 年 11 月

第一章　生态环境的脆弱性

一、脆弱性的内涵及研究的主题

在当今世界环境与发展的诸多问题中,脆弱性是焦点问题之一。多年以来,自然科学工作者和人文科学工作者都一直在关注一系列脆弱性基本问题:①面对各种环境胁迫,人类如何认识自身的脆弱性? ②如何评估这种脆弱性? ③怎样防御和减轻各种环境变化的风险和影响? 最近的几十年,全球环境变化、气候变化等新课题的提出,使得对脆弱性问题的研究也日显重要。联合国国际减灾十年框架认为,脆弱性评估是确定极端灾害事件所造成的损害和生命损失的工具,它对拟建结构和工程形式的减灾方案具有举足轻重的作用。

（一）脆弱性的内涵

什么是脆弱性? 研究主题不同和研究对象不同,其定义也不同。自然科学工作者往往从研究环境变化如沙漠化、盐渍化等去定义脆弱性,研究的对象往往是自然的生态系统;社会科学工作者则多注重于造成人类脆弱的政治经济、社会关系和其他权利结构,研究的对象多是人文系统。在过去,脆弱性研究多集中于地学领域,且这一术语多频繁地出现于风险和灾害等方面的文献中,但目前它正越来越多地应用于全球环境变化和环境与发展问题的研究中。在地学领域,Timmerman 于1981 年首先提出了脆弱性的概念。此后,这一概念就广为应用。然而,到目前为止,学术界关于脆弱性的定义仍存在很大争议。

人们认识论的取向不同（政治生态、人文生态、自然科学、空间分析）和随之而来的方法论运用的不同,是造成脆弱性概念千差万别的主要根源。当然,对研究主题的选择不同,如饥荒、洪水、干旱、地震和技术,对研究区域的选择不同,如发达国家、发展中国家、海岸带、干热河谷等,也影响脆弱性概念的含义。现有的最基本的概念性差异也体现在或者集中于面对各种风险和环境胁迫的可能性,或者集中于不利结果的可能性,或二者兼而有之。

1. 人文系统的脆弱性

Gabor 和 Griffith(1980)把脆弱性定义为人们遭受有害物质的威胁可能性,它包括社区的化学品含量和生态环境状况以及人们应付紧急事件的能力。脆弱性是一个同"风险"相联系的术语。Timmerman(1981)认为,脆弱性是一种度,即系统在灾害事件发生时产生不利响应的程度。系统不利响应的质和量受控于系统的弹性,该弹性标志系统承受灾害事件并从中恢复的能力。联合国救灾组织(1982)认为,脆弱性是一种损失度,即某一或一系列要素在某一强度自然现象发生时遭受损失的程度。Susman 等(1984)认为,脆弱性是一种度,它表征不同社会阶层所面临的不同程度的危险。Kates(1985)认为,脆弱性是度量系统遭受损害和产生不利反应的能力。同年,Pijawka 和 Radwan 指出,脆弱性是人类在"风险和准备"之间产生的恐慌。它是一种度,即表示有害物质对某一特定人群的威胁程度及该人群减少风险和有害物质施放所带来的不利结果的能力。Bogard (1989)把脆弱性定义为人们无法采取有效措施减轻不利损失这样一种软弱无能的状态。对于个体而言,脆弱性是我们不能采取有效措施减轻损失这样一种结果,它是我们感知灾害能力的函数。Mitchell (1989)则认为脆弱性是一种遭受损失的潜势。Liverman(1990)认为应把作为生物体状态的脆弱性和由社会、政治、经济和自身条件定义的脆弱性区分开来。他认为脆弱性应划分为地理空间的脆弱性(该空间存在脆弱的人群和地点)和社会空间的脆弱性(居住于该空间的人是脆弱的)。Downing(1991)认为脆弱性有三层含义:①指一种结果(如饥荒)而不是一种起因(如干旱);②暗示一种不利的结果(如玉米的产量对干旱是极其敏感的;家畜对饥饿是敏感的);③是一个相对术语,该术语随社会经济群体和研究区域的不同而不同,而不是一个度量损失的绝对的计量单位。Dow(1992)认为,脆弱性是社会群体和个体处理灾害的不同能力,该能力基于他们在社会或自然范围内的地位。Smith(1992)认为,来自于具体灾害事件的风险随时间的变化而变化。Alexander(1993)认为,人类的脆弱性是因居住在遭受自然灾害风险区域的费用和效益的函数。Cultter认为脆弱性是一种可能性,即个体或群体将面对有害物质威胁和不利影响的可能性,它是地方灾害与群体的社会形态之间的相互作用。Watts和Bohle则认为,脆弱性可用"面对"、"能力"和"潜力"等词语描述。因此,对脆弱性说明性和规范性的响应应是,通过个人和公众的手段,减少有害照射、提高应付和处理风险的能力、加强自身恢复的潜力和对不利损害的控制,以最大程度地减小它的破坏性。Blaike等(1994)认为,脆弱性即个体和群体所具有的预测、处理、防御自然灾害的不利影响并恢复自我的一种能力特征,它涉及决定某一不连续的、不可识别的自然或社会事件给人类的生命或生活带来风险大小程度的因子。Bohle等认为,脆弱性最好定义为是对人类社会福利的综合度量,它集合了环境、社会、经济和政治系统对一系列有潜在危害的扰动的防御能力。Dow和Downing(1995)则认为,脆弱性是易脆弱化的环境所具有的敏感性。

不难看出,上述有关脆弱性的定义大都提到了"潜在的损失",但它没有明确地阐明我们所描述的是什么类型的损失,谁在遭受损失。现实中存在个体的脆弱性和社会的脆弱性。个体的脆弱性多指个体易遭受"潜在的损失"或"损伤的敏感性"。社会的脆弱性指各社会群体或整个社会易因风险事件、灾害等造成各种潜在的损失(结构性的或非结构性的)。二者都有明确的空间结果并随时间的变化而变化。生物体与社会的相互作用反过来也影响环境对各种灾害的弹性和社会对这一变化条件的适应性,由此也可引发"潜在的损失",最终诱发某一区域的脆弱性。所以,在人文系统的脆弱性研究中,一般来说,我们可区分三个明晰的主题:作为胁迫的风险与灾害;作为社会响应的脆弱性;地方脆弱性。

2. 自然系统的脆弱性

从自然系统这一研究主题看,脆弱性研究多集中于探讨生态系统、水资源系统、农业系统、渔业系统、海岸带、干热河谷、喀斯特环境等生态环境系统对外部扰动的不利响应和其自身的不稳定性。在对地下水污染问题的研究中,美国国家研究委员会应用了脆弱性的概念,指污染物在含水层最上部以上的某一位置引入以后到达地下水系统中某一特定位置的趋向和可能性;对海岸带而言,脆弱性的概念常与全球气候变化联系在一起,指海岸自然系统和人文系统遭受气候变化不利影响的程度;对森林系统而言,李克让(1996)等认为,全球气候变化下森林植被的脆弱性是指气候变化对森林植被或森林生态系统的破坏或伤害的程度。在所有这些概念中,生态环境的脆弱性是这一领域中研究最多的主题和运用最广的概念。美国克拉克大学的地理工作者把脆弱性概念划分为两组。一组着重于受影响的生态系统和人类系统本身;另一组侧重于系统的变化属性(如类型、速率、尺度等)。他们认为,环境脆弱性的概念应包括三个内容:①所观察到的代表固有的和不可弥补的损失的环境变化;②对于人类活动的变化特别脆弱的系统和区域;③有预兆发生突变的变化。例如,Dregne(1983)把"沙漠化"定义为人类影响下陆地生态系统的一种贫瘠化过程。它可以用可利用植被生产力的下降,生物量和植物区系的多样性方面于人不利的变化,加速的土壤退化以及对于人类生存和居住而言不断增加的灾害等来量度。1984 年,《自然保护大纲》将生态脆弱地区定义为"担负独特作用的、面积小或相对于其他区域而言并非经常脆弱的特殊的生态系统"。《濒危物种公约》认为脆弱生境具有以下特点:①其损失不可弥补;②对于人类引起的变化特别脆弱;③如果这一损失或退化导致物种多样性降低和生态系统不稳定性增加,将可能产生广泛的不良连锁反应。前苏联地理工作者认为,不同生态系统的脆弱性与其动态功能过程、稳定性及可逆性阈值的相应状态等密切相关。如果系统在受到扰动之后仍有能力恢复,则它是稳定的。否则,当系统的正常功能被打乱,并由此导致反馈机制被破坏,系统发生不可逆变化,结果当系统的结构发生变化,失去恢复能力时,其稳定性就被破坏。这样,系统就开始走向脆弱。然而,由于所有脆弱事件或现象的发生都具有一定的时空结构特征。脆弱性的时空变化特征揭示了系统内部的过程特点和外界影响的类型以及强度特点。如 B. Kochunov(1993)认为,脆弱性是系统质量重建发生的情况,包括结构变化、行为变化(对外界的响应)以及自身发展的变化。他指出,通过脆弱性概念可区别出以下几种脆弱转变类型:突变型、渐变型、可逆型、单向可逆型、强加型和自然型。

中国学者对生态环境的脆弱性也进行了大量研究。如刘燕华认为,脆弱生态环境是一种对环境因素改变反应敏感而维持自身稳定的可塑性较小的生态环境系统。申元村认为,脆弱生态环境是生态稳定性差,生物组成和生产力波动性较大,对人类活动及突发性灾害反应敏感,自然环境易于向不利于人类利用方向演替的一类自然环境。周劲松认为生态系统的脆弱性即指生态系统在一定机制作用下,容易由一种状态演变成另一种状态,遭变后又缺乏恢复到初始状态的能力。如果这种机制来自于生态系统内部,则属于自然的脆弱性;如果来自于人为压力,就属于人为影响的脆弱性。杨明德认为变异敏感度高、环境容量低、灾变承受阈值小是脆弱生态环境的基本特征。杨勤业总结了关于脆弱生态环境的三种理解和认识。第一种是纯自然的理解,即以自然属性或生态方面的变化类型和程度来定义,认为生态系统的正常功能被打乱,超过了弹性自调节的"阈值",并由此导致反馈机制的破坏,系统发生不可逆变化,从而失去恢复能力,称为"生态环境脆弱";第二种是自然—人文理解,即认为生态系统发生了根本变化,以至于影响当前或近期人类的生存和自然资源的利用时,称为"生态环境脆弱";第三种是人文理解的范畴,即当环境退化超过了能长期维持目前人类利用发展的现有社会经济和技术水平时,称为"生态环境脆弱"。但他认为,第一种理解回避了人为干扰对生态环境所发生的作用和影响;第二种理解把人地关系系统视为一个静态的、封闭的系统,从中去探求系统内部的自然因素和人文条件的变化及其后果,忽略了来自地区以外的可能投入、技术上的变化、经济活动的替代性以及环境退化对区域以外的影响。这与任何一个地域系统是一个开放的系统的认识相矛盾;第三种理解把区域环境变化和存在的问题与区域,乃至区际的社会经济条件紧密地联系在一起,其目的在于找到最终导致生态环境脆弱和资源枯竭的真正原因,为正确识别人类与自然环境的种种关系和正确制定区域开发决策服务。因此,这种理解更具有理论和实际意义。单鹏飞认为,生态环境脆弱地区是指大的稳定生态系统边缘或多种生态类型交汇过渡的地区,对各种自然和人为振动极为敏感,生态平衡常遭破坏而随之波动。王凤慧认为,那些处于大的稳定生态系统边缘或它们之间过渡带的地区,自然生态系统的稳定性较低,当人类活动的强度超过其承受能力和弹性调节限度之后,即发生一系列的环境退化过程。这种生态环境脆弱并发生严重退化的地区称为环境危机带。罗承平、薛纪渝认为,敏感性是反映振动—反应关系的特征性质,环境敏感性是环境及其组成要素对外界扰动反应的灵敏程度;而环境退化趋势反映脆弱生态环境受到外界扰动后变化的方向。因此,环境敏感性和退化趋势综合起来构成了生态脆弱环境的特有性质——脆弱性。刘雪华认为,脆弱生态环境至少应包括三个特征:①稳定性差,变化几率高、幅度大;②抗干扰能力差,敏感性强;③向着不利于人类生存的方向发展。崔海亭认为生态脆弱性是对复杂生态系统(包括种群、群落、生态系统和景观)的性质的一种评价。这种性质表现在人为活动或自然灾害的干扰下,生态系统处于崩溃或非期望状态。

综上所述,无论研究对象是自然系统还是人文系统,无论是自然区域还是某一社会群体,无论是某一自然要素还是单个的生物体,脆弱性都有三层含义:①它表明该系统、群体或个体存在内在的不稳定性;②该系统、群体或个体对外界的干扰和变化(自然的或人为的)比较敏感;③在外来干扰和外部环境变化的胁迫下,该系统、群体或个体易遭受某种程度的损失或损害,并且难以复原。对自然系统而言,这种损失表现在系统的正常功能被破坏,环境发生退化(如沙漠化、盐碱化等)、生物多样性降低等方面;对人为系统而言,它表现为社会或个人在面对各种变化尤其是自然灾害时的无能为力,这种无能为力往往给他们带来巨大的生命或财产损失。

(二) 脆弱性研究的主题

到目前为止,脆弱性研究的主题主要集中于三个方面,即探讨脆弱系统(个体)现有的分布状态,系统(个体)对外界胁迫的脆弱性和作为地方灾害的脆弱性。

1. 脆弱性——作为现有的状态

脆弱性最初的研究主题主要是考察各种潜在性危害或风险(生物物理性的或技术性的)的根源。这些研究集中于探讨一些危险条件(如沙漠、地震带、海岸带、泛滥平原等)的分布状况,人类对上述危险区的利用程度和因特定灾害事件如洪水、飓风、地震等发生所造成的生命和财产损失的程度。环境变化尤其是灾害事件的强度、持续性、影响力、频率和冲击的速度是脆弱性研究的主要内容。

2. 脆弱性——作为调节的响应

第二类研究主要集中于各种应急性响应,如生态系统对外界变化的弹性,社会系统对灾害的抵抗力和恢复力。许多这类研究都旨在考察长期的扰动如干旱、饥荒、饥饿、气候变化甚至整个环境的演变。对人文系统而言,这类研究着重探讨脆弱的社会层面,即那种根植于社会历史文化或经济发展过程中,不断冲击社会或个人抵御灾害并对其作出充分响应的能力的状况。对自然系统而言,它着重于从系统的内部结构探讨其对外界干扰的弹性和从外界胁迫的不利影响中的恢复能力。

3. 脆弱性——作为地方灾害

当脆弱性作为现有的分布状态或一种调节性响应被广为认可的时候,把二者结合起来进行研究已逐渐引起研究者们的重视——即它的第三种研究方向。但这种研究更多地是以地学研究为中心。从这种角度,脆弱性被认为既是研究对象所面临的风险也是它们对外界干扰的一种响应,但它们都位于某一特定的地理区域内。对社会系统而言,这一特定的地理范围既可以表述为地理空间,即该空间存在一些脆弱的人群和地点,也可以表述为某一特定的社会空间,即居住在该空间里的人是最脆弱的。最近,许多研究者已把这种综合研究方法应用于一系列与空间或地点相联系的脆弱性研究中。

二、脆弱生态环境的成因与类型

(一) 脆弱生态环境的成因

支配和造成脆弱性的要素和条件是什么?针对这一个错综复杂的问题,研究者们曾在大量的案例研究中论及它,但概括起来,不外乎两类。一是系统(或个体)自身的内部结构决定了该系统(或个体)比较脆弱,即系统(或个体)自身存在先天的不稳定性和敏感性,称之为结构性脆弱性;二是外界的压力或干扰易使系统(或个体)遭受损失或产生不利变化,称之为胁迫性脆弱性。胁迫型脆弱性按其胁迫来源,又可分为人类活动胁迫型和环境胁迫型。人类活动胁迫型脆弱性主要指人类的各种社会、经济活动造成某一社会和自然系统的退化,或者说对该系统或个体产生不利影响。如过度放牧、滥伐森林导致土地沙漠化。环境胁迫型脆弱性主要指自然环境的变化,导致某一系统的生态平衡遭受破坏,从而使系统朝着不利的方向发展。如全球气候变化引发的降水模式的改变,使得某一区域的农业生态系统生产力降低。

1. 结构型脆弱性

结构型脆弱性主要是由系统(个体)自身的结构决定的。这主要体现在两方面:系统自身的不稳定性和敏感性。

(1) 系统的不稳定性:稳定性是指系统在内外扰动中保持自身存

脆弱生态环境与可持续发展

在的倾向，如果一个系统能够抵制内外干扰，或在受到扰动后仍然能基本恢复原来的状态，那么系统就可以视为稳定的。稳定性是系统最基本的特征。系统的脆弱性与其稳定性呈反比关系。系统越稳定，则抵御外界干扰的能力越强。相反，系统稳定性差，则越易受外界干扰的影响，其脆弱性越强。系统是由要素组成的，各要素之间相互作用相互影响，从而维持系统的整体功能。系统各要素之间的联系，一旦改变或中断，系统就会丧失原来的性质和功能，结果变得不稳定。所以说，系统退化是其内部组分及其相互作用过程的不良变化。这些不良变化会引起系统功能的退化和生态学过程弱化，最终导致系统自控能力弱而极不稳定。现实中，任何系统都存在一些极不稳定的要素，或者说一些要素变化的潜势较大。当这些要素变化的潜势超过一定阈值时，整个系统则变得不稳定且极易受外界压力的影响。如坡地上覆土壤和岩石以及其他物质，受重力作用具有重力势能，并作为不稳定的能量储存在山地系统中。岩石位势越高，位势能越大，在重力作用下下滑的可能性越大。尤其当这种系统内部含有滑坡体构造时，其不稳定性更强。所以说，山地系统组成要素的不良变化是造成山地系统比较脆弱的主要原因之一。

系统的结构决定系统的功能。系统的结构越复杂越协调，则系统的功能越易正常发挥，系统的稳定性也越强。反之，系统的结构简单且不协调，则系统的功能越易遭受破坏，系统的稳定性也越差。生态环境是由有机—无机物质共同构成的物质体系。在生态系统结构中，其物质结构和能量结构的综合特征反映出生态环境的质量，而质量的高低优劣，是生态稳定性或脆弱性的主要标志。例如，在生态系统中，生物群体的种类、建群种的构成、优势种的丰度、群落层片的结构、群落生物产量及可利用程度等的配合关系和组织建造，具有衡量生态系统脆弱与否的功能。也即，生态环境群体结构反映了生态环境物质结构的特征。如物质能量过程协调，群体结构复杂，则生态系统具有较强的稳定性；如果物能结构简单，则其内部物质能量过程不协调，生物群体结构易遭到破坏，易形成脆弱的生态环境。所以说，对那些生物群落结构简单、水热结构不协调和供求转化不顺畅、地质基础不稳定、地貌易发生演替、地表物质构成稳定性差、能量波动性大的系统来说，本身就具有较强的脆弱性。

（2）系统的敏感性：敏感性是系统本身固有的属性，同时又受外界环境扰动的影响。敏感性作为脆弱系统特征之一，反映系统及其组成要素对外界扰动产生响应的灵敏程度。敏感性不仅决定于系统的内部结构，同时受外界干扰因子的影响。系统中不同要素在同一扰动因子作用下其敏感性表现不一样；同一要素在不同扰动因子作用下其敏感性也不相同。所以，对那些具有脆弱倾向的系统来说，系统内部各种因素的作用关系易于产生变化。往往由于一个因素的变化或扰动会触发其他多个因素的"链式"反应，进而对系统整体的质、量关系产生根本的影响。脆弱系统敏感性的突出表现形式在于，主导因素的改变易使系统整体发生变化，且变化幅度较明显。一方面，脆弱系统的主导条件处于临界（边际）状态，其保持稳定的临界范围较窄；另一方面，脆弱系统本身对于干扰因素的抗逆性、承受能力相对较差，其系统的自我维持能力较弱。所以，在大多数情况下，如果一个系统对外界的干扰越敏感，其脆弱性也就越强。如喀斯特环境中的植物群落为第一性生产者，并与以其为生的动物、微生物共同组成了一个生态系统，生态系统中的物质、能量转换是由食物链或食物网来实现的。而在喀斯特环境中，生态系统的能量转换过程对森林的变化比较敏感，一旦森林遭受破坏，生态系统的物质、能量交换即会中断，生态平衡就会发生突变。在这方面，喀斯特岩漠化就是喀斯特环境脆弱化的典型例子之一。

2. 胁迫型脆弱性

胁迫型脆弱性指导致系统脆弱的驱动力主要来自于系统的外部，也即系统外部环境扰动对系统造成的不利影响。因此，根据诱发系统脆弱性的各种力量来源，胁迫型脆弱性又可分为人类活动胁迫型和环境胁迫型两类。

（1）人类活动胁迫型脆弱性：人类活动胁迫型脆弱性是指造成自

然(人文)系统脆弱的压力和干扰来自于人类的各种社会、经济活动。换句话说，人类的各种不合理的社会经济活动是造成某一系统脆弱的主要驱动力。人类活动胁迫型脆弱性主要表现形式有：

① 过度垦殖：因地制宜合理利用土地和建立农林牧的合理结构，是建立和维持良好生态环境的重要举措。然而，在人类开发利用资源的过程中，总是存在一些不合理的行为，如过度垦殖，是造成生态环境系统脆弱的主要原因之一。

② 过度放牧：过度放牧的严重危害就是引起草场退化。牲畜对草场的长期践踏必破坏草场的表土层，表土层破坏的草场特别是沙地草场，很容易引起风蚀。

③ 滥砍滥伐：滥砍滥伐不仅使森林遭受破坏，而且加大了雨水对地表的冲刷能力，是造成区域水土流失和易泛洪涝的主要原因之一。滥砍滥伐的最后恶果是造成土壤丧失生产的能力，导致部分区域对气候变化十分脆弱。

④ 过度灌溉：过度灌溉是造成土壤盐渍化的主要原因之一。在中国，因过度灌溉引起的土壤盐渍化多出现于北方半干旱、干旱和半湿润平原灌区，在黄淮平原、汾、渭河谷平原、内蒙河套平原、宁夏银川平原、东北松辽平原和山西平原、阳高盆地，以及西北内陆地区的一些低洼绿洲灌区分布比较集中。

⑤ 工农业污染：工业排放的有毒废水、废气、废渣，以及农药的广泛使用，均能造成原生环境的消亡而出现脆弱生态环境。如工农业污染所排放的有毒废水、废渣是造成地下水脆弱的主要根源。

（2）环境胁迫型脆弱性

① 贫困：贫困是造成环境脆弱的关键因子。贫困迫使农民为追求短期的生存放弃可持续的资源经营方式，过度使用环境资源，最终造成环境退化。不幸的是，到目前为止，对贫困和环境之间联系的研究十分有限。在许多情况下，穷人就成了贫困和环境退化螺旋式结构的一个环节。在该螺旋式结构中，现有的人口增长、贫困、发展与商业化和灾害等各种力量联合在一起，使人口发生转移、资源被瓜分，结果导致更

进一步的环境退化并使现有问题更加恶化。

图1—1展示了贫困与环境退化的螺旋式结构图。螺旋式结构的主要特征是环境退化与四种潜在力量间的反馈关系。一旦环境退化开始,它很可能增加发展的成本,扩大人口与资源之间的不平衡,更严重地影响到贫困的人口,结果增加贫困的广度和强度,提高因自然灾害造成损失的可能性和严重性。如在许多丘陵地带区域,对薪炭林和耕地的需求导致的森林退化增加了土壤侵蚀和发生洪灾、雪崩和泥石流的风险;这反过来减少丘陵地带和低地区域农业的生产力和林业收入,同时也增大了对其他地区环境和资源的压力。其可能的后果包括加速生物量和生物多样性的损失、增加对化肥和灌溉农业的依赖。

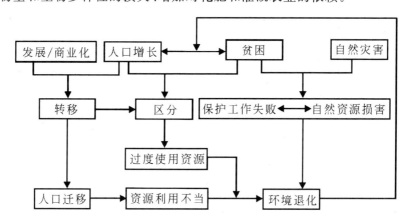

图1—1　贫困与环境退化的螺旋式结构图

② 气候变化:气候变化将增加大气中二氧化碳的浓度,增高气温和改变降水的模式,影响多种资源如水资源的供应、森林植被的生产力、生物多样性以及人体健康。在所有这些影响中,气候变化导致的气温和降水模式的改变是造成生态系统和人文系统脆弱的主要原因之一。一般而言,气候变干会抑制植物生长,甚至造成原有植物枯萎死亡。降水增多,可诱发洪水灾害,加大对地表的侵蚀,增强生态环境的脆弱性。

③ 旱涝灾害:长期的旱灾会使植物因缺水而枯萎,甚至死亡。结果,地表植被的覆盖度大为降低。在沙地地区,土壤的沙化现象将日趋

严重。涝灾,尤其洪水是造成许多工程设施脆弱的主要原因,也是诱发寄生虫病、减少农作物产量的主要驱动力。此外,地表长期积水,还可引发土壤的盐碱化。这些都会使系统原有的稳定性减弱,减小系统对未来灾害的抵抗能力。

④ 风暴潮:风暴潮是造成人民生命财产遭受重大损失的主要自然灾害,同时也是导致某些区域如海岸带比较脆弱的驱动力。

应该注意的是,自然界任何要素都不是孤立地存在的,每一要素都与其他要素相互联系相互作用。因此,导致系统脆弱的因子也是多方面的。从外部胁迫而言,人类的各项社会经济活动常与各种环境胁迫相伴发生。

(二) 脆弱生态环境的类型

系统的特性是随时空的变化而变化的。任何脆弱环境的形成都体现一定的时空特征。从空间尺度上,任何脆弱的生态环境都占据一定的空间范围;从时间尺度上,脆弱生态环境的形成、发展和演化都具有一定的阶段性。不同的发展阶段,系统的特性是不同的。环境变化和人类的社会生产活动加剧了脆弱环境变化的复杂性。例如,人类生产活动一方面可使自然状态下并不脆弱的环境演变为脆弱的环境,也可通过各种技术使原来较为脆弱的环境变得相对稳定。脆弱环境类型就是按一定的环境背景,各脆弱系统的特征和差异,对不同层次不同属性的脆弱生态环境类型所进行的分类。一般来说,划分脆弱环境类型不仅要考虑脆弱环境的时空特征,也要考虑各种胁迫对脆弱系统的影响。有关脆弱环境类型的划分,许多学者进行了大量的研究。刘燕华认为,脆弱环境类型的划分是以能够表明脆弱特点和差异的标准来进行的,它的目的是区分不同形式脆弱环境的层次关系和类别关系,以此为环境的持续利用、改善人类生存环境和持续稳定的发展提供依据。由此,他根据环境系统的结构特征、影响环境系统的因素变化及其脆弱的表现形式等入手,把中国的脆弱生态环境类型划分为四大类:成因类型、环境结构类型、脆弱形式和程度类型。

1. 脆弱生态环境的成因类型

脆弱生态环境的成因主要包括自然成因和人为作用。自然成因表明脆弱生态环境的形成是受全球或地区性环境变迁的影响,在目前的技术水平下,人类还难以左右这种变化;人为作用是人类活动的干预使生态环境发生改变,走向脆弱。自然成因又可划分为外界成因和内部成因。外界成因的变化是指对环境系统的输入条件的改变,使得系统原有的平衡受到干扰和破坏;内部成因的变化指系统内部由于某一环节的改变而出现的一系列变化,往往内部成因所产生的影响更为直接。表1—1展示了中国脆弱生态环境成因类型的划分。

脆弱生态环境与可持续发展

表 1—1　中国脆弱生态环境成因类型

区　　域	成　　因	指　　标
北方半干旱—半湿润区	降水不稳定 蒸发与降水对利用的影响	* 400mm 降水保证率＜50%,350mm 降水保证率＞50% * 干燥度 1.5～2.0
西北半干旱区	水源缺 水源保证不稳定 风蚀、堆积	* 径流散失区 * 径流变率±50% * 周边植被覆盖度＜10% * 防护林网面积＜10%
华北平原区	排水不畅 风沙风蚀	* 地下水位高于3米,地下水矿化度＞2克/升 * 黄河故道沙地和新沙地植被覆盖度＜30%
南方丘陵区	过垦、过樵 流水侵蚀	* 天然植被覆盖率＜30% * 红壤丘陵山地 * 暴雨
西南山地区	流水侵蚀 干旱 过垦、过伐、过牧	* 中等以上切割流水侵蚀带的干旱河谷区 * 干燥度＞1.5 * 植被覆盖度＜30%
西南石灰岩山地区	溶蚀、水蚀	* 石灰岩切割山地 * 植被覆盖度＜30%

区　　域	成　　因	指　　标
青藏高原区	流水侵蚀 风蚀 降水不稳定 高寒缺氧 自然条件恶劣	＊河谷农业区周边山地 ＊400mm 降水保证率＜50% ＊350mm 降水保证率＞50% ＊干燥度 1.5～2.0 ＊植被覆盖度＜30%

资料来源:刘燕华:"中国脆弱生态类型划分与指标",《生态环境综合整治与恢复技术研究》(第二集),中国科学技术出版社,1995。

2. 脆弱生态环境的结构类型

在相似的脆弱成因条件下,不同的环境结构类型对扰动因素的反应有很大差别。这种差异性取决于自然结构的复杂程度,最终影响生态系统的稳定性、敏感性、抗干扰能力、承受能力以及可利用的方式、程度及生产能力等。由此,刘燕华认为景观生态特点与地貌条件组合是进行脆弱环境结构类型分类的基本依据。表1—2展示了根据生态景观类型特点与地貌条件组合所划分的中国脆弱生态环境结构类型。

表 1—2　中国脆弱生态环境结构类型

区　　域	生态景观类型	地貌类型
北方半干旱—半湿润区	山地森林草原 灌丛草原 草甸草原 干草原 荒漠草原	高原 山地丘陵 丘陵台地 山前平原 黄土沟壑
西北半干旱区	干草原 荒漠草原 绿洲	山地丘陵 洪积冲积平原 沙地
华北平原区	暖温带森林草原 灌丛草原	冲、洪积平原 黄泛平原 滨海平原
南方丘陵区	亚热带 灌丛	红壤丘陵山地 红层盆地

区　　域	生态景观类型	地貌类型
西南山地区	干热灌丛草原 干暖灌丛草原 干温灌丛草原	深切割山地 中切割山地
西南石灰岩山地区	岩溶灌丛草原 亚热带森林	山地丘陵 盆地
青藏高原区	山地藻丛草原 山地森林草原	山地 河谷地

资料来源：中国脆弱生态类型划分与指标，《生态环境综合整治与恢复技术研究》（第二集），中国科学技术出版社，1995。

3. 脆弱生态环境的表现形式和程度类型

脆弱环境表现形式和程度类型划分的主要依据是脆弱表现形式和脆弱程度指标。脆弱表现形式旨在说明脆弱问题体现在什么方面，它是导致环境脆弱各种内在、外在条件共同作用的结果。脆弱程度类型主要依据衡量脆弱生态环境的指标来划分。通常这些指标有：脆弱范围、脆弱强度（主要指土地退化）和对利用可能性及潜力的影响（主要指土地生产潜力）。表1—3展示了脆弱环境表现形式和强度分类体系。

表1—3　脆弱环境表现形式和强度分类体系

脆弱表现形式	脆弱强度
沙化	严重
石砾化	较重
石质化	中等
盐碱化	较轻
旱化	
水土流失	
其他	

资料来源：中国脆弱生态类型划分与指标，《生态环境综合整治与恢复技术研究》（第二集），中国科学技术出版社，1995。

此外，吕昌河认为，脆弱环境的分类是为资源的合理开发利用、环境的综合整治与恢复服务的，因此在分类时应遵循科学性与实践性相结合的原则，既要注重环境内部结构特征的相似性，又必须突出土地资源的利用方向、存在的生态问题与治理措施的一致性。通过借鉴土地类型分类和土地适宜性分类的经验,他把脆弱环境类型划分为三级,即脆弱带、脆弱类和脆弱单元。脆弱带存在共同的主要土地退化或生态问题,具有相似的地貌形态特征和大农业内部结构及主导利用方向。脆弱类是脆弱带的细分,其土地退化强度、水热条件,主要土类和植被类型,作物或畜群结构基本一致。脆弱单元是内部结构和空间组合保持一致的基本环境单元,具有相似的自然条件和土地生产潜力,共同的土地利用方式和整治措施。据此,他把中国脆弱环境划分为 9 个带,即:①黄土丘陵极易侵蚀退化脆弱带;②北方农牧交错易风蚀沙化脆弱带;③北方洼平地易盐碱渍涝脆弱带;④北方干温低山丘岗地易侵蚀退化脆弱带;⑤南方湿热丘岗地易侵蚀退化脆弱带;⑥西南干热河谷易侵蚀退化脆弱带;⑦藏南干凉河谷易风蚀沙化脆弱带;⑧西北绿洲、沙漠过渡区易沙化脆弱带;⑨水陆过渡区易退化脆弱带。

三、生态环境脆弱带

(一) 生态环境脆弱带的内涵

生态环境脆弱带的研究,早已引起了全球的普遍重视。在 20 世纪 60 年代的国际生物学计划(IBP)、70 年代的人与生物圈计划(MAB)、80 年代开始的地圈—生物圈计划(IGBP)中,脆弱带的研究被逐步明确地提到了日程上。1988 年,在布达佩斯召开的第七届环境问题科学委员会(SCOPE)大会上,与会成员明确认定 1987 年巴黎工作组提出的生态环境过渡带(ecotone)新概念,并通过决议,呼吁国际生态学界开展对 ecotone 的研究,认为它把生态系统界面理论以及非稳定的脆弱性特征结合起来,可以作为识别全球变化的基本指标。

“生态环境脆弱带”与“生态环境过渡带”紧密相关,前者是在后者的基础上发展起来的。生态环境过渡带(ecotone)来源于希腊文“Oikos”(住所)和“tonos”(紧张)两字的合并。1905 年,F. E. Clements 首先引用此字,提出了生态环境过渡带这一术语。他认为,生态环境过渡带就是相邻两个群落之间的过渡带,也可理解为一种紧张带。自此以后,虽然其他学科的学者也开始注意到这一问题,但生态环境过渡带以一个全新的概念引起人们的关注则始于 20 世纪 80 年代中期。1987 年 1 月,在环境问题科学委员会(SCOPE)、人与生物圈计划(MAB)和国际生物科学联合会(IUBS)联合召开的巴黎工作组会议上,M. M. Holland 对 ecotone 给出了如下定义:生态环境过渡带是相邻生态系统之间的过渡带,具有一组为空间和时间尺度以及相邻生态系统之间相互作用力量所独特地确定的特征。也即,在生态系统中,凡处于两种或两种以上的物质体系、能量体系、结构体系、功能体系之间所形成的"界面",以及围绕该界面向外延伸的"过渡带"的空间域,即称为生态环境过渡带。生态环境过渡带的形状、面积、结构等,属于空间范畴的内容;生态环境过渡带的变化速率及过程等,属于时间范畴的内容;生态环境过渡带的脆弱程度以及发生频度,则属于生态环境质量评价的范畴。在此基础上,随着研究的进展,"生态环境脆弱带"这一概念也就应运而生。目前,关于生态环境脆弱带较为一致的看法是,生态环境脆弱带是不稳定性、敏感性强且具有退化趋势的生态环境过渡带,如农牧交错带、山地平原过渡带、水陆交界带、城乡交接带、沙漠(绿洲)边缘带等。

(二) 生态环境脆弱带的类型

关于生态环境脆弱带的类型划分,许多学者进行了大量的工作。牛文元认为,从宏观的角度认识生态环境脆弱带,则其空间表达可划分为七类。葛全胜、张丕远等认为中国北方农牧交错带和一、二级台地过渡带表现出突出的脆弱特征,并认为一、二级台地过渡带大致位于北京、石家庄、西安、成都、昆明一线。钟兆站等曾对山地平原交界带的概念、分布及特点进行了详细的论述。他们认为中国山地平原交界带的分布有两种情况:第一种分布在第一、二级台阶与第二、三级台阶的陡坎地带,包括昆仑山—塔里木盆地、祁连山—河西走廊、岷山—成都平原(一、二级台阶之间的山地平原交界带)和大兴安岭—东北平原、太行山—海河平原、秦岭—黄淮平原、鄂西山地—江汉平原(二、三级台阶之间的山地平原交界带);第二种分布是在台阶内部。如耸立在第一级台阶上及其边缘的山脉有喜马拉雅山、喀喇昆仑山、唐古拉山等与其邻近的高原面形成一系列山地平原交界带。耸立在第二级台阶上的山地如六盘山、贺兰山、吕梁山、秦岭、阴山等以及第二级台阶上的盆地与其周边山地形成的一系列山地平原交界带;第三级台阶与沿海的低山丘陵之间形成的山地平原交界带。朱震达用国际荒漠化定义,对中国脆弱带进行了概括,认为土地荒漠化是脆弱生态带内环境退化表现的主要形式,而荒漠化的发展又加深了脆弱带内生态平衡的严重失调。他从荒漠化角度研究脆弱带,并依据红黄壤地区、黄土高原的水土流失和半干旱、干旱地区的沙漠化对中国生态脆弱带进行了成因分类。并认为,除北方农牧交错带外,在中国南方还存在着一条生态脆弱带,如西南干热河谷,广东、浙江花岗岩地区和西南石灰岩地区。孙武认为生态环境脆弱带从成因上主要可分为界面性、波动性、基质性和特殊生态敏感区四大类。刘庆认为青藏高原东部(川西)生态脆弱带可划分为四种类型:林草交错带、农牧交错带、农林交错带和小流域农林牧交错带。综合多方面的研究结果,不难发现生态环境脆弱带主要有以下几类:

1. 水陆交界带

由于液相物质与固相物质的相互交接,出现了一个既不同于水体,也不同于土体的特殊脆弱带,其受力方式与强度、频繁的侵蚀与堆积等使得这一交接带呈现不稳定的特征。水陆交界带突出的类型有海陆交界带(海岸带)和河流变迁带。

(1)海陆交界带:海陆交界带是海洋与陆地相互作用的地带,相当于海岸带的范围,包括海浪、潮流对地面作用所及的范围,由海岸、潮间带和水下岸坡三个基本单元所构成。其主要特征表现为:海陆交界带经常发生空间迁移,呈现出不稳定性特征。经常性的海岸侵蚀和堆积作用是海陆交界带空间迁移的直接原因。海岸侵蚀的结果,造成海陆交界带不断后移。后移速率与波浪能和海岸的物质组成有关。波浪能越大,海滩物质愈疏松,海岸受蚀后退的速度就越快。海岸带的堆积作用使海岸不断向远海方向推进。堆积作用在河口地带表现最为显著。全球性气候变化所引起的海平面上升也是造成海陆交界带空间迁移的重要原因。根据水量平衡原理,全球总水量是一定的,海洋水量增加,陆地水量必然减少,海岸线将后移;反之,海岸线将向远方推进。

(2)河流变迁带:河流变迁带是河流系统与平原系统相互作用的地带。以水沿着河谷流动为主要特征的河流系统,以结构复杂的平地为主要特征的平原系统,两者相互作用导致河流在平原上不断摆动,并形成地上河、泛滥地。这种既不同于平原,又不同于河流的新的自然地理系统,称为河流变迁带。河流堆积作用旺盛,地上河和人工堤是河流变迁带的主要特点。河流是液态水流和固态河道的统一体,两者直接接触,河道必然受到水流的作用,发生冲刷或淤积。一般来说,河流发源于山地,河道冲刷发生于山区上游河段及其支流,导致土壤侵蚀而成为河流的沙源地。当河流将其冲刷的物质搬运到中下游平原时,由于河床坡度减小,流速减缓,能量降低,而发生泥沙堆积作用。当某一河段的泥沙输入量大于输出量时,河床就会淤高,逐渐形成地上河。河道变化速度快,空间迁移能力强是河流变迁带的另一个重要特点。河流变迁带中的地上河和人工堤经常受到洪水的威胁。当洪水超出临界值时,河水就会冲毁河堤,河流改道,沿河广大地区被淹没,形成泛滥地。

2. 农牧交错带

由于生产条件、生产方式以及生产目标不同,在农业地区与牧业地区的衔接处,形成了一个过渡的交界带,这就是广义上所说的农牧交错带。由于研究背景不同,不同学者对农牧交错带的理解与界定是不同的。程序(1999)认为,农牧交错带的生态实质是农业和牧业两个区域生态系统相互过渡过程中,系统主体行为和结构特征等发生"突发转换"的空间域,它具有独特的和由农牧两个相邻系统相互作用程度所决定的一系列特性。朱震达等认为,中国北方农牧交错带是北方农牧交错沙漠化地区,其界定指标为年降水量 250~500mm,降水变率 25%~

脆弱生态环境与可持续发展

50％，7～8 级大风日数 30～80 天。尽管不同学者对其认识和界定不同,但对农牧交错带具有的基本特征——生态脆弱性的认识是一致的。农牧交错由于处在森林—草原—荒漠的"生态应力带"上,加上植被的起源、土壤的组成物质疏松以及易受人为干扰等,使得农牧交错带具有典型的生态脆弱性和面临一系列基本问题,如降水不足、变幅大,草地沙化、退化和盐碱化严重,农业不稳定,第一性、第二性生产力低下等。总的来说,农牧交错带的生态系统是非常脆弱的。从内部因素看,土壤干燥贫瘠,地表组成物质疏松,体现了农牧交错带自身结构的不稳定性;降水少、变率大,且风多风大,是农牧交错带易脆弱化的潜在外部环境条件;人类的不合理活动所带来的干扰是造成农牧交错带易脆弱化的另一主要原因。可以说,农牧交错带脆弱性的主要表现形式是脆弱的生态系统在气候干旱和人类不合理活动的胁迫下,导致沙漠化的发生与发展。

3. 山地平原过渡带

山地与平原是两个属性不同的地理单元,两者相连接的地带称为山地平原过渡带。该带不是判若天壤的一条线,而是丘陵与平原交错分布的过渡区。由于山地与平原之间存在一定的高度差,致使山地平原过渡带内、外力作用都较强烈。山地平原过渡带的基底往往有深、大断裂发育,并具有很大的高度差,在应力梯度作用下,易形成地震活动带。过渡带背靠山地,山体坡度大,在重力作用下易产生崩塌与滑坡。山地平原过渡带的特殊地形气候条件与其他自然地理要素在一定条件下的相互作用,形成一些既不同于山地又有异于平原的特殊地理现象,即地理边缘效应。此外,山地平原过渡带是山地与平原的物质、能量、信息交流的中心,具有独特的人文地理特征。从某种意义上说,山地平原过渡带也是经济、社会和文化的突变带。

4. 城乡交接带

从城市向农村的过渡带。由于人口数量和质量、经济形态、供求关系、物质能量交换水平、生活水准、社会心理等因素,使得这一过渡带的时空变化表现出十分迅速和不稳定的特征。如城乡交界带多是农产品输入城市的必经之地,也是城市货物流向农村的中转地。在这里,人流、物流和信息流都十分迅速。另一方面,由于城乡交界带既依赖于城市(如城市广阔的市场前景等),又与农村廉价的农产品等保持千丝万缕的联系,因此城乡交接带具有很大的不稳定性特征,这表现在城市与乡村任何一方在物流等方面发生的改变都势必影响到城乡交接带社会生活的方方面面。

5．沙漠或绿洲边缘带

由于物质组成、外营力以及地表景观的显著差异,沙漠内部与周围的沙漠农牧区之间,同样形成了明显的生态环境脆弱带。它的移动和变换,反映了各种应力作用的共同作用的结果。沙漠边缘区多零星地分布一些矮小的耐沙植物和固定的沙丘,具有与沙漠和非沙漠地区不完全相似的地表组成物质和景观。由于沙漠边缘带是人类活动和自然力量相交会的地带,因此它极易发生变化。如在气候变干、风蚀作用加强,或在不合理人类活动的干扰下,沙漠边缘带内固定沙丘的活化和耐沙植物的死亡就会导致沙漠化的入侵;相反,在外部环境稳定、适宜加上人类的保护作用,沙漠边缘带的植物可能由此增生蔓延,结果沙漠化反而可能后退。所以,在各种内外应力的作用下,沙漠边缘带表现出十分脆弱的特征。

6．梯度边缘带

主要由于重力梯度、浓度梯度、硬度梯度等的明显存在,产生了侵蚀速率、污染程度、坡面形态变化等的过渡区,它们在生态环境系统的稳定性上,显然是脆弱的。

（三）生态环境脆弱带的总体特征

生态环境脆弱带是一类特殊的脆弱生态环境,其主要特征如下:

（1）是多种要素之间由量变到质变的转换区，各要素之间相互作用强烈，常是边缘效应的显示区、突变的产生区、生物多样性的出现区。如中国大兴安岭森林边缘，具有呈狭带状分布的林缘草地，每平方米的植物种数达到 30 种以上，明显高于其内侧的森林群落和外侧的草原群落每平方米的植物种数。当然，并非所有的生态环境脆弱带生物多样性就一定高。对于那些空间和时间波动极大的生态环境脆弱带，物种相对较少。

（2）抗干扰的能力弱，对于改变界面状态的外力，具有相对低的阻抗。如山地平原交界带往往由于地形反差大，山高谷深，山体陡峻，河床纵比大，使得该脆弱带对降水的变化十分敏感。一遇大的降雨，尤其是暴雨，则山地平原交界带常成为滑坡、泥石流等自然灾害多发的地区。

（3）界面变化速度较快，空间移动能力强。如河流变迁带，当河水携带泥沙在下游平原发生淤积和冲刷时，往往使河道的流向发生改变，或者说使河道发生摆动，其结果导致河流变迁带发生空间位移。

（4）可被代替的概率大，竞争的程度高。生态环境脆弱带由于自身较为脆弱，对外界的变化比较敏感，因而易发生变化和演替。系统变化和演替的结果往往是形成新的环境类型。

（5）可以恢复原状的机会小。由于生态环境脆弱带内自然环境变化频繁且振幅很大，使该区生态系统应力相对较弱，往往某一自然要素出现波动，整个系统将发生连锁反应，自然灾害也就应运而生，并造成恶性循环，其结果是削弱系统自身的适应能力和恢复能力。

（四）生态环境脆弱带的尺度与等级结构

1. 生态环境脆弱带的时空尺度与等级结构

（1）生态环境脆弱带的时空尺度：尺度问题是生态环境脆弱带研究的一个基本问题。生态环境脆弱带的尺度表现为两种：一种是时间尺度，另一种是空间尺度。时间尺度指生态环境脆弱带的各组成要素、结构功能都处在不断的变化过程中。生态环境脆弱带的动态变化是其时间尺度最显著的特征；空间尺度是指任何生态环境脆弱带都能落实到一定的地理空间位置上，它具有一定的形状、大小和面积。生态环境脆弱带存在尺度问题的根本原因就是造成生态环境退化的各种内外应力都是在一定的空间和时间范围内发生作用的。所以，时空尺度不同，生态环境脆弱带及其特征也不同。

生态环境脆弱带的空间尺度特征主要体现在以下两点：①从大尺度上定义的脆弱带，在小尺度上就可能不是脆弱带，也可能不具备脆弱带的任何特征；相反，从小尺度上定义的脆弱带，用大尺度来衡量可能无关紧要。②对不同空间尺度的生态环境脆弱带而言，其空间域可能存在较大的重复；大尺度的生态环境脆弱带往往由小尺度的脆弱带构成，二者在空间上可能互不重合。常学礼等曾对生态脆弱带的尺度问题进行了大量的分析，认为小尺度的脆弱带特征是组成大尺度脆弱带的要素，同时其某些特征也仅为小尺度的表征。如，在中国科尔沁地区，因农牧业生产方式交替变更形成的生态脆弱带包括整个科尔沁地区，同时该区整个生态脆弱带又是由其内部的小尺度生态脆弱带沙漠与农田、沙漠与草场、水体与沙漠等构成的。

生态环境脆弱带的时间尺度主要体现在组成生态脆弱带各要素的变化速率和外部变化对其的影响上。表现为：①生态环境脆弱带的空间尺度越大，其组成要素的变化速率越慢；相反，空间尺度越小，其组成要素的变化速率越快。②生态环境脆弱带的空间尺度越大，则外部变化对其组成要素的影响相对要小；相反，空间尺度越小，则外部变化对其组成要素的影响越大。造成上述差异的根本原因在于，不同尺度的生态环境脆弱带，其组成要素的异质性不同。生态环境脆弱带组成要素的异质性越强，则其对外部变化的缓冲性越强。异质性越差，则缓冲性越小。

（2）生态环境脆弱带的等级结构：系统是由若干有序、高低不同的层次所构成的。在不同层次中，同一要素同一行为的变化过程和速率不同。一般来说，高层次中同一要素的变化过程和速率较慢，而在低层

脆弱生态环境与可持续发展

次中其变化过程和速率相对较快。系统各层次间过程速率的差异是导致系统组织有序的主要原因。生态环境脆弱带具有一定的等级结构，这主要体现在两个方面：①空间尺度上，它存在垂直层次结构和水平层次结构；②时间尺度上，等级层次越高，组成要素的变化速率越慢；等级层次越低，组成要素的变化速率越快。常学礼等认为，垂直层次结构中上下层次间除了存在包容与被包容的关系，还存在没有包容和被包容的关系，即非巢式结构的存在。如他们认为，在科尔沁农牧交错脆弱带中分布有很多的河流、湖泊，从而形成了很多水陆生态脆弱带，河道的变迁与湖泊水位线的消长使其在时空尺度上处于变化的状态，但这些变化并不能引起比其高的层次特性的变化。对于巢式包容而言，高等级的层次对低等级的层次有空间的包含和特点的概括，而低等级的层次是高等级层次的组成和细节特征的反映。但是对于非巢式包容而言，高等级层次对低等级层次有空间上的包容，却没有特点的概括和细节特征的反映。也就是说，在巢式包容的等级结构中，高层次系统的特征可以由低层次系统特征来推断，而在非巢式结构中却不能这样。

2. 尺度和等级对生态脆弱带特征的影响

尺度和等级对生态脆弱带特征的影响可通过生态脆弱带各要素如降水和景观变化来反映。从生态环境脆弱带的外部干扰要素看，不同尺度和等级的脆弱带其外部干扰要素的变化和波动性是不同的。从时间尺度看，大尺度高等级脆弱带其干扰要素的波动幅度要比小尺度低等级脆弱带干扰要素的波动幅度平稳；从空间尺度看，处于不同尺度和等级的脆弱带其外部干扰要素的波动性也不同。此外，研究尺度不同，脆弱带内部各景观的空间效应也不一样。在大尺度分析中，一些小尺度的景观特征往往被忽略，这样造成景观间隙度大；而在小尺度分析中，一些小的景观特征也被包括进来，景观间隙度通常较小。

四、脆弱性评估的对象、
性质、原则与方法

（一）脆弱性评估的内容和类型

系统的脆弱性最显著的特征是不稳定性和对外界干扰的敏感性，而且这种不稳定性和敏感性往往使系统在面对外界干扰时朝着不利于自身和人类开发利用的方向发展。脆弱性评估是对某一自然、人文系统自身的结构、功能进行探讨，预测和评价外部胁迫（自然的和人为的）对系统可能造成的影响，以及评估系统自身对外部胁迫的抵抗力以及从不利影响中恢复的能力，其目的是为维持系统的持续发展，减轻外部胁迫对系统的不利影响和为退化系统的综合整治提供策略依据。

脆弱性评估工作涉及面很广，类型较多。在研究中，可根据需要，按不同原则进行划分。按照评估对象的属性不同，可分单个环境要素的脆弱性评价，如水资源脆弱性评价、地下水脆弱性评估、森林系统脆弱性评估、草地脆弱性评估、土地的沙漠化和盐渍化、渔业脆弱性评估、人体健康、能源脆弱性评估、农业脆弱性评估等；也有对一个地区或地带的各环境要素进行综合的脆弱性评估。其中典型的有，海平面上升引发的海岸带脆弱性评估，对各生态环境脆弱带如农牧交错带、干湿交错带、森林边缘带、沙漠边缘带、山地边缘带、梯度边缘带、山地平原交界带、城乡交接带等进行不同胁迫下的脆弱性评估。

回顾评价：根据可获得的各种历史数据资料，对评估系统或地区的环境发展演变过程进行回顾。

现状评价：根据现有各种监测和考察数据资料，对某一评估系统的稳定性和敏感性、对外部环境胁迫的承受能力和从其不利影响中的恢复能力进行评估。现状评估是关于系统自身结构和功能的评估，是对系统现有状况的一种定性或定量的描述。

影响评价：有时可称之为响应评价。影响评价侧重于评估外部环境胁迫或变化对系统可能造成的影响;而响应评价侧重于评估外部环境变化时系统可能做出的适应性响应。换句话说,进行影响评价时,评估的系统或区域往往被看成是被动的;而进行响应评价时,评估的系统或区域往往被看成是主动的。目前,全球气候变化对某一环境要素或区域的影响评估,或全球气候变化下某一环境要素或区域的响应评估就是其最显著的例子。

当然,回顾评价、现状评价和影响评价并不是绝对隔离开来的。现实中,对任何一个评估对象所进行的评估往往都包含了三种评估的内容,也即是一种综合评估。

(二) 脆弱性评估的性质

脆弱性评估与其他类型的评估如环境质量评价、环境影响评价既有相似之处,也有自己的特点。如环境影响评价主要是对建设项目引起的环境变化(包括对自然环境和社会环境的影响)所进行的预测和评价。脆弱性评估也着重探讨外界环境胁迫对自然或人文系统带来的影响,在这方面二者具有相似之处。但应该注意的是,脆弱性评估还对自然或人文系统对外界环境胁迫的响应进行评估。相比较而言,后者评估范围相对要广。就脆弱性评估与环境质量评价相比较而言,虽然它们都对评估对象的性质和现状特征进行量度,但脆弱性评估常用稳定性、敏感性、抗干扰能力(弹性)、恢复能力等词语来表征评估对象的性质和现状,而环境质量评价却多用好坏、优劣、高低等来衡量人类生存环境的质量。所以,脆弱性评估同其他类型的评估相比,有自己的特点。

(三) 脆弱性评估的原则

脆弱性评估的原则主要有目的性、整体性、主导性、动态性和相关性原则。

(1)目的性原则:任何一个自然或人文系统,无论脆弱也好稳定也好,都具有特定的结构和功能。系统不同,则其结构和功能不同。脆弱性评估的目的就是了解不同系统的现状、发展趋势以及对外部胁迫的可能响应,防止系统退化和朝着不利于人类持续利用的方向发展,以充分发挥系统对自然和人类社会的功能。因此,脆弱性评估要求我们首先弄清评估什么? 为何进行评估? 要回答这些问题,必须结合评估系统的功能来考虑,系统的功能不同,则评估的目标和侧重点也不同。所以说,进行脆弱性评估必须要有明确的目的性,并根据评估的目的确定评估的内容和任务。

（2）整体性原则:系统是由要素构成的,任何系统往往是由若干子系统构成的,各要素或各子系统之间相互作用、相互影响,共同决定系统的结构和功能。同时,影响系统的外部因子也是多方面的。因此,脆弱性评估不仅要弄清系统内部各要素或子系统之间的相互联系,考察其稳定性和变化趋势,而且也要把握住各要素之间的综合效应;不仅要弄清外界各胁迫因子对系统的影响,而且要对它们的综合作用进行考察。整体大于各部分之和的原理要求我们进行脆弱性评估时,应从系统的整体观出发,对评估对象的稳定性、敏感性、变化趋势等进行评估。

（3）主导性原则:在脆弱性评估中,导致系统脆弱的因素是多方面的。然而,在众多的影响要素中,其中必有一种或几种居于主导地位。该主导因子的变化直接影响系统的结构和功能。因此,抓住影响系统脆弱的主要问题,可为脆弱生态环境系统的整治提供更直接的手段。此外,从构成系统的各环境要素而言,其中必有一要素或几种对外界的变化极其敏感。找出系统内部对外界环境变化最敏感的要素无疑具有十分重要的意义。

（4）动态性原则:系统和外部环境的胁迫都是不断变化发展的,时空尺度不同,其变化发展的动态也不同。在脆弱性评估中,尤其在预测外部环境胁迫对系统的影响时,应从动态的角度把握住外部环境胁迫和系统本身未来可能变化的趋势。只有这样,才能为抵御和防止系统脆弱、实现系统的持续利用提供合理的依据。

（5）相关性原则:在脆弱性评估中,应考虑到"人—地"系统中各子系统之间的联系,研究同一层次各系统间的关系及不同层次子系统之间的关系。研究各子系统间关联的性质、联系方式及联系紧密的程度，从而判别其他要素对该系统的影响。

（四）脆弱性评估的方法和技术

1. 脆弱性评估的方法

（1）定性分析法：定性分析法是根据经验及各种资料，对评估系统的历史演变、当前状况（包括系统的稳定性、敏感性、系统对外部胁迫的承受能力和从其不利影响中的恢复能力等）进行的刻画和对外部环境胁迫如气候变化对系统可能造成的影响或系统面对外部胁迫时可能的响应进行预测的方法，且这种刻画和预测往往都是描述性的。

（2）定量分析法：定量分析法是对评估系统的历史变迁、系统的脆弱性、稳定性和敏感性等性质以及外部环境胁迫对系统可能造成的影响所进行定量描述的一种方法。它通常通过建立一定的数学模型，用不同的数学形式来表示环境系统的变化规律、性质和预测外部胁迫对该系统可能造成的影响。定量分析法是目前运用最广也最具说服力的一类方法，这些方法主要有：

① 回归分析法：自然界的许多现象之间存在着相互依赖、相互制约的关系。这种关系表现在量上主要有两种类型：一是函数关系，即各变量之间存在确定的关系；二是统计相关关系，即变量之间虽然存在着密切的关系，但从一个（或一组）变量的每一个确定的值，不能求出另一变量的确定的值，这种关系称为统计相关。另一方面，对于具有确定关系的变量，由于试验误差的影响，其表现形式也具有某种程度的不确定性。所以，回归分析就是通过建立数学模型进行统计分析，根据历史数据由一个或一组变量来估计或预测某一个随机变量的变动值。

② 聚类分析法：对事物按一定要求进行分类的数学方法叫聚类分析法，它是数理统计中多元分析的一个分支，其作用是建立一种分类方法，将一批样本或变量按照它们在性质上的紧密程度进行分类。对这种紧密程度的刻画方法一般有两种：一是把每个样本看成是一个点，然

后定义点与点之间的距离,根据样点之间距离的长短来描述它们的紧密程度;另一种方法是直接定义某种相似系数来描述样本之间的紧密程度。一般来说,凡是具有数值特征的样本或变量都可以采用聚类分析方法进行分类,选择不同的距离或相似系数标准,就得到不同的分类结果。聚类分析法在对不同脆弱系统或脆弱地区进行分类或区划中具有广泛的应用前景。

③ 非线性方法:由于现实世界的复杂性,现实世界中的真实系统大多都是非线性的,即系统内部的相互作用及外界对系统的作用都是非线性的。线性分析方法没有考虑事物可能导致的耦合作用或突变,因而它对系统演化的描述只能是近似的。相反,非线性论的一些惊人发现反映了事物之间的普遍联系。生态学中的一些非常简单的数学模型,也具有非常复杂的动力行为。

④ 模糊数学法:脆弱性评估的对象往往是一个非常复杂的综合体,其性质的动态变化和空间位置的迁移带有明显的随机性与模糊性,显然对于这样一个模糊系统采用经典的数学方法进行定量描述是不合适的。对此,20世纪80年代兴起的模糊数学方法经过几十年的运用与总结,研究人员已对其优越性与局限性有了充分的了解。可以预见,该方法在脆弱性评估中将大有作为。

⑤ 灰色分析法:由于主客观条件的限制,在脆弱性评估中我们很难得到有关评估对象的完全信息。对80年代初期诞生的灰色系统理论,可帮助我们很好地解决这一问题。如采用灰色评估与灰色局势决策法,即关联度分析法,可明确评估对象的敏感因子群;用灰色聚类、灰色统计可对该敏感因子群作多目标评定与局势分析。

⑥ 指标判别法:在脆弱性评估中,人们通过多年的实践已建立起一些用于刻画评估系统性质或状态的定量或半定量指标,这些指标及其计算方法在脆弱性评估中具有十分重要的意义,我们可称之为指标判别法。指标判别法主要有:

A. 脆弱度分析法:脆弱度是描述评估系统脆弱性程度的一种定量分析方法。有关脆弱度的计算方法很多,现列举几个如下:

脆弱生态环境与可持续发展

刘燕华认为,承载背景即脆弱度分析是对自然、人口、经济及发展因素进行综合评价,以说明由于生态环境脆弱所导致区域整体脆弱的程度,其分析式为:

$$U = \sum_{i=1}^{n} M_i$$

式中,U(Unsustainability)为承载背景(脆弱度),是综合指标值,其值范围幅度较宽,值较高则说明脆弱程度更严重;i 代表不同参评指标,$i=1,2,3,4$;$n=4$;M_1 为脆弱范围度,M_2 为人口—土地关系值,M_3 是脆弱经济损失度,M_4 为环境恢复的投入比。

牛文元曾把两个独立生态系统的重叠划分为三种情况:全重叠,用 A 表示;部分重叠,用 B 表示;无重叠的分明界线,用 C 表示。这样,可将生态环境脆弱带划分为具有相同面积的像元,形成一个空间网格。在第一个网格中,依照上述的标准 ABC 分别独立地填入。则生态环境脆弱带的脆弱度可用下式表示:

$$F_1 = \frac{R - E(R)}{Max(R) - E(R)}$$

式中,R 代表实际观测到的 $A \cap B \cap C$ 重叠面积;$E(R)$ 为采用概率所计算的期望面积;$Max(R)$ 为最大可能观测到的"重叠面积",即最大 $A \cap B \cap C$。F_1 位于 0～1 之间,它越接近于 1,则发生重叠的面积越大,表达为实质上的更加脆弱。

赵跃龙曾把影响生态环境脆弱的成因指标划分为水、热、干燥度、人均耕地面积、地表植被覆盖度;把其结果指标划分为人均 GNP、农民人均收入、人均工业生产值、农业现代化水平、恩格尔系数、人口素质等。据此,他提出了如下计算生态环境脆弱度的公式:

$$G = 1 - \sum_{i=1}^{n} P_i \cdot W_i \bigg/ \left(\max \sum_{i=1}^{n} P_i \cdot W_i + \min \sum_{i=1}^{n} P_i \cdot W_i \right)$$

式中,P_i 为各指标初值化之值;W_i 为各指标权重。

李克让等曾对全球气候变化下中国森林的脆弱性进行了分析。首先,通过四个指标即林地质量指标、林龄结构指标、森林灾害指标和薪材林供应指标对中国森林的现实脆弱性进行了分析;然后,采用类型变化指标、生产力变化指标和森林火险指标三个指标构造了全球气候变化下中国森林脆弱性的综合指标：

$$VI = \sqrt{\frac{(V_{i,Max})^2 + \overline{V}_i}{2}}$$

式中，VI 表示整个森林的脆弱性；$V_{i,Max}$ 表示所选指标中脆弱性最大的值；$\overline{V}_i$ 表示所有指标的平均值。

B. 敏感度分析法：敏感度是描述评估系统及其组成要素对外界干扰所发生响应的灵敏程度。如薛纪渝提出的区域环境敏感度计算公式：

$$S = \sum_{k=1}^{l} \left\{ W_k \cdot \sum_{i=1}^{m} \left[W_i \cdot \sum_{j=1}^{n} (W_j \cdot S_{kjj}) \right] \right\}$$

式中，l 为环境要素个数；m 为环境子要素个数；n 为环境扰动因子个数；S_{kjj} 为区域环境系统对第 k 个环境要素的第 i 个子要素的第 j 个扰动因子的敏感度。

C. 承受（承载）能力分析法：承受能力或承载力是描述某一区域在可预见的时期内，其自然资源对人类的各种社会经济活动以及人口自身数量所支持的程度。如刘燕华认为，承受能力分析是根据历史的、现代的及预测的实际和可能的情况，定量说明一定区域和时间内生态稳定程度与区域经济发展的关系。这种关系可用下式表示：

$$I = 1 - \frac{\sum_{i=1}^{n} L_i - \sum_{j=1}^{m} R_j}{G}$$

式中，I（Indicator of Sustainability）为承受能力指标值，其值范围为 0～1之间，值越高说明区域承受能力越强；L（Losses）为某一种脆弱环境导致的经济损失，以多年平均值计算；R（Reduction）为某一改造措施的减损，以多年平均值计算；i 代表脆弱环境的种类，$i=1,2,\cdots,n$；j 代表措施种类，$j=1,2,\cdots,m$；G（GNP）为一定时段内多年平均国民生产总值。

最后，应指出的是有关脆弱性的评估方法很多，如野外调查法、层次分析法等，但无须一一例举。定性分析法和定量分析法不是绝对隔离开来的,二者只有结合在一起,才能更好地把握评估对象的本质与特征,才能对其未来的时空动态变化做出正确的预测。

2. 脆弱性评估的一般技术路线

脆弱性评估的一般技术路线流程如图 1—2 所示。

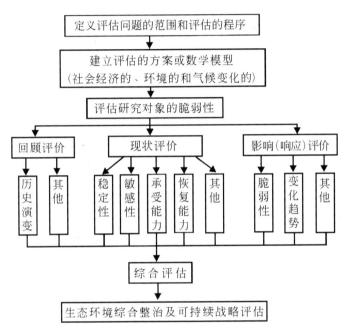

图 1—2　脆弱性评估的一般技术流程图

图 1—2 展示了脆弱性评估的一般技术流程,它主要包括以下步骤:

步骤 1:脆弱性评估的第一步是定义评估问题的范围和程序,其目的是让评估者能有效地使用有限的资源集中探讨所评估的重要问题。定义评估的范围和程序通常包括以下几个部分:①定义评估的对象,脆弱性评估的对象应该是那些自身比较脆弱或对外界变化比较敏感的系统或区域。通常在外部环境变化胁迫下,这些系统或区域会给评价范围内的社会经济、人口带来巨大影响。②确定评估的目的。评估的目的主要有三点:(a)评估环境胁迫对评估对象的影响及这些影响的不确定性;(b)评估系统的稳定性、敏感性、承受能力或阈值;(c)评估环境胁迫下该系统可能的响应趋势,或者环境胁迫对该系统的可能影响以及为防止系统产生不利响应所应采取的整治措施。从更详细的角度,评估的目的还应包括弄清评估者是在为谁而评估;通过评估需获取什么样的信息以及确定进行该评估需要什么级别的信息或数据资料。③选择评估的区域,评估的目的和对象制约评估的区域。一般情况下,研究区域可能是行政界线明显的行政区、自然地理区域(如河流盆地、冲积平原、山区)、生态区(如湿地、森林、高沼地、热带草原等)、气候带(如沙漠、季风区等)和生态敏感区域(如生态环境脆弱带、海岸带、边际群体、生态小生境等,这些区域对外界环境的变化往往比较敏感)。④选择评估的时间框架,选择评估的时间框架主要是针对影响评估,尤其是对气候变化的影响评估而言,时间框架一般为 5～10 年(短期)或 20～100 年(长期)。⑤确定数据的需求,上述各部分的界定都必须考虑数据的可获得性。如果无法获得一定质量的充足数据,则没有必要进行复杂的脆弱性评估。任何评估方法的选择都必须考虑数据的可获得性。如评估气候变化对某一区域农作物的影响,如没有关于该区域土壤分类数据、历史的天气数据且当前的种植数量不可知的话,则无法评估气候变化对该区农作物的影响。⑥拟定完成整个评估的时间进程表。

步骤 2:建立评估的方案和数学模型。这些方案或数学模型可能包括气候的、社会经济的(如人口、人均收入)和生态环境的(如土地利用、沙漠化、生态系统等),也可能是多个方案或模型的集合。建立评估方案和模型是脆弱性评估中十分重要的一步,因为它直接影响脆弱性评估结果的精确性和可靠性。如在气候变化的影响评估中,背景方案是否合理将影响评估对象对气候变化的敏感性。因此,评估方案或数学模型的建立应基于仔细研究之上。同时,评估方案或模型的建立应考虑所选取的指标体系,指标体系不同,则评估方案或模型将有很大的出入。

步骤 3:对研究对象进行脆弱性评估。这种评估应该集中在某些主要的环境要素上,评估的内容包括评估系统的历史演化、现状特征和外部胁迫对其可能影响或其对外界胁迫的可能响应。最后,还应对评估对象的历史演变、现状特征和变化趋势进行综合分析。

步骤 4：根据上述评估结果，提出整治脆弱（退化）系统、实现系统持续发展的战略方针和措施，其目的是防止系统进一步退化，使其朝着有利于人类的健康良性的方向发展。

五、脆弱性评估研究进展和意义

（一）脆弱性评估研究进展

1. 国内研究进展

20 世纪 80 年代以前，植物学家、生态学家和地理学家在以认识区域性质为目的的综合地理区域研究时，集中探讨了生物群落交错区和自然地理过渡带的性质。但对一些地带的边界或地域的归属问题存在颇多争议，这是因为边界具有很大的模糊性和相对性。随着研究的深入，对地理区域的研究逐渐从过去注重于区域的性质上升到探讨地理系统的功能及相互间的作用。资源与环境问题的日益严峻，使人们认识到必须把"人地"关系结合起来进行研究，于是研究的目光更集中于那些与人类生存攸关的点、线、地带和区域上。相应地，脆弱带、敏感区、危机地带、稳定地带、枢纽地带、濒危地带等概念也就应运而生了。

自 80 年代后期开始出现明确的脆弱生态环境概念之后，这个植物生态领域的概念便被不断拓宽，但在不同时期，人们对它有不同的理解，目前它已成为一个意义相当广泛的概念。1988 年在布达佩斯召开的第七届环境科学委员会（SCOPE）大会上，确认了生态脆弱带的概念，并在此基础上展开了对脆弱生态环境的研究。1989 年 1 月 22～23 日，中国科学院在北京召开了全球变化预研究学术报告会，8 月份国际地圈—生物圈计划中国委员会召开了第二次委员会议，会上呼吁加强对生态脆弱带的研究。1989 年，牛文元运用生态数学语言对脆弱带的宽度、重叠度、脆弱度等指标进行了归纳，并认为生态脆弱带的空间表达可划分为七种类型。1990 年，葛全胜认为中国一、二级台阶间过渡带是若干气候区交接处和生物多元化区域,同时该带又是地方病和地震多发区,因此具有明显的脆弱性特征。1992 年,杨勤业等编制了1∶1000万中国生态环境脆弱形势和危急区域图,认为目前中国存在约100 个生态环境极脆弱区、210 个生态环境脆弱区、90 个生态环境较脆弱区。同年,中国科学院组织部分科研人员对沿海进行了考察,就海平面上升对中国沿海地区经济发展的影响提出建议和对策。联合国"环境与发展"大会的召开和《21 世纪议程》的制定,把保护自然环境和自然资源的问题推向了一个空前的高潮。为实现这一议程,中国在"八五"期间开展了"生态环境综合整治和恢复技术研究"。可以说,该项目的实施掀起了大规模研究脆弱生态环境及其整治的高潮,并取得了显著的成果。在先期成果中,刘燕华对脆弱生态环境的特征、类型、指标做了概括和总结。申元村等对中国脆弱生态环境的形成演变及区域分异进行了探讨。赵名茶建立了脆弱生态环境决策支持系统数据库,并据此提出了黄河流域脆弱带的范围。同时,该项目还对中国北方农牧交错区、西南山地区和南方丘陵区等脆弱生态区以及它们内部的各脆弱小区的脆弱生态环境特征、类型、形成和整治进行了大量研究,提出了许多措施和建议。1991 年,朱震达根据联合国环境署关于土地荒漠化的评估,结合中国情况认为,土地荒漠化是在脆弱生态条件下,由于人为强度活动、经济开发、资源利用与环境不相协调下出现了类似荒漠景观的土地生产力下降的环境退化过程。从这一概念出发,他认为这种生态脆弱带在中国有两大类型,并对中国脆弱生态带与土地荒漠化的关系进行了深入探讨。

生态环境脆弱性的研究也常与灾害、资源承载力的研究紧密联系在一起。1994 年,王静爱完成的以县域为单位灾害因子广度、强度、频度、多度的评价,就是从灾害角度探讨中国自然灾害与脆弱带关系的范例。杨桂山、施雅风(1995)探讨了海平面上升对中国沿海重要工程设施与城市发展的可能影响。孙武(1995)认为人口承载力是衡量脆弱度的主要指标,因为它不仅提供了可供养人口的多少,而且提示了系统的人地关系状况和政治、经济、生态的未来前景。赵跃龙等(1996)还探讨了脆弱生态环境与工业化、农业化及与贫困之间的关系。关于气候变化下的脆弱性评估，中国学者对此也做了大量的工作。蔡运龙等（1996）对全球气候变化下中国农业的脆弱性进行了评估，并提出了适应未来气候变化的可能措施。李克让等（1996）对全球气候变化下中国森林的脆弱性进行了分析，并绘制出中国森林现实脆弱性分布图，以及三种不同气候变化情景下（根据 GFDL、GISS、OSU 三种全球气候变化模型的预测结果）中国脆弱性的分布图。此外，最新的研究成果还有唐国平等（2000）用三个大气环流模型（HadCM2、CGCM1 和 ECHAM4）模拟了未来中国气候变化的情景，并利用国际应用系统分析研究所发展并改进的农业生态地带模型（AEZ）评估了气候变化对中国农业可能造成的影响（本书第二章）。欧阳志云等（2000）进行的中国生态环境敏感性及区域差异规律研究和刘国华等（2000）完成的中国生态退化的主要类型、特征及其分布。前者分析了中国主要生态环境问题——水土流失、沙漠化、盐渍化和酸雨的空间分布格局和空间相关性，提出了生态敏感性概念，并以此把中国划分为七个生态环境敏感区，同时探讨了各分区的特点。后者对中国生态退化的主要类型——森林生态系统的退化、土地沙漠化和水土流失等问题进行了分析，详细地阐述了各个类型的现状、特征及其分布。冉圣宏等（2000）利用分形理论分析了中国典型脆弱生态区的稳定性与可持续农业发展的关系；孙武等（2000）分析了生态脆弱带波动性与人口压力之间的关系。由此可见，随着研究的进展，有关脆弱性的研究正朝多元化的方向发展，涉及的领域日渐增多。

2. 国外研究进展

国外对脆弱生态环境的研究可以追溯到 20 世纪 60 年代，不过最初它并不是一个独立的研究领域，而仅仅是生态学研究的一个内容。因此要了解国际脆弱生态环境的研究现状，首先要了解国际生态学的研究历史。

20 世纪 60 年代以来，全球脆弱生态区范围明显扩大，程度明显加重,因而引起了普遍关注。60 年代的国际生物学计划(IBP)、70 年代的"人与生物圈计划"(MAB)和 80 年代开始的"国际地圈与生物圈计划"(IGBP)大致可以反映这三个阶段生态学的发展趋势。IBP 以自然生态系统的物质循环、能量流动为主要研究对象;MAB 强调了人类活动对自然生态系统和生物圈的作用;IGBP 加深了人与自然界相互关系的认识,考虑到人类活动已经影响到整个地球的表层,包括生物圈、大气圈、地圈及水圈,威胁到人类生存的自然系统,因此,揭示人与自然的关系,以改善人类生存的环境,成为这一时期生态学研究的主要方向。世界上最有影响力也是最大生态学学术团体之一的美国生态学会也于 1992 年提出,脆弱生态环境的可持续性管理、已受损害的生态环境的恢复重建等应是生态学研究优先考虑的重点领域。

在研究内容方面,国外也曾对脆弱生态环境的概念、制图及其研究的理论基础进行过探讨。在脆弱生态环境的概念上,主要有三种观点:一是以自然属性或生态方面的变化类型和程度来定义的地学观点;二是以人文后果作为脆弱性评价标准的人文观点;三是在考虑经济发展水平的基础上以资源环境能否长期维持目前人类开发活动能力作为衡量标准的广义的人文观点。在脆弱生态环境的区域及制图方面,前苏联地理学家 V. M. Kotlyakov 于 1990 年 8 月首先提出编制生态脆弱形势图,现已初步完成的草图有:前苏联地区生态脆弱形势与区域图、乌克兰生态脆弱形势与区域图、美国生态形势图等。在生态林业的建设方面,目前世界上主要的森林经营指标与标准有:蒙特利尔行动纲要(温带与北方森林保护与可持续经营标准与指标)提出的 63 个指标;亚马孙行动提出了三种指标,即国家水平的 41 个指标,经营单位水平的 23 个指标,为全球服务水平的 7 个指标;赫尔辛基行动,提出了 28 个指标;国际热带木材组织(ITTO)指标,包括 27 个国际水平指标和 23 个森林经营单位水平指标。

由于经济发展水平和生态环境质量现状的差别,国内外脆弱生态环境研究内容的侧重点也有所不同。国外比较重视全球变化特别是全球气候变化对脆弱生态环境的影响,着眼于全球气候变化背景下脆弱生态环境及人类社会经济活动的变化,认为气候变化对脆弱生态区的降雨并进而对生态区的植被有着重要的影响。气候变暖总的影响将是引起水量蒸发增加、土壤水分减少,并将导致全球水循环加剧,对区域水资源产生重大影响。根据国际应用系统分析研究所的最新研究成果,中国部分地区特别是脆弱生态区的植被具有退化趋势。国际上从1993年开始筹建的全球陆地观测系统(GTOS)于1996年已经进入实施阶段,GTOS的观测对象包括土地、淡水、生物区系(包括生物多样性和人口等)。美国长期生态学研究网络(LTER)、英国环境变化研究网络(ECN)、德国陆地生态环境研究网络(TERN)等是重要的国家级生态环境监测与研究网络,为全球的脆弱生态环境研究提供了极其宝贵的资料。全球气候变化对脆弱生态环境以及人类社会经济的影响主要表现在灾害性气候事件增加、长期持续和过量降雨引起洪水并延误农业耕种、污染水资源以及暂时破坏生产和贸易格局等方面。全球气候变化有可能会通过改变农业生产条件而导致农业生产的不稳定性增加,带来农业生产布局和结构变动,造成粮食产量的波动,使本来就脆弱的生态环境更加脆弱;对畜牧业、渔业、林业等的影响的不稳定性很大,但总的来说是弊大于利。

3. 国际脆弱性研究的几大发展趋势

① 编制各种脆弱性图将得到长足发展:脆弱性图是反映评估对象脆弱形势的一种空间分布图。早在20世纪60年代,法国著名的水文地质学家马格特便提出了地下水污染脆弱性这一概念,并将地下水的脆弱性程度用图表示出来,可以说这是最早的脆弱性图之一。但是,直到80年代末90年代初,关于脆弱性的编图才逐渐展开。如1987年国际水文地质学家协会(IAH)地下水保护委员会启动了关于地下水脆弱性编图的项目。在国际水文计划(IHP)的第四阶段(1990～1995),联合国教科文组织(UNESCO)启动了关于地下水资源与其脆弱性编图方法指南的项目。1988年12月召开的美国水科学和技术理事会(WSTB)上,地下水脆弱性评估及编图工作第一次引起美国各界的注

意,其后提交的关于地下水脆弱性与编图的报告便是该委员会关于地下水脆弱性评估与编图研究的成果。几乎与此同时,1990 年 8 月在北京召开的国际地理学亚太区域大会上,前苏联科学院通讯院士柯特良科夫提出了编制脆弱生态形势图的想法,并得到美国克拉克大学教授、国际地理学会环境脆弱地带与全球变化研究组主席 R. 卡斯佩尔桑等的积极支持。其后,这一想法又在多次国际会议上得到赞同和确认。1991 年 4 月 12~13 日美苏两国地理学家在美国迈阿密召开会议进一步磋商,编写了项目建议书。建议此项工作分为长 5 年和短 1 年两个计划。其中,长计划的主要任务是:完成全球生态脆弱形势编图和区域图;弄清脆弱区域的概念和分类;建立编图的指标和方法;动员和组织国际地理界,特别是发展中国家的地理学家参与这项工作。为此建立了国际指导委员会和研究工作组。自此以后,有关脆弱性的编图不断发展。

② 脆弱环境区划:脆弱环境区域是根据一定的指标体系,以脆弱生态形成分异区域为单元划分脆弱环境区。脆弱环境的形成、发展以及相应的恢复整治技术,具有很强的区域性。搞好脆弱环境区划研究将是环境建设因区制宜、因类治理的前提。目前,关于脆弱环境区域的研究还比较少,但其发展潜力很大。申元村曾对脆弱环境区划的原则、等级系统、区域划分的依据进行了系统研究。他认为脆弱环境区划的原则由环境治理、促进环境资源良性循环和区划本身固有的研究内容来确定。主要的划分原则有:综合分析与主导因素相结合,突出主导因素的原则;区划等级层次原则和为脆弱生态恢复整治服务的原则。依据脆弱生态类型区域上的分异与脆弱生态因子相互作用与联系上的层位性以及区域大小上的相关性,脆弱生态区划体系一般可作为三级划分:即脆弱区、脆弱地区和脆弱片。对不同级别的脆弱区划,其划分依据和指标体系不同。

③ 气候变化下的脆弱性与适应性评估:气候变化是国际社会公认的全球性环境问题之一。为保护全球环境,自 1992 年 6 月联合国召开第二次环境与发展大会以来,已有 150 多个国家签署了气候变化框架

公约,中国也是缔约国之一。气候变化的重要性在于它与许多自然过程和人类社会的经济发展密切相关。温室气体增温的可能直接影响就是海平面的上升,这将给海岸带带来许多不确定的影响。而从世界范围来看,海岸带又是各国社会经济较发达、人口稠密的地带。气候变化也会改变很多区域的生态和生产条件,而且各种灾害事件发生的时间、频率、强度和分布也将发生变化。此外,气候变化还将影响人类活动的诸多方面如农业、林业、渔业、交通运输、食物安全乃至人体健康等。所有这一切,使得气候变化下的脆弱性与适应性评估越来越引起人们的高度重视。因此,有关气候变化下的脆弱性与适应性评估频频见诸报端,而且越来越多。

当然,还需指出的是,随着研究的进展,脆弱性评估的方法将不断改进,基本参数数据的获取将更加标准,脆弱性分类将更加准确,大比例尺脆弱性图的数量也会增加;各种决策支持系统和应用系统的开发将使定期快速的数据更新成为可能,脆弱性评估也将逐步纳入到局部或区域规划及其决策之中。

④ 脆弱性评估的模型化和 GIS 等技术在脆弱性评估中的广泛运用:脆弱性评估的模型化主要指各种数学、物理等模型在脆弱性评估中的广泛运用。尤其在对气候变化的脆弱性评估中,应用或建立各种模型来评估气候变化下环境、资源的脆弱性已成蓬勃发展之势。如在评估农业脆弱性中使用的大气环流模型、随机天气模型、作物生长机理模型等;评估水资源的水量平衡模型、集水水量平衡模型等;评估地下水脆弱性的地下水运移模型、污染质运移模型、地下水流模型等;评估生态系统脆弱性的各种统计相关模型(如迈阿密模型)、生物地球模型、生物地球化学模型等。可以说,脆弱性评估的模型化不仅是当前最热门的评估方法,也是各种评估方法中比较具有说服力的方法。同时,近几年来,随着 GIS 技术的日益普及与完善,各种软件的开发与应用,使多变量多数据的系统研究跨上一个新台阶。目前,应用 GIS 技术评估自然和人文系统的脆弱性已成上升之势。利用 GIS 技术,不仅可直接编制各种脆弱性分布图,分析研究对象的时空属性和动态变化,而且还可

借助 GIS 等软件作为开发环境、开发与脆弱性有关的各种数据库和脆弱性支持、管理、决策系统,以便为政府决策、管理部门提供更好的服务。从未来发展看,GIS 等技术与各种数学、物理等模型的结合是未来脆弱性评估的一个最主要的发展方向。

(二)脆弱性评估的意义

1. 脆弱性评估的理论意义

(1)有关脆弱性的研究不少,但缺乏完善的理论体系,这有待于进一步发展

有关脆弱性的研究可追溯到本世纪五六十年代,最初它多与灾害研究联系在一起,主要考察各种危害如技术性危害的根源,或者说人类面对各种危险的潜势或风险。随着工业化的迅猛发展,相应的环境问题也日益增多,脆弱生态区的范围也明显扩大,于是有关脆弱生态环境的研究也引起了社会的普遍关注。尽管 80 年代后期出现了明确的脆弱生态环境概念,但直到现在,关于脆弱性的概念众说纷纭,没有达成共识。针对不同的研究对象,脆弱性的定义也千差万别。更重要的是,关于脆弱性的形成、演化机制,它的评估原则、指标体系等虽有不少研究,但还没有形成完善的理论体系。中国目前关于脆弱性的研究多是针对退化或有退化倾向的一些脆弱地带的实例研究,虽有一定的实用性,但缺乏系统性。另外,针对人文系统的脆弱性,如脆弱性的因果结构,食物安全、饥荒、贫困与人文脆弱性的关系还缺乏深入探讨。所有这一切,都有待于今后进一步发展。

(2)可丰富脆弱性评估的方法,提供度量评估对象脆弱性的新判据

任何脆弱的系统都具有两个最基本的特性——不稳定性和敏感性。但它们都是很难度量的,如脆弱生态系统的稳定性一般是用系统的抵抗性(系统抵抗外界干扰的能力)和恢复性(系统受到干扰后,系统恢复到初始状态的能力)来表达的。但由于生态系统稳定性的传统评

估方法主要有两种：一是复杂性—稳定性假说，即将稳定性与系统的复杂性特别是物种的多样性联系起来，认为随着系统复杂性的增加，其稳定性也会得到增强，系统的复杂性导致了稳定性。但这样简单地描述复杂性和稳定性的关系是否妥当，还有待商榷。二是直接选用一些能反映系统特性的指标如脆弱度、承受度、敏感度等来量度，但计算这些指标时所采用的计算方法是否合理，也有待进一步研究。所以，只有通过大量的研究，才能逐步完善脆弱性评估的方法，为度量评估对象的脆弱性提供新的判据。

2. 脆弱性评估的实践意义

（1）预测和预警未来全球（区域）环境可能发生的变化趋势

脆弱性评估的对象往往是那些对全球（区域）环境变化以及人类各项社会经济活动比较敏感的环境资源系统，这些环境资源系统都有特定的地理空间位置，即它们都从属于一定的区域范围。这些环境资源系统由于易受外部胁迫的影响，其性质和空间位置也易发生动态变化，表现出空间迁移性强，变化速度快等特点。然而，资源环境系统性质和空间位置的动态变化，往往预示着全球（区域）环境可能正在发生的变化。如在生态环境脆弱带研究中，海岸带的上升、沙漠化的扩展往往预示着全球气候有可能正在变暖。此外，脆弱性评估的对象对外界的环境变化较为敏感，如生态环境脆弱带多是相邻自然地理系统的边缘交会带。边缘带的环境条件是相邻系统代表性生物群落的最低限条件，只要外界环境条件发生微小变化，生物群落的生长发育就会受到显著影响。正因为如此，1988 年在布达佩斯召开的第七届 SCOPE 大会上，全体成员才一致呼吁国际生态学界加强开展对 ECOTON 的研究，认为它把生态系统界面理论以及非稳定的脆弱特征结合起来，可以作为识别全球环境变化的基本指标。所以说，通过脆弱性评估不仅可了解评估对象的性质、结构和功能的变化，也可帮助我们预测全球（区域）环境可能变化的趋势。

（2）是进行脆弱生态环境综合整治与恢复和邻近地区经济开发的

前提条件

脆弱性评估其最终目的是防止生态环境的恶化,使退化的生态环境系统得以恢复与重建,以实现资源环境的良性发展和持续利用。脆弱性评估通过对评估对象的历史变迁、现状以及在外部环境变化胁迫下可能发生的趋势变化进行分析,可基本掌握脆弱生态环境的形成与演化机理及其区域特点,这样可为因地制宜进行环境改造和建设各种生态环境恢复工程提供宝贵的依据。通过评估在外部环境胁迫下评估对象可能的变化趋势,还可帮助我们提前预防生态环境的退化。此外,在脆弱性评估中,一些脆弱地带(如生态环境脆弱带)对相邻生态系统起重要调控作用,这表现在这些脆弱地带通过控制两边生态系统之间物流、能流和信息流,进而影响景观的动态。因此,如何把握住该类生态脆弱带对其邻近生态系统的调控作用,是进行邻近地区经济开发、环境整治必须考虑的条件。

(3)对保护物种的多样性、防止各种危害的发生具有十分重要的意义

脆弱性评估的对象往往具有独特的自然景观和人文景观,生物的多样性较为丰富,对外界的环境变化较为敏感,是风险的易发生地。如生态环境脆弱带处于两个或多个生态系统的交接带,它包含来自两方面的物种,另外还有以生态环境脆弱带为栖息地的独特种类,所以生态环境脆弱带有较丰富的动物、植物和微生物区系,生物多样性较为丰富。如山地平原交界带兼有山地与平原两种生境,既适宜山地特有物种的生存,又适宜平原品种的生存,并且还有本区的特有物种;同时,山地与平原的物种在该带相互渗透、相互交流,从而形成多样的生物种群资源。生态环境脆弱带独特的自然、人文景观和丰富多样的生物资源是对其进行合理开发、保护的前提条件。另外,由于生态环境脆弱带多是相邻两个生态系统的边缘地带,故而系统的反馈机制较弱,易于发生变化。生态环境脆弱带通常含有若干接近于它们的忍耐极限的有机体,这样任何自然和人为引起的环境改变极易首先由生态脆弱带的改变表现出来,因而生态脆弱带也常是潜在的敏感地带。所以,脆弱性评

脆弱生态环境与可持续发展

估对保护生物物种的多样性,防止各种危害的发生具有深远的意义。

（4）可帮助决策者和管理者进行各种决策管理,提高全民的生态环境意识

通过脆弱性评估不仅可帮助政府决策和管理人员了解评估对象的结构和功能现状,而且可帮助他们认识评估对象未来可能变化的趋势;不仅有助于他们了解造成各种脆弱性的因果结构,而且帮助他们识别脆弱性的时空分布。所有这一切都有助于他们进行各种层次上的规划、管理和实施各种有利于环境保护、管理和整治的计划措施。同时,通过脆弱性评估,也可让公众更多地了解目前所面临的各种脆弱性问题如沙漠化、水污染、土壤侵蚀等,帮助他们识别那些具有潜在危险的区域和行为,其目的是提高他们的生态环境意识,加强他们同各种规划管理行动的合作,自觉地纠正那些能增加社会和资源环境脆弱性的行为。此外,脆弱性评估还可帮助政府决策人员乃至公众把握谁是最脆弱的,谁有脆弱或退化的趋势。这样,可为生态环境综合整治和恢复工作实施重点突破、积极防御提供有利的条件,结果无疑会提高资金和人力资源的使用效率,避免各种重复建设和资金浪费。

参考文献

1. Alexander, D. :*Natural Disasters*. New York: Chapman & Hall, 1993.

2. Benioff, R. , S. Guill and J. Lee:*Vulnerability and Adaptation Assessments*: *An International Handbook*. Environmental Science and Technology Library, Kluwer Academic Publishers, 1996.

3. Blaikie, P. , Cannon, T. , Davis, I. and Wisner, B. :*At Risk: Natural Hazards, People's Vulnerability and Disasters*. London: Routledge, 1994.

4. Bohle, H. G. , Downing, T. E. and Watts, M. J. :*Climate Change and Social Vulnerability: the Sociology and Geography of Food Insecurity*. Global Environmental Change, 1994, 4:37~48.

5. Bohle, W. C. :*Bringing Social Theory to Hazards Research: Conditions and Consequences of the Mitigation of Environmental Hazards*. Sociological Perspectives, 1989, 31:147~168.

6. Cutter, S. L. :*Living with Risk*. London: Edward Arnold, 1993.

7. Dow, K. :*Exploring Differences in Our Common Futures: the Meaning of*

Vulnerability to Global Environmental Change. Geoforum，1992，23：417～436.

8. Dow，K. and Downing，T. E.：*Vulnerability Research：Where Things Stand.* Human Dimensions Quarterly，1995，1：3～5.

9. Downing，T. E.：*Assessing Socio-economic Vulnerability to Famine：A report to the US Agency of International Development（AID），* Famine Early Warning System（FEWS）Project. Washington，DC：AID/FEWS，and Providence，RI：Alan Shawn Feinstein Hunger Program，Brown University，1991.

10. Downing，T. E.：*Vulnerability to Hunger and Coping with Climate Change in Africa.* Global Environmental Change，1991b，1：365～438.

11. Gaber，t. and Griffith，T. K.：*The Assessment of Community Vulnerability to acute Hazardous Materials Incidents.* Journal of Hazardous Materials，1980，8：323～333.

12. Kates，R. W.：*The Interaction of Climate and Society.* In Kates，R. W.，Ausubel，J. H. and Berberian，M.，editors，Climate impact assessment，SCOPE 27，New York：Wiley，1985，3～36.

13. Liverman，D.：*The Vulnerability of Urban Areas to Technological Risks.* Cities May，1986：142～147.

14. Mitchell，J. K.：*Hazards Research.* In Gaile，G. L. and Willmott，C. J.，editors，Geography in America，Columbus，OH：Merrill，1989：410～424.

15. Pijawka，K. D. and Radwan，A. E.：*The Transportation of Hazardous Materials：Risk Assessment and Hazard Management.* Dangerous Properties of Industrial Materials Report，September/October，1985，2～11.

16. Smith，K.：*Environmental Hazards：Assessing Risk and Reducing Disaster.* London：Routledge，1992.

17. Susman，P.，Okeefe，P. And Wisner，B.：*Global Disasters：a Radical Interpretation.* In Hewitt，K.，editor，Interpretations of calamity，Boston，MA，Alleen & Unwin，1984，264～283.

18. Timmerman，P.：*Vulnerability，Resilience and the Collapse of Society.* Environmental Monograph 1. Toronto：Institute for Environmental Studies，1981.

19. Watts，M. J. and Bohle，H. G.：*The Space of Vulnerability：the Causal Structure of Hunger and Famine.* Progress in Human Geography，1993，17：43～67.

20. 包维楷、陈庆桓："生态系统退化的过程及其特点"，《生态学杂志》，1999，18（2）：36～42。

21. 蔡运龙、Barry Smit："全球气候变化下中国农业的脆弱性与适应对策"，《地理学报》，1996，51（3）：202～212。

脆弱生态环境与可持续发展

22. 常学礼、赵爱芬等:"生态脆弱带的尺度与等级特征",《中国沙漠》,1999,19(2):115～119。

23. 陈昌笃:"生态过渡带的历史发展与现实意义",《生态环境综合整治与恢复技术研究》(第一集),中国科学技术出版社,1992:11～17。

24. 崔海亭、张建平:"西辽河流域生态脆弱度分析",《生态环境综合整治和恢复技术研究》(第一集),中国科学技术出版社,1992:119～125。

25. 高晓庆、孙武:"生态脆弱带内部经济结构的调整探讨",《中国沙漠》,1994,14(4):104～108。

26. 葛全胜、张丕远等:"环境脆弱带特征研究",《地理新论》,1999,5(2):17～27。

27. B. Kochunov(李国栋译):"脆弱生态环境的概念及分类",《地理译报》,1993,12(1):36～43。

28. 李克煌、钟兆站:"中国生态环境脆弱带与区域可持续发展",《区域可持续发展理论、方法与应用研究》,1997:99～108。

29. 李克让、陈育峰:"全球气候变化影响下中国森林的脆弱性分析",《地理学报》,1996,51(Supplement):40～49。

30. 刘国华、傅伯杰等:"中国生态退化的主要类型、特征及分布",《生态学报》,2000,20(1):13～19。

31. 刘庆:"青藏高原东部(川西)生态脆弱带恢复与重建研究进展",《资源科学》,1999,21(5):81～86。

32. 刘雪华:"脆弱生态区的一个典型例子——坝上康保县的生态变化及改善途径",《生态环境综合整治和恢复技术研究》(第一集),中国科学技术出版社,1992:99～104。

33. 刘燕华:"脆弱生态环境初探",《生态环境综合整治和恢复技术研究》(第一集),中国科学技术出版社,1992:1～10。

34. 刘燕华:"中国脆弱生态类型划分与指标",《生态环境综合整治与恢复技术研究》(第二集),中国科学技术出版社,1995:8～18。

35. 吕昌河:"脆弱环境的特性、判别与分类",《生态环境综合整治与恢复技术研究》(第二集),中国科学技术出版社,1995:25～31。

36. 罗承平、薛纪渝:"中国北方农牧交错带生态脆弱带特征、环境问题及综合整治战略",《生态环境综合整治和恢复技术研究》(第一集),中国科学技术出版社,1992:61～70。

37. 牛文元:"生态环境脆弱带的 ECOTONE 的基础判定",《生态学报》,1989,9(2):97～105。

38. 欧阳志云、王效科等:"中国生态环境敏感性及其区域差异规律研究",《生态学报》,2000,20(1):9～12。

39. 冉圣宏、毛显强:"典型脆弱生态区的稳定性与可持续农业发展",《中国人口、资源与环境》,2000,10(2):69～71。

40. 申元村、张永涛："我国脆弱生态环境形成演变原因及其区域分异探讨"，《生态环境综合整治和恢复技术研究》（第一集），中国科学技术出版社，1992：38～45。

41. 孙才志、潘俊："地下水脆弱性的概念评价方法与研究前景"，《水科学进展》，1999，10（4）：445～449。

42. 孙武："波动性生态脆弱带的特征"，《中国沙漠》，1997，17（2）：199～203。

43. 孙武、侯玉等："生态脆弱带波动性人口压力脆弱度之间的关系"，《生态学报》，2000，20（3）：369～373。

44. 孙武："人地关系与脆弱带研究"，《中国沙漠》，1995，15（4）：419～424。

45. 唐国平、李秀彬等："气候变化对中国农业生产的可能影响"，《地理学报》，2000，55（2）：129～139。

46. 王凤慧："生态环境脆弱地区自然景观的人为退化及人地系统合理调控的对策"，《干旱区资源与环境》，1989，3（3）：21～27。

47. 王静爱："中国主要致灾因子的区域分异"，《地理学报》，1994，49（1）。

48. 王庆锁、王襄平等："生态交错带与生物多样性"，《生物多样性》，1997，5（2）：126～131。

49. 杨桂山、施雅风："海平面上升对中国沿海重要工程设施与城市发展的可能影响"，《地理学报》，1995，50（4）：302～308。

50. 杨明德："论喀斯特环境的脆弱性"，《云南地理环境研究》，1990，2（1）：21～29。

51. 杨勤业："环境脆弱形势及其制图"，《生态环境综合整治和恢复技术研究》（第一集），中国科学技术出版社，1992：55～59。

52. 杨勤业、张镱锂等："中国的环境脆弱形势和危机区域"，《地理研究》，1992，11（4）：1～9。

53. 张建平："生态过渡带与生态脆弱性的理论与实践"，《生态环境综合整治与恢复技术研究》（第二集），中国科学技术出版社，1995：32～41。

54. 张丽君："地下水脆弱性评价与编图"，《国外地质科技》，1998，（1）：35～42。

55. 赵跃龙、刘燕华："脆弱生态环境与工业化的关系"，《经济地理》，1996，16（2）：86～90。

56. 赵跃龙、刘燕华："中国脆弱生态环境分布及其与贫困的关系"，《人文地理》，1996，11（2）：1～7。

57. 赵跃龙、张玲娟："脆弱生态环境定量评价方法的研究"，《地理科学》，1998，18（1）：73～79。

58. 钟兆站、李克煌："山地平原交界带自然灾害与资源环境评价"，《资源科学》，1998，20（3）：32～39。

59. 周广胜："气候变化对生态脆弱地区农牧业生产力影响机制模拟"，《资源科学》，1999，21（5）：46～52。

60. 周劲松："山地生态系统的脆弱性与荒漠化"，《自然资源学报》，1997，12（1）：

10～16。

61. 朱震达:"土地荒漠化问题研究现状与展望",《地理研究》,1994,13(1):104～111。

62. 朱震达:"中国的脆弱生态与土地荒漠化",《中国沙漠》,1991,11(4):11～22。

63. 朱震达:"最近十年来中国北方农牧交错地区土地沙质荒漠化发展趋势的一例",《中国沙漠》,1994,14(4):1～7。

第一章 生态环境的脆弱性

第二章 全球气候变化与
生态环境的脆弱性

全球气候变化是当代人类面临的重大全球环境问题,已深为各国学者、社会公众以及政府所关注。为保护全球环境,自 1992 年 6 月联合国第二次环境与发展大会以来,已有 150 多个国家签署了气候变化框架公约,中国也是缔约国之一;同时,这次大会也是人类争取实现可持续发展的里程碑。它的宣言,促使全人类环境意识日益增强。尽管目前对气候变化系统和气候变化后果的认识仍存在很大的不确定性,但气候变化无疑会给我们生存的环境带来重大的影响。正因为如此,政府间气候变化专门委员会(IPCC)才多次组织全世界上千名科学家来预测温室气体和气候变化、评估它们的影响及其适应性对策等问题。在这一领域中,脆弱性评估——这一探讨全球气候变化下资源环境响应的研究方法已引起人们的高度重视。气候变化下脆弱性评估主要分析气候变化对区域自然环境、经济、人类健康、社会福利带来的各种影响,以及区域作物、牲畜、水资源、海洋资源、渔业、野生生物等对气候变化的响应,它是区域各项决策制定的重要依据。探讨气候变化下资源环境的脆弱性,评估其时空变化特征,"防患于未然",无疑是实现区域可持续发展的重要前提。

一、气候变化对中国农业生产的可能影响

(一)全球气候变化下农业脆弱性的内涵

气候变化下自然和社会系统的脆弱性,通常被定义为系统遭受气候变化持续性损害的程度。气候变化下自然和社会系统的脆弱性是系

统对气候变化敏感性和系统适应气候变化能力的函数。系统对气候变化的敏感性指系统响应某一特定气候变化的能力，这种响应可能是有益的也可能是有害的；系统对气候变化的适应性指系统在行为、过程和结构等方面做出的调整，这些调整能够缓和甚至抵消气候变化带来的潜在损失，或者充分利用气候变化创造的有利条件。根据上述观点，我们可把全球气候变化下农业的脆弱性定义为整个农业系统遭受气候变化持续性损害的程度。

（二）全球气候变化对农业生产的可能影响

1. 农作物对气候变化的响应机理

植物的种类不同，对大气中 CO_2 浓度变化的响应也不同，这是因为其光合作用的机理不同造成的。C_3 植物消耗一部分光呼吸过程中所吸收的太阳能，其中相当一部分碳被吸收到植物体内形成碳水化合物，然后又被重新氧化形成 CO_2。C_3 植物对大气中 CO_2 浓度的变化较为敏感，因为在这些条件下，光呼吸作用往往受到抑制。相反，对 C_4 植物而言，吸收的 CO_2 被贮存在叶片里面，然后被浓缩在进行光合作用的植物细胞里。因此，在通常情况下，C_4 植物比 C_3 植物进行光合作用的效率要高，但它对 CO_2 浓度的变化却相对不敏感。

CO_2 浓度上升对植物造成的另一个重要的生理影响是导致植物叶面的气孔关闭。这些小气孔是植物吸收 CO_2 和释放水分的通道。因此，大气中 CO_2 浓度的上升有可能减少植物的蒸发蒸腾作用，使植物的光合作用速率被加快。这种双重影响可能使水分的利用效率发生变化。因此，就 CO_2 自身来说，其浓度的上升将增加作物的产量，减少每生产单位生物量对水的需求。

温度、太阳辐射、水和大气中 CO_2 的浓度是影响植物生产力的重要气候和大气因子。植物的种类不同，对温度的需求和大气中 CO_2 浓度的响应也不同。作物所需的营养和水分可通过施肥和灌溉得到满足，但作物所需的温度和辐射条件是很难控制的，尤其在从事大规模的农业生产时。

气候变化很有可能形成新的农业生产条件,如导致土壤、气候、大气成分、太阳辐射、病虫害和杂草的重新组合。通过作物响应模型,可探讨气温、水分的可获得性和 CO_2 增加对作物生长的相互作用。这些模型一直被广泛用来评估农作物产量对气候变化的响应,并为探讨这些相互作用提供了许多富有价值的成果。

2. 气候变化对农业可能带来的影响

（1）大气中 CO_2 浓度上升对农业的直接影响

人们普遍认为,大气中 CO_2 浓度上升将增加作物的生产潜力。在试验中,C_3 植物如小麦、大豆,在 CO_2 浓度倍增情况下其生产潜力约增加 30%。然而,作物的种类、土壤的肥沃状况和其他限制因子的状况不同,则作物的响应也不同。C_4 植物,如玉米、甘蔗,同 C_3 植物比较而言,对大气中 CO_2 浓度变化的响应不太明显。就平均状况而言,其生产潜力大约上升 5%～10%。一般来说,CO_2 浓度越高,则 C_3 和 C_4 植物的水利用效率将提高。

总的来说,大气中 CO_2 浓度上升后,将对植物生长、水利用效率和作物产品的质量和数量产生影响,现分述如下。

对植物的生长造成的影响:①C_3 植物（温带的和北方的）对 CO_2 浓度上升的响应十分明显;C_4 植物（亚热带的）对 CO_2 浓度上升的响应较为有限。②有固氮生物共生的 C_3 植物同其他 C_3 植物相比较而言,前者从 CO_2 浓度上升中受益要多。③CO_2 浓度上升则植物光合作用的速率也将立刻增加;光合作用速率增加,则植物叶面积生长将增加,这样对光的吸收时间将提前且更完全,结果刺激生物量的增加。④生物量增加要求消耗更多的能量来维持,表现在呼吸速率加快,或者部分生物种的低呼吸作用可对这种高能量需求进行补偿。⑤长期暴露在高 CO_2 水平下,植物初始的强烈反应将逐渐削弱;试验表明,就多年生植物和一年生植物相比较而言,前者的反应不太敏感。⑥在更高的 CO_2 水平上,大气污染如氮氧化合物、SO_2、O_3 造成的植物生长损害至少部分得到抑制,因为气孔的开放被减少。

对水的利用效率造成的影响:①CO_2浓度上升将降低气孔的导气率和蒸发速率。然而,植物冠层的蒸发蒸腾,与叶片面积基础上的消耗相比很少受到影响。②对C_4植物来说,主要作物的水利用效率的范围相当宽且最明显。许多研究认为,就每单位被蒸发的水生产的干物质来说,水的利用效率将大大增加。③由于蒸发蒸腾减少,叶片温度将上升且可能导致植物生长发育的速率更快,结果叶片面积将扩展不少(尤其在作物生长的早期阶段)。④减少的蒸腾和由此产生的更高的叶片温度将加速叶片组织的老化。⑤叶片温度上升的总影响将依赖叶片的温度是接近还是超过植物光合作用的最优温度。

对作物收获指数和产品质量造成的影响:①在控制试验条件下,CO_2浓度上升,作物的生物量和产量都将增加。②对C_3和C_4植物而言,植物根、茎、叶的干物质分配模式明显发生不同变化:CO_2浓度增加,植物的根/茎比也增加。③CO_2浓度上升,则叶片的蒸腾作用减少,其结果温度上升,所有这一切将加速作物的生长发育,减少生物量或种子生产的效率。④CO_2浓度上升,非结构性碳水化合物的含量将增加,但植物体内矿物养分和蛋白质的浓度将被减少。叶片组织作为食物的质量可能下降,这导致食草动物对生物量的需求增加。

(2)气候要素变化对农作物可能造成的影响

现有的气候变化方案预言,全球气温升高1~4.5℃,降水的模式将发生改变,降水的程度将普遍增加。尽管如此,气候要素的变化仍然是不确定的。讨论它对作物生产力的最终影响具有很大的推测性。气候变化引发的气温、降水、湿度和蒸发蒸腾的变化对农作物造成的可能影响如下。

气温变化对农作物造成的可能影响:①气温对作物的影响取决于与其他环境影响如CO_2浓度上升的相互作用。气温对CO_2的肥力影响明显(尤其对C_3作物),气温升高则作物对CO_2浓度上升的响应也将加强。②气候变化,则夜间的气温可能上升至目前平均气温以上,对C_3和C_4植物来说,有可能增加其呼吸损失;在植物不遭受过热的情况下，气温升高将提高 C_3 和 C_4 植物对水分的利用效率。③在冷季，平均气温升高则意味着作物种植的时间将提前，一年熟作物的成熟时间也将提前，结果作物生长期长度的降低将减少作物的产量；另一方面，作物生长期缩短，在一些区域可能导致一年中作物的复种指数提高和多年生植物的生长季节被延长。在高温条件下，对一年生植物来说，生长季节变短不可能从改变的个体发育和更高的生长活力中得到补偿。因此，作物的净产量损失将不可避免。④气温影响干物质分配和生物量增长的速率。在多山区域，高温将允许更多的作物在海拔更高的地区生长。改进的热量供应将有利于高海拔地区作物的生长。⑤高温可能影响作物物候的发展或诱发温度压力，如稻谷小穗不育率的增加。

降水量、湿度和蒸发蒸腾变化对作物造成的可能影响：①气候变化项目预测，全球变暖将加强水分循环，结果水分蒸发、大气湿度和降水量都将增加。然而，在多数情况下，降雨的季节分布及其强度变化同年平均降雨量和蒸发量变化相比较而言，前者将给农作物的生产带来更大的影响。②在同样的温度条件下，由于 CO_2 含量增高将减少作物的蒸腾，结果也可能降低潜在的蒸发蒸腾速率。实际的蒸发蒸腾速率将部分补偿用于提高水分的利用效率（由于叶面积指数增大）。③在干旱和半干旱地区，由于水分平衡对大气降雨和气温的变化十分敏感，因此气候变化对这些区域的有利和不利影响可能都十分明显。降雨增多和湿度增大有利于改进一些区域的水分平衡，这有利于自然植被的生长和作物产量的提高。然而，在半湿润和湿润地区，水汽过多，则妨碍田间作业，增加病虫害和杂草的发生率。所有这一切，都可能减少作物的产量。

（3）杂草、病虫害和农作物疾病等变化给作物带来的非直接影响

杂草病虫害和农作物疾病通常受气候和大气化学组成的影响。气候变化诱发的杂草、病虫害和农作物疾病区域分布的变化，将与其他变化一起影响作物的生长。

杂草竞争给农作物带来的影响：①杂草与作物常为争夺生长必要的资源而竞争，除非田间杂草得到控制，否则杂草同作物竞争的结果是

减少农业生态区潜在的粮食产量。②气候变化引发的 CO_2 浓度、气温、水资源和营养物质可获得性的变化都将影响杂草与农作物之间的竞争,结果也影响作物的产量。③C_3 和 C_4 植物对大气中 CO_2 浓度上升的响应不同也影响杂草与作物之间为争夺资源而进行的竞争。事实上,大多数重要的作物都是 C_3 植物,然而杂草多是 C_4 植物。

农作物虫害对作物造成的可能影响:气候是决定农作物害虫能否获得栖息地的关键因子,因此气候变化影响作物害虫的生存率。作物害虫栖息地发生变化往往导致害虫的死亡率增加,或导致害虫的繁殖率上升、害虫生长的间歇期、迁移或者遗传的适应性发生改变。同样,气候的季节波动和年际波动的变化可能影响害虫生命周期的持续性、生育力、生长间歇期和适应性。

农作物疾病可能造成的影响:作物疾病主要与气候和土壤条件紧密相关。但是目前关于农作物疾病与气候变化或者大气中 CO_2 浓度上升关系的模式,还没有详细的报道。

(4)气候变化对农业可能造成的其他影响

此外,关于气候变化对农业可能造成的影响还包括对农业地理限制、对农业系统的影响等。就农业地理限制而言,全球变暖可望使温度带向极地移动,在目前农业受热量限制的地区,作物生长季会延长。气候变化与波动导致的农业生产空间分布和作物产量变化会影响到农业系统的方方面面,如区域比较优势、农业结构、粮食供给、区域产业结构、农产品的价格和贸易、就业等。此外,气候变化也可能对区域尺度上的食物安全问题产生影响。

(三) 全球气候变化下农业脆弱性评估

1. 气候变化下农业脆弱性评估的内容

气候变化下农业脆弱性评估一般包括如下内容:①识别气候变化下可能脆弱的农作物、农业地理区域及可能脆弱的人口;②描述气候变化下脆弱作物、脆弱区域和脆弱社会群体的特征及它们脆弱的原因;③

分析现有气候状况下性质相类似的区域,以利于识别其对未来气候变化的可能响应;④定量预测气候变化对农业有利或不利影响的程度,包括对土地生产力、作物产量、复种指数、地理限制、可耕种的土地面积等的影响;⑤预测适应气候变化的各种可能措施及它们的费用和效率。

2. 气候变化下农业脆弱性评估的方法与技术路线

评估气候变化对农业的影响一般包括两大重要内容:一是建立气候变化的方案,以模拟未来气候变化的情景;二是建立各种农作物响应模型,以评估新的气候条件可能给农作物带来的影响。其技术评估路线简易流程如图 2—1。

脆弱生态环境与可持续发展

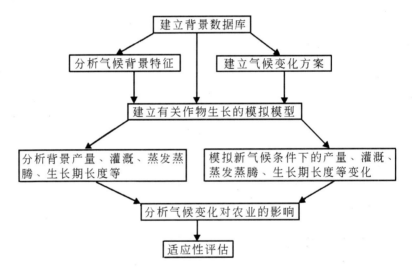

图 2—1　气候变化下农业脆弱性评估技术路线图

要建立的背景数据库主要包括研究区域气候背景数据库(包括气温、降水、太阳辐射、地面风速、大气湿度等指标)和与农作物生长相关的其他要素(包括地形、土壤、坡度、森林面积、灌溉条件、海拔等指标)背景数据库。气候背景特征的分析通常是利用各气象台站的监测数据。

建立气候变化方案模拟未来气候变化的情景和建立各种作物生长模型模拟新气候条件下农作物的生长是脆弱性评估的两大重要内容:

建立气候变化的方案：为了预测几十年后的气候变化，需要模拟气候变化的情景。目前公认的最好方法是根据全球大气环流模型（GCMs）的输出结果，因为用这种方法才能得到由于温室气体浓度增加而造成气候变化的最好信息。全球气候系统的三维数值模式（包括大气、海洋、生物圈和冰雪圈）是目前模拟确定全球气候物理过程惟一可靠的工具，因为它可以提供影响评价所需要的、一致的、有物理基础的有关区域气候变化的估算。

到目前为止，根据 GCMs 模型模拟未来气候变化有两种方案：一是 $1 \times CO_2$ 和 $2 \times CO_2$ 情景下的输出，即 CO_2 浓度平衡倍增方案。二者的差值反映了 CO_2 浓度突然倍增后气候是如何响应的。二是瞬变响应试验方案，即假定温室气体浓度稳定地逐渐增加情况下气候因子是如何逐渐变化的。就两种方案比较而言，各有优缺点。前者把大气中 CO_2 浓度倍增假定是一步性的，这在现实中是不现实的，因为 CO_2 的浓度是连续增长的。况且全球气候系统的不同分量有不同的热惯性，达到平衡的速度也不一样，因此永远不可能达到模拟中假设的合成条件；后者虽然反映了随时间连续变化的温室气体浓度，区分了区域硫化气溶胶和温室气体的增温效应，以及可提供气候变化速度和范围的信息，但也存在一些缺点如"冷启动"等问题。

建立有关各种作物生长的模拟模型：模拟气候变化对农业的影响主要是通过建立各种作物生长的模拟模型来模拟气候变化下农作物产量、土地生产潜力、作物复种指数、生长期等变化的情况。目前，关于模拟气候变化下农作物可能发生的响应一般有两种方法。一是采用动态机理模型模拟作物的生长及产量，如常用的模拟农作物病虫害发展的病虫害模型；模拟产草量的草原影响模型等。但由于 GCMs 产生的日值不能用于上述各产量动态模拟模型，因此需在 GCMs 气候情景与各种作物模型之间加入一个按气候情景随机产生逐日天气数据的天气模拟模型。二是可直接使用 GCMs 情景数据的模型如农业生态地带模型（AEZ）。这类模型的最大特点是可直接用于评估气候变化对土地生产潜力的影响。

（四）气候变化对中国农业生产的可能影响

气候变化已引起广泛的关注，如 IPCC 认为，如果目前温室气体的排放速率持续下去，则地球表面的气温有可能每十年上升 0.2℃。农业与气候密不可分，气候变化无疑会对农业产生有利或不利的影响。在中国，农业具有举足轻重的地位，其中 10 亿多人口直接依赖农业生存。但气候资源的多样性、气候变化诱发的自然灾害等问题可能会使中国农业在气候变化的压力下相当脆弱。此外，人口的增加、水资源的短缺、农业资金投入不足等社会经济问题，更加剧了气候变化下中国农业的脆弱性。所以，某种程度上，气候变化将使中国农业面临更加严峻的挑战。

关于气候变化对中国农业的可能影响，不少学者已进行了大量研究。邓根云等曾对气候变化对中国农业的影响进行了全方位的探索，如 CO_2 浓度倍增对农作物如小麦、玉米产量的影响，气候变化对农业自然资源和条件、农作物生产力、区域农业发展的影响和气候振动对大范围作物产量的影响等。林而达等也通过建立各种模型模拟了气候变化对中国农业碳循环、多种作物的产量、内蒙古温带草原地上生物量和农业种植制度的影响。上述研究多采用 $1 \times CO_2$ 和 $2 \times CO_2$ 情景下，GCMs 的输出值进行气候变化的影响模拟。此外，现有研究多采用动态的机理模型模拟气候变化情景下作物的生长及产量。虽然该方法比较先进，但这些模型需借助天气模拟模型随机生成逐日的天气数据，加上模型本身无法回答短期、中长期天气如何变化这一问题也影响研究结果的准确性。因此，这里试图用新的模型和方法进一步探讨气候变化对中国农业的影响。

1. 研究的技术路线及主要内容

研究气候变化对中国农业生产的可能影响主要有三大步骤：①数据库的建立；②背景气候分析和气候变化情景模拟；③新气候情景对中国农业生产影响的评估。建立的数据库主要包括各种气候数据库和农

脆弱生态环境与可持续发展

业资源目录清单。气候数据库主要包括气温、降水、地面风速、太阳辐射等指标,数据采集于中国 310 个气象台站,时间期限为 1958～1997年。农业资源目录清单主要包括土壤、地形、森林面积、经济作物、农业灌溉、海拔等指标。背景气候分析主要基于 1958～1997 年中国 310 个气象站的月平均最高、最低气温,月平均降水量,日照时数等气象参数。气候变化情景的模拟主要采用三个 GCM 模型,即 HadCM2、CGCM1和 ECHAM4 来模拟。最后,根据三个 GCM 模型模拟的结果,利用国际应用系统分析研究所(IIASA)发展并改进的 AEZ 模型评估了气候变化对中国农业生产的影响。该影响评估主要集中于气候变化对不同区域复种指数、可耕种土地面积、潜在粮食产量及土地生产潜力的影响。

2. 中国气候背景特征分析和未来气候变化情景模拟

(1) 中国气候的背景特征

分析中国气候的背景特征对于模拟未来中国气候的变化和评估其对农业生产的影响是必不可少的。参考世界气象组织的观点,即背景期限的选择应便于获取所需的气候观测数据和非气候背景数据,同时背景期限应尽量接近当前时间从而使之能用来解释未来气候的变化。故本文选用 1958～1997 年作为分析未来气候变化的背景期限,根据该期限内中国 310 个气象站的月平均降水量,月平均最高、最低气温,日照时数等气象参数,利用 GIS 技术则可分析出中国气候的背景特征,如表 2—1 所示。

表 2—1　中国气候的背景特征

区域		华北	东北	华东	华中	华南	西南	西北	青藏
降水量(mm)	全年	637	631	1255	1406	1577	1028	346	287
	冬季	24.0	18.9	147.5	166.6	146.0	54.5	15.2	19.3
	春季	93.6	90.0	346.1	523.4	471.8	224.3	70.5	59.6
	夏季	409.7	410.0	519.6	500.1	624.7	516.9	181.1	153.6
	秋季	110.0	112.1	242.1	215.7	334.4	232.7	79.2	55.0

区域		华北	东北	华东	华中	华南	西南	西北	青藏
平均最高气温（℃）	极值	29.5	26.4	30.9	31.0	31.0	24.3	26.7	14.4
	全年	15.9	9.3	18.8	18.9	23.5	16.4	11.8	4.6
	冬季	0.7	-9.6	6.8	7.0	15.5	8.2	-3.9	-5.0
	春季	17.4	10.9	17.9	18.4	23.1	17.4	13.6	4.8
	夏季	28.8	25.4	29.7	29.9	30.3	23.4	25.5	13.7
	秋季	16.8	10.6	20.7	20.4	24.9	16.6	12.0	4.9
平均最低气温（℃）	极值	-11.7	-23.7	-2.4	-1.4	7.4	-3.0	-18.7	-22.1
	全年	4.3	-2.5	10.3	10.6	15.9	6.6	-1.4	-9.4
	冬季	-10.3	-21.6	-1.1	-0.7	8.1	-2.2	-16.9	-20.1
	春季	4.6	-1.8	9.1	10.2	15.8	6.7	-0.2	-8.9
	夏季	18.0	14.8	21.3	21.2	22.4	14.4	12.6	0.6
	秋季	5.0	-1.5	11.8	11.9	17.1	7.6	-1.2	-9.2

（2）建立气候变化的方案

建立气候变化的方案旨在分析将来气候变化的情景并评估其对农业生产的影响。气候变化方案常定义为在自然状态和可接受的 CO_2（或其他微量气体）水平预测下，大气中某些气象参数连续不断的一系列变化。通常来说，所建立气候变化方案的数量旨在把握气候变化可能影响的程度，限制与之相关的不确定性。

在模拟未来中国气候变化情景研究中，主要依据现有大气环流模型的先进性、分辨率、有效性、代表性四个标准，本文选用上述三个 GCMs 模型，即 HadCM2、CGCM1 和 ECHAM4 来模拟未来中国气候变化的情景。所选大气环流模型都是最近发展的全球三维大气环流模型耦合全球混合层海洋与海冰模型。三个模型下，CO_2 浓度倍增情景下全球平均气温的响应分别为 2.5℃、3.5℃和 2.6℃。根据三个模型，建立了未来气候变化的六种方案。表 2—2 表明上述三个 GCM 模型和所建立气候变化方案的详细情况。

脆弱生态环境与可持续发展

表 2—2　三个大气环流模型和所建立气候变化方案的详细情况

模型名称	HadCM2	CGCM1	ECHAM4
模型出处	英国哈德莱中心	加拿大气候模拟分析中心	德国麦克斯布兰克气象研究所
类型	格点模式	谱模式	谱模式
空间分辨率	3.75×2.75	3.75×3.75	2.8125×2.8125
网格数	96×73	96×48	128×64
气候变化方案	HadCM2 - GX HadCM2 - GS	CGCM1 - GG CGCM1 - GS	ECHAM4 - GG ECHAM4 - GS
模拟期限	2020s, 2050s, 2080s	2020s, 2050s, 2080s	2020s, 2050s, 2080s

注:GX 表示一种集合结果的强迫方案;GG 表示只考虑温室气体的强迫方案。在 HadCM2 模型下,温室气体的浓度每年增长 0.5%,其他模型下每年增长 1%;GS 表示"温室气体＋气溶胶"强迫方案,该方案下硫酸盐等气溶胶浓度的变化与温室气体浓度的变化相一致。表中三个模型的空间分辨率都是针对全球尺度而言。对中国,本文将三个 GCM 模式原有网格点转换成共同的 0.5°×0.5°格距。另外,2020s 代表期限 2010～2039 年;2050s 代表期限 2040～2069 年;2080s 代表期限 2070～2099 年;文中所有的模拟值(背景值除外)都是指相应模拟期限内三十年的平均值。

(3) 模拟未来中国气候变化的情景

建立气候变化方案后,根据不同方案下 GCM 模拟的结果,则可分析未来中国气候变化的情景。通常,用 GCM 模拟的气温分别与该模式背景气温的差值表示气温的变化;用 GCMs 模拟的降水量同该模式背景降水量之间的差值与该模式背景降水量的百分比表示降水量的变化。不同气候变化方案下,中国未来气候变化的情景如下。

● 中国气温上升的情景

① 气候变化将使中国境内的平均气温普遍升高。如在 HadCM2 GX 方案下,2020s、2050s、2080s 中国的年平均气温将分别比现在增加 1.5℃、2.5℃、3.8℃。

② 一般来说,气温升高的幅度在高纬度地区大于低纬度地区;内陆地区大于沿海地区。如在 HadCM2 GX 方案下,2020s、2050s、2080s 中国东北、华北和西北地区的年平均最低气温将比现在升高1.8℃、2.8℃、4.4℃,其幅度明显大于中国华南、西南地区的年平均最低气温

升高值 1.6℃、2.1℃、3.3℃。同样,在 CGCM1 GG 方案下,2020s、2050s、2080s 中国华中、西北地区年平均最低气温将比现在升高 2.5℃、4.9℃、7.5℃,其幅度也明显大于中国华东、华南地区年平均最低气温升高值 1.8℃、3.7℃、5.8℃。

③ 平均气温变化的季节分布随气候变化方案的不同而不同。如在 HadCM2 GX 方案下,冬季、秋季年平均最高气温和最低气温的上升幅度明显大于春季、夏季。而在 CGCM1 GG 和 CGCM1 GS 方案下,冬季、春季年平均气温的上升幅度明显大于夏季、秋季。其他方案下,年平均气温变化的季节分布不太明显。但就所有气候变化方案而言,气候变化可能会使中国冬季相对变暖,而夏季相对变冷。

● 中国降水变化的情景

相对气温而言,气候变化下中国降水变化的情景较为复杂,它不仅随气候变化方案的不同而不同,而且其空间变化和季节变化也相对不明显。但比较所有气候方案下 GCMs 模拟的结果,则可发现:

① 在绝大多数气候变化方案下(除 CGCM1 GS 方案),气候变化将增加未来中国的总降水量。如在 HadCM2 GX、CGCM1 GG、ECHAM4 GG 三个方案下,2020s、2050s、2080s 中国的总降水量将分别比现在增加 5.8%、10.4%、18.6%,1.2%、4.7%、2.5% 和 8.2%、10.4%、13.6%。

② 在所有气候变化方案下,中国青藏地区的年平均降水量将明显增加。如 HadCM2、CGCM1、ECHAM4 三个模型模拟结果表明,2020s、2050s、2080s 中国青藏地区的年平均降水量将分别比现在增加 4.9%、7.4%、11.9%,3.4%、7.1%、10.2% 和 12.5%、15.0%、20.6%。

③ 在 HadCM2 GX 和 ECHAM4 GG 方案下,中国所有区域的降水将会增加;但在 HadCM2 GS 和 CGCM1 GS 方案下,中国华北、华中、华东、华南地区的降水将减少。

④ 年平均降水量的季节变化随气候变化方案的不同而不同。如在 HadCM2 模型下,中国降水的增加主要集中于冬季;而在 CGCM1 模型下,降水的减少却主要集中于冬季,呈现出截然相反的变化趋势。

同样在上述两种模型下,夏季降水的变化十分不明显。对 ECHAM4 模型来说,冬秋两季降水的变化明显大于春夏两季。

3. 气候变化对中国农业生产的影响

（1）农业生态地带模型（Agro-Ecological Zoning）的回顾

模拟了未来中国气候变化的情景后,本文主要利用国际应用系统分析研究所（IIASA）发展并改进的 AEZ 模型评估气候变化对中国农业生产的影响。20 世纪 70 年代,联合国粮农组织（FAO）首先提出土地评价的基本原则。自此以后,在 FAO 与 IIASA 的合作努力下,AEZ 方法得到不断改进并应用于许多实例研究中。如 1996 年 IIASA 完成的气候变化对肯尼亚农业的影响。通常来说,AEZ 方法主要由三部分组成,即土地利用类型、土地资源数据库和计算潜在粮食产量以及按照土地单元和网格把各农作物、土地利用类型的环境需求与包含在土地资源数据库中各自的环境特征匹配得来的计算机程序。该方法不仅综合考虑了影响农业生产的各项因子,而且考虑了农业生产所需的基本条件,如水分、能量、营养物质等对作物的供应情况,借助 GIS 技术,可输出详尽化的作物生产潜力评价结果。更重要的是,它可直接评估气候变化对土地生产潜力的影响。

（2）气候变化对中国农业复种指数、可耕种土地面积和潜在粮食产量的影响

评估气候变化情景下农业的生产条件需首先了解影响土地生产潜力的一系列错综复杂且相互影响的因子,这包括农业复种指数、可耕种的土地面积、潜在粮食产量的变化。同时所有的影响评估也需考虑水资源的可获得性,即"灌溉＋雨养"和"雨养"条件下气候变化对农业的复种指数、可耕种土地面积和潜在粮食产量的影响。

● 气候变化对中国农业复种指数的影响

气候变化将对中国农业的复种指数产生深刻的影响,图 2—2 展示了 HadCM2 GX 方案下,"灌溉＋雨养"和"雨养"条件下气候变化对中国农业复种指数影响的区域差异。

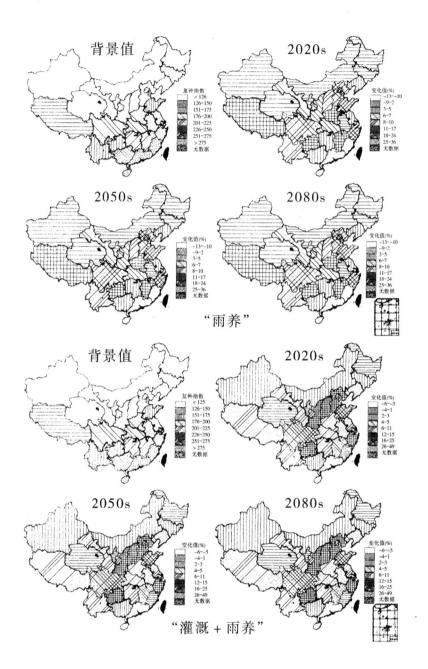

图 2—2 HadCM2 GX 方案下"灌溉＋雨养"和"雨养"
条件下中国农业复种指数的变化情景

根据图2—2,并结合其他气候变化方案下评估的结果,则可发现:

① 气候变化将使中国大部分地区的复种指数提高。如"灌溉＋雨养"条件下,2020s、2050s、2080s中国华北地区农业的复种指数将分别比现在增加14％、20％、34％(HadCM2 GX方案),12％、21％、42％(CGCM1 GG方案)和12％、19％、22％(ECHAM4 GG方案)。

② 就整个中国而言,复种指数变化的空间分布十分明显。通常来说,复种指数平均增加的幅度在中国西南地区、华中地区和华北地区明显大于西北和华南地区。除此之外,就东北地区而言,复种指数增加的幅度要大于华南地区,小于华北、华中和西南地区。在华东地区,上海、浙江两省复种指数增加的幅度较大。

③ 比较"灌溉＋雨养"和"雨养"两种条件下复种指数的变化,很明显,在中国东北、西北甚至华北部分地区,"灌溉＋雨养"条件下复种指数增加的幅度要明显大于"雨养"条件下复种指数增加的幅度。相反,在中国华南地区,"灌溉＋雨养"条件下复种指数减少的幅度要明显小于"雨养"条件下复种指数减少的幅度。

④ 在青藏地区,无论在"灌溉＋雨养"条件下还是"雨养"条件下,气温升高都将增加西藏地区农业的复种指数。但是,在青海,气候变化对其复种指数的影响不十分明显。

● 气候变化对中国可耕种土地面积的影响

气温升高及降水等要素的变化将影响可耕种土地的面积。表2—3列出了不同气候变化情景下中国可耕种土地面积的变化状况。

表2—3表明:① 在所有气候变化方案下,气候变化将使中国东北、西北和青藏地区可耕种土地面积增加。如在HadCM2 GS方案和"灌溉＋雨养"条件下,2020s、2050s、2080s中国东北地区的可耕种土地面积有可能比现在增加6％、13％、19％。相反,气候变化会减少中国华东、华中和西南地区可耕种土地的面积。如在HadCM2 GX方案和"雨养"条件下,2020s、2050s、2080s中国华东地区可耕种土地面积将比现在减少6％、12％、19％。

表 2—3 "灌溉＋雨养"和"雨养"条件下气候变化对中国可耕种土地面积的影响（%）

条件	区域	背景值（万亩）	HadCM2 GX 20s	50s	80s	HadCM2 GS 20s	50s	80s	CGCM1 GG 20s	50s	80s	CGCM1 GS 20s	50s	80s	ECHAM4 GG 20s	50s	80s	ECHAM4 GS 20s	50s	80s
灌溉＋雨养	华北	37868	5	5	4	3	4	5	2	-0.2	-11	0.2	-2	-2	5	5	3	5	5	—
	东北	39956	16	21	25	6	13	19	18	27	27	17	23	23	21	28	31	18	18	—
	华东	13477	-7	-13	-21	-2	-2	-9	-25	-42	-36	-8	-22	-22	-10	-19	-28	-6	-6	—
	华中	23076	-21	-34	-46	-1	-4	-24	-38	-50	-44	-12	-29	-29	-25	-41	-47	-12	-12	—
	华南	10210	-1	-12	-10	-5	9	28	7	35	79	20	43	90	-7	-5	-6	12	12	—
	西南	26785	-16	-24	-31	-11	-11	-18	-25	-28	-9	-15	-14	-4	-20	-27	-34	-16	-16	—
	西北	27792	55	75	97	29	43	73	50	74	48	25	53	76	72	100	130	42	42	—
	青藏	966	13	76	83	13	61	186	112	133	375	56	73	249	78	118	212	27	27	—
	全国	180132	7.5	8.0	9.2	4.3	9.1	12.7	2.5	6.5	7.8	4.6	8.4	16.2	9.9	12.5	15.1	7.9	7.9	—
雨养	华北	37673	5	4	6	3	4	5	2	0.1	-12	-0.2	-2	-2	5	6	3	5	—	—
	东北	38309	17	23	34	7	14	20	19	27	27	17	23	28	22	30	32	19	—	—
	华东	13599	-6	-12	-19	-0.2	-1	-9	-22	-39	-36	-6	-21	-29	-8	-17	-26	-4	—	—
	华中	22791	-21	-33	-40	-2	-4	-23	-39	-50	-44	-11	-29	-37	-25	-41	-48	-12	—	—
	华南	10128	1	-12	-4	-4	10	30	7	38	80	22	43	91	-5	-3	-4	12	—	—
	西南	26739	-16	-24	-24	-11	-11	-19	-25	-27	-9	-15	-14	-5	-20	-28	-34	-16	—	—
	西北	21648	70	96	157	36	55	93	61	93	55	28	65	93	92	129	169	52	—	—
	青藏	845	9	68	149	12	63	206	112	129	399	52	66	264	80	115	220	18	—	—
	全国	171735	8.0	8.5	18.0	4.6	9.6	13.4	2.3	6.7	6.9	4.5	8.2	16.0	10.7	13.4	16.2	8.2	—	—

② 就整个中国而言,无论是在"灌溉+雨养"还是"雨养"条件下,气候变化都将增加中国可耕种土地的面积。在"灌溉+雨养"条件下,可耕种土地面积增加的幅度变化于 $2.5\%\sim16.2\%$ 之间;在"雨养"条件下,可耕种土地面积增加的幅度变化于 $2.3\%\sim18.0\%$ 之间。

③ 就中国华北和华南地区而言,气候变化对可耕种土地面积的影响随气候变化方案的不同而不同。

● 气候变化对中国潜在粮食产量的影响

表2—4列出了不同气候变化情景下中国潜在粮食产量的变化情况。

由表2—4可发现:①气候变化将增加中国东北、西北和青藏地区的粮食产量;相反,气候变化也将减少我国华东、华中和西南地区的粮食产量。②就全国总体而言,气候变化对粮食产量的影响是积极的,仅在 CGCM1 GG 方案下,气候变化对粮食产量产生消极影响。此方案下,2020s、2050s、2080s 中国潜在粮食产量有可能减少 5.7%、1.6%、5.3%。③就中国华北和华南地区而言,气候变化对粮食产量的影响随气候变化方案的不同而不同。

● 气候变化对中国土地生产潜力的影响

图2—3展示了 CGCM1 GG 方案下,"灌溉+雨养"和"雨养"条件下气候变化对中国土地生产潜力影响的区域差异。

根据图2—3,并结合其他气候方案下的评估结果,则气候变化对中国土地生产潜力的影响可总结为:

① 气候变化将明显增加中国东北地区的土地生产潜力。如在 HadCM2 GX 方案和"灌溉+雨养"条件下,2020s、2050s、2080s 中国东北地区的土地生产潜力将分别比现在增加 16.0%、24.9%、36.8%;"雨养"条件下将分别增加 12.1%、10.1%、35.3%。相反,气候变化也将明显减少中国华南、西藏地区的土地生产潜力。如同样在 HadCM2 GX 方案和"灌溉+雨养"条件下,2020s、2050s、2080s 中国华南地区的土地生产潜力将分别比现在平均减少 6.5%、2.3%、5.1%;"雨养"条件下分别减少 1.4%、1.1%、6.0%。所有方案下,西藏地区的土地生产潜力减少的幅度最大。

表 2—4 "灌溉＋雨养"和"雨养"条件下气候变化对中国潜在粮食产量的影响（%）

条件	区域	背景值(1000t)	HadCM2 GX			HadCM2 GS			CGCM1 GG			CGCM1 GS			ECHAM4 GG			ECHAM4 GS		
			20s	50s	80s	20s	50s	80s	20s	50s	80s	20s	50s	80s	20s	50s	80s	20s	50s	80s
灌溉	华北	160747	14	12	20	-2	1	4	-1	-3	-17	1	1	-2	9	11	9	9	-	-
	东北	109114	35	51	71	14	23	40	37	64	61	31	52	56	43	60	86	34	-	-
	华东	72400	-0.3	-7	-17	-0.2	3	-6	-23	-46	-37	-7	-24	-37	-6	-18	-30	-4	-	-
	华中	103043	-22	-35	-43	-1	-3	-25	-34	-44	-41	-13	-35	-35	-26	-38	-47	-15	-	-
	华南	43204	-2	-13	-16	-7	2	10	-5	-9	-15	17	32	22	-9	-12	-20	7	-	-
	西南	72075	-12	-18	-28	-9	-5	-12	-26	-25	-11	-10	-10	6	-18	-29	-38	-15	-	-
	西北	65704	43	61	97	22	30	57	46	88	72	25	53	80	59	88	133	33	-	-
	青藏	2126	-10	34	42	-5	21	109	51	109	361	14	54	194	24	75	191	-3	-	-
	全国	628431	8.8	9.0	14.5	2.7	6.7	8.9	-0.5	3.8	1.9	5.4	6.7	8.1	8.2	10.3	14.8	6.4	-	-
雨养	华北	124496	18	15	43	-2	-0.3	3	-9	-13	-30	0.3	-9	-22	12	13	8	6	-	-
	东北	92630	36	56	88	14	24	42	37	69	65	31	54	55	47	68	92	35	-	-
	华东	63141	-3	-10	-6	-1	0	-9	-28	-48	-41	-9	-29	-41	-9	-20	-32	-5	-	-
	华中	98597	-23	-36	-35	-1	-3	-26	-36	-46	-44	-14	-35	-39	-27	-38	-48	-15	-	-
	华南	41866	-6	-14	-9	-8	0.1	7	-10	-14	-24	13	28	13	-12	-17	-24	1	-	-
	西南	71658	-12	-18	-28	-9	-5	-12	-26	-26	-13	-11	-11	3	-18	-29	-39	-14	-	-
	西北	37233	61	80	232	29	39	81	59	116	83	24	61	101	88	125	193	43	-	-
	青藏	1859	-22	11	101	-12	10	103	31	70	328	-2	24	157	9	34	148	-19	-	-
	全国	531490	7.8	7.3	30.4	1.8	5.6	7.2	-5.7	-1.6	-5.3	3.1	2.3	1.4	7.6	9.0	12.2	5.2	-	-

② 就中国华北、西北、华东、华中、西南地区而言,气候变化对土地生产潜力的影响随气候变化方案的不同而不同,同时也随"灌溉＋雨养"和"雨养"条件的不同而不同。

③ 如不考虑西藏地区,气候变化将对整个中国的土地生产力潜力产生积极影响;否则,就平均状况而言,气候变化将对中国的土地生产潜力产生消极影响。在"灌溉＋雨养"条件下,减少幅度变化于 1.5%～7.0%之间;在"雨养"条件下,减少幅度变化于 1.1%～12.6%之间。

4. 结论与展望

本章利用大气环流模型和农业生态地带模型分析了气候变化对中国农业生产的影响,其特点如下:①所采用 GCMs 模型的先进性、空间分辨率等较以往模型都有较大幅度的提高;②建立温室气体浓度逐渐增加的气候变化方案,避免了平衡倍增方案的不现实性;③AEZ 方法不仅综合考虑了影响农业生产的基本因子和条件,且为输出地理详尽化的评估结果提供了可能。研究结果表明:

(1) 气候变化将使中国的平均气温普遍升高,且气温升高的幅度在高纬地区大于低纬地区,内陆地区大于沿海地区。如在 HadCM2 GX 方案下,2020s、2050s、2080s 中国的年平均气温将比现在上升 1.5℃、2.5℃、3.8℃。就季节变化而言,气候变化会使中国冬季相对变暖,而夏季相对变冷。此外,气候变化下中国的降水变化略显复杂,总趋势是中国东北、西北、青藏地区的降水将会增加,而东南沿海地区的降水有可能减少。

(2) 由于气温升高加上东北、西北、青藏和华北部分地区降水增多,中国农业的复种指数将普遍增加。此外,就中国东北、西北和华北部分地区而言,"灌溉＋雨养"条件下复种指数增加的幅度明显大于"雨养"条件下增加的幅度;而在中国华南地区,"灌溉＋雨养"条件下复种指数减少的幅度却明显小于"雨养"条件下减少的幅度。

脆弱生态环境与可持续发展

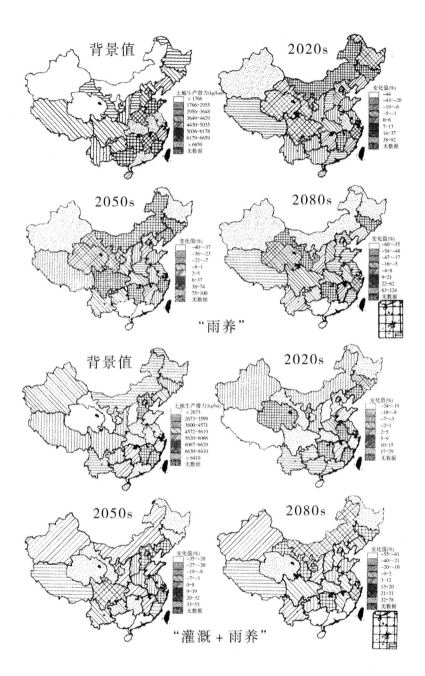

图 2—3 CGCM1 GG 方案下"灌溉＋雨养"和"雨养"
条件下气候变化对中国土地生产潜力的影响

（3）气候变化将增加中国东北、西北和青藏地区可耕种土地的面积、潜在粮食产量，而华东、华中和西南地区可耕种土地的面积、潜在粮食产量将会减少。就华北、华南地区而言，气候变化方案不同，可耕种土地面积、潜在粮食产量的变化也不同。就全国而言，气候变化对可耕种土地面积的影响是积极的。"灌溉＋雨养"条件下，可耕种土地面积增加的幅度变化于 2.5％～16.2％之间；"雨养"条件下，变化于2.3％～18.0％之间。

（4）气温升高将明显增加中国东北地区的土地生产潜力，而中国华南、西藏地区的土地生产潜力将明显减少，且西藏地区的土地生产潜力减少的幅度最大。就全国平均状况而言，气候变化将对土地生产潜力产生不利影响。"灌溉＋雨养"条件下，减少的幅度变化于1.5％～7.0％之间；"雨养"条件下，变化于1.1％～12.6％之间。

当然，由于 GCMs 模型本身的局限性和气候变化的不确定性，加上 AEZ 方法不可能考虑到影响农业生产的所有因子，致使整个分析也有待不断改进和完善。

二、气候变化对中国海岸带的可能影响

（一）引言

海岸带是陆地与海洋的中间地带，包括海洋水域及被海水淹没陆地相交界的地带。从生态学角度看，海岸带包括海岸腹地、低地、海岸水域以及专属经济区的深海区。海岸带具有地貌多样的特点，包括石质海岸、沙滩、河口湾、泻湖、潮间平地、湿地与岛屿。这些不同的地貌形成许多生物群落特定的生境，包括潮汐群落、红树林、海草群落、珊瑚礁及其深海/外海群落。

海岸带是海水、陆地和大气的交界面，因此自然和人类的活动十分丰富。海岸生态系统是各种海洋有机体、鸟类和植物群落的自然栖息地，也是人类社会经济活动的场所。因此，生态系统的多样性和人类社会经济活动的丰富性是海岸带的突出特征。从历史的、科学的和经济的角度看,海岸带丰富和多样的资源,以及与此相联系的生物生产力使它们成为一个特殊的区域。在这些动态地带,海水、陆地和大气之间的微妙平衡使它们对自然条件的微小变化十分敏感。无论这些微小变化是自然的还是人为的,它们正在发生且永不停息。气候变化将加剧海岸地带的这些变化。气候变化对海岸带造成的影响主要是通过海平面上升、风暴潮增多和极端事件频率和强度可能发生的变化施加影响。

脆弱生态环境与可持续发展

大量研究表明,许多国家的海岸带都面临着海平面加速上升问题。据估计,每年约有 4600 万人面临风暴潮所诱发洪水的威胁。气候变化将进一步恶化这些问题,并给海岸生态系统和人类的海岸基础设施带来潜在影响。在全世界范围内,许多大城市都坐落在海岸带内,这意味着海平面上升将给这些区域带来更大的影响。90 年代以来,人们做了很大努力去研究海岸带对气候变化的脆弱性。其原因在于气候变化有可能造成海平面上升,而海平面上升正在发生且是导致海岸带脆弱的主要原因。海平面上升不仅给海岸带自然系统带来严重的影响,而且也将给海岸区域的社会经济系统带来严重影响。前者主要表现在洪水发生的频率加大、地下水位上升、海水入侵以及其他生物学影响;后者主要表现在以下三点:①由于土地、基本建设和栖息地的减少导致的经济、生态、文化和生存价值的损失;②人类、土地、基本建设和上述价值面临洪水的威胁;③其他如水资源利用、土壤盐碱化等与生物活动有关的影响。

考虑到海岸带在人类生存与发展中的重要性,有必要对导致海岸带脆弱的各种外部环境胁迫和海岸带在外部环境胁迫下的变化给予高度重视。因此,对外部环境胁迫尤其是全球气候变化下海岸带的脆弱性进行评估,把握其动态特征和解决现有的、潜在的问题,无疑是实现海岸带社会经济可持续发展和海岸生态系统良性循环的必要条件。

(二) 气候变化下海岸带脆弱性内涵和评估内容

1. 气候变化下海岸带脆弱性内涵

全球气候变化下海岸带脆弱性的概念与布伦特兰所定义的可持续性概念"满足当代人的需求又不损害子孙后代需求能力的发展"紧密联系在一起。在更广泛的意义上,海岸带脆弱性被定义为一种度:即海岸带自然系统和社会经济系统遭受外部环境胁迫不利影响的程度。当然,现实中存在一些响应机制,通过这些机制,这些影响可被减轻到一定的程度。如果海岸带可持续发展的条件将受到气候变化的不利影响,则气候变化下脆弱性评估应该指出这种迹象;同时,它还应该反映区域或国家处理这些变化的能力。这样的话,气候变化下海岸带脆弱性概念的内涵至少包括三方面内容:①海岸区域对气候变化或其他变化的敏感性;②气候等外部环境变化对海岸带社会经济和自然系统的影响;③海岸区域系统抵御各种影响的限制因子,以及防止或减轻这种影响的可能性。

2. 气候变化下海岸带脆弱性评估的内容

从现有的研究看,关于气候变化下海岸带脆弱性评估多集中于探讨气候变化对海岸带社会经济和海岸生态系统的影响,即上述海岸带脆弱性概念内涵的第二大内容。从更详细的角度,这一评估内容又可细分为:

(1) 气候变化对海岸带自然系统的影响

① 生态影响:主要研究气候变化对海岸带各种生态系统如潮间带生态系统、湿地生态系统、河口生态系统等的组成、结构和功能的影响。如气候变化对热带海区海岸红树林、海草层、珊瑚礁等生产能力的影响;气候变化对海岸带各类湿地生态系统演替的影响;气候变化引发海平面上升所引起的潮间带生物与生境及其相互关系的变化;气候变化对各大河入海口生物种类组成和分布的影响。

② 环境影响:主要研究气候变化对海岸带环境物理和化学过程的
影响。其中,关于海岸带环境的变化,人们最关心的就是气候变化下海
平面上升可能造成的海岸环境变化。如沿海潮流、波浪、海流等水环境
要素的变化;海岸冲淤与沉积物质的变化;盐水入侵等引起的地下水矿
化度的变化;潮滩地等各种湿地的损失等。

③ 灾害影响:主要研究气候变化下海岸带原有各种自然灾害的变
化趋势(如风暴潮、洪水频率、强度的变化)和诱发新自然灾害的可能及
其类型。

(2)气候变化对海岸带社会经济系统的影响

海岸带一般人口稠密、经济较为发达,气候变化无疑会给海岸带的
社会经济活动和人们生活带来各种直接或间接的影响,主要有:

① 对海岸带各种资源及其开发利用的影响:主要研究气候变化对
海岸带的土地资源、水资源(包括地下水)、旅游资源、生物资源等数量、
质量及其开发利用的影响。如气候变化对海岸带旅游资源的破坏和导
致海岸带生物多样性减少等。

② 对海岸带社会经济发展的影响:主要评估气候变化对海岸带社
会经济活动带来的各种有利和不利影响。如气候变化下各种自然灾害
频率、强度变化对社会经济活动带来的直接或间接损失;气候变化带来
的风险对海岸地区投资行为、城市与工业发展方向与规模的影响;气候
变化对海岸带渔业利用的影响;对各种娱乐设施、休闲地的影响;气候
变化加速海平面上升对海岸带各项工程设施如海岸防护工程的影响。

(三) 气候变化下海岸带脆弱性评估方法 及其演进

面对全球气候变化以及加速的海平面上升问题,人们越来越认识
到有必要评估这些环境变化对海岸带自然、社会经济体系造成的影响
以及发展可行的适应战略。随着研究的进展,其评估方法也日渐成熟。
首先,为了克服发展中国家所面临的自然的、人口的和经济的数据等缺
乏问题,尤其是评估海岸带自然脆弱性所需的适当的地形信息数据,

研究者们发展了一种快速低费用的勘察技术,即"航空影像带辅助脆弱性分析法"。该方法把对海岸带的影像记录同表征海岸带地形的地面真实信息结合在一起,通过使用适当的土地损失模型,可评估不同气候变化方案下海平面上升对海岸带自然系统的影响。1991 年,气候变化政府间组织(IPCC)委托海岸带管理小组(CZMS)发展海平面上升以及其他气候变化影响下海岸带脆弱性的评估方法。对此,CZMS 提出了评估海岸带脆弱性的七个步骤,如图 2—4(IPCC,1992),它们是:①案例研究区域的描述和边界条件的说明;②研究区域特征的详细目录清单和相应地理信息数据库的建立;③相关发展因子的识别;④自然变化和自然生态系统响应的评估;⑤适应性策略的阐述和它们的费用和效益的评估;⑥脆弱性外在表现形式的评估及其结果;⑦发展一个长期的海岸带管理计划。

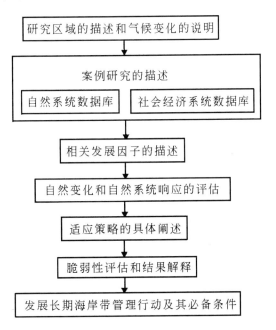

图 2—4 气候变化下海岸带脆弱性评估技术路线

IPCC 把上述方法称为评估海岸带脆弱性的"通用方法"。该方法是一种综合性的、逐步评估海岸带对加速海平面上升脆弱性的方法。同时,它还评估气候变化、海平面上升对自然的、生态的和社会经济的影响。其后,Klein 和 Nicholls(1988)发展了一概念性框架用于指导海岸带脆弱性的评估,如图 2—5 所示。

该框架定义了脆弱性评估中的各种概念和它们之间的关系,其目的是对两种脆弱性即自然系统的脆弱性和社会经济系统的脆弱性进行区分。Klein 和 Nicholls 认为,要评估海岸带社会经济的脆弱性,应首先了解自然系统的脆弱性。因此,海岸带脆弱性分析总是先评估海岸自然系统对海平面上升的"敏感性"和自然系统适应这些外部胁迫的能力,即自然系统的"弹性"和"阻力"。敏感性反映了海岸体系受气候变化影响的可能,而弹性和阻力决定体系面临可能出现破坏时的稳定性。敏感性、弹性和阻力三个量决定了海岸体系对气候变化、海平面上升等环境胁迫的自然脆弱性。关于弹性和阻力,Klein 和 Nicholls 认为二者是自然体系的自身适应能力的函数,代表了海岸体系对海平面上升的自然适应性。人类的各种活动可以对自然系统的弹性和阻力产生有利或不利的影响,积极的影响可以减轻自然系统的脆弱性,提高其适应性。

脆弱生态环境与可持续发展

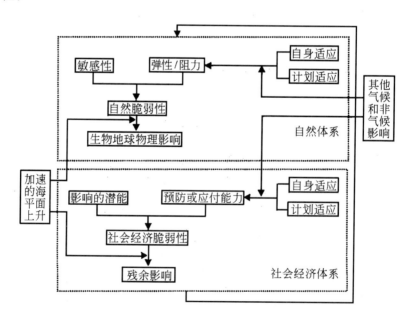

图 2—5　海岸带脆弱性评估概念性框架

气候变化、海平面上升也会对海岸带社会经济造成影响。这一影响的潜能是自然体系敏感性的社会与经济相应值，当然它也受人类的影响。气候变化下海岸带社会与经济脆弱性由影响潜能以及社会的技术、体制、经济和文化预防和适应这些影响的能力决定，也即在给定时间内适应自然变化的能力。最后，Klein 和 Nicholls 认为评估海岸带的脆弱性应该将自然和社会经济结合起来考虑，从中把握住它们之间的各种反馈机制。

（四）气候变化下海岸带脆弱性评估的目的

评估全球气候变化、海平面上升条件下海岸带的脆弱性具有十分重要的意义。通过评估可预先了解气候变化下海岸带自然和社会经济系统可能变化的趋势，为提前预防、减轻各种不利影响创造了条件；同时，脆弱性评估不仅可为决策者提供好的建议，预测决策实施所需要的条件，而且可帮助决策者确定决策实施的优先区域和部门，并对可能的措施进行探索和筛选；最后，考虑到脆弱性评估中各种定量关系可进行全球外推，因此，某一海岸带的脆弱性评估还可为整个世界范围内的海岸带脆弱性评估提供一个可行的基准。

（五）全球气候变化、海平面上升对中国海岸带的可能影响

1. 气候变化、海平面上升对海岸带自然灾害的可能影响

（1）风暴潮灾害加剧

风暴潮主要是由台风或温带风暴如寒潮等灾害性天气所引起的伴随着大风的海面异常升高，它和天文大潮叠加，可使潮位暴涨 1～6m，导致海水漫溢、伴随大风，酿成大灾。风暴潮是中国沿海地区与热带气旋并列的两大危害最严重的自然灾害。全球气候变暖将加速海平面上升，其结果有可能加剧中国海岸带风暴潮灾害的频率和强度。中国沿海地区每年皆遭受风暴潮灾害的袭击，然而抵御风暴潮灾害全靠海堤

防护。海平面上升将造成现有沿海海堤和挡潮闸工程抗灾能力不断降低，风暴潮灾害的灾情将显著加重。李平日（1993）、韩慕康（1994）等认为，在中国长江口和珠江口某些岸段，如果相对海平面上升50cm，则现状百年一遇的风暴潮将变为十年一遇。夏东兴（1994）研究表明，在渤海湾西岸，相对海平面上升90cm，则现状百年一遇的风暴潮将变为二十年一遇。朱季文（1994）曾应用风暴潮数值预报模型计算不同海平面上升幅度下的最大可能增水值，以及采用Pierson型曲线对1960～1986年沿海各站实测潮位资料进行统计分析，得到现状海平面下不同频率最高潮位值，由此可计算不同海平面上升时不同频率可能的最高潮位值，如表2—5。

表2—5　不同海平面上升量下的不同频度最高潮位值（吴淞基面）

频率（%）	海平面上升量（cm）	最 高 潮 位（cm）							
		燕尾港	新洋港	小洋口	大洋口	芦苇港	金山港	乍浦	澉浦
2	0	531	516	827	667	515	583	691	793
	20	548	532	843	685	532	600	708	809
	50	574	556	868	711	557	525	732	831
	100	616	597	910	753	599	667	773	870
1	0	546	539	873	688	531	596	716	824
	20	563	554	887	706	548	613	733	840
	50	589	579	914	732	573	639	757	862
	100	631	620	956	776	615	686	800	901
0.1	0	587	613	966	756	586	640	797	935
	20	604	629	982	774	603	657	814	951
	50	630	653	1007	800	628	682	838	973
	100	672	696	1049	946	670	724	879	1012

资料来源：朱季文等："海平面上升对长江三角洲及邻近地区的影响"，《地理科学》，1994，14（2）。

　　表2—5说明，海平面上升将导致风暴潮频率和强度增加，潮差相对小的岸段的频率增大高于潮差相对较大的岸段。潮差大的岸段如小洋口和澉浦站，海平面上升50cm，百年一遇最高潮位将变为五十年一遇；而在潮差相对较小的其他岸段，海平面上升20cm，百年一遇的最高潮位就将变为五十年一遇。杨桂山、施雅风（1999）曾对中国海岸地带

面临的重大环境变化与灾害进行了探讨,研究结果表明,从公元前48年到公元1949年的近2000年间,有较详细记载的特大风暴潮平均不到4年就有一次。但近45年(1951~1995)来,中国沿岸平均每年约发生不同程度的风暴潮灾害4次左右。其中死亡千人以上或经济损失超过亿元的特大潮灾平均约2年就发生一次;死亡10人以上或经济损失超过千万元的严重风暴潮平均不足1年就发生一次。

1992年,中国科学院地学部组织考察组就海平面上升对中国沿海经济区的影响进行考察。考察表明,长江三角洲、珠江三角洲是中国风暴潮灾害较严重的地区,且二者又是工业发达和人口稠密地区,发生风暴潮灾害将给其带来重大损失。如黄浦江外滩防洪工程现按千年一遇标准修建,但相对海平面如上升0.5m,则堤防标准将降为百年一遇,抗灾能力显著降低,风暴潮威胁更大。在珠江三角洲,海平面上升同样将导致海堤设计标准相应地降低,使得风暴潮灾害加剧,受灾地区灾害发生次数增加,范围扩大。天津地区及其附近是中国沿海相对海平面上升最大的地区(除台湾省外),如果按上升40cm估算,则百年一遇最高潮位(4.93m)将减为十年一遇,风暴潮灾情也将显著增加。所以,总体上,气候变化加速海平面上升会增大中国海岸带风暴潮灾害的频率与强度。

(2)洪涝灾害加剧

海岸带的洪涝灾害主要是因为海平面上升引发潮流顶托使得沿岸地区或都市排水不畅造成的。此外,气候变化下降水增多也可能加剧海岸带的洪涝灾害。中国珠江三角洲和长江三角洲河道纵横,地势低平,易受洪涝灾害的影响。气候变化、海平面加速上升将使海堤防洪标准降低,洪涝威胁因而增大。如黄浦江防洪墙标高现按千年一遇的标准修建,若海平面上升0.5m,则其标准将降为百年一遇。海平面上升0.4m,太湖排洪入江功能则降低20%以上。海河流域也存在同样问题。珠江流域近十年来降水减少,洪水季节虽有险情但洪涝灾害不显著,若湿润多雨的丰水年代一旦来临,可能会引发重大的灾害。

有研究表明,中国沿海地区地面高程一般在 2.5～4.4m 之间,塘沽老城和汉沽建城区的地面标高更低至平均海平面(1.514m)上下。现在雨季河水位涨到 4.0m 时,天津市区的河东区即受淹。今后海平面上升,这些地区排水入海的时间和流量将减少,洪水隐患将加剧。朱季文等(1994)曾对海面上升对长江三角洲及其邻近地区的影响进行模拟研究,研究表明海平面上升 40cm,全区低洼地区自然排水能力将下降 20%～25%,在现有水利工程状况下,如里下河地区遇 1991 年型洪水、太湖下游地区遇 1954 年型洪水,则两地区累计受淹面积约 48.6 万公顷;如海平面上升 80cm,全区低洼地排水能力平均下降 40%～52%,则上述两地区累计受淹面积将超过 58.2 万公顷。范锦春(1994)估算,相对海平面上升 50cm,珠江三角洲现有电排装机容量至少需增加 15%～20%,才能使低洼地排涝标准不致降低。杨桂山(1995)认为中国沿海平原地区的城市地面高程普遍较低,大部分仅 2～3m,均采用黄海高程基准面。如天津市市区近一半地区的地面高程不足 3.0m,而滨海的塘沽、汉沽和大港几乎都处在 3.0m 以下;位于长江三角洲的上海市地面平均高程仅 1.5～2.0m,其中最低处仅 0.7m;位于珠江三角洲的广州、佛山和珠海等城市地势更低,很大一部分地区地面高程仅 0～1.5m。因此,目前这些城市地面较大部分已处于当地平均高潮位以下,完全依赖城市防洪设施保护,若遇风暴洪水袭击,极易造成严重灾害。同时,由于中国沿海地区受所处地理位置、地形和季风气候等因素的影响,洪涝灾害频频发生。若未来气候变暖导致沿海地区降水增多,则洪涝灾害也会相应增加。此外,气候变暖加速海面上升,一方面潮流顶托作用将增强,结果沿海低洼地排水入海的强度减缓、历时加长;另一方面风暴极值高潮位的重现期会大大缩短,风暴潮水浸淹沿海低地的几率会增大,洪涝灾害相应增多。

2. 气候变化、海平面上升对海岸带环境变迁的影响

（1）海岸侵蚀

海岸侵蚀是指近岸波浪、潮流等海洋动力及其携带的碎屑物质对

海岸的冲蚀、磨蚀和溶蚀等对海岸造成的破坏作用,岸线后退和滩面降低是海岸侵蚀的两种主要形式。随着全球变暖,海平面加速上升,海岸侵蚀问题也日益引起人们的关注。全球气候变暖,海平面加速上升将使潮流冲刷作用加强、岸外滩面水深加大、波浪和风暴潮作用增强;此外,海平面上升也会造成海岸湿地损失,使滩面消浪和抗冲击能力减小,所有这一切都会引起海岸侵蚀加剧。季子修(1993)分析了海平面上升对长江三角洲和苏北滨海平原海岸侵蚀的可能影响。认为,自80年代以来,由于海平面上升及泥沙来源逐渐减少,本区海岸侵蚀范围不但扩大,且发展出一些新侵蚀岸段,致使侵蚀总量逐渐增加。他以灌河口与长江口之间的潮滩为例指出,1954~1980年该区平均侵蚀总量 $775 \times 10^4 m^3$,到1980~1988年间增加为 $1058 \times 10^4 m^3$。据朱季文(1994)研究表明,在中国海岸侵蚀严重的废黄河口附近,按Bruum定律计算,海平面每上升1cm,海岸将侵蚀后退2.8m。海平面上升20cm,该岸段海平面上升因素在海岸侵蚀中所占比重约9.3%;海平面上升50cm,这一比重可达14.3%。李从先(1993)等也指出,河流改道或修建水库,河流入海泥沙减少是这些海岸侵蚀的主要原因。但作者认为,造成河流携带泥沙减少的原因除了人为的干扰外,气候变化无疑是一重要原因。气候变化造成某一区域降水减少,无疑会影响河流的输沙能力;此外,气候变化带来某一区域降水增多,加上地表易受侵蚀,只会增加河流入海泥沙的数量,结果海岸侵蚀反而减弱。但从已有研究成果看,气候变化、海平面上升有可能使中国海岸带的侵蚀加剧。

（2）盐水入侵

气候变暖、海平面上升导致盐水入侵是造成海岸带环境污染的主要形式之一。如上海长江口内,由于受海水潮汐影响,枯季崇明岛为咸水所包围,最多可达数月之久,直接影响宝钢水库及陈行水库取水。在天津地区,近年来海河挡潮闸与二道闸之间水质变咸,地下水矿化度增高,加重了两岸农田的次生盐碱化,使部分菜田和耕地逐步退化成苇田。未来海平面加速上升,地表水污染和盐水入侵问题还会加重。在珠江三角洲,海平面上升使潮流界沿河上移,盐水入侵河口更远,今后可能影响到广州附近,给沿河两岸城乡供水带来新的问题。施雅风(1994)研究表明,海平面上升加强了河区的盐水入侵问题。在珠江口,目前虎门水道枯季高潮时 0.3‰等盐度线在黄埔以上 13km 处,据李素琼(1992)推算,若海平面上升 70~100cm,则盐水入侵距离将增加 2~4km,到达广州市区。在长江口,据杨桂山估算,若海平面上升 50cm,长江南支落憩 1‰和 5‰等盐度线入侵距离将分别比现状增加 6.5km 和 5.3km。徐海根(1994)推算海平面上升 30cm、50cm 和 100cm 时,长江口的盐水楔分别向上游推进 3.3km、5.5km 和 12km。朱季文(1994)研究表明,作为上海市用水主要取水口之一的吴淞口,枯季(12~3月)逐时含氯度大于 200ppm(宝山钢铁总厂等工业用水氯度上限)与 250ppm(居民生活用水标准)的持续时间随海平面升高和长江入海流量减少而呈指数增加。

(3) 潮滩湿地的损失

李平日(1993)曾研究海平面上升对珠江三角洲经济建设的影响,认为珠江三角洲约有 1500km² 土地(约占平原的 23.76%)高程在当今海平面上仅 0.4m,若下世纪中叶海平面上升 0.7m,则这片低地将被淹没。朱季文(1994)研究表明,长江三角洲及邻近地区海岸均属淤泥平原海岸,发育有典型的潮滩,从海堤至理论深度基准面之间的潮滩面积共 5224.8km²,主要分布于长江口及其以北地区,其中海岸湿地面积约 1252km²,分布于潮滩的中上部,具有较高的生产力和丰富的生物资源。根据各岸段潮滩冲淤变化特点及资料的可利用情况,分别采用高程法、平均速率法和引入递减率的速率法,计算了海平面加速上升引起的潮滩湿地损失量(如表 2—6)。海平面上升 50cm 和 100cm,全区潮滩损失面积分别为 550.4km² 和 1054.4km²,约占潮滩总面积的 10.5% 和 20.2%;湿地损失面积分别为 246km² 和 344km²,损失率分别超过 19.6% 和 27.5%。

表 2—6　海平面上升引起的潮滩湿地损失量

| 岸　　段 | 海平面上升 50cm | | | |
| | 潮滩损失 | | 湿地损失 | |
	面积 (km²)	损失率 (%)	面积 (km²)	损失率 (%)
废黄河三角洲	171.9	54.6	120	100
苏北中部平原	302.8	8.1	100	31.3
长江三角洲	64.8	1.7	25	10.8
杭州湾北部	10.9	24.2	1	100
总计	550.4	10.5	246	19.6

| 岸　　段 | 海平面上升 100cm | | | |
| | 潮滩损失 | | 湿地损失 | |
	面积 (km²)	损失率 (%)	面积 (km²)	损失率 (%)
废黄河三角洲	278.8	88.6	120	100
苏北中部平原	624.2	16.7	176	55.0
长江三角洲	134.3	3.6	47	20.3
杭州湾北部	17.1	38.0	1	100
总计	1054.4	20.2	344	27.5

资料来源:朱季文等:"海平面上升对长江三角洲及邻近地区的影响",《地理科学》,1994,14(2)。

3. 气候变化、海平面上升对中国海岸带社会经济系统的影响

气候变化、海平面上升将对中国海岸带的社会经济产生一系列影响,有时还带来巨大的经济损失,这主要表现在以下几个方面。

（1）港口能力减弱

中国沿海有众多的港口（包括海港和河口港）,承担全国主要进出口物资和大宗货物的运输任务,在国民经济发展中尤其海岸带社会经济建设中发挥着巨大的作用。气候变暖、海平面上升将影响中国海岸带港口的功能及其发挥。海平面上升降低了港口码头及仓库的标高,增加港口被风暴潮淹没的次数,削弱港口的功能,使之难以适应经济发展的需要。据有关研究表明,天津新港老码头泊位和仓库的标高已较

原设计标准降低 0.5m 和 0.8m，码头最低处已降至历史最高潮位以下近 1.0m。上海老港区码头标高都在 5.8m 左右，随着海平面上升，老港区的吞吐功能将大大受到限制，其结果是难以满足浦东开发区迅速发展的要求。据杨桂山(1995)估算，若相对海平面上升 50cm，遇当地历史最高潮位(大部分地区的重现期为五十年一遇)，中国 16 个主要沿海港口中，除新建的营口、秦皇岛和石臼所煤码头外以及宁波北仑港等少数港口外，其余港口均不同程度受淹，其中尤以上海和天津老港受害最为严重。此外，海平面上升引起的潮流等海洋动力条件变化，也可能改变港池、进出口航道和港区附近岸线的冲淤平衡，影响泊位与航道的稳定性，增加营运成本，所有这一切都影响海岸带的社会经济发展。如有关研究认为，海平面上升将引起长江口河床发生演变，对长江口拦门沙位置也会带来一定的影响，其不良影响是增加维护深水通海航道的难度。

（2）海岸防护工程抗灾能力降低

气候变暖、海平面上升将对中国现有沿海海岸防护工程的抗灾能力造成严重影响。朱季文(1994)曾对海平面上升情况下长江三角洲及邻近地区的堤防损失及其建设费用进行了研究。研究认为，长江三角洲及其邻近地区一线堤防总长 1253km，直接保护面积 3322km²，且全区海堤设计标准大多为百年一遇。随着海平面加速上升，海堤防御功能相应下降，如按当时经济水平估计，一次受淹的工农业生产直接经济损失将超过 23.9 亿元。同时指出，要预防海平面上升，若按不同海平面上升时的 1％频率最高潮位及波浪爬高计算来加高加固海堤，则海平面上升 20cm，需加土方 $60 \times 10^6 m^3$，增加石方 $1.5 \times 10^6 m^3$，需要费用 8.0 亿元；海平面上升 50cm，需增加土方 $94 \times 10^6 m^3$，增加石方 $2.4 \times 10^6 m^3$，费用超过 10.9 亿元；海平面上升 100cm，需土、石方量将分别达 $156 \times 10^6 m^3$ 和 $3.3 \times 10^6 m^3$，所需工程费用超过 17.7 亿元。杨桂山(1995)认为，中国海堤工程的防御能力普遍偏低，除少数城市和工业区(上海外滩防汛、秦山核电站和金山石化总厂护堤等)局部海堤标准可达千年一遇外，其余绝大部分海堤一般仅达二十至五十年一遇。海平面上升,不仅对海堤安全构成严重威胁,而且使海堤防御能力大大下降。针对长江三角洲平原,通过利用海平面上升值叠加各段海堤设计参考站的历史最高潮位和选用的波浪爬高值与当地海堤堤顶高程比较分析,认为未来海平面上升50cm,若遇历史最高潮位,受潮水漫溢的海堤长度将约占全区海堤总长度的32%。

(3) 对沿海城市及滨海旅游业的影响

气候变暖、海平面上升,有可能给海岸带内的城市发展带来诸多问题。据有关研究,1991年夏季两次暴雨,曾造成上海市200多条街道积水,带来巨大经济损失并严重影响市内交通。不仅如此,城市的排污也受到影响,结果造成市区地表水污染严重,黄浦江干流3/4的河段水质不合格。李平日(1993)研究表明,珠江三角洲区内主要城市(如广州、佛山、珠海、中山、江门、东莞等)和重要工业城镇(如容奇、桂洲、蛇口等)很大部分地面高程仅在珠基高程0.5~2米上下,现在的天文大潮已高出地面。如海平面上升0.7米,这些城市将受到严重威胁,一批重要经济设施和工厂将遭受重大损失。

海岸带有丰富的旅游资源,如海滨公园、浴场和各种疗养度假区。这些旅游资源每年给当地的城市或地区带来十分可观的经济收入。气候变暖、海平面上升有可能对海岸带内的滨海旅游资源造成重大危害。王颖(1993)估计,在海平面上升50cm条件下,大连、秦皇岛、青岛、北海和三亚5个旅游区15处海滩将分别侵蚀后退12~49m,加上自然淹没损失,累计岸线后退31~366m。

三、气候变化对中国水资源的可能影响

(一) 引言

水是人类社会赖以生存的必要物质基础。近百年来人口爆炸性的增长,给全球资源、环境都带来了巨大的压力。人类自身生存不仅消耗巨量的水资源,而且还向环境中排放大量的污染物,造成水环境明显恶化,使水资源的供需矛盾更加突出。不仅如此,全球气候变化又会给水资源利用带来新的影响,如 IPCC 认为,全球变暖可加速水汽的循环,引发极端干旱和洪涝灾害,海平面的上升可影响水资源的需求与供给等。中国是贫水国之一,加上人口众多,水环境和水资源利用问题相当严重。目前,水资源供需矛盾日益尖锐,水污染、水环境恶化加重,洪涝灾害频繁是中国面临的主要水问题。尤其近十几年来,由于气候异常导致大面积持续性干旱,致使淡水资源短缺加剧。因此,评估气候变化下中国水资源的脆弱性,不仅可以预防水资源对未来气候变化的不利响应,而且可为区域各项决策的制定和脆弱生态环境的整治提供科学的理论依据,它是实现社会经济可持续发展和水资源可持续利用的重要保证。

(二)全球气候变化下水资源脆弱性的内涵及其类型

1. 气候变化下水资源脆弱性的内涵

一般来说,全球气候变化对水资源的可能影响主要表现在以下三个方面:①加速水汽的循环,改变降雨的强度和历时,变更径流的大小,扩大洪灾、旱灾的强度与频率,以及诱发其他自然灾害等。②对水资源有关项目规划与管理的影响。这包括降雨和径流的变化以及由此产生的海平面上升、土地利用、人口迁移、水资源的供求和水利发电变化等。③加速水分蒸发,改变土壤水分的含量及其渗透速率,由此影响农业、森林、草地、湿地等生态系统的稳定性及其生产量等。上述气候变化对水资源的影响不仅包括了对水资源系统自身的影响,也包含了由水资源系统自身变化而引起的社会、经济、资源与环境的变化。鉴于此,作者认为水资源脆弱性是水资源系统在气候变化、人为活动等机制的作用下,水资源系统的结构发生改变、水资源的数量减少和质量降低,以及由此引发的水资源供给、需求、管理的变化和旱、涝等自然灾害的发生。

脆弱生态环境与可持续发展

2. 气候变化下水资源脆弱性的主要类型

水资源脆弱性按其主要的表现方式可分为三种类型：①水文系统的脆弱性；②水利系统及其设计的脆弱性；③自然地理环境和社会的脆弱性。各脆弱类型及其主要参数见表2—7。

表2—7　全球气候变化下水资源脆弱性类型及其主要参数

气候变化下水资源脆弱性类型		主要参数
水文系统的脆弱性	时间	年径流量、月径流量和日径流量
	数量	绝对径流总量、季节性径流总量
水利系统及其设计的脆弱性	物理设计	水库容积、最大流量、最大排放速率
	具体运作	定时流量、定时需求量
	法规和立法	水资源权限的所属和转变方案
	经济	水资源价格、储存和运输费用
自然地理环境、社会的脆弱性	水资源的需求	需求的水平和时间
	洪水	洪峰流量、防洪库容
	水资源质量	最小流量、水资源的使用模式
	干旱农业	降雨过程、蒸发蒸腾速率、土壤水分含量
	水利发电	径流的季节性、水库的蓄水量

表2—7表明，水文系统的脆弱性主要表现在一些主要的水文参数上，如年径流量、月径流量、日径流量和绝对径流总量等。这造成某些区域的水资源系统对气候的变化极其脆弱，由此可引发政治、环境的敏感，如跨流域的水资源调动。水资源的脆弱性也体现在水利系统的法规、政策及其设计的敏感变化，如水资源权限所属的变更、水资源价格的调整等。除此之外，自然地理环境和社会的一些变化，如水环境问题、农业灌溉等，也体现出水资源对气候等变化的脆弱性。

（三）全球气候变化下水资源脆弱性评估方法

1. 气候变化下水资源脆弱性评估的主要内容

水资源脆弱性评估是对水资源系统的综合评估，其主要内容涉及水资源的供给、需求、管理等。其中，评估气候变化对水资源供给能力的影响主要有两个方面：①气候变化对径流量的影响；②受气候变化影响的径流量对水资源供给和管理的影响。由于水资源的需求与各项社会、经济活动密切相关，因此评估气候变化下水资源的需求的脆弱性要基于区域人口增长、工农业生产和相关能源需求等基本评估方案之上。评估水资源管理的脆弱性常采用系统分析的方法综合分析气候变化对水资源的供求平衡影响及其潜在的调控对策。

2. 气候变化下水资源脆弱性评估的类型

气候变化下水资源脆弱性评估的类型有两种：影响评估和综合评估。

（1）影响评估

影响评估的流程如图2—6所示，它表明气候变化对水资源的影响评估实际上是一种比较评估，即在气候变化和气候不变化两种假定前提下的比较评估。二者的不同在于气候变化条件下的影响评估是通过对未来气候变化的预测来估计其对水资源的影响。

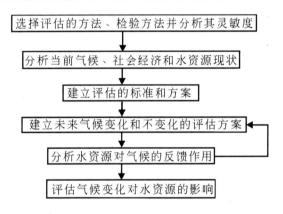

图2—6　气候变化下水资源脆弱性影响评估框图

（2）综合评估

综合评估是影响评估的高级层次，它从分析水资源系统与气候、大气化学组成、社会经济各因素之间的相互关系及其反馈机制出发，通过建立更加复杂的模型进行模拟分析，其评估框图如图2—7。

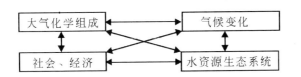

图2—7 气候变化下水资源脆弱性综合评估框图

3. 气候变化下水资源脆弱性评估的技术步骤

根据评估的主要内容,评估某一区域气候变化下水资源的脆弱性,首先须建立气候变化的预测方案以分析其未来温度和降雨量的变化,同时还要对区域人口、社会经济的增长情况进行了解;其次,须分别对该区域水资源的供给、需求情况进行评估。但仅限于此,还存在很大的片面性。只有把水资源的供给和需求结合在一起分析,即探讨它们之间的动态平衡关系,才能真正评估该区域气候变化下水资源的脆弱性,这要求做到以下几点:

(1)评估该区域水资源的数量是否存在过剩或短缺;

(2)评估该区域水资源的脆弱性指数——目前的、近期的和长期的;

(3)决定气候变化下水资源的脆弱性。

综上所述,作者认为气候变化下水资源脆弱性评估的具体技术步骤如图2—8所示。

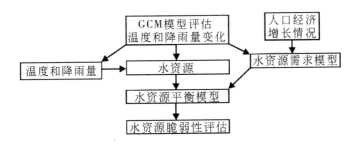

图2—8 气候变化下水资源脆弱性评估具体步骤框图

(四) 水资源脆弱性评估的主要方法

表2—7定义了气候变化下水资源脆弱性一般类型。事实上,水资

源脆弱性主要表现在各脆弱类型参数的变化。因此,建立具体评估的量化指标,用这些指标来潜在反映水资源的脆弱性,如洪灾、旱灾、地下水枯竭等就显得十分必要。但是这些特定的量化指标都是针对具体的水资源而言的,脱离特定的水资源就失去了意义。同时,评估方法的选择要基于以下标准:①可操作性,即确保该方法在数据充足或缺乏的情况下都能使用;②可靠性,即保证模型模拟的结果比较真实可靠;③综合性,即评估方法在时间和资源的限制条件下能对水资源系统进行综合性的分析;④通用性,即该方法能应用于其他区域的研究中。

图 2—8 表明了气候变化下水资源脆弱性评估的具体步骤,它主要由三部分组成:未来气候变化的方案、供给,区域人口经济增长、需求,脆弱性。每一部分评估的主要方法如下。

（1）选择气候变化的方案

由于气候变化的不确定性,致使预测未来的气候状况变得十分困难。因此,一个适当的气候变化方案对于评估未来水资源系统的脆弱性是十分必要的。气候变化方案的选择不仅要求可信度高,且还要考虑以下因素:①保证方案分析的结果与普遍认可的全球气候变化估计相一致;②该方案必须在物理技术上具有可操作性;③该方案应充分考虑未来脆弱性评估中对大量时空数据参数的需求;④该方案能反映研究区气候变化的范围。目前,GCMs(General Circulation Models)模型在评估和预测大气中温室气体增加对全球或区域气候的影响中发挥积极的作用。GCMs 模型以自然规律为基础,用数学方法来描述大气、海洋和地表的基本现象和过程,其突出的优点在于它满足上述四个标准。

（2）水资源供给系统的评估

评估气候变化对水资源供给情况的影响常采用一维的水量平衡模型,该模型主要通过气温和降雨量的变化来反映气候变化对河川径流量的影响。常用的水量平衡模型有:

① 年水量平衡模型:

$$R = f(T, P)$$

式中,R—径流量,T—温度,P—降雨量,f—函数表达式。该模型把温度和降雨看成是独立的过程,反映气候变化对河川径流量的影响。

② CLIRUNS 概念模型:CLIRUNS 概念模型是一种简单的概念性水量平衡模型。该模型把流域的集水盆地看做是一个"水桶",该"水桶"的水量大小与降雨量、温度、总蒸发力和径流密切相关。通过模拟流域集水量的变化来反映各参数的重要性和气候变化对各参数的影响。在 CLIRUNS 概念模型中,总蒸发力对于正确模拟集水径流极其重要,总蒸发力的计算采用改进的 Penman 方程:

$$E_0 = \alpha \frac{\Delta}{\Delta + \gamma} E_\gamma$$

式中,E_0—水面蒸发率,Δ—饱和水汽压曲线的斜率,γ—干湿表常数,E_γ—该常数下的蒸发率,α—系数。

③ 集水水量平衡模型:

$$S_{max} \frac{dz}{dt} = P(t) - R_s(z, P, t) - R_g(z, t) - E_v(z, PET, t) - R_b$$

式中,S_{max}—集水区最大蓄水量,$S_{max} \frac{dz}{dt}$—表示集水区最大蓄水量随时间的变化值,$P(t)$—降雨量,$R_s(z, P, t)$—地表径流,$R_g(z, t)$—地下径流,R_b—基流,$E_v(z, PET, t)$—总蒸发量,z—相对蓄水水平,t—时间。

作者认为,上述各水量平衡模型描述的是水这种自然资源天然的自然地理过程。而水资源的供给是水这种自然资源能被转化为社会经济资源的数量,二者有着本质的区别。因此真正的水资源供给评估还涉及水利工程等基础设施问题。

(3) 水资源的需求评估

评估气候变化对水资源需求性的影响需考虑三个要素:①区域人口经济的增长情况;②预测水资源使用部门各项基础技术的改进程度;③各项基础技术改进之后可能的适应度。从三个要素出发,水资源的需求评估常在四个部门,即农业、工业、日常生活和相关的能源部门中进行。首先,在假定气候不变化的前提下,按人口、社会经济的增长情况估算水资源的需求量;然后,利用水资源使用量与人口、社会经济增长对其需求之间的相关系数来推算气候变化下水资源的需求量。针对每一具体的区域评估单元,要收集当前的水资源使用量以及相关的社会经济活动数据。

(4)水资源供给与需求平衡的评估——脆弱性

全球气候变化下水资源脆弱性评估基于水资源的供给和需求评估之上。利用空间数据分析工具(如 GIS)分析水资源供给数量的剩余或短缺,结合各种脆弱性指标即可对评价区域的水资源脆弱性进行分类和识别。水资源脆弱性指标用来反映可满足人类需求的水资源数量。该脆弱性指标基于区域中水资源供给状况、区域中水库储存的水资源数量和水资源分配情况。常用的水资源脆弱性指标如表 2—8。

表 2—8　常用水资源脆弱性指标及其含义

脆弱性指标	比值	含义
$\dfrac{S}{Q}$	越大	短期的干旱不太可能引起水资源的短缺问题
	越小	由气候变化引发的水资源数量减少,干旱、洪水的频率、强度都将加大
$\dfrac{D}{Q}$	越大	气候变化将改变河川径流大小和历时,引起水资源的短缺问题
	越小	水资源对气候变化不太敏感
$\dfrac{H}{E}$	越大	以水利发电为主的区域的水资源易受气候变化的影响,且表现出季节脆弱性
	越小	在洪灾、干旱等条件下,该区水资源所表现出的脆弱度较小
$\dfrac{GO}{GW}$	越大	水资源对气候变化比较脆弱,同时该区地下水易因干旱、海水入侵而受污染
	越小	水资源受气候变化影响较小,同时该区地下水对干旱、海水入侵等不敏感

注:表中,S—水资源的储存量,Q—水资源的供给量,D—各社会经济活动对水资源的需求量,H—水利发电量,E—评估区域的总发电量,GO—地下水的透支量,GW—整个地下水的补充量。

表 2—8 表明了各脆弱性指标及其含义,结合各脆弱性指标,通过建立或利用各种供给—需求水量平衡模型,如 WBM(Water Balance Model)模型、Bayesian Methods、Rainfall-Runoff Modeling 方法,即可分析气候变化下水资源的脆弱性。采用 Shuval 脆弱性指数,还可对评估区域水资源脆弱性进行分类识别。

（五）全球气候变化对中国水资源的可能影响

1. 对中国水文系统的可能影响

（1）对中国河川径流量的可能影响

① 对雨水补给类河流径流量的影响：顾名思义，雨水补给类为主的河流其主要补给来源为大气降水。在中国，这类河流主要分布在淮河秦岭以南、青藏高原以东地区。据有关研究，在中国湿润气候区（干燥指数小于1），当蒸发不变降雨量减少20％，则径流量减少30％；当降雨增加20％，则径流量相应增加30％。反之当降雨不变蒸发能力变化10％时，径流变化5％左右，最大不超过7％；蒸发能力变化20％时，在湿润地区径流变化10％左右，最大不超过13％。由此可见，雨水补给类河流其径流变化主要受控于流域降水的变化，其河川径流的丰枯趋势与降雨的丰枯趋势相同。因此，考虑到全球变暖已为绝大多数人认同，对中国雨水补给类为主的河流来说，未来气温升高降水增加的气候变化情景会增加河川的径流量；相反，未来气温升高降水减少的气候变化情景会减少河川的径流量。

② 对雨水融雪水补给类河流径流量的影响：本类河流主要补给来源为雨水，季节性积雪融水次之。在中国这类河流主要分布在淮河秦岭以北，包括东北、华北和青藏高原东部广大地区。对于这类河流，气候变化主要通过降水、气温的变化来影响其径流量的变化（气温主要影响流域的蒸发能力），换句话说，气候变化所带来的雨水补给变化与冰雪融水补给变化的比例关系决定河川径流量的增减。据有关研究，在中国半湿润气候区（干燥指数小于3），当蒸发不变，降雨减少20％，径流减少40％～59％；降雨增加20％，径流增加40％～60％。当降雨不变，蒸发能力变化10％，径流变化15％左右；蒸发能力变化20％，径流变化30％左右。因此，对这类河流来说，气温升高降水减少的气候变化情景将减少河川的径流量。而在气温升高降水增多的气候变化情景下，当升温引发的河川径流变化幅度大于降水增多引发的河川径流变

化幅度时,则减少河川的径流量;相反,当升温引发的河川径流变化幅度小于降水增多引发的河川径流变化幅度时,则增加河川的径流量。

③ 对融水补给类河流径流量的影响:此类河流主要以冰雪融水补给为主,雨水补给次之。径流的变化与气温变化十分密切。在中国,这类河流主要分布在内蒙古东北部、黑龙江的西部和北部、西北的阿尔泰山、天山、昆仑山和祁连山的西部,以及青藏高原的西北部和南部山区。赖祖铭(1995)曾推算了气温升高 1～4℃、降水量变化 20％、10％和降水量不变情况下乌鲁木齐河 1 号冰川和伊犁河冰川径流量的可能变化。研究表明,气温变化引起的冰川径流变化,在降水增加情况下比降水减少情况下大;降水量变化引起的冰川径流变化,则随着气温升高幅度的增大而减小,降水量增加引起的冰川径流变化比减少时要大。降水量不变,气温升高 4℃。乌鲁木齐河已没有冰川径流,而伊犁河冰川径流亦减少 78.9％。因此,对于冰川融水补给较大的河流,在气候变暖的初期,当冰川消融深度增加而冰川面积尚未出现显著收缩时,由于冰川融水的增大,河川的径流量将增加。但随着冰川面积的收缩,冰川的融水量会趋于减少,则以冰川融水补给为主的河流的径流量也将减少。

(2) 对中国季节性积雪量和冰川动态变化的影响

气候变化主要通过对积雪持续时间和区域降雪量的影响来左右积雪量的多寡。全球变暖将有可能缩短积雪持续的时间。因为低海拔湿润半湿润气候区稳定积雪的持续时间与负温有密切关系。据有关研究,在中国东北平原区,冬季气温升高 1℃,年积雪日数将减少 6 天。在中国西北高山区,20 世纪 80 年代积雪日数较 30 年代平均值增加了 7～9 天,而盆地减少了 2～4 天不等。曹梅盛等(1995)计算了 150 个台站降温时段(1957～1987)和增温时段(1969～1980)西北地区积雪量的变化,81 个台站 1978～1987 年 10 年雪量距平值。研究发现,随着气温升高,广阔的盆地低地积雪量在减少,而高山地区积雪量在增加。降雪是积雪形成的主要补给来源,负温是形成和保存积雪的必要条件。气温和降雪的各种变化组合将影响积雪的变化方式。如在中纬度干旱半干旱地区，气温升高往往导致水分循环加快，结果蒸发量增加，而降雪量反而减少。在高纬度地区，暖冬的出现，降雪量可望增加。此外，根据他们对 20 世纪 80 年代冬季降雪量、年积雪日数和气温距平变化的统计，80 年代低地盆地冬季降雪量的减少是那里积雪量减少的主要原因，山区积雪的增加可用春秋两季降雪的增加来解释。结果，冬季降雪量的减少导致了西北地区积雪量的减少，春秋季节降雪量的增加引起了山地积雪量的增加，但后者无法平衡低地积雪量的减少。因此，如果未来全球继续变暖，中国总积雪量有可能进一步递减。

　　冰川是气候的产物，对气候变化反应敏感，可以说山地冰川是气候变化的敏感指示器。气候变化无疑影响山地冰川的消融与积累，前进与后退。施雅风（1990）曾统计了 1950～1980 年 30 年间前苏联和中国境内阿尔泰山、天山、帕米尔、祈连山中有观察统计的 227 条冰川的扩张与收缩情况。研究发现，30 年间有 73% 的冰川处于退缩状态，若仅统计长度 10km 以内的冰川，则后退冰川的比例更大。如天山乌鲁木齐河 1 号冰川 1958～1988 年间物质平衡观测，负平衡占 19 年，1973 年以来仅出现 3 年微弱的正平衡。1959～1972 年的平均年平衡值为 −28mm/a，1973～1988 年增长为 −169mm/a。胡汝骥等（1992）通过对天山东段哈密尔沟、乌鲁木齐河源冰川（中国境内），中段卡拉格玉格冰川（中国境内）和阿克希拉克山冰川（吉尔吉斯斯坦境内），西段图尤克苏冰川（哈萨克斯坦境内）等的对比分析，发现从 20 世纪 40 年代起，天山冰川有 80% 左右一直处于退缩状态。预测气候变化与冰川进退变化是个非常复杂的科学问题。气候变化下，冰川是前进还是后退，是扩展还是收缩，既取决于气候条件，又与冰川系统本身的特征紧密相关。气候冷暖干湿的不同组合和量级，决定冰川的变化动态和范围，冰川的进退对气候变化的响应也存在时间滞后问题。张祥松等（1995）采用冰川变化趋势的定性分析、冰川变化历史事实类比、冰川波动的敏感性分析，预测了中国西北冰川面积和径流量的变化。表 2—9 展示了气候变化引起天山乌鲁木齐 1 号冰川的面积变化和径流量变化。表 2—9 表明，随着气候逐渐变暖，不但冰川面积将缩小，而且冰川径流也将迅速减少。因此,若近百年来气候暖干化的趋势不发生逆转,冰川将不断退缩,冰川径流量亦将明显减少。如未来气候朝暖湿化方向发展,则目前冰川持续退缩的态势将得到缓解。

表2—9　气候变化引起天山乌鲁木齐河1号冰川的面积变化和

径流量变化(赖祖名、叶佰生,1990)

ΔP ＼ ΔT		+1℃	+2℃	+3℃	+4℃
−20%	冰川面积变化(%)	−61.1	−82.1	−100	−100
	径流变化(%)	−79.5	−91.0	−100	−100
−10%	冰川面积变化(%)	−50.5	−71.6	−93.2	−100
	径流变化(%)	−68.4	−82.5	−95.7	−100
0	冰川面积变化(%)	−39.5	−61.1	−82.6	−100
	径流变化(%)	−53.4	−70.9	−87.6	−100
−20%	冰川面积变化(%)	−28.9	−50.5	−72.1	−93.7
	径流变化(%)	−32.5	−55.1	−74.5	−94.9
−10%	冰川面积变化(%)	−18.4	−40.0	−61.6	−83.2
	径流变化(%)	−2.1	−31.5	−60.7	−84.2

（3）对中国内陆湖泊、洼淀收缩与蓄水变化的影响

中国是一个多湖泊的国家，湖泊总面积约 71787km²，储水总量约 7088 亿 m³，其中淡水湖储量为 2261 亿 m³。大量研究表明，在气候变暖情况下，中国许多湖泊都处于萎缩状态。不同区域，湖泊萎缩的机理不尽相同，但在中国华北和西北干旱、半干旱地区，气候变化导致的气候干暖化是湖泊收缩的主要原因。如中国最大的咸水湖——青海湖的面积在不断缩小。据考证，1908 年湖泊水位高度为 3205m 上下，1956 年降至 3196.57m，1957～1986 年湖泊水位累积下降 2.79m。施雅风（1990）分析了青海湖萎缩原因并预测了未来的变化趋势。通过对 1958～1986 年间湖面蒸发、降水、入湖径流的计算，表明湖面蒸发量（平均为 954.5mm/a）超过降水量（407.2mm/a，修正值）与地表、地下水入湖径流量（相当于湖面水层 465.2mm/a）之和是青海湖萎缩的根本原因，这也是近代干旱区、半干旱区内陆湖泊的共同特征。同时，如未来气候与人为干扰稳定在仪器记录年代水平上，则青海湖水位将继续下降 1.8m，面积收缩至 4080km² 左右，而湖面停止萎缩的时间约需求 25～40 年；如未来气候继续转暖，到本世纪中期气温升高 2～4℃ 条件下，则青海湖将先经历干暖收缩，进一步如全新世中早期环流形势和暖湿气候能够重现，则可能继之以湿暖扩张时期。

丁永建等（1995）探讨了近三十年青海湖流域气候变化对水量平衡的影响。研究表明，近三十年来，青海湖流域气温呈波动变化，增减趋势不明显，60 年代有较大的起伏，70～80 年代比较平稳。降水与地表径流减少一致，除 60 年代初较低之外，自 60 年代中期开始，降水和地表径流一直呈减少趋势。70 年代中期至 80 年代中期的 10 年，流域平均降水比前 10 年减少了 14.9%，相应地径流减少了 25%，蒸发增加了约 2.6%。可见，气候变化引发区域降水减少，气温升高导致流域、湖面蒸发加大是青海湖收缩的主要原因之一。

气候干暖所造成的中国北方湖泊萎缩比较突出。如 80 年代连续数年的干旱，导致了华北明珠白洋淀持续 5 年的干涸。此外，又如近几百年的气候渐趋干暖，加上水资源利用与管理不当，致使西北地区许多

内陆湖干涸,绿洲消失,生态环境日趋恶化。如新疆北部的艾比湖、玛纳斯湖与南部的罗布泊、台特马湖等,都面临着因干涸或接近于干涸而带来的植被退化、土壤沙化等问题。秦伯强(1993)分析了气候变化对内陆湖泊的影响,认为本世纪北半球气候变化的总趋势是暖干与冷湿交替而以暖干为主,因此对以降水和地表径流补给为主的湖泊来说,气候的进一步干暖将使湖泊的水位下降;而对于以冰川补给为主(且占很大比重)的湖泊,气候的干暖有可能使湖泊的水位上升。但有关研究表明,在近一个世纪里,内陆干旱地区的湖泊总趋势是干旱收缩和水位下降。

脆弱生态环境与可持续发展

中国青藏高原湖泊广布,且多为封闭湖盆。相比较而言,因为海拔高,青藏高原湖泊很少受人类活动的干扰。因此;湖泊的演化直接与气候变化、环境演变息息相关。李世杰(1998)认为,虽然青藏高原各类湖泊如沼泽型湖泊、淡水湖、盐湖、碱性湖等的地理分布、物理、化学和生物生态等方面各具特征,但在湖泊变化方面都具有一致性,即随着全球变暖,高原湖泊普遍表现为萎缩。如青藏高原东北部若尔盖盆地的兴错,60年代其湖面面积为3.3km²,1998萎缩到2.02km²;可可西里的苟仁错,1990年湖面面积为23.5km²,到1998年已经完全干涸。究其原因,不少学者认为全球气候变暖造成青藏高原的干暖化、蒸发加强是湖泊萎缩的主要原因。

施雅风(1990)曾总结到,暖干是导致湖水水位下降的决定性因素。延续已达100年以上的亚洲中部干暖化趋势,现在仍然比较旺盛。20世纪80年代若干地区和年份的降水增加仍不大可能逆转这个趋势。因此,如未来二氧化碳排放继续增加,气温持续上升,在环流形势仍然维持现代格局的情况下,冰川消融和湖泊蒸发继续加剧而难于遏制,亚洲中部山区会更加干暖化,水资源量将趋于减少。

(4)气候变化尤其是短期的气候异常现象与中国的洪涝、干旱灾害关系密切

IPCC关于气候变化可能影响的报告指出:"与全球变暖有关的水文极值的变化将比平均水文条件的变化更加显著。"中国是洪涝、干旱

灾害十分频繁的国家,气候变化将对中国的洪涝、干旱灾害产生怎样的影响? 是加剧还是减弱? 目前还难以定论。但可以肯定的是,气候变化尤其是短期的气候异常与中国的洪涝、干旱灾害关系十分密切。不少学者研究了"厄尔尼诺"、"拉尼娜"、"东亚季风"、"南方涛动"、"北太平洋涛动"等异常现象与中国洪涝、干旱灾害的关系,显示它们之间存在十分密切的关系。

黄荣辉等(1990)认为,当全球海气异常(ENSO)处于发展阶段,该年夏季中国江淮流域降水偏多,发生洪涝;而黄河流域、华北及江南等地降水偏少,出现干旱;反之,当 ENSO 处于衰减阶段时,正好相反。赵汉光等(1990)指出,如果秋冬季开始出现明显增暖的厄尔尼诺事件,则当年或次年,长江中下游地区梅雨量偏少;如果春夏季开始出现增暖的厄尔尼诺事件,则当年或次年,长江中下游梅雨量偏多;廖荃荪等(1992)发现,厄尔尼诺发生的季节不同对中国降水的影响也不同,如春季发生厄尔尼诺事件,则当年夏季主要多雨带位于淮河流域一带;如夏秋季发生厄尔尼诺事件,则翌年夏季主要多雨带出现在长江沿岸及其以南地区。赵振国(1996)研究发现,在厄尔尼诺开始年的春夏季,中国东部地区大范围少雨。秋季前后,中国降水发生明显的趋势转折。从秋季至次年夏季,中国南方地区降水将呈现出增多趋势,大多数月份为南多北少的降水型。陶诗言等(1997)认为东亚季风与中国的洪涝灾害关系密切,且严重的洪涝灾害都是由东亚季风异常所造成的。在正常年份,东亚夏季风自南向北推移,中国先后出现自南向北推进的雨带,洪涝灾害也自南向北推进,但一般并不严重。若季风异常,如入梅时间早,梅雨结束时间晚,梅雨期增长,相应的降水日数、降水量异常增多都将给中国长江中下游地区带来严重的洪涝灾害。

1998 年长江肆虐的洪水,至今让人记忆犹新。洪水的形成原因虽然是多方面的,但气候变化无疑是其主要原因之一。江吉喜(1998)运用 GMS 云顶亮温(TBB)资料,分析了 1998 年中国长江大水的异常天气成因。分析结果表明,在强厄尔尼诺事件和青藏高原强降雪及积雪造成的异常大气环流背景下,副热带高压异常强大且位置偏南偏西,赤道辐合带和夏季风显著偏弱,中纬度地区冷空气不断东移南下,冷暖空气频繁交汇,是形成这场大水的主要原因。王礼先(1998)则指出,由于受"厄尔尼诺"和"拉尼娜"现象的影响,1998年气候异常是导致这场特大洪水的原因之一。

陈菊英(1998)分析了春季南方涛动和初夏南海高压对长江中下游地区夏涝的影响。指出春季和初夏南海高压加强是长江中下游和江南北部地区夏季是否发生洪涝的前兆强信号。同时,春季南方涛动指数(SOI)和初夏南海高压的强弱对长江中下游和江南北部地区及江淮地区的夏季旱涝趋势有较强的指示性。尤其在强 ENSO 年,当春季 SOI ≤ -4.0 时,若初夏南海高压偏强,则夏季主要多雨带和主要洪涝区在长江流域或江南和华南地区;若初夏南海高压正常,则夏季主要多雨带和主要洪涝区在江淮地区;若初夏南海高压偏弱,则夏季主要多雨带和主要洪涝区在江南地区,北方河套到内蒙古中部黄河上游地区另有一条多雨带,华北中南部至长江中上游地区以少雨干旱为主。此外,关于中高纬大气环流异常、北太平洋涛动等的研究表明,它们的异常与中国的洪涝灾害关系同样密切。

中国水患灾害近年来有更加频繁的趋势,除了特殊的水文条件外,气候变化是否有增加洪涝、干旱灾害的趋势,这值得人们深思。王绍武(1999)通过建立均匀的气候序列,对中国近百年(1880~1998)来严重的气候灾害(包括全国干旱、全国多雨、长江多雨、长江干旱、黄河多雨和黄河干旱等九种灾害)进行了分析,指出 19 世纪 80 年代、20 世纪 10 年代、30 年代灾害较多,但 20 世纪 40 年代、80 年代、90 年代灾害较少,且这正是中国最暖的 3 个 10 年。此外 20 世纪 20 年代灾害频次也较低,那时气温也较高,这表明气候变暖时中国严重灾害频次较低,这是一个令人值得注意的现象。

2. 对中国自然地理环境和社会经济发展的影响

(1) 对水资源合理利用的挑战

水是人类社会赖以生存的必要物质条件。近百年来,人口爆炸性

脆弱生态环境与可持续发展

增长,社会经济的突飞猛进给全球资源、环境带来了巨大压力。不仅如此,各种环境污染物的排放,使得水环境恶化的趋势日益明显。目前,全球许多国家正面临着水资源短缺问题,气候变化又将给水资源带来许多无法估计的影响,其中降水方式、空间格局等可能受到严重干扰,洪涝、干旱等灾害也将随之变化。中国因受全球气候变化的影响,近百年来气温和降水都有明显的变化,降水的地域差异更加明显,而且年内分配更加不均,突发性暴雨增多,北方连续干旱少雨,水文情势显著变化,这都给水资源的合理利用带来挑战。如由于气候变化造成降水集中度过高,导致大部分降水主要形成洪流泻走,这将对区域地下水的补给极为不利,影响区域水资源的蓄积甚至导致干旱地区隐伏着更为严重的缺水潜势。因此,如何面对气候变化对未来水资源利用带来的冲击和挑战,科学地进行抉择是极其重要的。否则,人类将在水荒危机的呼声中陷入生存的泥潭。

（2）气候变化加剧了水资源的供需矛盾

水资源是不可替代的自然资源,它是有限的。在中国,由于人口的增长,经济的发展,工农业与城市对水资源的需求在逐年大幅度地增长。据估计,自 1949～1993 年,中国总用水量以每 10 年增加 1000 亿 m^3 的规模递增。这种水资源需求的增长与中国有限的水资源量(人均占有量 2477m^3,为世界人均的 26%)之间的矛盾十分尖锐。造成中国水资源供需矛盾尖锐的主要原因除了水资源利用浪费现象十分严重外,全球气候变化则是另一主要原因。

气候变化的主要表现形式就是降水和气温的变化。从水资源的主要补给来源——大气降水的形势来看,谢家泽(1990)曾指出,气候持续干旱是中国北方水源危机突出的主要原因。1972 年和 1978 年中国北方经历了两次大旱,20 世纪 80 年代,中国北方气候持续干旱少雨。京、津、冀、鲁各省市的降水量明显偏少,大部分地区平均年降水量减少了 10%～25%,年径流量减少了 30%～50%。由于来水减少,不少地区河流干涸,水库蓄不上水,地下水位持续下降,水源危机突出,供需矛盾尖锐。据有关统计分析表明,到 1991 年,中国降水大致以 12.7mm

每10年的速度减少。50年代全国平均降水量为872mm,80年代平均为838mm,比50年代减少了34mm。降水减少在华北地区特别明显,尤其20世纪80年代以后,海滦河不断出现河流断流、河道干涸现象,及至90年代发生的黄河断流,从某一个侧面说明,气候变化正使中国北方水源危机变得更加突出。

从气温变化看,全球变暖将使中国积雪总量可能减少,部分地区春季积雪的提前消融将可能导致土壤的严重干旱化。虽然在冰川未达到稳定前,气温升高有望增加冰川的径流量,但冰川一旦稳定,气温升高将使其径流量大大减少。气温升高还可能带来流域内蒸发能力的增大。所有这一切,都有可能引发水资源的供需矛盾。综上所述,未来全球变暖有可能加剧中国水资源的供需矛盾。

(3)气候变化对不同区域水资源的可能影响

区域不同,未来气候变化的情景也不同,结果是不同区域水资源对气候变化的响应也不同。李克让等(1992)利用非线性降雨径流模型对中国位于湿润及半湿润气候区的六个流域,分别在降水、蒸发能力变化±10%、±20%及各种组合情况下计算流域的径流、流域蒸发及土壤蓄水量变化。研究发现,当降水和蒸发能力都发生变化时,则气候变冷湿时湿润地区的蒸发量减少,半湿润区的蒸发量增加;气候变暖干时,湿润地区的蒸发量增加,半湿润地区的蒸发量减少。气候变冷湿时,任何区域的土壤蓄水量和径流量都增加;气候变暖干时,任何地区的土壤蓄水量和径流量都减少,但半湿润及半干旱地区土壤蓄水量和径流量的增减幅度都大于湿润气候区。刘爱霞(1994)分析了海滦河流域40站夏季降水量的关系,结果表明水资源总量与降水量的逐年变化相当一致,受气候变化的影响京津唐水资源逐年代递减趋势是非常明显的。这表现在,50年代京津唐地区降水较多,水资源丰沛;之后降水减少,60年代降水量和水资源量在平均值附近波动;60年代末至70年代初出现一段干旱,水资源相应减少;70年代中后期降水偏多,水资源很充裕;进入80年代降水量急剧减少,水资源奇缺,降至历史最低水平;80年代中后期虽有回升,但后期仍为下降趋势。张苏平(1996)利用1960～

脆弱生态环境与可持续发展

1994 年胶东地区降水和水资源资料,用变点分析法将 35 个年份分成 A、B 两个气候段。分析发现从 A 段到 B 段,降水、水资源明显减少。水资源总量的变化规律和降水变化规律也相一致,但前者的变化率明显大于后者。地下水变化有一定的持续性,气象干旱年的结束,并不意味着水文枯水年的结束。

降水是中国西北地区所有水资源形式的主要来源,它不仅决定着西北干旱地区的水分状况,而且降水的时空分布直接影响西北干旱地区的河川径流、地下水的天然补给量以及高山冰川积雪的发育和分布。冯起(1997)认为随着全球气候变暖,未来西北地区的蒸发与消融将增加,这将加剧水资源量的变化。冰川积雪、湖泊的进一步萎缩,山区许多固体水库的消失,将使河流水量的不稳定性增加。

何新林(1998)利用月水量平衡模型分析了气候变化对新疆玛纳斯河流域水文水资源的影响,研究结果如表 2—10。

表 2—10　GCM 输出方案下径流和土壤湿度的变化率(%)(何新林,1998)

GCM 模型	径流量变化率			土壤湿度变化率(%)		
	夏季	冬季	年均	夏季	冬季	年均
GFDL	− 20.01	− 1.13	− 21.06	− 15.76	− 18.54	− 17.28
GISS	− 4.94	− 0.21	− 5.18	− 5.49	− 7.64	− 6.54
LLNL	− 10.61	− 0.41	− 11.38	− 10.25	− 12.34	− 11.29
MPL	18.17	0.40	13.68	5.76	2.89	3.40
OSU	− 10.17	− 0.46	− 10.32	− 9.5	− 10.89	− 9.94
UKMOL	− 15.52	− 0.50	− 14.81	− 12.33	− 14.38	− 13.24
UKMOH	− 25.87	− 1.390	− 25.82	− 18.59	− 21.85	− 20.29
平均	− 10.31	− 0.41	− 10.82	− 9.91	− 11.83	− 10.83

表 2—10 表明,未来二氧化碳浓度倍增时,除 MPI 模型外,玛纳斯河流域的径流量和土壤湿度将减小。但季节不同,气候变化对流域径流量和土壤湿度的影响也不同,就平均状况而言,夏季径流量减少 10.31%,其幅度大于冬季减少的 0.41%,土壤湿度夏季减少 9.91%,冬季减少 11.83%。

(4)气候变化对中国水利工程等建设项目的可能影响

气候变化引起的洪涝灾害、流域降水量等的变化将对中国水利工程等建设项目造成重大影响。中国现行的水资源管理体系、大型水利工程、土地利用、农业结构、工业布局、城市建设等方案的制定都可能存在以过去的水资源状况作为设计的前提。事实上,这种假设已有明显的偏差,因而有必要对未来气候可能变化情景下区域水资源的变化作出估计来修正这些方案。如 1954 年,中国太湖流域暴发特大洪水,受淹面积 $53.3 \times 10^4 \, \text{hm}^2$;1991 年,太湖流域暴发第二次特大洪水,受淹面积为 $34.0 \times 10^4 \, \text{hm}^2$;1999 年,太湖流域暴发第三次特大洪水,受淹面积 $26.7 \times 10^4 \, \text{hm}^2$。随着洪水暴发带来的经济损失增大,则防洪标准也应相应地提高,有关部门建议将原规划的 50 年一遇,提高到 100 年一遇;上海市沿黄浦江防汛墙应按千年一遇的高潮位设计等。此外,特大的洪水往往造成水库溃堤、海堤决口,给人民的生活带来巨大灾难。水库集水区域的径流量、最大径流极值往往是水库防洪库容设计必须考虑的标准。气候变化带来的流域径流量变化也要求我们对水库、水坝等各项水利工程的设计标准做出相应调整。

参考文献

1. Benioff, R., S. Guill and J. Lee: *Vulnerability and Adaptation Assessments: An International Handbook*. Environmental Science and Technology Library, Kluwer Academic Publishers, 1996.

2. Cynthia R., Daniel H: Climate Change and the Global Harvest: Potential Impacts of Greenhouse Effect on Agriculture[M]. New York: Oxford University Press, 1998.

3. El-Raey, M.: Vulnerability of The Coastal Zones. In: Proceedings of The World Coast Conference 1993, Volume 1:371~379.

4. FAO: Agro-ecological assessments for national planning: the example of Kenya. FAO SOILS BULLIETIN 67[M]. FAO, Rome, 1993.

5. FAO: Agro-ecological Zoning Guidelines. FAO SOILS BULLETIN 73[M]. FAO, Rome, 1996.

6. FAO: Report on the agro-ecological zones project: Worlds Soil Resources Report 48[M]. FAO, Rome, 1978~1981.

7. Fischer, G., Velthuizen H. T.: Climate change and global agricultural potential project: A case study of Kenya[M]. The working paper of IIASA, 1996.

8. Frederick, K. D. and D. C. Major: *Climate Change and Water Resources.* Climatic Change, 1997, 37:7~23.

9. Frederick, K. D. , D. C. Major and E. Z. Stakhiv: *Introduction: Climatic Change*, 1997, 37:1~5.

10. Gates, W. L. : *The Use of General Circulation Models in the Analysis of the Ecosystem Impacts of Climatic Change.* Climatic Change, 1985, 7:267~284.

11. Gleick, P. H. (ed.): *Water in Crisis: A Guide to the World's Freshwater Resources.* Oxford University Press, Inc. , New York, N. Y. , 1993.

12. Grotch, S. L. , and M. C. MxcCracken: *The Use of General Circulation Models to Predict Regional Climatic Change.* Journal of Climate, 1991, 4: 286~303.

13. Hobbs, B. F. : *Bayesian Methods for Analyzing Climate Change and Water Resources Uncertainties.* Journal of Environmental Management, 1997, 49: 53~72.

14. Houghton J. T. , Meira Filho, L. G. , Callander B. A. , etc. : Climate change 1995: The science of climate change: contribution of working group I to the second assessment report of the international panel on climate change [M]. Melbourne (Australia): the Press Syndicate of the University of Cambridge, 1996.

15. Lettenmaier, D. P. , and T. Y. Gan: *Hydrologic Sensitivities of the Sacramento-San Joaquin River Basin*, California, to Global Warming. Water Resources Research, 1980, 26(1):69~86.

16. Lettenmaier, D. P. , D. P. Sheer and M. Asce: *Climatic Sensitivity of California Water Resources.* Journal of Water Resources Planning and Management, 1991, 117(1):108~125.

17. Major, D. C. , and K. D. Frederick: *Water Resources Planning and Climate Change Assessment Methods.* Climatic Change, 1997, 37:31~40.

18. Miller, K. A. , S. L. Rhodes and L. J. Macdonnell: *Water Allocation in a Change Climate: Institutions and Adaptation.* Climatic Change, 1997, 35: 157~177.

19. Morvell, G. L. : The Application of The IPCC Common methodology for Assessment of Vulnerability to Sea-Level Rise In Australia and Its Territories. In: Proceedings of The World Coast Conference 1993, Volume 1:389~397.

20. Nigel, W. A: *Climate Change and Water Resources in Britain.* Climatic Change, 1998, 39:83~110.

21. Richard, J. T. Klein, Marion J. Smit, etc. : Resilience and Vulnerability:

Coastal Dynamics or Dutch Dikes. The Geographical Journal，1998，164(3)：259～268.

22. Richard，J. T. Klein and Robert J. Nicholls(张淑贞译)：Assessment of Coastal Vulnerability to Climate Change. AMBIO，28(2)：182～187.

23. Ron Benioff，Sandra Guill and Jeffrey Lee：Vulnerability and Adaptation Assessment. An International Handbook. Kluwer Academic Publishers，1996.

24. Rouse，W. R.：*A Water Balance Model for a Subarctic Sedge Fen and its Application to Climatic Change*. Climatic Change，1998，38：207～234.

25. Smith，J. B.，and G. J. Pitts：*Regional Climate Change Scenarios for Vulnerability and Adaptation Assessment*. Climatic Change，1997，36：3～21.

26. Todini，E.：*Rainfall-Runoff Modeling：Past，Present and Future*. Journal of Hydrology，1998，100：341～352.

27. Waggoner，P. E.（ed.）：*Climate Change and U. S. Water Resources*，John Wiley and Sons，Inc.，New York，N. Y.，1990.

28. 蔡运龙、Barry Smit："全球气候变化下中国农业的脆弱性及其适应对策[J]"，《地理学报》，1996，51(3)：202～210。

29. 曹梅盛、李培基："西北区季节积雪变化及其趋势"，《气候变化对西北、华北水资源的影响》，山东科学技术出版社，1995。

30. 陈桂英："EL Nino 和 La Nina 冬季增强型和减弱型及其对中国夏季旱涝的影响"，《应用气象学报》，2000，11(2)：154～164。

31. 陈烈庭、吴仁广："中国东部的降水区划及各区旱涝变化的特征"，《大气科学》，1994，18(5)：586～595。

32. 陈菊英："春季南方涛动和初夏南海高压对长江中下游地区夏涝的影响"，《应用气象学报》，1998，9(增)：119～124。

33. 程国栋译："中国水资源的问题与对策"，Ambio，1999，28(2)：202～203。

34. 邓根云等：《气候变化对中国农业的影响》，北京科学技术出版社，1993。

35. 邓慧平、吴正方等："气候变化对水文和水资源影响研究综述"，《地理学报》，1996，51(Supplement)：161～169。

36. 邓伟、何岩："水资源：21 世纪全球更加关注的重大资源问题之一"，《地理科学》，1999，19(2)：97～101。

37. 丁永建、刘凤景："近三十年来青海湖流域气候变化对水量平衡的影响及其趋势预测"，《地理科学》，1995，15(2)：128～135。

38. 丁永建、刘凤景："青海湖流域水量平衡要素的估算"，《干旱区地理》，1993，16(4)：25～30。

39. 范锦春："海平面上升对珠江三角洲水环境的影响"，《海平面上升对中国三角洲地区的影响及对策》，科学出版社，1994：194～201。

40. 冯起、曲耀光等："西北干旱地区水资源现状、问题及对策"，《地球科学进展》，

1997,12(1):66~73。

41. 傅国斌、刘昌明:"全球变暖对区域水资源影响的计算分析",《地理学报》,1991,46(3):277~288。

42. 韩慕康、三村信男等:"渤海西岸海平面上升危害性评估",《地理学报》,1994,49(2):107~114。

43. 何新林、郭生练:"气候变化对新疆玛纳斯河流流域水文水资源的影响",《水科学进展》,1998,9(1):77~83。

44. 胡桂芳、张苏平:"近40年山东各水资源分区降水变化特征及多步预测时序模型",《气象》,22(8):16~19。

45. 胡汝骥、杨川德等:"天山的冰川现状与未来的气候趋势",《干旱区地理》,1992,15(3):1~9。

46. 胡汝骥、杨川德等:"天山冰川与湖泊变化所示的气候趋势",《干旱区地理》,1994,17(2):1~9。

47. 黄嘉佑:"我国夏季气温、降水场的时空特征分析",《大气科学》,1991,15(3):124~132。

48. 黄荣辉:"引起我国夏季旱涝的东亚大气环流异常遥相关型及其物理机制的研究",《旱涝气象研究进展》,气象出版社,1990。

49. 黄镇国、张伟强等:"珠江三角洲海平面上升对堤围防御能力的影响",《地理学报》,1999,54(6):518~525。

50. 季子修、蒋自巽等:《海平面上升对长江三角洲和苏北滨海平原海岸侵蚀的可能影响》,《地理学报》,1993,48(6):516~526。

51. 江吉喜、范梅珠:"GMST$_{BB}$提示的1998长江大水的异常天气成因",《南京气象学院院报》,1999,22(3):331~337。

52. 赖祖名、叶佰生等:"水量平衡模型作气候变化对乌鲁木齐河径流影响评价的初步研究",《中国气候与海平面变化研究进展》,海洋出版社,1990。

53. 赖祖名、叶佰生等:"西北地区河川径流变化及其趋势",《气候变化对西北、华北水资源的影响》,山东科学技术出版社,1995。

54. 李从先:"海平面上升对我国沿海低地的影响",《地球科学进展》,1993,8(6):26~30。

55. 李克让等:《中国气候变化及其影响》,海洋出版社,1992。

56. 李平日、方国详等:"海平面上升对珠江三角洲经济建设的可能影响及对策",《地理学报》,1993,48(6):527~534。

57. 李世杰、李万春等:"青藏高原现代湖泊变化与考察初步报告",《湖泊科学》,1998,10(4):95~97。

58. 李素琼:《海平面上升对珠江三角洲咸潮入侵可能的影响》,珠江水利委员会科研所,1992。

59. 李文华:"长江洪水与生态建设",《自然资源学报》,1999,14(1):1~8。

60. 李月洪、刘煜："长江流域旱涝与太平洋 OLR 场的关联"，《气象》，16(8)：15～19。

61. 廖荃荪、赵振国："我国东部夏季降水分布的季度预报方法"，《应用气象学报》，1992，3(增)：1～9。

62. 林而达等：《全球气候变化对中国农业影响的模拟》，中国农业科学出版社，1997。

63. 林而达、王厚煊、王京华等：《全球气候变化对中国农业影响的模拟[M]》，中国农业科技出版社，1997。

64. 刘爱霞、梁平德："京津唐水资源分析及预测"，《气象》，20(9)：14～18。

65. 缪启龙、周锁铨："海平面上升对长江三角洲海堤、航运和水资源的影响"，《南京气象学院院报》，1999，22(2)：625～630。

66. 秦伯强："气候变化对内陆湖泊影响分析"，《地理科学》，1993，13(3)：212～219。

67. 曲建和："气候变化对华北水资源影响模式的探讨"，《气象》，16(3)：18～21。

68. 任鸿遵、于静洁等："华北农业水资源供需状况评估方法"，《地理研究》，1999，18(1)：39～44。

69. 施雅风："山地冰川与湖泊萎缩所指示的亚洲中部气候干暖化趋势与未来展望"，《地理学报》，1990，45(1)：1～13。

70. 施雅风："我国海岸带灾害的加剧发展及其防御方略"，《自然灾害学报》，1994，3(2)：3～14。

71. 施雅风、刘春蓁：《气候变化对西北华北水资源的影响》，山东科学技术出版社，1995。

72. 施雅风、王明星、张丕远等著：《中国气候与海面变化研究进展》，海洋出版社，1990。

73. 施雅风、赵希涛：《中国海平面变化：中国气候与海面变化及其趋势和影响》，山东科学技术出版社，1992。

74. 陶诗言、李吉顺等："东亚季风与我国洪涝灾害"，《中国减灾》，1997，7(4)：17～24。

75. 王根绪、程国栋等："中国西北干旱区水资源利用及其生态环境问题"，《自然资源学报》，1999，14(2)：109～116。

76. 王礼先、张志强："森林植被变化的水文生态效应"，《森林资源保护与生态环境建设的关系研究会论文》，1998。

77. 王绍武、龚道溢等："近百年来中国的严重气候灾害"，《应用气象学报》，1999，10(Supplement)：43～53。

78. 王晓峰："中国西部平原区湖泊近期变化之比较"，《干旱区地理》，1994，17(2)：16～21。

79. 王颖："海平面上升与海滩效应"，中国科学院地学部：《海平面上升对我国沿海地区经济发展影响与对策研讨会论文》,1993。

80. 王颖、吴小根:"海平面上升与海滩侵蚀",《地理学报》,1994,50(2):119～127。

81. 魏维宽:"淮河流域异常洪涝及防灾减灾思考",《中国减灾》,1997,7(3):23～25。

82. 吴浩云:"太湖流域洪水调度方案的制定与实践",《湖泊科学》,2000,12(1):11～18。

83. 夏东兴、刘振夏等:"海平面上升对渤海湾西岸的影响与对策",《海洋学报》,1994,16(1):61～67。

84. 谢家泽、陈志恺:"中国水资源",《地理学报》,1990,45(2):210～219。

85. 严中伟、季劲钧等:"60年代北半球夏季气候跃变——气温和降水的变化",《中国科学(B辑)》,1990(1):97～103。

86. 杨桂山、施雅风:"海平面上升对中国沿海重要工程与城市发展的可能影响",《地理学报》,1995,50(4):302～309。

87. 杨桂山、施雅风:"中国海岸带面临的重大环境变化与灾害及其防御对策",《自然灾害学报》,1999,8(2):13～20。

88. 杨桂山、施雅风:"中国沿岸海平面上升及影响研究的现状与问题",《地球科学进展》,1995,10(5):475～481。

89. 杨桂山、朱季文:"全球海平面上升影响研究的内容、方法与问题",《地球科学进展》,1993,8(3):70～76。

90. 张光斗:"面临21世纪的中国水资源问题",《地球科学进展》,1999,14(1):16～17。

91. 张庆云、陈烈庭:"近30年来中国气候的干湿变化",《大气科学》,1991,15(5):72～80。

92. 张汝鹤:"陕西关中地区水资源状况与对策刍议",《中国减灾》,1997,7(3):26～29。

93. 张苏平、胡桂芳等:"降水长期变化对胶东地区水资源的影响",《气象》,22(11):3～9。

94. 张祥松、王宗太:"气候变化对西北水资源影响研究",《气候变化对西北、华北水资源的影响》,山东科学技术出版社,1995。

95. 赵汉光、张先恭等:"厄尔尼诺与我国气候异常",《长江大气预报论文集》,气象出版社,1990。

96. 赵声蓉、宋正山:"华北汛期旱涝与中高纬大气环流异常",《高原气象》,1999,18(4):535～540。

97. 赵振国:"厄尔尼诺现象对北半球大气环流和中国降水的影响",《大气科学》,1996,20(4):422～428。

98. 赵振国、廖荃苏:"冬季北太平洋涛动和我国夏季降水",《气象》,18(2):11～16。

99. 中国科学院地学部：《海平面上升对中国三角洲地区的影响及对策——中国科学院院士咨询报告》，科学出版社，1994。

100. 中国科学院地学部："海平面上升对现代黄河三角洲地区经济发展的影响与对策"，《地球科学进展》，1993,8(6):25。

101. 中国科学院地学部："海平面上升对我国沿海地区经济发展的影响与对策"，《地球科学进展》，1993,8(6):15～18。

102. 中国科学院地学部："海平面上升对珠江三角洲地区经济发展的影响与对策"，《地球科学进展》，1993,8(6):19～20。

103. 中国科学院地学部："海平面上升对长江三角洲地区经济发展的影响与对策"，《地球科学进展》，1993,8(6):21～22。

104. 中国科学院地学部："海平面上升对天津地区经济发展的影响与对策"，《地球科学进展》，1993,8(6):23～24。

105. 中国科学院地学部："中国水问题出路"，《地球科学进展》，1998,13(2):113～117。

106. 朱季文、季子修等："海平面上升对长江三角洲及邻近地区的影响"，《地理科学》，1994,14(2):109～117。

第三章 人类活动与生态环境的脆弱性

从社会进步和发展经济的角度看,社会发展缓慢和经济落后往往容易导致生态环境脆弱。而贫困是社会发展缓慢和经济落后的主要表现形式,它与脆弱生态环境是一对孪生兄弟,关系十分密切。有人把地区贫困理解为封闭条件下稳定的社会均衡状态(邹德秀,2000)。封闭条件指的是一个地区,由于地理环境的特点,很少与周围地区乃至更远地区发生信息和物质交换或经济政治交往,是一个相对封闭的社会经济系统。由于封闭严重阻碍着人的观念的更新和素质的提高,因而封闭也就直接限制着商品经济的发展,这种封闭条件也致使当地人们的生存方式对生态环境来说具有某种意义上的脆弱性。因此,可把贫困经济当作一个相对稳定于某种低水平上的均衡状态。要治理贫困,实现脆弱生态区的可持续发展,就必须把长期处在均衡状态下的封闭的社会经济系统变成一个远离平衡态的开放的社会经济系统。据此,贫困地区的开发战略也就可以归结为如何发展商品经济的问题。经济开发对贫困地区原本脆弱的生态环境难免会产生一些负面的影响。因此,事先进行脆弱生态区的经济开发评价是至关重要的,必须把经济开发活动控制在一个适度的范围内,以实现脆弱生态区的社会经济可持续发展。

一、贫困与脆弱生态区分布的地理耦合

在历史上,与穷人和富人的差别同时存在的是贫困地区和富裕地区的差别。早期的地区贫困和恶劣的自然条件关系非常密切,如魏晋南北朝时期以来,由于农业向人口稀少的秦巴山区扩散,导致秦巴山区

耕地少而质量差,加上交通不便,除少数几个小盆地外,历史上一直是贫困地区。现在有关学者的研究也表明贫困与脆弱生态环境具有一定的相关性(李周、孙若梅,1994;赵跃龙、刘燕华,1996)。耦合在物理学上指的是两个(或两个以上)体系或运动形式之间通过各种相互作用而彼此影响的现象。具体落实到贫困与脆弱生态区的分布上,指的是贫困与生态环境脆弱两者间的相互联系、相互影响而产生的地理空间分布上的一致性。贫困与脆弱生态区的分布是否存在一种地理意义上的耦合?对这一问题的探讨,将有助于分析脆弱生态环境的成因机制,并为实现脆弱生态环境的可持续发展提供决策依据。

(一) 中国的贫困地区及其分布特征

1. 中国的贫困地区

贫困是经济、社会、文化落后的总称,是由低收入造成的基本物质、基本服务相对缺乏或绝对缺乏,以及缺少发展机会和手段的一种状况。它的一个基本特征,是人们的生活水平达不到一种社会可接受的最低标准(陈玉光、崔斌,1995)。与之相应的贫困地区,是一个以经济发展状况为基础,以人们生活水平为主要标志,表明社会发展程度的地域性概念。中国的贫困地区有哪些?要回答这一问题,不仅要有一个统一的关于贫困的界定线,即贫困的标准,包括明确的地区级别和确定的计量单位,还要确定贫困人口在该地的数量界线,即所占的百分比。此外,贫困与贫困地区都是相对的历史范畴,是变化发展着的。中国所使用的贫困概念主要是经济意义上的贫困,而且强调的是绝对贫困,即"个人或家庭依靠劳动所得和其他合法收入不能维持其基本的生活需求"。贫困标准的制定,自然是基于对维持个人或家庭的生存所必需的食物消费量和收入水平而确定的。

以行政县级作统计单位,中国扶贫基金会提供的资料表明,按人均纯收入 200 元作划界标准,1986 年全国的贫困县为 699 个。至 1993 年,按 320 元作为划界标准,列入《国家八七扶贫攻坚计划》的贫困县尚有592个,它们涉及河北、山西、内蒙古、辽宁、吉林、黑龙江、浙江、安徽、福建、江西、山东、河南、湖北、湖南、广东、广西、海南、四川、重庆、贵州、云南、西藏、陕西、甘肃、宁夏、青海、新疆,共27个省、市、自治区(刘燕华,1993)。

2. 中国贫困地区的分布特征

将上述592个贫困县的县域范围表示在图上(图3—1),我们可以发现中国贫困地区的分布有如下特征。

(1)分布面广,相对集中连片。在中国的版图上,从东到西,从南到北,从腹地到边陲,都存在一些贫困地区。它们跨越东部季风区、西北干旱区、青藏高寒区三大自然区,在全国32个省级行政区中涉及27个。其分布还具有相对集中连片的特点,根据贫困地区的自然环境特征,可归纳为10大片(图3—1)。

图3—1 中国贫困地区分布图

资料来源:刘燕华,1993。

(2)分布不均匀,主要集中在西部地带。上述592个贫困县,位于东部沿海地带的有 105 个,占总数的 17.7%;位于中部地带的有 180 个,约占总数的 30.5%;而位于西部地带的有 307 个,约占贫困县总数的 51.8%。

(3)多分布在山区、边远地区、少数民族聚集地区和革命根据地。

(二)中国的脆弱生态环境类型及其分布

脆弱生态环境是一种对环境因素改变的反应敏感,而维持自身稳定的可塑性较小的生态环境系统(刘燕华,1995)。环境有脆弱性特点受诸多自然和人为作用的影响,中国是个人类活动历史悠久,自然环境条件复杂的国家,脆弱环境分布范围广,类型多样。根据地质、地貌、气候、水文等自然脆弱因子和过度垦殖、过度放牧等人类不合理的开发利用方式,归纳出一些脆弱生态环境指标,用这些指标又可划出中国脆弱生态环境的分布区,按其不同的主要成因,可分为七大类型脆弱区(表3—1,图 3—2)(刘燕华,1995;杨勤业,1992)。

表 3—1　中国脆弱生态环境成因类型及其结构特征(刘燕华,1995)

区域	成因	指标	生态景观类型	地貌类型
西北半干旱区	水源缺乏; 水源保证不稳定、堆积	径流散失区; 径流变率±50%;	干草原 荒漠草原	山地丘陵 洪—冲积平原
	风蚀、堆积	周边植被覆盖度<10%; 防护林网面积<10%	绿洲	沙地
北方半干旱—半湿润区	降水不稳定; 蒸发与降水关系; 对利用的影响	400mm 降水保证率<50%; 350mm 降水保证率>50%; 干燥度 1.5~2.0	山地森林草原 灌丛草原 草甸草原 干草原 荒漠草原	高原 山地丘陵 丘陵台地 山前平原 黄土沟壑
华北平原区	排水不畅; 风沙风蚀	地下水位高于 3m; 地下水矿化度>2g/l; 黄河故道沙地和新沙地植被覆盖度<30%	暖温带森林草原 灌丛草原	冲—洪积平原 黄泛平原 滨海平原

（续表）

区域	成因	指标	生态景观类型	地貌类型
南方丘陵区	过垦、过樵；	天然植被覆盖率<30%；	亚热带森林	红壤丘陵山地
	流水侵蚀	红壤丘陵山地；暴雨	灌丛草原	红层盆地
西南石灰岩山地区	溶蚀、水蚀	石灰岩切割山地；植被覆盖度<30%	岩溶灌丛 亚热带森林	山地丘陵盆地
西南山地区	流水侵蚀；干旱；	中等以上切割流水侵蚀带的干旱河谷区；	干热灌丛草原 干暖灌丛草原 干温灌丛草原	深切割山地 中切割山地
	过垦、过伐、过牧	干燥度>1.5；植被覆盖度<30%		
青藏高原区	流水侵蚀；风蚀；	河谷农业区周边山地；400mm降水保证率<50%；	山地灌丛草原 山地森林草原	山地 河谷地
	降水不稳定；	350mm降水保证率>50%；		
	高寒缺氧；自然条件恶劣	干燥度1.5~2.0；植被覆盖度<30%		

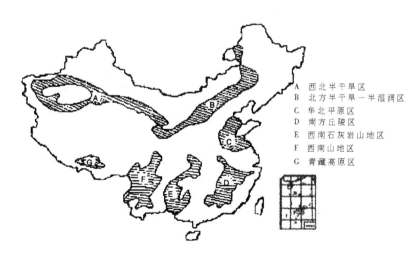

图3—2　中国脆弱生态环境分布图

（据赵跃龙、刘燕华，1996；曹凤中、周冬梅，1998）

　　对照图3—1和图3—2可以看出，中国贫困与脆弱生态区的地理分布具有很好的耦合性。这种地理耦合并非偶然，而是必然的，因贫困与生态环境脆弱两者之间联系十分密切。这种联系,即贫困与生态环境脆弱两者间的相互联系、相互影响,在农村贫困人口生存方式的脆弱性中可得到充分体现。

二、农村贫困人口生存方式的脆弱性

从 1974 年开始,联合国环境规划署在每年年初提出当年的世界环境日的主题,以号召全世界注意全球环境状况和人类活动对环境的危害。其中 1993 年的主题是:贫穷与环境——摆脱恶性循环。上述研究表明,中国贫困地区的分布呈现与脆弱生态区分布相一致的空间集中分布特征。一般来说,越是贫困的地区,其对自然资源与环境的依存度越高。世界上最贫困的人们直接依赖自然资源以获取他们必需的食物、能源、水和收入,通常他们生活在世界上恢复能力最低、环境破坏最严重的地区。对压力和冲击的低恢复能力意味着任何外部事件,例如气候变化的发生都可能促使穷人采取使环境进一步退化的行动。这并不是说贫困是环境退化的全部原因,它只是一种机制。在这种机制下,真正的深层次原因转化成使环境退化的行动。例如,面对农作物产量下降所导致的实际收入减少,穷人可能会采取下列行动:寻求可扩大产量的边际土地,如果边际土地属于生态脆弱区,这将是贫困与环境退化之间的直接联系;在生态脆弱区通过寻求有利于生态的途径来扩大产量,如在高坡地采用梯田或生态林业的方法;通过离开农场或从事其他可以获得收入的活动以寻求收入保障而不是食物保障。因此,贫困本身并不一定必然导致生态环境脆弱,它取决于贫困人口拥有多大的选择余地以及他们对外界压力和刺激的反应方式。然而,由于时间限度的短暂加上可行的选择极少,贫困又剥夺了穷人作出反应并采取行动的能力。这两方面促使现有农村贫困人口的生存方式与当地生态环境的脆弱性有着密切的联系。

(一) PPE 怪圈与生态环境的脆弱性

"PPE 怪圈"是指贫困(Poverty)、人口(Population)和环境(Environment)之间形成的一种恶性循环。PPE 怪圈充分体现了农村贫困人口生存方式的脆弱性:贫困导致人口增长和生态环境趋向脆弱;反过来,人口增加又使贫困加剧,致使生态环境更加脆弱;脆弱的生态环境使贫困程度进一步加深(图 3—3)。

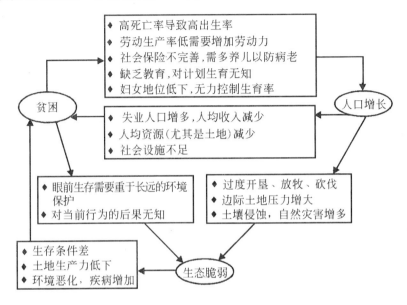

图 3—3　贫困—人口增长—生态脆弱的恶性循环

(据李周、孙若梅,1994,有删改)

1. 贫困导致人口增长和生态环境趋向脆弱

(1) 贫困与人口增长

虽然中国实行了严格的计划生育政策,但从总的情况来看,经济生活条件差的地方,人口出生率相对较高,尤其是广大贫困地区人口出生率居高不下,究其原因,大致有如下几个方面。

① 贫困地区医疗卫生条件和营养条件均较差,导致人口死亡率尤其是婴儿死亡率高,所以贫困地区人口所生子女中有不小比例活不到中年,由此必然会产生一种补偿性生育,以高出生率来弥补高死亡率,以满足贫困人口对子女数量的需求。20 世纪 80 年代初期,宁夏固原地区有的婴儿死亡率高达 6% 左右。群众担心孩子少了保不住,孩子

太小不放心。当地农民一般希望有四五个孩子,其中至少有 2 个男孩。

② 社会保险不完善,需多养儿以防病老。贫困地区人口收入水平低,只够维持有的甚至维持不了自己及其家庭的生存需要,难以有剩余金钱储蓄或用来参加养老保险。因此,没有条件和能力依靠自己养老,只能被动地依靠自己的子女来养老。形成了"多子多福,养儿防老"的陈旧思想。

③ 劳动生产率低需要增加劳动力。经济收入水平低的贫困人口大都甘愿承受多子女的暂时困难,而寄希望于子女未来能为家庭带来更多的经济利益。由于生产要素的低品质和农业以体力的投入为其主要的投资方式,贫困人口的子女能较早带来经济效益,会刺激他们多生育。

④ 对计划生育无知,容易保持传统的生育观念和生育行为。贫困人口由于经济贫困,终日为生存所拖累,难以有时间和精力来接受生育方面的知识教育。同时,贫困使贫困人口难以摆脱愚昧落后的状况,因而贫困人口容易保持传统的生育观念和传统的生育行为,即渴望子女多的自然生育行为。

⑤ 节育措施难以推广,且妇女地位低,无力控制生育率。贫困人口很难有钱和精力用于从事文化科学知识的学习,来认识人类生育和控制生育规律,学习和掌握科学的节育措施。此外,我国不少贫困地区缺乏计划生育的物质保证,缺少必要的医务人员、医疗设施和药品器具。在贫困地区,妇女的地位较低,尽管她们不想多生孩子,但无力控制生育率。

(2) 贫困使生态环境趋向脆弱

① 眼前生存需要重于长远环境保护。不少贫困地区都缺少燃料,据四川内江、绵阳、南充三个地区 28 个县调查,缺柴的乡和村分别占到 80％和 70％以上。由于没柴烧,不少地区挖草根、剥树皮、折树枝甚至乱砍滥伐,在川中缺柴地区,森林覆盖率急剧下降,部分县覆盖率在 5％以下,有的甚至在 1％以下(赵跃龙、刘燕华,1996)。由于粮食与燃料的压力,贫困地区人民居住在这一特殊环境之中,受环境条件的限

制,商品经济难以发展,为了生存,不得不以原始落后的生产方式"靠山吃山",对土地实行掠夺式经营,致使生态环境遭到严重破坏(陈玉光、崔斌,1995)。

② 对当前行为的后果无知。许多贫困地区的居民为维持生计,盲目开发利用自然资源与环境,却不知其当前的行为会带来严重的环境问题。例如,在青藏高原的河源区,牧民的主要能源来自牲畜粪便。由于大部分粪便被用作能源燃烧,肉产品也绝大部分被外运销售,所以每年的能量输出很大,但却缺乏相应的能量补充,使土壤平衡受到破坏,草场退化。为了获得食物和动物皮毛,人们猎杀了老鼠的天敌,致使草场鼠害面积急剧增加,加上牧民的过牧行为,使草地生态环境十分脆弱。

2. 人口增长加剧贫困并使生态环境更趋脆弱

(1)人口增长加剧贫困。人口增长的结果,其直接影响是人均资源(尤其是土地资源)占有量减少;此外,教育、交通等社会设施也呈现不足。人口增长使贫困加剧的更重要的原因是导致失业人口增多,人均收入减少。农村存在大量剩余劳动力,使人均收入水平难以提高。尽管农业是以体力的投入为其主要的投入方式的,但农村仍有 1/4～1/3 的劳动力处于"隐闭性"失业状态。由于非农产业在国民经济中的份额太小,无法吸收更多的劳动力。还由于容易开发的自然资源和森林、草原等等,已开发过度,造成严重破坏;不易开发的自然资源如矿产资源、沙漠、戈壁等等,又无力开发。因此,这种处于"隐闭性"失业状态的劳动人口就只有被滞留在土地上,导致人均收入水平的下降,贫困的发生不可避免。

(2)人口增长使生态环境更趋脆弱。贫困地区与生态脆弱地区的分布具有一致性。贫困对生态环境脆弱的驱动机制是:在生态系统良性循环阈值被突破和缺乏现代生产要素投入的双重约束下,随着人口继续增长,只能靠土地利用数量扩张满足需求;土地数量扩张进一步加剧生态系统破坏,使其赖以生存的土地质量下降,产出减少。土地利用变化的这种生存型驱动作用使贫困与生态环境脆弱陷入互为因果的恶性循环之中。例如,在吉林省西部农牧交错区的固定沙地上,由于人们将固定沙地开为农田,使沙化土地面积增加;土地沙化使单位面积产量下降,在土地没完全变成流沙以前,为了不使总产量下降,继续开垦固定沙地以增加耕地面积;沙地上耕地面积增加,又进一步引起沙化,形成一个不断加剧的正反馈环,致使沙化面积达 9310km²,约占全省总面积的 4%。

随着贫困地区人口的增长,对边际土地(含边际耕地、边际林地和边际草地)的压力日益增大,过度开垦、过度放牧、乱砍滥伐的现象非常严重。其后果是引起土地退化、土壤侵蚀和自然灾害的增多。贫困地区每一次农业收获都必须付出沉重的生态代价,湖南永顺县每生产 1t 桐油要流失土壤 555t,每在旱地上生产 1t 粮食要流失土壤 17t。待到土壤流失殆尽,基岩裸露,山区生态系统从生产角度说业已濒于死亡。

3. 生态环境脆弱既是贫困的产物又进一步加剧了贫困

(1) 生态环境脆弱致使贫困地区的生存条件差。由于生态环境脆弱,致使农业生产的自然条件较差。此外,由于脆弱生态环境致使气候恶劣,自然灾害严重。灾害性气候主要有旱灾、洪灾、冰雹等。较差的自然条件与自然灾害叠加,使贫困地区粮食生产和经济作物生产的条件变劣,从而加剧了这一地区的贫困。贫困地区普遍缺乏必要的燃料、食料和饲料,生存条件很差。

(2) 生态环境脆弱致使土地生产力低下。中国贫困地区的脆弱生态环境致使土地发生退化,土地退化则主要表现为土地生产力下降。虽然土地生产力下降的原因除土壤侵蚀、自然灾害等生态环境脆弱因素之外,还有农业科技投入偏低、重用轻养等方面,但生态环境脆弱是土地质量下降的主要影响因素。例如青海省乐都县 15 个贫困乡中,25°以上的陡坡地有 0.93 万公顷,桃红营乡 1566.7 公顷耕地中,浅山有 160 公顷地盐碱严重,脑山有 200 公顷土地,土层只有 15cm 左右。这些耕地,丰收年景单产也很低。

（3）环境恶化,疾病增加。脆弱生态环境导致较高的地方病发病率,如在河南省的地方病主要有甲状腺肿、克汀病、大骨节病、克山病等,广泛分布于河南太行、伏牛、大别、桐柏四大山系的县市中。此外,由于生态环境脆弱和贫困等因素,致使贫困农村通婚圈狭小,近亲结婚严重,导致较高的遗传性疾病的发生。

（二）贫困人口综合素质低与生态环境的脆弱性

生态环境的脆弱性与农村贫困人口的综合素质低下有着密切的关系。人的素质包括体力素质、智力素质和观念素质,贫困地区人在体质、智力和精神观念方面都存在严重问题。

1. 观念素质

就区域经济发展的初始阶段,在一定的环境条件下只能产生一定的生产方式,与一定生产方式相联系的是特定的思想观念。通常,生产力的发展、经济的繁荣和人民生活水平的提高都离不开商品生产和商品流通,这是经济发展的客观规律。然而在贫困地区由于环境条件的限制发展起来的只能是自给自足的自然经济,与之相联系的贫困地区特有的思想观念主要表现在如下几个方面:

（1）轻商贱役,不思进取

一些贫困地区居民认为从事商品生产和商品交换是件丢人的事情,宁愿在自然经济狭窄的轨道上转圈子。贫困地区农民轻商贱役观念形成的深层次原因是:没有多余的产品进行交换,即使个别农户在市场上出售自己的产品,但大多数农民没钱,买不起;或者农民出卖的产品又是当地农民不需要的产品,这就是流通领域的问题了。长期的自然经济状态,使部分人认为庄稼人做买卖是不务正业。

由于农民长期习惯于自给自足的自然经济生活方式,很少同市场打交道。又因贫困地区农民收入低,只能维持甚至维持不了基本生活,因而大多数农民选择生产或经营项目时,求稳心理特别强,不求收入高,但求收入稳。在贫困地区,自然经济的生产活动的主体是农业生产活动,是主要依赖于自然条件的活动。人的主观能动性的发挥受到很大的制约,主观的努力与客观的效果并不完全一致,于是使人们产生了消极、无为、被动、听天由命的观念。当地的生产活动是以满足人自身生理需要为目的的经济活动,由于人的生理需要弹性系数小,于是造成当地居民安于现状、不求进取的心理状态。例如,在贫困的云南怒江傈僳族自治州福贡县,面对人多地少的状况,县里决定输出一批劳动力,为州外某县挖煤,每月工资200多元,这份月工资大大高于整个州的年人均收入。然而不到两个月,那些年轻的傈僳人便纷纷跑了回来。原因很简单,因为他们更习惯于以往的生活。

（2）轻原则,重感情

贫困地区的经济活动呈封闭状态,造成了人观念的封闭。同时,由于经济活动中的交往少,人们之间普遍的社会交往也就不发达。人们的交往主要限于亲属、朋友、熟人之间,交往的目的主要在于满足人的情感交流的需要,所以造成人的重感情、轻原则的观念,凭交情办事,不按原则办事。这是传统观念中最受人称赞、羡慕的部分,这不利于社会进步和发展。

（3）平均主义观念

满足人自身生理需要是当地的生产活动的目的,由于各人的生理需求都差不多,生活资料太少人无法生存,太多又没有必要,于是造成了人的平均观念。这种观念造成有的怕人富,谁生活好一些,就对谁挖苦、讽刺、打击,甚至砍树毁苗、毒害牲畜,使一些生活好一些的农户忧心忡忡,怕露富,想富不敢富。

（4）依赖思想严重

长期以来,单纯生活救济的扶贫方式使不少人滋长了严重的依赖思想。有些贫困地区的农民认准一个死理:"共产党的政策就是不让饿死人。"因此没吃、没穿就向政府要,领救粮款理直气壮,形成"吃粮靠返销、花钱靠救济、生产靠扶持"的思想。在很多陷入生态脆弱——贫困恶性循环的地区,思想观念的封闭和落后是主要障碍因素。例如,一方面劳动力大量闲置;另一方面,一般只需要劳动投入就可以进行的基本

脆弱生态环境与可持续发展

农田建设无从开展,其症结就在于"等、靠、要"的依赖思想。

（5）封建迷信盛行

贫困地区的落后和愚昧必然产生迷信,传统的生活方式、传统的价值观念导致了封建迷信活动的泛滥和对神灵的顶礼膜拜,导致了对知识和创新的鄙视。例如,1987年湘西某县民委把400元扶贫款发给一户农民,指定要他购买生产资料。一周后检查扶贫工作的干部在这位农民家里发现了一副崭新的棺材。还有不少贫困地区的农民把辛辛苦苦挣来的钱慷慨地布施给寺庙,求神保佑其平安、好运。这样的封建迷信风气,不仅耗费了本来可积聚起来的财富,而且严重地腐蚀着农民的心灵,耗散农民的精力。在这种精神状态下从事生产、经营活动,其效率和结果,便可想而知了。

贫困地区的资金本来大量短缺,可是由于迷信及传统习惯的作祟,如修庙、修坟、大办婚丧事,不必要的人情礼物,大肆饮酒,大量的宗教迷信活动,赌博等等,造成大量财物的浪费,使本来可用于发展生产的财物被挥霍一空。

2. 智力素质

智力的基础是文化程度,因此以贫困地区的文化程度的情况可说明贫困地区人的智力情况。贫困地区由于缺乏发展教育事业的资金,或者对教育事业的轻视乃至大量文盲的产生。此外,封建迷信活动的盛行,在一定程度上也加剧了人们对文化知识的无所需求。据调查,20岁以上人口文盲率云南为34%,新疆为21%,甘肃为35%,宁夏为29%,贵州为49.1%,四川为23%,青海临夏回族自治州为75%,广西河池瑶族聚居区为64%,而哈尼、傣、拉祜以及傈僳、佤、景颇、基诺、独龙等少数民族聚居的山区高达90%以上(陈玉光、崔斌,1995)。从生产能力上讲,不少地方的调查都证明,人的劳动能力与文化水平的高低成正比。贫困地区文盲和低知识水平的人太多,所以劳动能力极低。有关研究表明,文化素质低与生育率高具有很大的相关性,对低观念素质的形成也有很大的影响。智力素质低下必然导致生产手段的原始、落后,严重地阻碍了商品经济的产生与发展,也加剧了当地生态环境的脆弱程度。

3. 体力素质

前面已经提到,贫困地区由于自然条件限制,导致了较高的地方病发病率;山区闭塞、通婚圈狭小、近亲结婚严重,导致了较高遗传性疾病的发生。加上贫困地区缺医少药,医疗卫生条件差,日常生活习惯以及营养不良(尤其是蛋白质摄入量不足),从而直接或间接地影响到贫困地区人口的身体素质。贫困地区成年人口平均预期寿命比发达地区要低,衰老年龄要早,这就意味着他们的经济活动周期特别是有效经济活动周期相对较短,从而一生中创造财富的总贡献量就相对较少。此外,贫困地区人口在第二阶段由于不充分就业和大量过剩劳动力的存在,使得在同样条件下劳动力创造财富的平均贡献量就比发达地区相对较少。由于贫困地区人口的体力素质比较差,这在很大程度上加重了贫困地区的社会负担,延缓了贫困地区的经济发展。

(三)生产技术落后与生态环境的脆弱性

社会经济的发展取决于自然资源和人的开发能力,而开发能力又主要表现在生产技术水平上。通常生产技术水平高,经济发展水平高;生产技术落后,经济落后。贫困地区的农民受教育水平低,具有很强的保守性。文化素质的低下使得一些原始的、落后的意识形态容易延续下来,顽固地排斥着一切现代先进的技术。因为他们习惯于老一套的旧经验,习惯于以体力劳动也只能以体力劳动来求得生存,对新生事物、科学技术难于接受。据对广西百色地区 20 个贫困乡 16820 个劳动力调查,掌握传统耕作技术的占 78%,连传统耕作技术也不会的占 22%。贫困地区生产技术落后主要表现为以下方面:①新技术缺乏,生产工具简单;②配套技术跟不上,例如,贫困地区虽然对良种技术比较容易接受,但采用良种必须要有配套的植保技术、栽培管理技术,而贫困地区在这方面难以跟上;③科技人员少,分布不均,且结构不合理。

落后的生产技术使贫困地区的自然资源未能得到有效利用,商品经济落后,阻碍了当地的社会经济发展。贫困地区在生态系统良性循环阈值被突破和缺乏现代科学生产技术投入的双重约束下,随着人口继续增长,在原始的、传统的技术水平下,只能继续靠掠夺性开发利用资源来满足需求,形成贫困导致生态脆弱、生态脆弱反过来加剧贫困这样一种恶性循环。其后果是,使得当地生态环境变得越来越脆弱。

三、经济开发对脆弱生态区环境状况的影响

对脆弱生态区进行综合评价、研究不同类型脆弱生态区的脆弱性特征以及建立脆弱生态区演化模型并研究其演化趋势的最终目的,是要研究脆弱生态区的适度经济开发模式。而在生态承载力与生态弹性力研究的基础上,采用脆弱生态区的演化模型,可对经济开发活动影响下脆弱生态区的动态变化进行研究,并进而提出脆弱生态区适度经济开发模式及其调控措施。我们将首先讨论经济开发活动对脆弱生态区的影响以及脆弱生态区主要经济开发活动的类型,在此基础上探讨脆弱生态区的适度经济开发模式及其调控。

对生态环境的任何影响都是自然因素和人为因素双重作用的结果。从长时间尺度看,自然因素在生态环境的演化过程中起着主导作用,特别是气候的冷暖或干湿变化,是造成区域生态环境改变(如荒漠化)的主要原因;在短时间尺度上,人为因素占有主导地位,对生态环境产生影响的人为因素主要有农业活动、矿产资源的开发、工业活动及其管理、决策行为等。但很难将自然因素和人为因素对生态环境的影响完全剥离开,而且不同时期、不同区域自然因素与人为因素之间的耦合关系也有所差别。自然因素与人为因素对生态环境的共同作用以及不同类型经济开发活动对脆弱生态区的共同影响,使得经济开发活动对脆弱生态环境的影响研究更加复杂。

从经济开发活动与生态环境演化的历史过程可以看出,生态环境是经济开发活动的物质基础,而经济开发活动则是生态环境演化的主

要动力来源,任何时期、任何区域的经济开发活动类型都必须顺应生态环境变化而作出相应的调整。如塔里木盆地不同时期生态环境与经济开发活动的关系就说明了这一点,在距今 5000～3000 年的历史时期,相对河流水文条件使得人工绿洲被开发,经济开发活动的地域范围不断扩大,随后气候开始明显变干,经济开发活动不得不顺应这种环境变化而废弃了一些垦区;在距今 400～100 年的现代时期,经济开发活动对生态环境的干预(如修建水利工程来减缓生态环境的干旱化等)已经成为二者关系中的主要方面,由于经济开发活动强度的加大,不协调的经济开发活动已经开始成为一种致灾因子;到现代时期,特别是 20 世纪 70 年代以来,塔里木盆地的水系由于上游修建水库,水量减少,与此同时塔里木河北岸人工绿洲的面积还在进一步扩大。塔里木河下游地区居民不得不向上迁移,改渔为牧或半农半牧,表现出人类对生态环境干预能力的增强;另一方面又表现为人类经济活动已经受到生态环境的严重制约(如大规模的垦荒造成生态环境退化、水资源短缺,以至于最后又不得不撂荒等等)。近几十年来,生态环境与人类活动之间的关系进一步加强,生态环境越来越深刻地受到人类经济开发活动的影响。

(一)脆弱生态区存在的主要生态问题

经过长期努力,中国生态环境局部有所改善,但从总体上看,自然资源和生态环境的破坏仍然十分严重,其恶化的趋势还没有得到遏止,主要表现在水土流失日趋严重、荒漠化土地面积不断扩大、大面积森林被砍伐、天然植被遭到破坏、草地退化、沙化和碱化面积逐年增加、生物多样性受到严重破坏等方面。日益恶化的生态环境,加剧了自然灾害的发生,全国每年因干旱、洪涝等各种自然灾害造成的损失呈大幅度增长之势,据估算,生态破坏造成的经济损失几乎达到国民生产总值的 4% 左右。

目前,中国脆弱生态区在东、中、西部均有分布,但以中西部为主,它们面临着以下几个主要的生态环境问题。

(1)土壤退化,水土流失严重:脆弱生态区一般经济发展水平较低,因此过垦、过牧、过樵的粗放开发是脆弱生态区比较普遍的现象。在干旱半干旱地区,这种掠夺式的开发特别容易导致沙漠化和土壤的盐渍化。另外,脆弱生态区正好是中国的富能富矿地区,大规模矿产资源开发地带的恢复治理率较低,也使得大面积的土地遭到破坏。

（2）水资源短缺的趋势加剧:水资源是一切经济开发活动重要的物质基础,水资源的短缺已成为脆弱生态区经济开发共同的制约因子。

（3）植被减少,森林生态功能下降:森林植被的人为破坏,使得天然林、混交林面积不断减少,人工林面积虽有一定程度的扩大,但林种单一,其保持水土、涵养水分、保护生物多样性的生态功能下降。

（4）环境污染严重:脆弱生态区的经济发展水平低、起步晚,短期内还不可能形成规模效应,一些投资少、见效快的产业发展很快,如采矿业、建材业、小化工和食品工业等,由于其设备简陋、工艺落后、单位产值能耗大,因此,伴随着这种模式经济发展的是严重的环境污染问题。

（二）脆弱生态区的主要经济活动类型

任何时期、任何区域的经济开发活动类型都必须顺应当地生态环境的变化而做出相应的调整。根据脆弱生态区的生态环境特征,脆弱生态区主要存在以下几种经济活动类型。

（1）脆弱生态区的农业活动:由于脆弱生态区多分布于贫困的农村地区,因此其主要的经济活动是农业活动,农业活动对脆弱生态区的影响又主要表现在土地利用上。土地利用是指人类为获取所需的产品或服务而进行的土地资源的利用活动,它是自然与人文过程交叉最为密切的问题,其强度可以用"种植密度与复种指数"来表示,即土地利用的作用对象和结果都可用土地覆被来表示,而后者的变化与生态环境的脆弱性直接相关。

土地开发（利用）对生态环境的影响主要表现在两个方面。一是土地的开发利用建立了新的人工生态系统平衡,提高了系统的生产力;二是它打破了生物与环境长期相互作用所建立起来的自然生态平衡,可能会带来一些意想不到的后果。如在其他条件相似的情况下,农耕地比非农耕地的侵蚀强度至少要高1~3倍,且会随着耕地坡度的增加而增强,因此农业活动会加剧土壤的侵蚀作用;农药和地膜导致的土壤污染与不合理的灌溉方式引起的盐渍化也是农业活动对生态环境的主要影响之一;而农业耕地的扩展则会进一步加剧水资源的短缺问题,并可能导致区域植被景观的变化等。

(2) 脆弱生态区中的矿产资源开发:从中国矿产资源的分布可以看出,我国的铁、铜、锰、铅、金、锌、煤、磷矿等大多分布于脆弱生态区,如晋陕内蒙古、新甘宁青等地的煤炭资源储存量就超过全国储存量的80%,不进行矿产资源的开发是不可能的,因此,矿产资源的开发是脆弱生态区又一重要经济活动类型。矿产资源的大规模开采可使生态景观破碎化、生境荒漠化;人类的生存空间遭到破坏,农业生产结构在渐变中失调;良田被迫荒废,并有可能加速土地的荒漠化;以及水源受到污染、对野生动植物产生不良影响等等。但在现有的技术条件下完全可以减轻甚至避免对生态环境的破坏,而且矿产资源的开发可能会产生一些外部效应,如刺激当地基础设施的建设,使得区域与外界的联系得到发展,其管理模式、价值观念等也会受到冲击,因此矿产资源的开发所带来的经济效益和这些价值观念将有利于生态环境的改善。

(3) 脆弱生态区的工业活动:工业活动对周围生态环境的影响主要是在资源和能源的消耗过程中产生的。资源和能源的大量利用导致资源和能源的紧张或枯竭;其不充分利用则会导致资源、能源的浪费、环境污染和生态的破坏。不合理的工业布局也会导致生态承载力的超负荷应用,并有可能突破区域的生态承载力阈值而发生不可逆转的环境退化。

但是,脆弱生态区必须发展工业。由于工业一般都是区域产业体系的主体,其弹性较大,对自然环境资源的依赖性也相对较小,因此,脆弱生态区的经济开发应该以那些对环境依赖较小、技术含量较高的产业为主导产业。

(4) 交通等基础设施建设:脆弱生态区大多是一些经济较不发达

脆弱生态环境与可持续发展

地区,其基础设施落后,因此要改变其脆弱状况,基础设施特别是交通设施的建设是必不可少的。但交通设施的建设不仅会带来土地利用的变化,直接影响到脆弱生态区的地表植被状况,而且还会给生态区的环境质量以及当地的产业结构、环境保护意识等带来影响。

（5）旅游资源的开发与保护:由于脆弱生态区容易受到人类经济开发活动的影响,因此随着社会环保意识的提高,人们已经发觉在脆弱生态区进行大规模的传统的经济开发活动是不可持续的,而生态旅游是一种对自然环境影响较小而经济效益也较显著的开发行为,接近天然的自然景观以及淳朴的民风,使得旅游资源的开发有可能会成为脆弱生态区重要的经济开发形式之一,旅游资源的保护也就成为脆弱生态区经济开发过程中不容忽视的一个问题。

（三）经济开发活动对脆弱生态区生态环境的影响

随着经济水平的提高和科学技术的发展,经济开发活动对区域环境的作用和影响已经越来越深刻了。而脆弱生态区各环境要素的时空变率较大(如水热条件的空间递减率与时间波动性较大等),对外界的干扰反应敏感,因此,经济开发活动对脆弱生态环境的影响尤为强烈。各种经济开发活动的影响叠加在生态环境的自然演化过程之上,一方面直接导致了某些环境因子的改变,如覆被率下降、水面缩减、大气成分的改变等;另一方面,经济开发活动对生态环境的间接影响也十分巨大,如植被的破坏会明显地影响到区域小气候的变化,使区域降水总量减少,并进而影响到生态环境其他方面的变化。

（1）经济开发活动对植被的影响:追求经济发展的数量增长必然导致过垦、过牧,它是草场退化、水土流失和风蚀沙化的主要原因;与掠夺式经济开发和粗放经营相伴随的滥砍滥伐使地表裸露、表土疏松,加重了土壤的侵蚀作用,而实现粮食自给又是脆弱生态区可持续发展的基本条件。因此提高耕地的质量,建设高产稳产农田,是实现脆弱生态区可持续发展的根本保证。我国是个耕地贫乏的国家,因此应靠推广先进农业科学技术,靠提高抗灾防洪防旱能力,提高单位面积产量,发展高经济收入作物取代粮食,以达到退耕还林、还草的目的。

(2)经济开发活动改变了区域的水系状况:水资源短缺是生态区脆弱性加剧的重要原因之一。人类强度的经济活动可以导致脆弱生态区水系的改变,如湖泊的萎缩、消退,河流径流量的减小、河流改道等。由于人类在河流的中上游地区大规模地推行开发计划,开辟大面积的人工绿洲,发展农牧业,并修建大量的水利工程进行引水灌溉,把大部分水量控制在了上中游,改变了河流上中下游的水资源分配,使得下游水量明显减少,原先的用水状况发生改变,并导致水资源缺乏,许多垦地不得不再次撂荒。

与水系状况改变相伴随的情况是水质的恶化和土壤的退化。由于河流中下游水量的减少和大量农田排水的进入,使河流水质遭受严重污染。河流上游垦区的地下水水位上升,潜水依靠蒸发维持平衡,使土壤强烈反盐,盐渍化加剧;而中下游垦区不仅地面水供应不足,且地下水水位也不断下降,致使土壤风蚀加重。

(3)经济开发活动加剧了脆弱生态区的灾频、灾强:灾害集中体现了脆弱生态环境对外界干扰的敏感性。脆弱生态区较其他地区更易发生灾害事件,灾频与灾强都受到人类经济开发活动的影响。方修琦分析了1851～1950年呼和浩特及其邻区的灾情变化,发现灾害发生的频率具有显著的波动性,三个灾害发生的高频期都刚好与该区土地开垦的高潮期相对应;而退耕还牧(林)则可使生态环境得到一定程度的改善,灾害发生的频率显著降低。间国年等对荆江地区历史上洪水灾害的统计也表明,洪水发生时期与大规模毁林开荒时间比较一致。从对黄土高原旱涝灾害的历史变化也可以看出,当经济繁荣、人口增多、大规模移民垦荒时,旱涝灾害的频次就会呈上升趋势,并出现大量的撂荒地、荒漠化土地等,生态环境退化;而当经济萧条、人口剧减、植被恢复时,旱涝灾害的频次就会明显下降,生态环境有所好转,充分说明了人类的经济开发活动与旱涝灾害具有不可分割的关系。因此可以认为过度的经济开发可导致灾害的频繁发生。

一些人类经济活动可直接导致脆弱生态区灾害的发生。如围湖造

脆弱生态环境与可持续发展

田和人工堤防工程对生态环境就会造成负面影响,前者可加速河流湖泊的淤积,导致河床抬升,湖泊萎缩,并加重洪、涝、渍等的威胁;后者对防洪、河道发育等都有影响。

洪水的发生、洪峰流量的大小、洪水过程等都与森林的砍伐有一定的关系。森林和植被的破坏使得地表径流汇流时间短,地表截留、下渗量小,加大了洪峰流量,缩短了洪峰形成时间,造成强烈的水土流失、河床淤积、湖泊萎缩。

人口的增加和耕地的减少(城市和交通的扩展占用了部分耕地),迫使人们毁林造田,加剧了旱灾。如白洋淀的几次干涸就与人类的强度经济开发有关(虽然气候的干旱是决定性的因素),其水源地太行山的毁林开荒使得目前太行山的森林覆盖率仅为 10% 左右,直接造成白洋淀上游每年 $1.6 \times 10^7 \text{m}^3$ 的水土流失,使淀底不断抬高,并最终导致干涸。另一方面,滥垦滥伐引起河流上游地区的水土流失也会使得暴雨时积水无法排出,进而加剧涝灾。

总之,经济开发活动对触发灾害具有毋庸置疑的作用,且人为的影响已愈来愈深,所造成的损失亦愈来愈大。

综上所述,人类经济活动对生态环境的影响主要表现在加剧了自然因素对生态环境的作用;不合理的经济开发活动对生态环境的压力都有可能接近甚至突破其生态承载力阈值,使得环境对人类经济活动的制约作用进一步加强,但由于脆弱生态区经济较为贫困,文化设施也比较陈旧、落后,因此所能获得的表征人类经济开发活动及生态环境状况的资料较少,故全面地阐述人类经济开发活动对生态环境的影响还存在一定的困难。针对脆弱区生态环境及其经济开发活动的特点,选择复垦指数、能源开采量及工业总产值等作为衡量经济开发活动强度和速度的指标,将耕地面积、水资源状况及灾害因子作为脆弱生态区经济开发的限制因子,对脆弱生态区的生态承载力和生态弹性力进行研究,将会为脆弱生态区适度经济开发评价提供基础。

四、脆弱生态区适度经济开发评价

如前所述,脆弱生态区的经济开发活动类型主要是农业生产和能源开发活动,它们对脆弱生态区的影响主要表现在对脆弱生态区植被、水系的负面影响以及由此而产生的灾频、灾强的加剧等方面。经济开发活动对脆弱生态区的影响叠加在自然因素的影响上,甚至可能改变整个脆弱生态区的演化过程,因此对脆弱生态区适度经济开发评价进行研究,有利于脆弱生态区的良性演化,并最终实现其可持续发展。

(一) 脆弱生态区适度经济开发评价模型的建立

一般来说,脆弱生态区适度经济开发评价主要包括以下三个方面的内容:脆弱生态区现状评价、经济开发活动对脆弱生态区的压力评价以及社会对人地关系变化所作出的响应评价,这正是"压力—状态—响应"(PSR)评价模型的核心思想。以该评价模型为基础,并结合前面提出的脆弱生态区演化模型,可建立 PSR 框架下的脆弱生态区适度经济开发评价模型。

1. 压力—状态—响应(PSR)评价模型的由来及其指标构成

1990 年,经济合作与发展组织(OECD)遵照 1989 年七国首脑会议的要求,启动了环境指标项目,首创了被称为"压力—状态—响应"(PSR)模型的概念框架,它能够衡量生态环境所承受的压力、这种压力对生态环境所产生的影响、社会对这些影响所作的响应等。随后人们将该概念框架进行了推广,出现了针对各种具体问题的 PSR 模型。如冷疏影对脆弱生态区的土地质量进行评价、袁达在构建中国工业环境可持续发展指标体系以及加拿大在制定其可持续发展规划时,都采用了此模型框架。这些模型的核心思想都是一致的,其主要区别在于具体评价指标的选择上。

模型中的压力指标表征人为经济活动对生态环境所造成的压力,

如地下水的超采量、木材砍伐超过再生、没有土壤保护措施的坡地开垦、土壤有机质和养分的损失、乡村或农业人口密度、耕地占可耕地的比重、森林覆盖面积减少的百分比等。

状态指标则描述生态环境现状及其变化趋势,如森林退化或土壤侵蚀状况、实际作物产量与作物生产潜力之比等。生态承载力、生态弹性力是表示生态环境对人类经济活动支持能力的两个综合性指标,是生态环境现状具有的一种性质,因此它们属于状态指标。

响应指标描述社会对造成生态环境状况变化的压力所作出的反应,如管理措施的应用程度与范围(新成立的管理机构的数目)。它既包括期望的正向反应,如水资源利用率的提高或者土壤保护措施的应用、作物轮作或复种方式的应用;也包括负面的反应,如土地撂荒等。

压力指标、状态指标与响应指标之间有时没有明确的界线,它们在PSR评价模型中是一个有机的整体,必须把压力指标、状态指标和响应指标结合起来考虑。

2. 脆弱生态区中的 PSR 评价模型

脆弱生态区压力—状态—响应模型框架如图3—4,其中生态环境的状态包括生态环境在人类活动影响下的现状及其变化趋势,包括各种环境资源的现状及其在可预见的未来的变化情况;由于脆弱生态区的经济开发活动主要是农业活动和矿产资源开发活动,因此脆弱生态区所受的压力也主要来自这两类经济开发活动;而响应则是指人类经济开发活动对环境资源状况改变所作出的调控措施,它是根据经济活动对生态环境的压力及生态环境的变化状况提出的。

(1)脆弱生态区状态评价:脆弱生态区状态评价包括对脆弱生态区生态承载力剩余与生态弹性力的现状及其变化趋势进行评价,亦即评价生态环境对经济开发活动的支持能力。相同的生态环境对不同经济开发活动的支持能力是不同的,生态环境对经济开发活动的支持能力可分为三个层次:

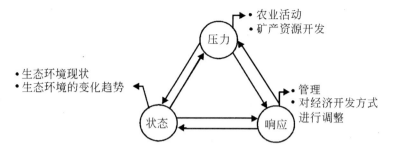

图3—4 脆弱生态区压力—状态—响应模型框架图

一是对生存条件的支持,这是生态环境对人类活动最低层次的支持,它主要以人均粮食、人均收入等经济指标来表示,它不考虑经济与环境发展的可持续性。粮食的基本自给是脆弱生态区继续发展的基础,自然生态的破坏、水土流失的加重,归根到底是为着粮食的需求而对自然资源进行不合理的开发所引起的。

二是对经济发展能力的支持,它主要以人均收入、经济增长率等来表示,它所考虑的重点是经济的可持续发展能力,但没有考虑生态环境状况的改善以及人们生活水平的提高对生态环境的相应要求。这是经济发展到一定阶段后人们对经济持续发展能力的期望所决定的。但事实已经证明,超过生态承载力阈值与生态弹性力阈值的经济开发方式是不可持续的。

三是对高质量生活及其相关经济活动的支持,它既考虑了经济的发展,又考虑了生态环境状况的改善,是生态环境对区域可持续发展支持能力的一种表征。这是生态环境对经济活动的一种较高层次的支持,也是脆弱生态区适度经济开发评价与调控的主要目的。它主要以经济增长率、环境质量指数等指标来表示。

将生态环境对经济开发活动支持能力的三个层次视为三种不同的目标体系,可对脆弱生态区的生态承载力和生态弹性力进行分析,并在此基础上,利用演化模型对脆弱生态区的现状及其发展趋势进行分析。

(2)经济开发活动对生态环境的压力评价:经济开发活动对生态环境的压力与经济开发的强度和速度密切相关。经济开发强度是指某一时段内经济投资的规模,可以用经济总量指标表示;经济开发速度是指经济发展水平在时间序列上的动态变化,可用经济指标的增长率来表示。近年来,人口的增长与经济的发展迫使人们不得不加大经济开发的强度和速度,经济开发活动特别是农业活动和能源开采活动对土壤资源、水资源及植物资源的压力越来越大,并已经导致了不同形式的生态环境退化,包括土壤侵蚀、盐渍化、地下水位下降、荒漠化、森林退化、土地生产力降低等。生态环境退化现象在我国不同地区普遍存在,在脆弱生态区尤为严重,如北方半干旱—半湿润农牧交错带、西北干旱区绿洲边缘、藏南河谷地区、西南石灰岩山地、西南横断山谷地、盆地等,其生态环境的退化已经严重制约了区域经济的发展。

经济开发活动强度和速度本身就体现了经济开发活动对生态环境造成的压力,反映到脆弱生态区的演化模型中,就是代表生态承载力剩余和生态弹性力剩余的曲线的变化趋势,若它们不断下降,甚至下降到小于 0 的程度,则表明经济开发对生态环境的压力超过了生态环境的承受限度。

(3)响应研究:脆弱生态区中的 PSR 模型:响应模型大致可以分为三类:一是阈值模型,即根据生态承载力阈值和生态弹性力阈值(生态环境状态)来确定经济活动类型(经济活动对生态环境造成的压力),不同的生态环境状态具有不同的生态承载力阈值,因而可以承载不同的经济活动强度与速度;二是参数模型,即根据描述生态环境状态的变量与描述经济发展所带来的压力的变量的相关关系或概率关系来确定这两类变量之间的关系,并用适当的方程来表示这种关系,方程中的有关参数根据变量的实测数据来确定;三是机理模型,根据生态环境变量与经济活动变量之间的相互作用机理,建立动力学方程,或采用人工神经网络法和专家系统,进行机理学习,将信息存储在神经网络之中,按照一定的规则将两类变量联系起来。

这里拟将以上三种建模思想结合起来,以生态承载力阈值和生态弹性力阈值为基础,以参数值的变化来表示人类对经济活动的调控,建立起反映生态经济系统各状态变量演化趋势的动力学模型。(加入响

应子系统则可进行响应研究）

3. 脆弱生态区适度经济开发评价的指标体系

脆弱生态区适度经济开发评价的最终目的是为了实现脆弱生态区的可持续发展,因此在利用 PSR 模型对脆弱生态区的适度经济开发进行评价时,其指标的选择应该考虑以下四点:

（1）国际上通用的可持续发展指标;

（2）脆弱生态环境评价指标;

（3）具体研究区域的脆弱性特征;

（4）数据的可得性。

国际上通用的压力—状态—响应概念框架下的区域可持续发展指标体系基本可分为四部分:①环境与资源指标,②社会环境指标,③经济发展指标,④域外影响和可持续发展能力指标。这四个子系统既相互独立,又不可分割,每个子系统都有各自的内容和特点,但又紧密相关、相互制约,共同组成区域可持续发展的总体指标体系。将它们与脆弱生态环境评价指标结合起来,可得到脆弱生态区适度经济开发评价指标体系。为了便于与脆弱生态区评价指标进行对比,这里按照脆弱生态区评价指标的分类标准,将区域可持续发展评价指标进行了重新分类整理。脆弱生态区适度经济开发评价指标就是在综合考虑上述四个方面的情况后筛选出来的,详见表 3—2。

在得到脆弱生态区适度经济开发评价指标后,针对生态环境对经济开发活动支持能力的不同层次,便可按照前述方法分析脆弱生态区生态承载力、生态弹性力的大小,并讨论它们对经济开发强度与速度的支持能力。

4. 脆弱生态区适度经济开发评价模型的建立

脆弱生态区适度经济开发评价模型的建立应以生态环境的现状及其发展趋势、经济开发活动对生态环境的压力等为依据,前者以生态承载力和生态弹性力为状态指标,后者以经济开发强度与速度为衡量标准。

表3—2　脆弱生态区评价指标与区域可持续发展指标的比较以及
脆弱生态区适度经济开发评价指标的筛选

	脆弱生态区评价指标	区域可持续发展评价指标	脆弱生态区适度经济开发评价指标
环境资源因子	林木覆盖率、湿润指数、水资源人均占有量、农业生产潜力指数、环境质量指数	环保投入占GNP比例、土地利用率、人均耕地面积、森林覆盖率、水资源开发利用率、生态农业面积、荒漠化防治率	人均水资源占有量、人均耕地面积、森林覆盖率、湿润指数、环境质量指数等
经济发展水平	人均国民生产总值、人均收入、农业现代化程度	GDP增长率、人均GDP、三次产业比例、农业增加值增长率、农民纯收入、工业增加值增长率	人均GDP、人均收入、产业结构、农业现代化程度
经济替代能力	对农业的依赖程度、经济活动多样化指数	劳动生产率、工业投资率、消费水平、第二产业比重	对农业的依赖程度、工业结构
域外影响因子	货运周转量、客运周转量、邮电业务总量	对外贸易、国内政策及其他省市的影响、交通运输能力、综合通信能力	货运周转量、客运周转量、邮政业务总量、政策因素
人口素质	群体知识水平、人均寿命、营养状况	平均预期寿命、消费支出构成比例、人口平均受教育程度、教育经费占GDP比、每千人口医生数、每千人口医院床位数、研究与开发经费占GDP比重、每万人拥有科技人员数	群体知识水平、人均寿命、营养状况、每千人口医院床位数

（1）脆弱生态区状态分析：人类的经济活动必须以区域的生态承载力与生态弹性力为基础，在脆弱生态区尤其如此。脆弱生态区往往也是经济不发达地区，根据著名经济学家赫希曼的观点，经济不发达地区要谋求发展，只有集中力量，把有限的资源集中于少数几个拉动力较大的部门，而不能采取平衡发展战略。因此，对脆弱生态区的自然资源进行分析，找出可能会成为经济开发活动限制性因子的因素，是建立脆弱生态区适度经济开发评价模式的前提。

① 生态承载力分析

区域生态承载力是指某一区域范围在可以预见的时期内、在现有的经济技术条件下、其自然资源（包括环境资源）所能支持的具有一定生活质量的人口规模和经济规模(包括经济开发的强度)。区域生态承载力是环境资源对人类活动支持能力的一种度量，是系统本身所具有的一个客观的量。它包括两个方面：环境承载力和资源承载力。前者是一种人为约束，其大小与环境标准、环境容量、生活水平以及人类的经济活动方式等有关，它对经济开发活动起着一种限制作用；后者则是一种自然禀赋，其大小取决于生态系统中资源的丰富度、人类对资源的需求(需求数量和需求质量)以及人类对资源的利用方式等，它对经济开发活动起着支撑作用。

选择适当的描述脆弱生态区经济发展的发展变量及对经济发展具有一定限制作用的限制变量，是对脆弱生态区进行生态承载力分析的基础。而计算区域环境承载力的关键之一是寻找发展变量和限制变量之间的关系，这一点可利用多元线性逐步回归方法得到，它是一种寻求一个变量与其他多个变量之间关系的数学方法。在多元线性回归分析中，直接建立因变量与自变量之间的线性回归模型通常是不可取的，因为有些变量对建立模型可能并不是必要的。因此，在建立回归方程的过程中应对自变量进行筛选，从中选出对因变量影响显著的自变量来。逐步回归法事先给定两个显著性水平 SLE 和 SLS，将变量逐个引入方程，引入的条件是其偏回归平方和经检验有显著性。同时，每引入一个新变量时，都对已引入的变量逐个进行检验，剔除不显著的变量，这样，最后模型中的所有自变量都是显著的。在应用该法之前，必须知道所涉及的变量之间确实存在某种联系，根据所选发展变量和限制变量的现实意义，这一条件显然是满足的。

不妨设 x_1、x_2、$\cdots$、x_n 表示区域经济活动的限制性因子，根据分维的物理意义知道，要刻画变量 x_i，至少需要$[d_i]+1$个独立的变量，其中 d_i 为根据该因子的时间序列值计算出的分维数，$[d_i]$表示 d_i 的整数部分。确定影响 x_i 的$[d_i]+1$个变量的步骤如下：

a. 首先划定对 x_i 有影响的因子范围，它带有一定的主观性，但这是不可避免的，它也正体现了数学模型必须建立在对脆弱生态系统深刻理解的基础上；

b. 其次在这个范围内找出对 x_i 贡献率最大的因子 y_{i1}；

c. 然后在剩下的变量中选取与 y_{i1} 相关性较小（或从统计意义上认为它们之间不具有相关性）且对 x_i 的贡献率最大的变量；

d. 依此类推，可得出影响因子 x_i 的 m_i 个变量（$m_i = [d_i] + 1$）。

对于任何限制性因子 x_i，它都应该有一个阈值，在满足这些阈值的前提条件下，求出各发展变量 y_{ij} 的加权和的最大值：

目标函数：$\sum w_i y_{ij} \to \max$

约束条件：$X_{i\min} \leqslant x_i = f_i(y_{i1}, y_{i2}, \cdots, y_{im_i}) \leqslant X_{i\max}$ (1)

$\max(\sum w_i y_{ij})$ 就是生态环境对经济开发活动的生态承载力。

② 生态弹性力分析

生态弹性力是生态环境在受到外界的干扰偏离初始的平衡态后所表现出的自我维持、自我调节的能力，是生态环境离开平衡状态后恢复到初始状态能力的一种表示。区域生态弹性力可分为两个方面：弹性强度和弹性限度。前者与生态环境所处区域的地貌、气候条件、土壤状况、水资源、植被种类等环境资源因子及其变率有关；后者与系统内各组成部分的组成方式等有关，它表示生态环境对外界干扰的缓冲与调节能力的大小，系统的组成越复杂，其弹性限度就越大。即生态弹性力的强度取决于生态环境本身各组成部分的性质，是生态环境抵抗外界干扰能力的一种体现；而生态弹性力的限度则取决于生态环境各组成部分的组成方式，生态环境受干扰后可偏离初始状态的最大距离就是其弹性限度的表现，一个生态环境要保持较高的弹性力，其组成因子之间就应该具有较强的调节和互补能力。

影响区域生态弹性力值的因素很多，其中最主要且容易量化的因素包括影响弹性强度的区域气候和区域植被因素、影响弹性限度的系统各组成部分的互补能力等。我们定义区域生态弹性力的计算公式为：

$$El = \lambda \cdot \mu \cdot L_i \qquad (2)$$

式中 El 为生态环境的弹性力，λ 为调节系数，μ 为表征生态环境弹性强度的弹性系数。这里 $\mu = \dfrac{H \times V}{c_1 c_2}$，其中 H 为景观多样性指数，V 为植被指数，c_1、c_2 分别为区域气温与降水量的年变率，且 $H_i = -\sum\limits_{k=1}^{m} p_k \log_2 p_k$，这里 m 为景观单元类型项目，对脆弱生态区来说，景观单元类型可与用地结构联系起来，p_k 为第 k 景观单元类型的面积占总面积的比例。L_i 为弹性限度。

因为区域生态承载力与生态弹性力具有时空分异特征，即不同的脆弱生态区或同一脆弱生态区在不同时段内的生态承载力与生态弹性力是不同的，同时，人类经济活动对生态环境的需求也会随着空间与时间的不同而会有所变化，因此，脆弱生态区适度经济开发模型应是一种动态模型。

（2）经济开发活动对生态环境的压力评价：人类的任何经济活动都会给环境带来一定的压力，不同的经济开发形式、开发强度和开发速度，对生态环境的压力是不一样的。在脆弱生态区，由于经济发展水平较低，农业活动与矿产资源的开发活动是其主要的经济活动，人类经济活动对生态环境造成的压力，也主要是由这两种活动所带来的水资源短缺、环境污染、矿产资源储备量的减少等等，它们与经济活动的强度与速度密切相关，因此，经济活动对生态环境的压力可以用经济活动在某种开发强度和某种发展速度下限制因子的值来表示。

在分析经济开发活动对生态环境所造成的压力时，可以虚拟几种较为典型的经济发展方式来预测其对生态环境的压力：

① 经济高速发展型，以超常规的高速度发展，有可能会使得水资源、耕地、环境污染等问题日趋严重，特别是大规模的农业活动可能会带来一些不可逆转的影响。

② 以保护环境为重，放慢发展速度。这可能会影响到当地人民的生活水平并进而影响到此种发展方式的实施。

③ 兼顾经济发展与环境保护，其关键是要找出脆弱生态区对经济活动的承受能力，并充分合理地利用这一承载力。

（3）脆弱生态区演化模型的建立：区域生态承载力和区域生态弹

性力与脆弱生态区的脆弱性密切相关,脆弱生态区的脆弱性是生态承载力和生态弹性力的函数,而生态承载力与生态弹性力都是对经济开发活动支持能力的一种表示,生态承载力是经济开发强度的物质基础,生态弹性力是经济开发速度的物质基础,因此可用生态承载力剩余、生态弹性力剩余、经济开发强度以及经济开发速度来表示脆弱生态区的状态。脆弱生态区的适度经济开发评价就应该以这四个综合性指标的变化趋势为依据。这里将建立起考虑这四个变量之间的相互作用后,各状态变量演化的动力学模型。

我们分别以 y_1、y_2 表示生态子系统的状态变量生态承载力剩余和生态弹性力剩余,它们对经济开发活动具有支撑作用;以 y_3、y_4 表示经济子系统的状态变量经济活动强度和经济活动速度,它们对生态系统中的环境资源因子具有消耗作用。显然,y_1、y_2 属于资源型变量,而 y_3、y_4 属于消耗型变量,即 y_3、y_4 的增长必须以"消耗"y_1、y_2 为代价(这种"消耗"可能会表现为抑制 y_1、y_2 的增长);而 y_1、y_2 的增长则会受到自身条件的制约,且会促进 y_3、y_4 的增长。

在构建脆弱生态区演化模型之前,我们先作以下假设。

① 由于经济发展水平的提高和科技进步等因素的影响,生态承载力剩余 y_1 具有一个内禀增长率;但受到其自身的制约,如环境资源条件的相对稳定性,它也不可能无限制地增长下去,而且假使生态承载力对经济活动的支持能力果真达到了经济活动所需要的程度,我们也就没有必要再去讨论生态承载力剩余对经济活动的"限制"作用了,因此,应该给生态承载力剩余的增长设定一个阈值 $K(t)$,生态承载力剩余不可能超过这一阈值,我们也不讨论生态承载力剩余大于该值的情形。于是,在不考虑其他因素的影响时,y_1 的增长趋势为:

$$\frac{dy_1}{dt} = r_1 y_1 \left[1 - \frac{y_1}{K(t)} \right] \qquad (3)$$

② 在不考虑其他因素的影响时,生态弹性力剩余 y_2 的变化趋势与生态承载力剩余 y_1 的变化趋势相似,即它在一定的阈值范围内也具有一个内禀增长率。

③ 随着社会的进步,经济将会加速度地发展,因此经济开发强度 y_3 也有一个内禀增长率,且在没有其他因素的影响下,其自身并没有约束条件;相反,人们为了获取最大的经济利益,经济开发的强度必将会越来越大,故 y_3 将是指数增长的:

$$\frac{dy_3}{dt} = r_3 y_3 \qquad (4)$$

其中 r_3 是经济开发强度 y_3 的内禀增长率。

④ 在不考虑其他因素的影响时,经济开发速度 y_4 与经济开发强度 y_3 的变化趋势是相似的。

⑤ 资源型变量 y_1、y_2 对消耗型变量 y_3、y_4 有促进作用,即 y_1、y_2 越大,y_3、y_4 的增长速率就越大;而消耗型变量 y_3、y_4 对资源型变量 y_1、y_2 有抑制作用,即 y_3、y_4 越大,y_1、y_2 的增长率就越小。

⑥ 资源型变量 y_1、y_2 相互之间的影响和消耗性变量 y_3、y_4 内部的相互作用是不确定的,应视具体情况而定。

⑦ 适度经济开发强度的初始值设为 1.0,且经济开发强度过小或过大都会对生态承载力剩余产生负面作用,只有适度的经济开发强度及其附近的值会促进生态承载力剩余的提高;又设适度经济开发速度的初始值为 0.05,一定的经济开发速度总是会"消耗"脆弱生态区的生态弹性力,因此,y_4 对 y_2 总有负面作用,但在其取适度值时这种负面影响最小。该项假设的目的主要是为了减少模型中参数的个数,以便于对参数进行调整。

则脆弱生态区的演化模型如下:

$$\begin{cases} \dfrac{dy_1}{dt} = y_1 \left[r_1 \left(1 - \dfrac{y_1}{K_1(t)} \right) + a_1 y_2 + a_2 (-y_3^2 + 2y_3 - 0.95) \right] \\[2mm] \dfrac{dy_2}{dt} = y_2 \left[r_2 \left(1 - \dfrac{y_2}{K_2(t)} \right) + a_3 (-y_4^2 + 0.1 y_4 - 0.05) \right] \\[2mm] \dfrac{dy_3}{dt} = y_3 (r_3 + a_4 y_1 - a_5 y_4) \\[2mm] \dfrac{dy_4}{dt} = y_4 (r_4 + a_6 y_2 - a_7 y_3) \end{cases} \qquad (5)$$

其中，y_1、y_2、y_3、y_4 是脆弱生态区的状态变量，r_1、r_2、r_3、r_4、a_i（$i=1,2,3,4,5,6,7$）是参数，它们的范围在$[0,1]$之间。这里的 r_i 是系统状态变量的内禀增长率，a_i 表示系统中各状态变量之间相互作用的大小，称为影响因子。

根据不同经济开发方式下脆弱生态区的动态变化过程及其发展趋势，可对脆弱生态区的经济开发进行评价。

（4）脆弱生态区适度经济开发评价的步骤：综上所述，在对脆弱生态区自然条件和自然资源利用状况进行调查的基础上，利用实测数据建立起经济开发活动与脆弱生态区状态变量及其变化趋势之间的关系，将生态环境对三个层次经济开发活动的支持能力视为不同的目标体系，在脆弱生态区生态承载力与生态弹性力的基础上，可建立起脆弱生态区的适度经济开发模型。

根据前面的讨论，这里可将建立脆弱生态区适度经济开发评价模型的步骤总结如图3—5。

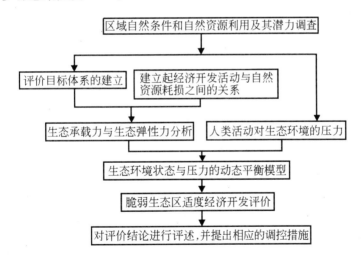

图3—5　脆弱生态区适度经济开发评价框图

（二）脆弱生态区适度经济开发的调控

前面分析了经济开发活动对脆弱生态区的影响，并在此基础上建立了脆弱生态区适度经济开发评价模型，其目的就是为了进一步对脆弱生态区的经济开发活动进行有效的调控,通过各种措施促使人地关系向良性方向演化,最终实现脆弱生态区的可持续发展。脆弱生态区适度经济开发模型的调控研究,可为提出准确度高、速度快、具有可操作性的调控措施提供科学依据。

为了研究适度经济开发模型对各种调控措施的敏感性,可首先进行生态脆弱性的驱动力分析,然后在脆弱生态区经济开发调控基本方式的基础上,将不同的调控措施代入状态—响应模型中,对不同驱动力因子在模型调控中的作用与地位进行分析。

1. 适度经济开发模型调控的理论依据

适度经济开发模型实际上是一个复杂的动力学耦合系统,它是由一些简单的低维系统组成的,一方面它会保留其构成单元即简单低维系统的主要动力学特征,另一方面耦合系统的行为比构成单元的行为更为复杂、更富有弹性。耦合系统的这些新的行为特征是由简单系统之间的"耦合作用"引起的,因此,比较原有系统与新建系统行为特征之间的差异,可以识别新增子系统在耦合系统中的作用与地位。

将系统 $\dfrac{dX}{dt}=f[x(t)]$ 分为两个部分,即将状态变量 x 划为两类:

$$x=\begin{bmatrix} X_S \\ X_R \end{bmatrix}$$,其中 X_S 为状态系统,X_R 为响应系统。我们知道,在由相同或相似的构成单元组成的耦合系统中,同步现象是一种较为普遍的现象,即无论系统构成单元的自然频率是否有差异,它们最终都会同步到一个共同的频率上去,邓明华证明了一类简单的耦合振子系统的动力行为在一定条件下将以其各自频率的均值同步。虽然目前对构造单元更为复杂的耦合系统还没有更多的这方面的研究,但响应系统的频率会对整个耦合系统的频率产生影响这一点已经是毋庸置疑了,因此通过调整响应系统的频率就可以对整个耦合系统的演化趋势进行控制。

2．脆弱生态区驱动力分析

影响脆弱生态区经济开发活动的因素中，既有自然因素，也有人为因素。在10～100年的时间尺度上，人为因素是主要的。人口、政策、经济发展水平等是影响脆弱生态环境演化方向的主要因素。

（1）人口因素：指数增长的人口对粮食、燃料的需求导致了大规模的粗放农业开发，它是引起开荒耕种、植被破坏的重要原因之一，并直接导致了生态环境的退化，包括土壤肥力、土壤盐分、土壤性状、土壤熟化程度等的变化，使得区域第一性生产力下降。

人口数量过速增长的另一个显而易见的副作用就是人均教育经费和其他人均消费资料的降低，并直接影响到人口素质的提高，使得先进的生产方式难以推广，经济开发方式只能以对自然资源的掠夺式粗放开发为主。

（2）政策因素：建国初期，中国将工业的发展置于经济建设的中心位置，而工业化资金主要依靠国内的积累，这样就不可避免地弱化了农业的地位，集中反映在削弱了农业自我积累和自我发展的能力，阻碍了农业人口向工业和其他部门转移的速度。大量的农业人口为了在越来越少的耕地上求生存，不得不采取掠夺式的开发方式，对生态环境造成极大的破坏；另外，中国在发展战略（如生产关系的调整）上比较重视短期效应而不考虑长期后果、农业基础失稳、管理体制不健全等，也在一定程度上加剧了生态环境的恶化，如盲目追求耕地面积扩大、牲畜数量提高等增大了这些不当经济开发活动对生态环境的压力。

中国目前仍然处于体制转轨时期，许多领域的政策法规都有一些不完善的地方，而在不断完善的过程中就会出现一些不连续的变化（如产权制度的变化，这是人们重视短期利益而忽视长远利益的一个重要原因，也是有短视行为导致生态环境脆弱的一个驱动因素）。

（3）贫困因素：中国贫困地区与脆弱生态区具有明显的相关性。在脆弱生态区的生态承载力阈值被突破并缺乏现代生产要素投入的情况下,为了保证不断增长的人口的生存权,只能靠扩张耕地的数量来获取暂时的食物供给(对影响耕地数量扩张的驱动因子进行定量模拟的结果表明,人均粮食和农民人均纯收入是耕地数量扩张的两个主要的驱动因子),这势必会改变土地的覆被状况,加剧脆弱生态区的生态环境退化,卢志伟等对经济水平与土地利用的关系进行了研究,认为经济水平低是导致垦殖指数偏高、种植业用地比重过大的直接原因,这种用地结构很容易导致"贫困、加大种植业比例、贫困"的恶性循环。也就是说,国家对脆弱生态区的投入力度不够时,贫困将会成为生态破坏的一个主要的驱动因子。

另外,卢金发通过研究发现,土地退化的第一影响因子是人口的增长速率以及人类经济活动强度的变化率,第二影响因子才是经济开发活动的强度,即时间变率的影响是不容忽视的。因此,这里将经济水平(贫困)及其变率、政策法规及其变化、人口现状及其增长率等作为脆弱生态区的主要驱动因子。

在实际应用中,可通过对脆弱生态区脆弱特征的研究来确定其脆弱驱动因子。

3. 不同类型脆弱生态区的脆弱性分析

不同类型的脆弱生态区具有不同的脆弱特征,采用聚类分析方法可将脆弱生态区划分为不同的类型,并在此基础上对脆弱生态区的脆弱特征进行分析。要得到较为理想的分类结果,就必须选择那些分辨力较强的变量,故选择既能反映脆弱生态区特征又具有较强分辨能力的变量来进行聚类分析是非常重要的。

对脆弱生态区的评价有五类指标,即环境资源指标、经济发展水平指标、经济技术替代能力指标、与其他区域联系程度指标以及社会发展水平指标。这些指标都在一定程度上反映了中国脆弱生态区的特征,但我们无法知道哪一类指标更具有分辨能力。好在我们具有判断聚类效果好坏的客观标准,因此可以根据每一类指标进行聚类,然后对不同的聚类结果进行比较分析。

采用聚类方法对脆弱生态区进行类型划分,容易对得到的聚类结果进行分析:由于得到的结果是对各个样本(脆弱生态区单元)之间距离的远近的一种刻画,同一类型脆弱生态区具有相似的特征(所选择的聚类变量具有相似的性质),不同类型脆弱生态区的差别也体现在这些聚类变量的性质上,因此可根据聚类的结果直接对脆弱生态区在所选择的聚类变量方面所具有的性质进行分析,而且,选择不同的聚类变量,会得到不同的类型划分结果,因此要对脆弱生态区某一方面的性质(如环境资源因子的脆弱性)进行研究,只需以表征这一方面性质的变量(环境资源因子)为聚类变量进行聚类分析,然后根据聚类结果进行归纳总结即可。在脆弱生态区脆弱特征分析方面,它可采用对不同类型脆弱生态区有关聚类指标的平均值进行计算的方法,得到各不同类型脆弱生态区的主要差别,进而得到某类脆弱生态区的主要脆弱特征。

4. 脆弱生态区经济开发活动调控的基本方式

经济开发的目的是要提高区域的经济发展水平,而过度的经济开发也成为一些地区经济发展水平得以迅速提高的重要手段,这使得人们误以为经济开发的强度和速度与经济发展水平总是呈正相关关系的。其实不然,经济发展水平与经济开发的强度和速度的关系是不确定的。研究表明,大部分脆弱生态区人均收入与复种指数是负相关的,这说明广种薄收无益于经济水平的提高;多年的统计数据还表明,畜牧业年总产值与牲畜总头数无明显关系,这也说明了过度的经济开发有时甚至会对经济水平的提高产生负作用。因此,应该采取一定的调控措施来限制经济开发活动的方式、强度和速度,使区域经济保持适度发展。脆弱生态区对经济开发活动的压力较其他地区更加敏感,因此脆弱生态区经济开发活动的调控就显得尤为重要。

脆弱生态区经济开发的调控方式取决于脆弱生态区的脆弱特征,其基本方式有以下三类。

(1)对脆弱生态区生态经济系统的状态变量进行调控,即采取措施提高脆弱生态区生态承载力与生态弹性力的大小。根据前面的研究,提高生态承载力与生态弹性力的方法主要有提高经济活动的科技含量、获得域外支持等。

（2）对脆弱生态区经济开发的强度和速度进行调控,即根据脆弱生态区的脆弱特征,适当提高对脆弱生态区有正面影响或影响不大的经济活动的强度与速度,而降低那些生态环境有破坏作用、可能会加重脆弱生态区脆弱程度的经济开发活动的强度和速度。

（3）对脆弱生态区的人地关系进行调控,即采取措施使生态承载力和生态弹性力与经济开发活动的强度和速度之间的关系向优化方向发展,具体表现在对生产方式、产业结构等作出调整,以使相同的生态环境可支持强度更大、速度更快的经济开发活动。

5. 脆弱生态区适度经济开发的调控

（1）应用状态—响应模型进行模拟研究的方法:如前所述,脆弱生态区的驱动因子主要有经济发展水平低、人口过度增长以及政策性因素等。在此基础上,这里可对不同类型脆弱生态区适度经济开发活动的调控提出了相应的措施,将这些调控措施量化后,就可以建立起描述经济开发活动对脆弱生态区的影响的状态—响应模型。将该状态—响应模型耦合到生态经济系统的演化模型之中,通过对较为简单的状态—响应模型进行调整,观察整个耦合系统的变化情况,就可以对脆弱生态区适度经济开发模型进行调控研究。

不同类型脆弱生态区驱动因子和约束类型的差异造成了调控策略区域参数的不同。将这些区域参数代入状态—响应模型中,根据模拟结果即可知道调控效果(调控效果主要体现在是否能达到预期的目的、在达到预期目的的过程中各状态变量的变化趋势是否比较平稳、达到预期目的所需要的时间等方面)。

（2）状态—响应模型进行模拟研究的可能结果:根据不同类型脆弱生态区的特征以及调控措施的时空差异,设定几种不同调控策略的区域参数,将它们代入耦合系统的驱动子系统之中,就可得到驱动因子影响下生态经济系统各状态变量的演化曲线图。由于驱动子系统的变化可导致耦合系统状态变量演化趋势的变化，因此可对不同驱动因子的调控效果进行比较。

将脆弱生态区的演化模型作为响应系统，其状态变量为：

$$X_S = (y_1, y_2, y_3, y_4) \tag{6}$$

其中，y_1、y_2 分别是生态承载力和生态弹性力，y_3、y_4 分别是经济开发强度和经济开发速度。

将前述对驱动因子的调控措施量化后作为驱动系统，其状态变量为：

$$X_D = (z_1, z_2, z_3) \tag{7}$$

其中，z_1、z_2、z_3 分别表示脆弱生态区驱动因子经济发展水平因素（贫困）、政策因素、人口因素等。

于是驱动系统与响应系统的耦合系统为：

$$\begin{cases}
\dfrac{dy_1}{dt} = y_1\left[r_1\left(1 - \dfrac{y_1}{K_1(t)}\right) + a_1 y_2 + a_2(-y_3^2 + 2y_3 - 0.95) + g_1(z_1, z_2, z_3)\right] \\[3mm]
\dfrac{dy_2}{dt} = y_2\left[r_2\left(1 - \dfrac{y_2}{K_2(t)}\right) + a_3(-y_4^2 + 0.1y_4 - 0.05) + g_2(z_1, z_2, z_3)\right] \\[3mm]
\dfrac{dy_3}{dt} = y_3[r_3 + a_4 y_1 - a_5 y_4 + g_3(z_1, z_2, z_3)] \\[3mm]
\dfrac{dy_4}{dt} = y_4[r_4 + a_6 y_2 - a_7 y_3 + g_4(z_1, z_2, z_3)] \\[3mm]
\dfrac{dz_1}{dt} = f_1(z_1) \\[3mm]
\dfrac{dz_2}{dt} = f_2(z_2) \\[3mm]
\dfrac{dz_3}{dt} = f_3(z_3)
\end{cases} \tag{8}$$

由于驱动系统（由后三个方程组成）形式简单，系统中每个变量的变化率都只与其自身有关，而驱动因子的变化对响应系统中状态变量的变化又有较大的影响（其影响程度取决于 g_i 的形式），因而可对脆弱驱动因子实施有效的调控。

（三）实例研究——以翁牛特旗与敖汉旗为例

作为一个例子，我们对翁牛特旗与敖汉旗的适度经济开发评价进行了分析，它们位于内蒙古赤峰市的东南部，如图3—6。

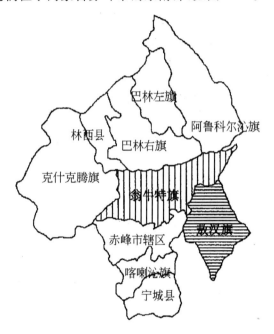

脆弱生态环境与可持续发展

图3—6　翁牛特旗与敖汉旗在赤峰市的地理位置

根据聚类分析的结果，翁牛特旗与敖汉旗在脆弱特征的异同主要表现在以下两个方面：一是二者具有相似的环境资源条件、经济技术替代能力和社会发展水平，对环境资源的过度利用（开发）而造成的严重水土流失、产业结构落后是它们共同的脆弱特征；二是在经济发展水平和域外支持能力方面，二者的脆弱特征表现出差异，翁牛特旗在这两方面的脆弱程度要高于敖汉旗：其经济发展水平较低、域外支持能力较小，这可能是造成翁牛特旗与敖汉旗生态环境现状差别的主要原因。

对翁牛特旗1992～1998年的生态承载力指数和生态弹性力指数的计算结果如图3—7。

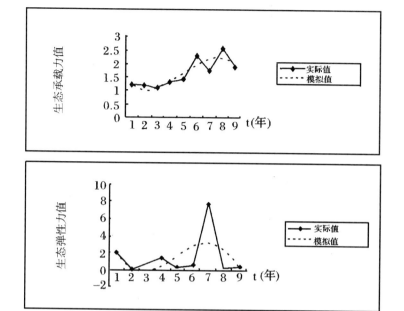

图 3—7　翁牛特旗生态承载力指数和生态弹性力指数的变化趋势

由此可得到翁牛特旗脆弱生态区的动态变化图（1992～1998 年）。

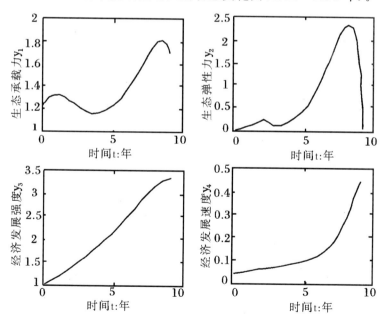

图 3—8　翁牛特旗脆弱生态区的动态变化图

相应地,翁牛特旗脆弱生态区的演化模型为:

$$\begin{cases} \dfrac{dy_1}{dt} = y_1 \left[0.5 \left(1 - \dfrac{y_1}{K_1(t)} \right) + 0.20 y_2 + 0.10(- y_3^2 + 2y_3 - 0.95) \right] \\[3mm] \dfrac{dy_2}{dt} = y_2 \left[\left(1 - \dfrac{y_2}{K_2(t)} \right) + 0.5(- y_4^2 + 0.1 y_4 - 0.05) \right] \\[3mm] \dfrac{dy_3}{dt} = y_3 (0.15 + 0.03 y_1 - 0.4 y_4) \\[3mm] \dfrac{dy_4}{dt} = y_4 (0.25 + 0.25 y_2 - 0.1 y_3) \\[3mm] (y_1, y_2, y_3, y_4) l_t = 0 = (1.21, 0.052, 1.0, 0.05) \end{cases} \tag{9}$$

从图 3—8 中可以看出,由于翁牛特旗脆弱生态区各子系统之间存在非线性作用,其生态弹性力值在第 9 年时发生了突变(采用多项式趋势线进行拟合分析也可得出相同的结论),并导致其它状态变量的值也发生了相似的变化,使得模型在某一状态变量发生突变之后的演化过程将不再具有实际意义,所以这种具有非线性作用的演化曲线不具有中长期的预测功能。导致这种情况的根本原因就是非线性作用对初值的敏感性,即初始值的微小变化,即可使得演化结果具有天壤之别。在采用演化模型对翁牛特旗各状态变量的演化趋势进行分析时,所选取的初始值与实际初始值肯定会存在一定的误差,这种误差在模型的演化过程中以指数级的速度扩大,使得在一段时间后演化的结果出现突变而失去了实际意义。因此对未来某一时段内脆弱生态区演化趋势的预测就不能依赖于一个早已失去意义的最初值,而只能在截取新的初始点后,重新代入新的初始值,对未来某个时段的演化趋势进行研究。

类似地,对敖汉旗 1992~1998 年的生态承载力指数和生态弹性力指数的计算结果如图 3—9。

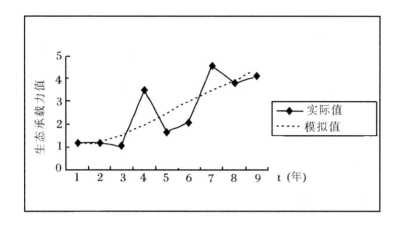

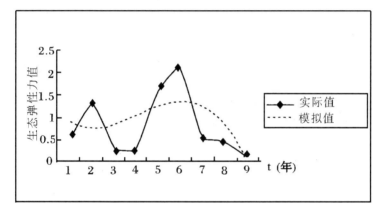

图 3—9　敖汉旗生态承载力指数和生态弹性力指数的变化趋势

由此可得敖汉旗脆弱生态区的动态变化图(1992～1998 年)。

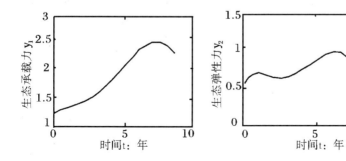

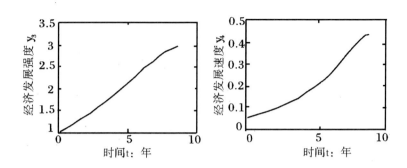

图 3—10　敖汉旗脆弱生态区的动态变化图

相应地,敖汉旗脆弱生态区的演化模型为:

$$
\begin{cases}
\dfrac{dy_1}{dt} = y_1\left[0.5\left(1-\dfrac{y_1}{K_1(t)}\right)+0.10y_2+0.02(-y_3^2+2y_3-0.95)\right] \\[3mm]
\dfrac{dy_2}{dt} = y_2\left[0.1\left(1-\dfrac{y_2}{K_2(t)}\right)+0.01(-y_4^2+0.1y_4-0.05)\right] \\[3mm]
\dfrac{dy_3}{dt} = y_3(0.05+0.10y_1-0.5y_4) \\[3mm]
\dfrac{dy_4}{dt} = y_4(0.10+0.50y_2-0.1y_3) \\[3mm]
(y_1,y_2,y_3,y_4)_0 = (1.232,0.582,1.0,0.05)
\end{cases}
\tag{10}
$$

脆弱生态区演化模型中的参变量是该区域各状态变量之间相互作用的方式及其程度的反映,是脆弱生态区本质特征的一种表征。对翁牛特旗与敖汉旗脆弱生态区的适度经济开发进行评价,可根据它们各自演化模型中参变量的取值来进行,见表 3—3。

表 3—3　翁牛特旗与敖汉旗脆弱特征的比较分析

参变量代码	参变量的物理意义	参变量的取值		比较分析
		翁牛特旗	敖汉旗	
r_1	生态承载力剩余的内禀增长率	0.5	0.5	二者具有相同的 r_1 值,说明它们的自然资源条件及其经济发展与环境资源条件之间的相关关系比较相似
r_2	生态弹性力值的内禀增长率	1.0	0.1	在没有外界因素干扰时,翁牛特旗的景观多样性指数、植被指数、生态环境的复杂性等有可能优于敖汉旗的相应指标

参变量代码	参变量的物理意义	参变量的取值		比较分析
		翁牛特旗	敖汉旗	
r_3	经济开发强度的潜在增长率	0.15	0.05	在没有外界因素的干扰或限制时，翁牛特旗经济开发强度提高的速率要高于敖汉旗，它一方面说明翁牛特旗具有更强烈的提高经济开发强度的愿望，另一方面也说明了外界因素对其经济开发强度的限制作用要比对敖汉旗的限制作用大
r_4	经济开发速度的潜在增长率	0.25	0.10	在没有外界因素的干扰或限制时，翁牛特旗经济开发速度的增长率要高于敖汉旗，它可能是由于翁牛特旗目前的经济发展水平低于敖汉旗的经济发展水平所引起的
a_1	生态弹性力对生态承载力剩余的影响系数	0.20	0.10	该指标表示翁牛特旗的生态弹性力较大，可以承受对它造成影响的那些外界因素的较大波动
a_2	经济开发强度对生态承载力剩余的影响系数	0.10	0.02	经济开发强度对生态承载力剩余的影响体现了人为因素在生态承载力剩余的变化中所起的作用，二者的比较说明敖汉旗在发展经济的同时，比较重视调整资源环境与经济发展的关系
a_3	经济开发速度对生态承载力剩余的影响系数	0.50	0.01	相同的经济开发速度，翁牛特旗要"消耗"更多的生态承载力剩余，这可能与区域的经济结构有关
a_4	生态承载力剩余对经济开发强度的支持力系数	0.03	0.1	敖汉旗利用相同的生态承载力剩余可支持更大的经济开发强度，它与区域目前的经济结构和经济发展水平有关
a_5	经济开发速度对经济开发强度的影响系数	0.4	0.5	该指标值越大，表示经济开发速度对经济开发强度的抑制作用就越大，它与区域的经济结构及经济活动对生态环境的压力有关，该参变量的取值接近说明二者具有相似的经济结构
a_6	生态弹性力对经济开发速度的支持力系数	0.25	0.5	该参变量取值的差别说明敖汉旗比翁牛特旗的经济活动方式更加灵活，能承受更大的经济开发活动的波动性

参变量代码	参变量的物理意义	参变量的取值		比较分析
		翁牛特旗	敖汉旗	
a_7	经济开发强度对经济开发速度的影响系数	0.1	0.1	该参变量的取值与区域的经济结构及经济开发活动对生态环境的压力等有关,二者的取值相同,再次说明了它们的经济结构类型具有很大的相似性

脆弱生态区的经济开发潜力较低,而且地域差异极大,不适宜从事大规模的经济开发活动,但为实现脆弱生态区农副产品的自给及其自身社会经济的发展,对脆弱生态区的自然资源进行开发利用又是必须的。另一方面,脆弱生态区对外界干扰敏感,其生态环境一旦遭到破坏,则不但其生态功能会受到削弱,甚至还会加剧自然灾害的发生。因此,对脆弱生态区环境资源的开发,应以可再生资源的开发为主,同时必须以因地制宜和适度、合理为原则,建立以保护与开发并重的经济开发模型。这里在人类经济活动影响下脆弱生态区评价的基础上,建立了其适度经济开发评价模型,模型从生态环境对经济活动的承载力及经济活动对生态环境的压力(或需求)两方面出发,对不同经济开发方式(包括投资方向、经济开发强度与经济开发速度)引起的脆弱生态区的演化进行了模拟,特别是在模型中引入了响应子系统,组成脆弱生态区的PSR耦合系统。由于耦合系统的性质(如频率)与各组成子系统的性质有关,因此,通过对新加入的响应子系统进行调控,就可控制整个耦合系统的演化趋势,并在此基础上提出脆弱生态区的适度经济开发模式。

参考文献

1. 曹凤中、国冬梅:"可持续发展城市判定指标体系",《中国环境科学》,1998,18(5):463～467。

2. 曹利军、王华东:"可持续发展评价指标体系建立原理与方法研究",《环境科学学报》,1998,18(5):525～532。

3. 陈玉光、崔斌:"深化农村经济体制改革与当代中国农村区域性贫困问题研究",《开发研究》,1995(4)。

4. 董玉祥:"中国沙漠化危险度评价与发展趋势分析",《中国沙漠》,1996,16(2):

脆弱生态环境与可持续发展

127～131。

5. 国家环境保护局全国生态示范区建设试点工作领导小组编:《全国生态示范区建设试点工作文件汇编》,中国环境科学出版社,31～32。

6. 洪阳、叶文虎:"可持续环境承载力的度量及其应用",《中国人口、资源与环境》,1998,8(3):54～58。

7. 姜冬梅、宋豫秦、杨勇:"中国北方半干旱农牧交错带小区域人地关系演变模式初探——以内蒙古奈曼旗尧勒甸之村为例",《地域研究与开发》,1999,18(3):33～37。

8. 冷疏影、李秀彬:"土地质量指标体系国际研究的新进展",《地理学报》,1998,54(2):177～184。

9. 冷疏影、刘燕华:"中国脆弱生态区可持续发展指标体系框架设计",《中国人口、资源与环境》,1999,9(2):40～45。

10. B. Kochunov 著,李国栋译:"脆弱生态的概念及分类",《地理译报》,1993(1)。

11. 李周、孙若梅:"生态敏感地带与贫困地区的相关性研究",《农村经济与社会》,1994,(5):49～56。

12. 刘燕华:"脆弱生态环境问题初探",《生态环境综合整治和恢复技术研究》(第一集),中国科学技术出版社,1993:1～10。

13. 刘燕华:"中国脆弱环境类型划分与指标",《生态环境综合整治和恢复技术研究》(第二集),中国科学技术出版社,1995:8～18。

14. 孙建中、盛学斌、刘云霞:"河北坝上地区人类活动与生态环境变化研究",《环境科学进展》,1999,4:102～111。

15. 孙武:"人地关系与脆弱带研究",《中国沙漠》,1995,15(4):419～424。

16. 王劲峰等:《人地关系演进及其调控——全球变化、自然灾害、人类活动中国典型区研究》,科学出版社,1995。

17. 杨勤业、张镱锂、李国栋:"中国的生态脆弱形势和危急区",《地理研究》,1992,12(4)。

18. 赵跃龙、刘燕华:"中国脆弱生态环境分布及其与贫困的关系",《人文地理》,1996,11(2):1～7。

19. 邹德秀:《地区贫困与贫困地区开发》,科学出版社,2000:31～90。

第四章 中国的典型脆弱生态区及其脆弱性分析

一、中国的典型脆弱生态区

脆弱生态环境的基本性质或特征可概括为敏感性、不稳定性、环境问题突出和明显的过渡性四个特性。根据这些特征和"八五"国家攻关项目"生态环境综合整治和恢复技术研究"的成果,中国主要有五个典型脆弱生态区,它们是:北方半干旱农牧交错带、西北干旱绿洲边缘带、西南干热河谷地区、南方石灰岩山地地区以及青藏高原的藏南山地河谷地区。

(一)北方农牧交错带

北方半干旱农牧交错典型脆弱生态区范围东起科尔沁草原,经鄂尔多斯高原南部和黄土高原北部,西至河西走廊东端,主要包括河北、内蒙古、山西、陕西、宁夏的 52 个县(市),总面积约 25 万 km²。该区是耕作业与畜牧业的过渡地区,习惯上称为农牧交错带,是历史上农牧界线变化频繁、波动较大的区域。

1. 区域环境的基本特点

自更新世中期现代季风形成以来,中国出现了一条北起大兴安岭西麓呼伦贝尔,向西南延伸,经内蒙古东南、冀北、晋北直至鄂尔多斯、陕北的从半干旱区向干旱区过渡的广阔地带,即农牧交错带(张兰生,1989)。从空间格局上看,该地带农牧镶嵌分布;从时间序列上看,带内时而农,时而牧,农业制度波动性大。

农牧交错带自然条件表现为过渡性特点，这在气候条件上表现最为明显。总的来看，本区气候类型由东北部半湿润大陆性季风气候向西南逐渐演变为半干旱典型大陆性季风气候。农牧交错带内各地年均温在 2～8℃ 之间，1 月平均气温在 −8～−16℃ 之间，7 月平均气温在 20～24℃ 之间。400mm 等雨量线从本区纵贯而过，大部分地区降水量在 350～450mm 之间。本区为季风尾闾区，降水多集中在受夏季风影响的 6、7、8 月份。本区蒸发量高，干燥度大，多在 1.50～3.49 之间。由于气温年、日较差显著，降水变率大，季节分配不均匀，本区风、雪、霜、雹、潮等气象灾害频繁。本区风速较大，平均风速在 2～4m/s 之间，以春秋两季风速最大。大风日数由 10 天左右至 50～60 天。寒潮来临早，退却迟，霜冻时间长，无霜期在 100～160 天之间。降雪日数在 10～15 天左右。降雹日数多，每年平均 3～10 天，多发生在夏、秋两季（吴鸿宾，1990；湖春，1984）。

本区地势起伏不大，主要由内蒙古高原东南部边缘带、冀北和陕北黄土高原区、鄂尔多斯高原等几大部分组成。黄土堆积几乎在整个区域均可发现，而以西南部黄土高原区最为集中，该部分地表物质组成疏松，地形破碎，是中国传统的水土流失区。科尔沁草原、长城沿线地区，鄂尔多斯高原等地沙源物质丰富，沙化威胁严重。

本区降水量小，蒸发量大，各河段径流量小，季节性河流发育。由于本区多水土流失严重，各河段泥沙含量较高，尤以西南部黄河中游及其各支流最为严重。地表水资源贮量小，属于中国水资源的少水带或缺水带。地下水资源相对丰富，但由于利用结构和利用技术不当，引发了很多环境问题。

受区域自然条件综合影响，农牧交错带内植被地带主要分为森林草原植被带和草原植被带。森林草原植被带又分为中温型和暖温型两个亚类。由于人类活动的影响，本区原生植物保存较少，次生植被发育。带内由东向西形成明显的土壤水平地带分异：黑钙土、褐土—黑垆土—灰钙土。其中间有草甸土、盐碱土、风沙土、灌淤土等隐域性土壤分布。由于各地自然条件差异大，利用方式不一，各土类的适宜性和限制性差异也较大。

农牧交错带资源条件较好。气候资源方面,本区大部日照时间在2700～3100小时之间,鄂尔多斯北部可达3100小时以上。年太阳总辐射在 $5.4\sim6.3MJ/cm^2$;日均温≥5℃的年积温多在2500～3500℃,≥10℃的年积温在2400～3400℃之间(湖春,1984)。区域内积温差别较大,主要是由于本区地域辽阔,东西距离长,南北纬差大,以及地形、植被、距海远近、受大陆气团和东南季风影响程度不同而形成的。区内东北部水热条件较好,适合种植玉米、高粱、水稻等作物;中部热量较少,适合发展小麦、胡麻、马铃薯等喜凉作物;西南部尽管积温条件好,但水分不足,且风沙大,不宜发展农业,可种草放牧。交错带内降水量少,蒸发量大、利用率不高、水资源比较缺乏,成为制约农业生产最重要的限制因子。本区矿产资源丰富,煤炭资源尤其引人注目。中国四大露天煤矿有三个分布于此。晋陕蒙交界区域的神府—东胜煤田号称"金三角",含煤面积 $4500km^2$,探明储量达500亿t,是"八五"期间重点开发地区。

人口快速增长已成为农牧交错带生态脆弱、环境退化的首要原因。农牧交错带人口绝对数量相对于全国人口来说较少,但是本区土地承载力小,因而人口相对较多,人口已超载,其中农业人口占绝大多数。人口已超载,人口素质低,文教卫生条件差;而人口的迅速增长,必然增加对环境的压力。在现有生产力条件下,满足增加人口的需求只能超强度利用环境资源,这样必然破坏环境。以科尔沁草原为例,科尔沁草原沙漠化的主要原因是人为活动,其根本原因是人口增长过快。1949～1990年40多年间,本区人口增加了近两倍,每平方公里人口密度由15人增加到45人,同期牲畜数量增加了5倍,平均每只羊单位占有草场面积由原来的1.81公顷下降到0.19公顷,大大低于本区每只羊单位应占草场1.04公顷的标准(赵存兴,1990)。人畜的增长必然导致对环境资源更多的索求。而在落后的生产力条件下,这种索求必然是掠夺式破坏型的:滥垦、滥收、滥樵,广种薄收,粗放经营,破坏草场,导致植被退化,沙化发展,甚至引起整个草原生态的破坏。

本区生产力水平低,交通运输条件也有待进一步发展。可以说,整个农牧交错带几乎都属于中国贫困落后地区。丰富的矿产资源是本区经济发展的优势所在,而有效保护生态和环境,是该区国土整治的关键。

2. 脆弱生态特征及主要的环境问题

农牧交错带从属于半湿润半干旱气候区,自然条件差,加上人类活动的干扰,生产极不稳定,丰欠更替,灾害频繁且密度较高,生态系统脆弱特征表现较为典型。

（1）环境敏感性强

本区扰动—响应过程时间间隔很短,而且响应强度较强。河北坝上高原 50 年代还是水草丰美的优质牧场。仅仅 40 多年时间,由于人类不合理垦殖,牧场破坏相当严重。现在牧草高度只有 20～30cm,且多为劣质草原,可食草比例减少,草场载畜能力急剧下降。

从科尔沁草原典型剖面中,可以发现含有三个古土壤层和三个风成沙层,二者相间分布(胡孟春,1990)。据古资料分析,每一次土地沙化的发展,都是由于人类大面积掠夺式垦殖活动的强烈干扰造成的,而且响应时间极短。三次风成沙层的形成时期各自对应于三个时代的农耕文化。

由于长期遭受掠夺式开发、滥垦、滥牧、滥樵使黄土高原区土地资源受到严重破坏,水土流失加剧。本区年均侵蚀模数可达 5000～10000t/km²,高者可达 20000t/km² 以上(方华荣,1990)。水土流失不仅带走了大量的氮、磷、钾和土壤有机质,致使土壤肥力下降,而且大量泥沙进入黄河,淤高河床,危害水利设施,威胁下游人民生命安全。一旦爆发洪水,后果不堪设想。

（2）环境退化趋势明显

这首先表现为区域环境结构退化,功能衰减。由于人为活动对农牧交错带的干扰,本区生物量及生物多样性指数明显下降,生物生产力波动性增强;地表植被盖度降低,土壤肥力下降,土体结构受到破坏;农业气候条件恶化,如风沙大,风日增多;蒸发量大,沙化威胁增强等。

环境问题是人类活动与自然环境不协调的产物。由于农牧交错带人口迅速增长,而生产力水平低下,环境压力急剧增加;另一方面,由于前述农牧交错带不利自然环境条件,其生态系统实际上十分脆弱,当人类活动的破坏与自然破坏耦合时,使本区环境急剧恶化,造成许多生态环境问题。主要有水土流失、风蚀沙化、草地退化和土壤盐渍化等。

水土流失主要发生在本区中、西部,尤以西南部黄土高原区最为严重。东部冀北山地大兴安岭山前低山丘陵区也有较严重的水土流失问题。发生水土流失有自然和人为两方面的原因。从自然方面看,这些地区多山,地形起伏,地表破碎,如果缺乏植被保护,易受侵蚀。另外,本区地处季风尾闾区,大陆性季风气候明显,降水集中,雨季(6～8月)降水占 60%～80%,且多暴雨。如此地质地貌条件与气候条件结合,形成水土流失的潜在条件;人类不合理的土地利用,如滥垦、滥牧、滥樵以及符合水土保持要求的工矿交通建设,势必破坏植被,降低地表覆盖,加剧水土流失。

水土流失带走大量土壤养分,造成土壤能力下降,土体结构破坏;淤积、压埋田地,切割、蚕食土地;淤积水库渠道,破坏水利设施;河床淤积抬高,降低通航能力,影响生产和生活,危害极大。

黄土高原区水土流失由来已久,且极其严重。目前水土流失面积约 0.43 亿公顷,其中严重的约 0.11 亿公顷。长期强烈的水土流失,使得黄土高原地表支离破碎,沟壑纵横。沟谷密度在丘陵区为 5～7km/km²,最高达 10km/km² 以上;高原区也有 2～3km/km²。山西省水土流失最严重的晋西北黄土丘陵区,水土流失面积占该区总面积的 62%。其中晋西黄土丘陵沟壑区,水土流失最为严重,年侵蚀量达 11000～17000t/km²;黄土梁峁区为 6000～8000t/km²;残垣与黄土台地区,达 3500～5000t/km²;黄土阶地区,地形相对平坦,但年侵蚀量也达 2000～5000t/km²(朱显谟,1990)。

土地沙化。土地沙化是由于植被遭到破坏,地面失去覆盖后,在风力作用下,出现风沙活动和类似沙区的环境变化的现象和进程,包括原

脆弱生态环境与可持续发展

来的固定沙丘植被遭破坏后变成半固定或流动沙丘和沙漠边缘前伸两类(朱显谟,1990)。本区两类土地沙化过程均存在。农牧交错带地处半湿润半干旱地区,气候干旱、多大风,植被稀少,这些均是区域土地沙化的潜在条件;不适当的人类经济活动是土地沙化的主要原因。据兰州沙漠所资料,直接由人类活动引起的土地沙化占 95%,其中"三滥"引起的土地沙化占 72%(朱显谟,1990)。

土地沙化侵蚀耕地、牧场,引起草场退化;阻塞交通,影响人民生产和生活。据奈曼旗 1986 年不完全统计,1976～1985 年 10 年间,沙地面积扩大 1.26 万公顷,堵塞主要道路 13.6 公里,有 598 户 2902 人口被迫搬家,压毁房屋 2007 间,直接经济损失 954.8 万元。滥牧引起沙化,沙化反过来又导致草场退化。科尔沁草原由于受土地沙化影响,草原植被普遍处于逆向演替之中,即疏林草原灌丛—多年生禾草—蒿类草原沙生植被。在此演替过程中,群落种类减少,盖度降低,可食牧草产量迅速下降。尤其严重的是这些次生植被不能形成耐踏、抗风蚀的草皮层,抗御环境变化的弹性很低,在自然或人为扰动稍有增强的情况下,极易受到破坏,这是生态系统脆弱的重要标志。

草地退化。以科尔沁草原为例,科尔沁草原地处半干旱草原气候带,在半干旱气候和沙质土壤的共同作用下,这里原来发育了我国北方独特的沙地疏林草原景观。原生植被群落组成丰富,结构稳定,层片发育明显,盖度高,产草量高;地面基本郁闭,草皮层深厚、结实而富弹性,耐践踏。近一二百年来,这里生态破坏后,土地沙化过程日趋严重,出现了坨甸交错、流沙遍野的沙地景观。次生植物种为沙生和旱生植物所取代。由于生态恶化,群落种类减少,结构趋于简单,群落盖度和产草量大大减少,且可食草比重较小。科尔沁草原土地退化,引起土壤粗化,肥力下降。结果,大大降低了土地对物质能量的转化效率和产出能力。

土壤次生盐渍化。由于人类不合理开发利用,盐分在土壤表层迅速积累,使原来非盐渍化土壤发生盐渍化进程,或加强原来存在的自然盐渍化过程。农牧交错带内地下水位普遍较浅,蒸发力强,大部分相对低洼区域均可见盐渍化现象,如鄂尔多斯高原上内陆盆地或湖泊周围、阴山丘陵滩地、沙区丘间洼地等都有不同程度的盐碱土。土壤次生盐渍化最严重的是西辽河灌区、黄河中上游灌区,包括河套平原和宁夏平原等。这些地区土壤次生盐渍化主要是由于不合理的灌溉造成的。据统计,科尔沁草原土壤盐渍化面积占 8.3％,鄂尔多斯草原占 11.1％,西辽河灌区占 13％,后套灌区占 50％。盐渍化导致土壤肥力降低,丧失生产能力,因而土地利用率很低。后套灌区每年死于苗期的农作物面积占播种面积的 10％～30％,有些重盐碱化地不得不弃耕,致使后套灌区粮食亩产多年来一直徘徊在 200kg 左右(石蕴宗,1990)。

农牧交错带还存在许多其他环境问题,如植被覆盖率下降;湖泊缩小,水质咸化;气候变干,风沙加剧;地下水位下降;野生动植物种类和数量减少;病、虫害增多;以及由工矿交通城市建设引起的环境污染等。这些都是由于人类不合理利用自然资源而引发或加剧的。

(3) 自然灾害频繁

农牧交错带环境退化趋势还表现在本区灾害事件频发、群发,而且灾害密度大,危害程度增加。本区以气象灾害为主,其中以干旱出现机率最多、影响范围最广、持续时间最长、危害程度最重。其他气象灾害包括涝洪、霜冻、风灾、冰雹、雪灾、寒潮等。可以说,本区"十年九灾,十地九灾",是中国自然灾害比较严重的区域。由于生态和环境的破坏,本区自然灾害有加重的趋势。据史料记载,陕北 1629～1949 年共 320年间,一般灾害三年一次,干旱持续半年,造成一季无收的平均每 5 年一次,全年干旱造成绝收的平均每 10 年一次。又据《陕西农业地理》统计,榆林地区 1934～1970 年 37 年间,共出现重大干旱 15 次,其中 30年代 2 次,40 年代 2 次,50 年代 5 次,60 年代 6 次。大旱发生频率有越来越高的趋势。建国以来,整个黄土高原共发生大于 100mm 的大暴雨 37 次。其中 50 年代 11 次,平均雨量 147mm,最大 258mm;60 年代 17 次,平均 156mm,最大 422mm;70 年代是少雨年,但仅 1970～1977 年就发生 9 次,平均 345mm,最大 1400mm(局部地区达 1600mm以上)。暴雨的频率和强度均有增加(赵存兴,1990)。灾害频率、密度和强度的增加,既是环境退化的标志,也是环境退化的原因之一。

（二）西北干旱绿洲边缘带

1. 区域环境的基本特点

西北干旱绿洲边缘带,行政范围主要包括甘肃、新疆的 61 个县（市）,面积约 59 万 km²。这一脆弱生态类型呈环带状分布于干旱绿洲与沙漠过渡的地区,基本上是沙漠的边缘区,包括天山山脉南坡和昆仑山北坡的环状带与从祁连山北坡的河西走廊至罗布泊的条带,含塔克拉玛干沙漠、塔里木盆地周边与河西走廊等地区。该区地处欧亚大陆中心,位于我国的内陆腹地,因远离海洋,降水稀少,年降水量多在300mm 以下。由于人口分布相对集中于绿洲地区,上游过度用水造成的下游水源短缺、土壤次生盐渍化、草场过牧与退化现象均十分严重。

2. 脆弱生态特征及主要的环境问题

（1）水源短缺是脆弱环境的主导因素

西北干旱区的水资源主要来源为高山冰雪融水季节性积雪融水、地下水和有限的直接降水。可利用水资源主要为高大山体所截获较多降水而形成的径流。河川径流（包括地下径流）水资源利用是资源、环境利用的关键问题西北干旱区可划分为两个性质完全不同的径流区（曲耀光,1988）,即径流形成区和径流散失区,前者大致分布于海拔1500～2600m 以上的山地,后者分布于低位山间盆地和山前平原。径流散失区热量条件较好,有灌溉条件就可发展农业,这里也是历史上和现代水资源利用强度最高的区域,同时也是对水资源条件最敏感的区域。已有研究（施雅风,1988）指出:西北地区水资源并不富裕,在历史干湿波动中逐渐旱化。近三十年来的干旱化在加剧,水资源在减少,由此而使得环境的脆弱性愈为明显。

径流的年际变化特点反映水资源可供利用的稳定性。变率值较低则说明径流相对波动小,可利用供水较稳定。变率高则说明可利用水资源变化明显,利用的保证程度差,缺乏持续利用条件。因此,在一定径流变率范围幅度的区域内水资源与利用间的矛盾由于变化而显得突出。在中国西北地区,径流变率在 40％～70％间的区域与山前平原带分布区大致吻合,因而可把径流变率 40％和 70％等直线作为确定干旱区脆弱带不稳定因素指标。

（2）风沙危害严重

该区年降水量一般不足 300mm,且年际和季节波动大。太阳辐射强,蒸发强烈,一般是年降水量的 4 倍以上。由于土壤发育差,粗骨性强,植被盖度低,加上地处西风带,大风频繁,土壤极易风蚀沙化。在冬春季节,经常出现大风和沙尘暴危害。

历史时期沙漠化土地扩展和绿洲变迁过程已被许多研究证明(奚国金,1988)。近几十年来,一些固定、半固定沙丘和沙地向流动性沙丘演变,新沙漠的形成和流沙入侵加快等对沙漠边缘绿洲的危害也日趋严重(夏训成,1988)。除气候原因外,人为作用造成天然植被破坏和由于过度开垦而超量用水也是不可忽视的原因,其结果造成绿洲失去屏障保护。一个地方开垦了新农田而另一个地方因得不到灌溉保证变成新沙地。许多实例表明(夏训成,1988;刘东来,1988),绿洲边缘沙地植被覆盖率低于 10％,农区周边防护林网面积低于农区总面积 10％时,沙害威胁就明显。因此上述两个指标也可作为干旱地区农区脆弱环境判别的辅助性指标。

（3）土壤次生盐碱化现象突出

该区土壤蒸发量大,在地势低洼地区因地下水的大量蒸发,导致盐分在表土聚集,形成土壤盐碱化。据有关资料,新疆耕地盐碱化面积约 120 万公顷,占全部耕地的 1/3,甘肃河西地区盐碱耕地也超过 6.67 万公顷。除气候、地貌和水文条件的影响外,过量引水灌溉也是非常重要的原因。如新疆全区平均灌溉用水 15000m³/公顷,个别地区高达 30000m³/公顷,是作物需水量的 2～3 倍。过量用水不仅造成浪费,还导致地下水位提升,是土壤次生盐碱化的重要根源。

（4）山地植被破坏,水资源出现萎缩

森林是西北干旱区的绿色水库,是山前和盆地区灌溉或绿洲农业的重要水分涵养源。该区林地主要由针叶林和灌木地组成,多分布于海拔 2600～4000m 之间的山地带。据有关资料估算,针叶林地的水源涵养量在 12000～25500m³/公顷。但目前森林破坏严重,如新疆 1949～1984 年间,森林面积减少约 0.55 万公顷;甘肃祁连山区森林砍伐破坏也相当严重,如甘肃武威祁连山区近 10 年来毁林、草开垦达 5.33 余万公顷。森林植被的破坏导致部分地区水源流失,干旱缺水加剧。

另外,由于气候变化的影响,大多冰川出现退缩,面积减少。如天山乌鲁木齐河源的一号冰川,1962～1980 年的 19 年中,冰川末端后退了 105m,年均 5.8m,导致河川径流量降低。据新疆水文总站资料,乌鲁木齐河 70 年代的径流量较 60 年代减少 81.4 亿 m³,即 10% 以上。甘肃石羊河的径流量也呈迅速降低的趋势。

水资源的减少和用水量的增加以及植被破坏等,使绿洲受到严重威胁,面积萎缩,加上风沙侵袭和土壤次生盐碱化等问题已使绿洲区的耕地出现退化,面积大量减少。

(5) 草原出现严重退化

该区虽然地广人稀,但人口分布相对集中。受水分限制,草地生产力低,青草期短,载畜能力低。由于畜群的盲目发展,对近居民点地区的草地造成很大压力,过牧退化现象突出。据统计,新疆的退化草地面积已达 827 万公顷。

(三) 西南干热河谷地区

1. 区域环境的基本特点

本区地跨中国第一、第二级大地形阶梯。西部横断山区主要由一系列近于南北向的高山峻岭和金沙江、澜沧江、怒江等巨流大川相间排列而组成,是举世闻名的高山纵谷区,也是青藏高原东南部过渡带。东部以四川盆地和云贵高原为主体,地形起伏,山脉、盆地、丘陵、河谷、坝子等纵横交错,是中国西部人口较密集、开发较早的山地农业区。地质上,本区西部位于欧亚板块、印度板块和缅甸板块的碰撞、交汇地带,受多期新、老构造活动的影响,断裂、褶皱发育,岩体破碎,地层复杂,山体欠稳。东部碳酸盐岩分布广泛,尤以滇、黔西最为集中,形成了有名的滇东—黔西岩溶高原区。

气候上,该区东部属亚热带湿润气候;西部横断山岭谷高差巨大,一般可达 3000m 以上,气候垂直差异显著,呈现"一山有四季,十里不同天"的山地气候特征。干旱河谷区降水量少,蒸发量大、降雨年内分配不均,长达 7 个月以上的旱季降水不足年降水量的 20%。特别是 4～5 月旱季末期,气温高,蒸发强烈,土壤干旱严重,极不利于植物生长。如云南元谋,年降水量 613.8mm,年蒸发量 3737mm,年均温 21.7℃,干燥度达 2.5。旱季 7 个月(11～5 月)降水量不足 50mm。最热月为 5 月,均温 27.1℃。河谷多为干旱、半干旱灌木草丛或稀树灌木丛,自下而上依次为亚热带常绿阔叶林,暖温带常绿阔叶与落叶阔叶混交林,温带针、阔叶混交林,寒温带暗针叶林,亚寒带灌丛草甸。个别极高山,还有寒带稀草植被冻土带和永久冰雪带。

干旱河谷的平原部分,灌溉农业发达,原始的干旱草原、稀树草原生态系统已被改造为干旱河谷灌溉农业生态系统。干旱河谷区河谷平原的生态环境已朝向有利于人类生存和资源利用的方向发展,是进化而不是退化。但河谷平原两岸的山地下部,生态环境严重退化。主要表现为植被退化,林线上升,森林覆盖率降低,水土流失严重,冲沟发育,土地质量降低。两岸山地严重水土流失,产出的大量泥沙堆积于谷地,掩埋农田,造成河谷平原的沙砾化。据调查,金沙江下游河谷,30、40 年代稀树灌丛和稀树草丛景观仅分布于金沙江河谷相对高度 500m 范围内,现在已向上推进了 300m,谷底以上 800m 范围内都呈现干旱河谷景观(柴宗新,1985)。云南元谋的森林覆盖率由 50 年代初期的 12.8% 下降到 80 年代末期的 5.2%。

2. 脆弱生态特征及主要的环境问题

气候干旱、水热不平衡是干旱河谷生态环境脆弱的主要原因。其

脆弱生态环境与可持续发展

他因素如地形起伏、坡度陡；地质条件复杂，断层发育、稳定性差；以及人为原因（如乱砍滥伐，毁林开荒等）也是导致环境脆弱的重要原因。这些因素的共同作用，形成了本区脆弱生态类型多、分布广的特点。该区主要的脆弱特征和存在的环境问题，可概括为如下几点。

（1）河谷地区干旱缺水，水热矛盾突出，旱洪灾害日趋严重

本区深、中切河谷和河谷以上垂直幅度 200～800m 的干旱、半干旱河谷地带，年干燥度在 1.5 以上，自然植被为旱生灌木草丛或稀树灌木草丛。主要分布于金沙江、怒江、澜沧江和雅砻江的中下游，元江、大渡河中游，岷江上游等河谷区。由于热量资源丰富，有河水可供利用，故耕地集中，人口稠密，一向是西南山区农业发展的中心地域。不少河谷坝子还是城镇和交通枢纽所在地。就经济发展与环境整治来说，其主导限制因素便是干旱、缺水。干旱河谷环境脆弱特征表现为以下几方面：①由于干旱缺水，自然植被中乔木层发育欠佳，形成以灌木、草丛为主的灌木草丛或稀树灌木景观，土壤发育不良，呈旱化趋势。②干季植被呈休眠状态，发育受抑制，生物产量低。③地表凋落物较少，土壤腐殖层发育差，保水能力弱。④除阶地、台地外，山坡一般较陡峭，物质移动快。山坡稳定性差，表土易受侵蚀，从而使土壤植被退化，生境恶化，不少地区还会导致滑坡、泥石流等灾害发生。

由于气候炎热干燥，水热矛盾突出，对环境因素变化反应敏感，抗外界干扰能力弱，自然灾害比较频繁，尤以旱灾为甚。据云南元谋资料（刘学愚，1988），在 1324～1950 年的 626 年间，大旱灾平均 28 年一遇，大洪灾平均 34 年一遇，而 1950～1986 年间，大旱灾平均 3～4 年一遇，大洪灾 3 年一遇。如 1986 年先旱后洪，9 月 4 日一场大雨，受灾减产作物面积 1.63 万公顷，占全年播种面积的 8％；冲毁农田 100 公顷，农房倒塌 290 间，畜厩 255 间，加上水利设施冲毁等共造成损失达 543.4 万元，占全年农业总产值的 11％。由于气候干热，农作物病虫害也十分严重。

（2）水土流失严重

干热河谷坝周低山区地形较陡、地面坡度较大，各种侵蚀作用都较

严重,尤以水力侵蚀为甚。其主要原因有三:①区内地表坡度较大、物质移动快,易造成严重的水土流失。②由于水分不足,植物生长量不大,地表凋落物有限且分解快,土壤腐殖质层发育不好,保水性能弱。③降水虽不多,但多集中于夏季且时有暴雨天气。以上因素综合作用的结果,使河谷地带,尤其是山区旱坡地水土流失严重。有些旱坡地耕作土壤已全部被冲走,成了"光板地"。在云南一带的坝周低山区,地带性土壤燥红土被冲刷后露出了难以利用的变形土。变形土的黏粒含量超过 60%,有机质含量一般不足 1%;全氮、磷、钾含量很低;最大吸湿系数达 12%(普通燥红土仅 6.25%),凋萎系数 18%(燥红黏土9.38%),高于其他土壤近一倍。变形土的养分含量低、膨胀性高、凋萎系数高,都说明它是一种难以利用的退化土壤。雨季(水分充足)时变形土膨胀,黏度极高,干旱时龟裂造成植物根系断裂而死亡。土壤退化造成土地生产力的下降,这也反映了生态环境的脆弱特性。

(3)河谷地区植被稀疏,山地森林较脆弱,破坏后恢复困难

坝周低山区气候干热,由于水分不足,自然植被中乔木发育极差,形成灌木或草本层为主的单层优势。据元谋资料,海拔 1600m 以下,植被以稀树灌木草丛为主(欧晓,1987),它是以禾草为主,杂以灌木、乔木零星分布(类似 Savanna)的一种植被类型。散生乔木树种以山合欢、滇榄仁、大理栎、云南松为主;灌木主要以明油子为主,其次有黄荆等;草本种类以多年生耐旱禾草为主,如扭黄茅、毛臂形草等。现状植被是以明油子—扭黄茅为优势群落。由于该区干湿季分明,植被的季相变化十分明显,旱季中植物呈休眠状态,生长发育受到限制。又因为该区气候干热,生态条件恶劣,其植物具有多种适应旱生的形态特征(云南植被编写组、四川植被协作组,1987):①灌木(或小乔木)的枝干多弯曲、丛生;②茎叶多茸毛、叶厚而小;③肉质、多刺;④根系发达、植株萌发力强;⑤许多草本种类也具有硬叶、卷叶、多毛、臭味等耐旱特性。在植物群落内,群落的层片结构愈复杂、植物种类愈丰富,则群落愈稳定。而在元谋干热河谷区不仅植物群落结构简单,而且植物种类也很贫乏。据资料(欧晓昆,1988)在海拔 1600m 以下地区共有种子植

脆弱生态环境与可持续发展

物 502 种（含变种），隶属于 95 科 326 种，其中自然区系成分（不含栽培）78 科 266 属 399 种，这与有"植物王国"之称、植物种类数以万计的云南省的植物种类极不相称并成鲜明对照。以上资料及特征说明，干热河谷地区的植被是极不稳定的，遭受破坏后难以恢复，这也是该区生态环境脆弱的一面。

山地寒温带—暗针叶林带（主要树种为冷杉和云杉，多在 3000～4000m 的地带），广泛分布于川西、滇北横断山区。仅四川省暗针叶林带面积即达 2.6 万 km²，占全省森林面积的 35％，蓄积量 8.4 亿 m³，占全省蓄积量的 68％，是该省主要木材生产基地。云南省暗针叶林面积约 0.7 万 km²，占全省森林面积的 8％，蓄积量 2.6 万 km²，占全省蓄积量的 20％左右。

山地寒温带暗针叶林是一种比较脆弱的生态系统。其脆弱特征主要表现为，该林带垂直分布区的上部，热量条件差，一旦遭到破坏，便迅速退化为高山灌丛草甸，导致林线下降，森林覆盖率减少。暗针叶林带的下部气候干旱，又易为高山松、桦树、高山栎等植物侵入，伐后更新、恢复困难。这降低了森林质量和经济价值。四川岷江上游森林覆盖率由 50 年代的 30％，减少到现在的 18％，与暗针叶林带这一脆弱特征是相关的。

（4）高山地带气候寒冷，土壤发育差，草地易发生退化

海拔 4000m 以上的高山亚寒带灌丛草甸和海拔 3400m 以上的高原亚寒带灌丛草甸，在川西、滇北分布广泛。据估计，四川省高山高原草甸面积约 5.1 万 km²，云南省高山草甸面积约 1.5 万 km²。川西北集中连片的高原草甸不仅是四川省的畜牧业基地，也是我国五大重要牧区之一。

寒冷、热量不足，昼夜温差变化剧烈，土层较薄，风大，生长期短，是高山高原灌丛草甸环境脆弱的主要特征，也是形成草场退化的自然因素。如川西北若尔盖高原，≥10℃积温仅 307℃，≥10℃的天数仅 26 天。由于温度低，植物生长期短，植物生产能力低、生长量小，故载畜能力有限，若在草场资源利用上不合理，过度放牧、乱放滥牧，则很容易造

成草场退化,使盖度降低,产草量下降,优良牧草比重减小,草质变劣;表层土壤板结,地面裸露或沙化等。再者,鼠、虫的侵害,垦荒与挖药也会导致草场的退化。研究资料表明,川西北地区草场退化问题突出,约占草场总面积的一半,且有日渐扩展之势。滇北也存在草场普遍退化严重的问题。

(5)斜坡不稳定,易发生滑坡、泥石流等灾害

系指斜坡欠稳,易发生滑坡、泥石流的山地。主要分布于横断山区,滇东高原北部、东北部和西南部边缘一些沿活动大断裂发育的深、中切河谷地带,四川盆地周边山地。据统计,云南省斜坡不稳定山地面积约 7.2 万 km²,占全省总面积的 18.8%;四川省斜坡不稳定山地面积 5.6 万 km²,占全省总面积的 10%。

斜坡不稳定山地生态环境脆弱特征主要表现为地形陡峻,断裂发育,岩体软弱,边坡稳定性差,易发生滑坡、泥石流灾害。研究表明,沿深大断裂发育的深、中切河谷地带,如小江、大盈江、金沙江、怒江、澜沧江、安宁河、大渡河、元江中上游及其支流等为西南山地滑坡、泥石流灾害最严重的地区。

(四)南方石灰岩山地地区(以贵州地区为例)

1. 区域环境的基本特点

南方石灰岩山地脆弱生态区主要包括贵州、广西的 76 个县(市),约 17 万 km²,是我国最大的连片的岩溶山区,也是世界上面积最大、人口最多的喀斯特山区之一。碳酸盐岩的硅酸盐矿物含量低,成土过程缓慢。西南地区碳酸岩的平均成土速率为 68t/km²·a,风化形成 30cm 厚的土层需 10～15 万年(柴宗新,1989)。由于碳酸盐岩山地土层薄,成土速率低,表土一旦流失,岩石裸露,植被即失去赖以生存的基础,因此生态环境极为脆弱。

几十年来,由于岩溶地区人口膨胀和经济活动的加剧,乱砍滥伐,毁林毁草和不合理的耕作方式,已导致植被退化和严重的水土流失,并

向荒漠化(石化)方向发展,且有进一步扩大和恶化的趋势。同时,这一地区也是中国贫困问题较集中的区域。

2. 脆弱生态特征与主要的环境问题

岩溶山区是一种易受干扰而遭破坏的脆弱的生态环境类型,这已为广大科研人员所共识。其脆弱特征概括起来,主要表现为以下两方面。

(1)土层薄、肥力低、水土易流失、耕地匮乏、环境容量小

岩溶地区成土物质来源先天不足,据研究,贵州灰岩每千年风化残留物仅 2.47mm,即需 4000 年左右才能形成 1cm 厚的土层,较之于一般非岩溶区成土速度慢 10~40 余倍。在湿、热气候的广西岩溶地区,形成 1cm 厚的土层,大致也需 2500~8500 年的时间。作为成土母质碳酸盐岩本身,氮、磷、钾等肥力要素含量极低。故岩溶地区土层普遍浅薄,肥力低下。如贵州岩溶山区土层厚度一般均不足 30cm,且分布不连续,峰丛、峰林和残丘土层更薄,多为无土裸露,仅溶沟、溶槽中有些残留土,形成岩石嶙峋,裸岩随处可见的景观。较厚的土层多分布于岩溶洼地、盆地、谷地和台地。这些地区也就成为岩溶区耕地集中分布的场所。

从土壤结构看,碳酸盐岩母岩与土壤之间,通常存在明显的软硬界面,岩土之间的亲和力与黏着力差,加之淋溶作用所形成的上松下黏的土层结构,一遇大雨极易产生水土流失和块体滑移。故植被一旦遭到破坏,水土流失加剧,生态环境迅速恶化,并向石漠化方向发展,恢复起来很困难,如贵州省因水土流失,土地石化面积已由 1975 年的 8800km²,发展到 1988 年的 12422km²。

作为人类环境容量和生存空间的重要标志——耕地,在岩溶区显得分散、零星和不足。如溶岩占比例最大的贵州省(岩溶占总面积的73%)耕地面积仅 185.27 万公顷,人均耕地仅 0.056 公顷,远低于全国人均 0.096 公顷的水平,也低于人多地少的邻省四川(0.057 公顷/人)。更令人关注的是,贵州不仅耕地少,而且质量差,坡耕地即占总耕

地面积的 75%，土壤瘠薄，作物生产能力低下。大丰收的 1991 年全省粮食平均单产也仅有 3375kg/公顷，远低于全国平均水平。人均粮食仅 224kg，在全国各省区中居末位。故该省粮食严重不足，每年均需从省外调进大量的粮食。

（2）多孔隙、地上地下双重空间结构基岩，形成该区易旱、涝、污、塌、漏等一系列脆弱环境问题

可溶岩形成的多孔隙介质以及地上、地下各种蚀余物和堆积物组成了复杂的双重空间结构的基岩，并由各种裂隙、管道系统相互沟通，成为各种物质、能量迁移转换的场所。

岩溶环境这一特征，首先表现在水分运动方面，有利于大气降水的渗入。岩溶区入渗系数为 0.3～0.6，甚至高达 0.8，故地下水系十分发育；而地表水系却往往不完整，多封闭洼地、落水洞和断头河。除一些切割较深，成为当地地下水排泄基准面的大河外，一般河流、溪沟常为节令性水流，时断时流。尤其岩溶高原的峰丛地区地下水变化很大，其水位变幅可达数十米，甚至上百米，干季地下水埋藏深，地表常干涸无水。雨季，由于岩溶区坡陡土薄，土壤蓄水、保墒性能欠佳，迅速渗入地下裂隙。管道的水难以为植物直接吸收，加之石灰土表层疏松，蒸发较强，故易干，稍遇连续晴天，即出现干旱。如贵州省降水量并不少，年降水量一般为 1000～1500mm，但旱灾突出，一般年份成灾面积即达 26.67 万公顷，约占年总成灾面积的一半左右。严重干旱还造成一些城镇，如遵义市居民饮用水困难。这种岩溶地区的干旱灾害正是气候和岩溶环境因素叠加的结果。

其次，岩溶山区的封闭洼地一般靠落水洞排水行洪，但雨季降大雨时，口径有限的落水洞很容易被洪水所挟带的泥沙、枯枝落叶所堵塞，导致洪水漫溢，淹没洼地内的田舍庄稼，酿成涝灾。

第三，由于岩溶水往往通过孔隙、漏斗注入地下，污水、废液等既缺乏过滤、吸附及离子交换等净化作用的足够时间，又缺乏空间，加之喀斯特地下水溶解氧少，无阳光，微生物繁殖慢，数量少，水中有关元素不易吸收、分解和氧化，导致污染浓度大和污染源扩散迅速，形成点、线、

174

脆弱生态环境与可持续发展

面、体的全面污染,给环境治理及保护带来较大的困难。此外,封闭洼地的地形条件易形成逆温层,不利于烟尘的扩散,使设置在这些地区的工矿、乡镇企业大气污染和酸雨相当严重。

第四,由于地下喀斯特发育,溶洞和暗河不断扩大,当其超过稳定临界值时,即发生地面塌陷,塌陷的本身实际上就是岩溶地貌常见的建造过程之一。在人类活动的影响下,这种现象可以加速发展,如贵州水城盆地在 5km² 的面积上,由于过量抽取地下水,从 1968～1987 年,20年间共塌陷 808 处,造成墙倒屋塌,地面开裂,田土下陷,新的漏斗形成。70 年代修建的贵州思南马畔塘水库,塌陷 100 余处,导致水库一度失效,被迫进行渗漏处理。此外,塌陷的产生又为污染提供了有利条件,污染加强了溶蚀性,加速了地下空洞的发育,这又促进了塌陷的发生,形成恶性的小循环。在碳酸盐岩与碎屑岩互层的高陡边坡地段及深中切河谷地带还易产生崩塌和滑坡灾害。

第五,岩溶裂隙、洞穴发育,岩层渗透性强,容易产生渗漏。如广西岩溶区存在明显渗漏的水库 644 座;云南省渗漏的水库为修建总数的41%,这在很大程度上影响了水利建设的发展和生态环境的改善。

(3)森林资源减少,水土流失严重,土地石化问题突出

据调查,贵州解放初期森林覆盖率约 16%。1985～1986 年全省森林资源调查结果表明,全省森林面积 24199km²。森林覆盖率为13.7%。1991 年森林覆盖率虽上升为 14.8%,但森林的组成以中幼林居多,成熟林少;针叶林多,阔叶林少;不仅单位面积森林蓄积量低、资源较贫乏,而且水保效益欠佳。据有关部门估计,目前全省木材消耗量达71.4万 m³/a,而木材资源产量为 55 万 m³/a,入不敷出。故成熟林还有进一步减少的趋势。森林分布很不均匀,主要分布于黔东南和黔东北。而黔西喀斯特高原毕节、安顺、六盘水市,黔西南兴义、兴仁、贞丰等地森林覆盖率较低,一般不足 10%,六盘水市仅 3.4%。毕节地区织金县 1957 年森林覆盖率尚有 16.8%,1982 年则下降为2.6%。

贵州水土流失严重。据调查,土壤侵蚀模数在 500t/km² 年以上

的明显土壤侵蚀面积占全省总土地面积的 43.54％,其中侵蚀模数在 2500～5000t/km²,侵蚀深 2～4mm/a 的中度土壤侵蚀面积占全省总土地面积的 22.01％,而侵蚀模数在 5000t/km² 年,侵蚀深度在 4mm/a 以上的强度和极强度土壤侵蚀面积占全省总土地面积的 10.27％。乌江流域上游和下游,赤水河流域,锦江流域包括毕节地区六盘水市,遵义地区和铜仁地区土壤侵蚀最为严重。

喀斯特地区自然成土缓慢,加上近年来人口膨胀,人类活动与日俱增所引起的严重水土流失,土地石化问题突出。有关资料表明,1975 年全省土地石化面积为 8800km²,占土地总面积的 5％。1988 年全省土地石化面积已扩大为 12422km²,占土地总面积的 7.1％,发展迅速。其中不少强度土地石化区石化率高达 15％以上。如安顺地区土地石化率即达 15％以上,大于该地区的耕地面积。土地石化特别严重的县石化率可达 20％以上。如普定县石化率达 21.2％,长顺县土地石化率高达 34.9％。土地石化减少了当地农民赖以生存的宝贵耕地,严重地威胁着这些地区人民生存与发展的基础,是一件应予以高度重视的大事。

(4) 环境污染严重,威胁人民身体健康

贵州是中国南方重要的能源工业基地和原材料工业基地之一,具有资源型经济的特点;又由于地形地貌和历史原因,城市和工业区未能很好地考虑气候、水文因素,布局不甚合理。加之生产工艺落后,环境保护意识淡薄,环境污染相当严重。环境污染主要集中在贵阳、六盘水市、遵义、安顺、都匀和凯里等城市附近。

贵州煤炭资源丰富,煤炭含硫量较高,含硫率为 3％～5％。故燃煤所排放的二氧化硫量较大,二氧化硫的污染负荷超过全国平均值的 60％。同时,由于喀斯特山区地形封闭率大,静风频率高,逆温层厚,废气难以扩散,多富集于底层,易于形成酸雨。据观测,全省年降水 pH 值平均为 4.18～5.59,是全国最严重的酸雨区之一。全省每年废水排放总量 5 亿 t 左右,1991 年为 4.71 亿 t。使省内两大流域八个水系均受到不同程度的污染。

脆弱生态环境与可持续发展

全省工业固体废渣量 1991 年为 1227.04 万 t，排放量 384.62 万 t。历年工业废渣堆放总量在 1.5 亿 t 以上，对堆放场附近人民的安全构成威胁。

近年来，贵州省乡镇企业迅猛发展，1991 年全省已发展到 44 万多个，总产值达 57.14 亿元。随着乡镇企业的发展，也造成了为数众多的新的污染源，环境污染有进一步扩大的趋势。①空气污染：毕节地区赫章县与大方县有许多乡镇办的炼硫磺石，硫磺回收率仅 20%～40%，绝大部分以二氧化硫、二氧化碳和元素硫的形式逸入大气，使窑点下风向 10 公里以内寸草不生，一片焦土。②铅污染：赫章县妈姑镇拥挤着 800 多私营马槽炉进行土法炼锌，矿石中锌的回收率仅 20%～50%，大量的铅及伴生的镉、铊、氟等严重污染了环境。乡镇对学生抽样体检表明，患铅中毒和铅吸收症状的病例高达 57.3%。③砷污染：黔西南地区煤矿出产的煤含砷量极高，致使煤污染型砷中毒大面积发生，据兴义市地方病防治办公室统计，在兴仁县、兴义市、安龙县等区域内，大约有 7000 人患有砷中毒，并不断有人死亡。含高砷的煤洞酸性水所经之处寸草不生，注入水库，使库内生物绝迹。

环境污染加速了环境的恶化和脆弱程度的发展，构成了对当地人民身体健康的严重威胁。

（5）自然灾害频发并呈发展趋势

贵州自然灾害较多，对社会经济和人民生活危害较大的自然灾害，主要有干旱、水灾、风灾、雹灾、病虫害，以及滑坡、崩塌、塌陷、泥石流等山地灾害。其中旱灾最为严重，不仅发生频繁而且分布广泛、危害突出。成灾面积一般年份约 26.67 万公顷，约占平均年总成灾面积的一半左右。大旱之年成灾面积可达 66.67 万公顷，占当年总成灾面积的 60%～70% 以上。如 1990 年水、旱、风、雹、病虫等多种自然灾害总成灾面积达 2186.11 万亩，减产粮食约 16 亿 kg，22.77 亿元。其中旱灾的成灾面积即达 95.13 万公顷，减产粮食约 10 亿 kg，经济损失约 15 亿元。严重的干旱不仅给广大农村带来巨大的损失，而且还波及到城镇，造成一些城镇，如遵义市居民饮用水困难。

贵州省自然灾害自 50 年代以来,基本上呈发展趋势;历年成灾面积与成灾人口均随时间呈上升的趋势;尤其是 80 年代以来,这种上升的趋势更为明显。

频繁发生自然灾害严重地威胁贵州人民生命财产的安全,影响了贵州社会经济持续稳定的发展,是贵州环境脆弱的集中表现。

（6）人口膨胀、文化素质低,土地超负荷

贵州省人口增长迅速,1949 年全省人口 1416.4 万人。1991 年已达 3314.4 万人,42 年间人口净增 1898.2 万人,增长率达 134%,是全国人口增长最快的省区之一。贵州人口密度高,1991 年人口密度达 188 人/km²,比全国平均人口密度（120.6 人/km²）高约 69%,与人口密度较高的四川省（191 人/km²）相近。其中农业人口的比重达 87.7%,超过农业大省四川的农业人口的比重（85.1%）。

贵州人口文化素质较低,1990 年 15 岁以上的文盲及半文盲达 800.9 万人,占 15 岁以上人口数的 36.7%。为全国人口文化素质最低的省区之一。其中经济最落后的毕节地区 15 岁以上的文盲和半文盲即达 180.1 万人,占 15 岁以上人口数的 47.8%。

人口密度高、文化素质低,农业人口比重大,农村剩余劳动力转移困难。其结果必然形成对土地的巨大压力,致使贵州绝大部分地区的土地均处于超负荷运载的脆弱状态之中。

（五）青藏高原生态脆弱区

1. 区域环境的基本特点

青藏高原位于亚洲大陆中部,总面积 250 万平方公里。青藏高原平均海拔 4000m 以上,四周环绕着高大的山系,高原上又绵延横亘着许多高山。如此挺拔的地势加上珠穆朗玛峰为代表的雪峰,成为举世无双的山原。海拔 4500m 以上的高原腹地年平均气温在 0℃ 以下,高原面上最冷月平均气温低达 −10～−15℃,大面积最暖月平均气温低于 10℃。高原上冰雪和寒冻风化作用普遍,现代冰川和冻土发育,多年冻土连续分布于中北部,厚达 80～120m,是中低纬度地区最大的冻土岛和最大的冰川作用中心。高峻的海拔和由之产生的寒冷气候使其有"世界屋脊"和"地球第三极"之称。

青藏高原是北半球气候变化的启动区和调节区。这里的气候变化不仅直接驱动我国东部和西南部气候的变化,而且对北半球具有巨大的影响,甚至对于全球的气候变化,也具有明显的敏感性、超前性和调节性。

青藏高原是全球最年轻的高原,强烈的隆升并未终止。印度板块以每年 5mm 的速度向北移动,青藏高原以平均每年 4～6mm 的速度上升,昆仑山地区年上升达 6～8mm,喜玛拉雅山地区年上升则 8～10mm。加之高原气候特征,使得青藏高原成为中国自然灾害的多发区,也是多种自然灾害并发的脆弱区(洛桑·灵智多杰,1996)。

2. 脆弱生态特征与主要的环境问题

(1) 干旱多大风,土地风蚀沙化严重

风力作用在青藏高原的西北部干旱、半干旱地区是最活跃的因素。柴达木盆地西北部的风蚀雅丹地形十分发育,主要的地貌形态有垄岗状风蚀和风蚀劣地。雅鲁藏布江中游谷地山坡上的风沙堆积,藏北高原地形的沙砾化以及昆仑山北坡的沙黄土等,都是风力对地表物质的吹蚀、搬运和堆积而形成的。高原的大风日数比同纬度其他地区更多。尤其在冬春两季,持续日数长达半年之久。如西藏堆龙德庆县 26 年的统计,每年 > 8 级大风的日数平均有 34.8 天,最多 65 天。1～6 月大风平均 26.9 天,占全年大风的 77%。极端最大风速达 32.5m/s;日喀则地区的大风主要发生在冬春季。> 8 级大风日数有 27～80 天。多年最大风速一年中任何月份都超过 12m/s,极端最大风速江孜县为 30m/s,日喀则市为 32.5m/s;南木林县 1974 年 2 月 4～9 日连续 6 天刮偏西风,平均最大风速 23～32m/s。曲水县 7～8 级大风平均每年有 34.8 天,最多达 85 天,沙暴天数每年 6 天,最多 27 天。柴达木盆地年大风日数 13.5～109.9 天。

强劲的干旱西风拔起草根,吹走表土,形成了巨大的黑风暴和流动的沙丘,造成植被崩溃、地埆锐减。加之人为影响,造成沙漠化面积不断扩大。在柴达木盆地,沙漠化面积扩大之势惊人:据不完全统计,每年平均以 6.67 万公顷的速度在增加。

在西藏"一江两河"地区,沿雅鲁藏布江公路经常被风沙埋没,使交通受阻。1988 年耗资 75 万元修建的扎囊至桑耶寺段公路第二年即被沙埋,次年又花费 3 万元进行维修;贡嘎机场因风沙导致能见度差而影响飞机起降,迫使机场每年关闭 30 余天。

据贡嘎县调查,1988 年有风沙地 1.9 万公顷,占总面积的8.45%,而 1984 年为 0.96 万公顷,4 年内沙地面积增长了 1 倍。该县危害最大的新月形沙丘和丘状沙地已发展到 75 公顷和 1050 公顷,它们流动性大,每当大风来临,沙随风扬,遮天蔽日,不但妨碍交通,掩埋农田、牧场,并在雅鲁藏布江北岸形成大片不毛之地。尼木县果当沙坝地区每年因风沙掩埋的农田达 13～15 万公顷。

(2)草地因过牧和鼠害危害,草场退化严重

在人类活动集中的河谷地区,樵采、过牧等已造成对自然植被和环境的严重破坏,草地普遍出现退化现象,主要表现为有毒杂草增多、盖度降低、载蓄能力下降等,冬春季节因饲草缺乏而导致牲畜死亡的现象时有发生。

据调查资料,青南甘德超载 3.72 万只羊单位,以放牧天数长达 245 天左右的冬春草场而言,玛沁、甘德、久治、班玛共超载 64.11 万只羊单位。草场的超载、过度的啃食和践踏,使草场产草量下降,翌年牧畜头数又居高不下,使草场的自然演变向逆行方向发展,草场质量逐年下降;再加上高原鼠类(鼠兔与鼢鼠)对草原的破坏,草场生态失去平衡。据调查,一只高原鼠兔日食鲜草 64 克,62.5 只成年鼠兔日食草量等于一只绵羊日食草量。16 只鼢鼠日食草量也等于一只绵羊日食草量。囊谦县草场每亩 68～324 个洞,平均 2640 个/公顷,有效鼠洞 15%,高的可达 34%,鼠类挖洞破坏草场,草株被土覆盖 15 天后就会死亡,造成草场退化演替。据玉树州数据,无鼠害活动的牧草叶层高

3.1cm,生殖苗高 5cm,产草量 1425kg/公顷;有鼠害者牧草叶层仅 2.4cm,生殖苗高 3cm,产草量 750kg/公顷。至 1993 年底,青南地区共有各类退化草场 809.5 万公顷,鼠害面积达 407.3 万公顷,极度退化的草场面积达 260 万公顷。

"黑草滩"是高寒草甸类草地最严重的退化产物(李希来,1995),也是青南高原特有的景观。"黑草滩"由未破坏草皮和裸地组成,主要生长有杂毒草,该类草场已基本无利用价值。下陷裸地占 5%~40%,其植被覆盖度由 75%~95%降至 30%~50%,甚至 5%~20%。牧草的质量逐渐变劣,优良牧草从原有的 78.6%~94.2%下降为 24%~56%,杂毒草由 5.9%~22.0%增加到 43%~76%,可食性牧草比例与地下根量随之下降。

"黑草滩"的土质多为砂壤土,砂土草甸植被被剥蚀后,肥力大量减少;据测定原草甸草地表土的粗有机质量由原 10%降至 4%,水分由 50%~54%降至 18%~20%,已不能生长密丛牧草,而仅能生长杂毒草及少量禾草。

(3) 气候条件差,灾害频繁

常见的气候灾害有干旱、低温霜冻、冰雹、大风、沙尘暴和雪害以及滑坡等。其中以霜冻、冰雹和干旱等对农业生产危害最重。冬春干旱和 4、5 月份的晚霜常造成作物死苗,而 8~10 月份的早霜则影响作物灌浆成熟,造成严重减产。

高原隆起,地势升高,赤道西风难以越过喜玛拉雅山,水气减少,处于背风区的青南、藏北高原日趋干旱,属干旱、重干旱区。羌塘高原的西北部及柴达木盆地中西部地区,由于接近欧亚大陆腹地中心,很少受到来自海洋水气的影响,年平均降水量不足 100mm,远不能满足农作物和牧草生长的需要,自然植被十分稀疏,形成荒漠戈壁草原,是青藏高原的全年重旱区。

干旱连续日数(日降水量<0.1mm 的连续日数),除一江两河中游河谷地区外,都在 100 天以上。雅鲁藏布江中游农业区比青海东部农业区的春旱更为严重,如日喀则地区 1974 年 10 月至 1975 年 5 月连旱

干旱给青藏高原的农牧业生产带来了严重威胁。春旱之时,牧草返青推迟,河流流量减少,湖泊干涸,牲畜饮水困难,加剧了牲畜的死亡。对于以农业生产为主的地区,干旱威胁更为严重,尤以雅鲁藏布江中游农业区为甚。1953 年的大旱,青海省受灾面积达 24.3 万公顷,占全省总播种面积的 60%;1966 年的受灾面积也达 16.67 万公顷;1972 年西藏山南地区的 0.67 万公顷农田因干旱不能及时下种,已播的数万亩也因干旱缺苗而重播。

雪灾是指由于大量降雪与积雪或吹雪,给人们的生产活动及日常生活造成的一种危害。青藏高原一些地区,有些年份因雪大温低,积雪覆盖长时期不化,形成雪灾。发生雪灾时,由于积雪大面积覆盖草场,牛羊吃不到草。在饥寒交迫之下牲畜体质显著下降,抵抗能力和适应能力随之减弱,造成母畜流产、幼畜死亡率提高以及老弱病畜的大量死亡。若雪后再出现强烈降温,则可造成大批牲畜死亡的严重后果。因此雪灾是对高原畜牧业生产影响最为严重的气象灾害。大雪常使公路受阻,引起的交通阻塞有时可达数月之久。同时雪灾还严重影响旅游登山以及人民生活等。

青藏高原雪灾的多发地区主要有青南高原和藏北高原地区。雪灾可形成 20 万至 30 万平方公里的灾区,甚至更大的范围。在那曲到青南的数十万平方公里地区,为经常受灾区。该地区平均降雪日数达 110 余天,为青藏高原降雪日数量最多的地区,也是雪灾发生次数最多、灾情最重、受灾面积最大的地区。拉萨等地虽偶降暴雪而造成局部灾害,但因纬度偏南或因海拔较低,积雪持续时间较短,灾情一般均较轻。

雪灾时的积雪深度青南和藏北地区一般为 15～20cm。藏南一般为 30～40cm,但受小地形影响,在一些山区最大雪深可达 1～3m。

对青南、藏北、藏南地区多个代表站点的历年资料分别统计分析的结果表明,一般雪灾年发生几率以藏北地区为最大,为 25%;青南为 13%,但严重雪灾年发生几率却以青南地区为最大,为 21%。藏北地区多年平均降雪日数之和达 110 余日,藏北为 60～80 日,青南地区因温度较藏北、藏南更低,致使每次降雪后的积雪不易融化,积雪日数远较后两地区为长,年平均积雪日数青南为 50～100 日,藏北为 25～50日,藏南 10～25 日,所以青南地区发生严重雪灾的几率较大。

高原上三个雪灾多发地区同年代发生雪灾的几率约为 56%,即发生雪灾的年代有一半以上是全区性的大面积雪灾。结合各地区雪灾分布几率来看,大都具有 2～3 年一小灾,5～6 年一中灾,10～11 年一大灾的特点。

雪灾给青藏高原的经济发展和牧业生产带来了巨大的影响,1985 年冬季的特大雪灾发生于 10 月中旬,唐古拉山沱沱河气象站10 月 17 日的降雪量高达 59mm,10 月 23 日的最低气温达−38℃。处于重灾区的曲麻莱县就有 90% 以上的草场被深达 0.5～1.0m 积雪覆盖,全县 77.2% 的牲畜被冻饿而死,近 6000 人不同程度地被冻伤或患雪盲。

低温与霜冻。青藏高原由于海拔高、温度低,年平均气温低于 0℃的地区几乎占了整个青藏高原面积的一半。因此,很多地区全年无霜期很短,尤其是青南高原、藏北高原、祁连山区,无霜期日数均少于 30天,甚至有的地区根本没有无霜期,这些地区不适宜农业耕种。依据有关气象资料统计表明,初霜冻最早出现在羌塘高原中、西部和青南高原中、北部以及祁连山地区,一般出现在 8 月上、中旬;羌塘高原南部及青南的玉树、班玛和柴达木盆地边缘地区,平均在 8 月下旬出现初霜冻;江孜及柴达木盆地等地区一般 9 月中、下旬出现初霜冻;一江两河地区初霜冻一般出现在 10 月上、中旬;在海拔高度 4000m 以上的羌塘高原及青南高原海拔 3600m 以上的地区,无霜冻日数少于 60 天,其中大部分地区少于 30 天。

全年霜冻区:此类区域分布面积很大,在藏北高原中、北部及青南高原中、北部和祁连山地区,多为永冻地区;年平均无霜期短于 30 天,其中不少地区短于 20 天,称全年霜冻区。这些地区不能发展农业,牧业生产也应限制在一定规模之内。

常霜冻区：包括日喀则以东的雅鲁藏布江河谷和两江流域南部河谷地区，年平均无霜冻日数在 150 天以上。这些地区的终霜冻出现时正值农作物抗冻能力最强的苗期，而初霜冻出现时，大部分农作物已成熟收割，所以，霜冻对农作物的危害一般不大。

二、中国典型脆弱生态区的类型划分及其脆弱性分析

对于典型脆弱生态区的类型划分，目的是为了掌握脆弱生态环境的基本情况，为脆弱生态区的开发提供理论基础和科学依据，以利于脆弱生态环境的综合整治最终实现脆弱生态区的可持续发展。

许多学者对脆弱生态环境的类型划分进行了研究，根据脆弱生态环境形成的原因（如降水不均、水资源短缺等自然因素或过垦、过牧、过樵等人为因素所引起的生态环境脆弱）、环境结构类型（如生态景观破碎、地貌形态复杂）、脆弱表现形式（如沙化、石质化、盐碱化、水土流失等）以及脆弱程度等，可将脆弱生态环境划分为不同的类型。这种传统类型划分方法的优点是明显的：若根据脆弱生态环境形成的原因进行类型划分则同类脆弱生态区的成因相似，故容易找出共同的治理方案，便于脆弱生态区的综合整治；若按脆弱程度划分，则便于筛选脆弱生态环境整治的重点区域，以向决策者提出综合整治的合理化建议等等。但其不足之处也是显而易见的：这种类型划分方法主观性较强，不能摆脱地域范围的限制，所划分出的脆弱生态区一般都与其自然地理位置相关；而且由于划分的依据不同，各不同类型的脆弱生态区不具有可比性；更为重要的是按照传统的类型划分方法所划分出的不同类型的脆弱生态区，即使知道导致区域脆弱原因，但限制脆弱区经济发展的约束因子仍然难以获得，从而不能直接为脆弱生态区的经济开发活动服务，而这正是脆弱生态环境类型划分的主要目的之一。

鉴于此，我们有必要寻找一种新的类型划分方法，它应该打破传统的地域分区方法而根据各不同区域在性质上的紧密程度、突破地域的

限制对脆弱生态区进行分类,其结果应该比较客观,且划分依据与划分结果的关系一目了然。聚类分析正是这样一种可根据预先指定的指标进行类型划分的数学方法。对事物按一定要求进行分类的数学方法,叫做聚类分析,它是数理统计中多元分析的一个分支,是将一批样本或变量按照它们在性质上的紧密程度进行分类。

进行典型脆弱生态区类型划分的目的就是要给出一个合理的脆弱生态区分类体系,因此只有那些能反应脆弱特征的变量才会使得聚类分析的结果具有实际意义。而要得到较为理想的分类结果,就必须选择那些分辨力较强的变量,故选择既能反映脆弱生态区特征,又具有较强分辨能力的变量来进行聚类分析是非常重要的。

对脆弱生态区的评价有五类指标,即环境资源指标、经济发展水平指标、经济技术替代能力指标、与其他区域联系程度指标以及人口素质指标。这些指标都在一定程度上反映了中国脆弱生态区的特征,为了了解哪一个指标更具有分辨能力,我们利用判断聚类效果作为客观标准,首先根据每一类指标进行聚类,然后对不同的聚类结果进行比较分析。

(一) 利用聚类方法对中国典型脆弱生态区进行类型划分

上述脆弱生态区涉及 218 个县市(由于资料等原因,青藏高原有关各县未列入其中),大多数分布在中西部地区,是中国后备土地资源比较丰富的地区。利用系统聚类法对脆弱生态环境进行类型划分,可使我们能够针对不同类型的生态环境采取相应的经济开发措施。在实际聚类过程中,聚类方法采用类平均法,聚类变量分为 5 类,分别为环境资源因子、经济发展水平因子、经济技术可替代能力因子、与其他区域的联系因子(或域外支持能力)、区域社会发展水平因子,与脆弱生态环境评价指标体系相一致。根据不同的变量进行聚类,可以得到不同的结果。

我们选用农业部 1992 年的统计资料作为基础数据,并用国家统计局同年的数据作为补充(有效灌溉面积和旱涝保收面积)。这是因为该数据较为齐全,统计指标也较多,有供选择的余地,特别是囊括了中国全部 218 个处于脆弱生态环境的县市(其他年份的数据则有个别遗漏)。尽管如此,我们还是受到数据来源的限制,所选择的变量与上述脆弱生态环境评价指标体系中的变量不尽一致。

1. 根据环境资源因子进行的环境资源约束型脆弱生态区分类

我们选择的环境资源类聚类变量是耕地面积、人均耕地、有效灌溉面积、旱涝保收面积、旱地、水浇地、累计草场、灌溉面积、总播面积、粮食面积等,将聚类过程中各统计量的变化过程输出(我们仅将聚类数小于 10 时的结果输出,因为聚类数太大,会给后面的分析工作带来困难,且没有多大的实际意义),其中统计量 R^2、伪 F 统计量、伪 t^2 统计量的值见表 4—1。由表 4—1 可知统计量 R^2 在将脆弱区分为 4 类时相对有一个较大的下降,说明该统计量支持将全部样本分为 5 类,而伪 F 统计量和伪 t^2 统计量也都在此时出现一个峰值,说明这两个统计量也都支持将这些样本分为 5 类。因此可以认为,根据环境资源约束因子进行聚类,将中国脆弱生态区分为 5 类是比较合适的。各县市所属的脆弱区类型见表 4—2。

从以上分类结果可以看出,利用聚类分析法所划分的类型也具有明显的地域分异性,如内蒙古东部的脆弱生态区大多属于第一类地区;而内蒙古西部、新疆大部、云贵中部则归为第三类脆弱区;但所划分出的不同类型脆弱区与其所处的地理位置也并不完全一致,如中国西南部的遵义、毕节、大方、黔西等就被划为以内蒙古、河北等华北地区县市为主的第一类地区(这类地区主要由北方的农牧交错带组成),说明这些地区与北方的一些地区在环境资源方面具有共同的脆弱性特征。这再一次证明自然因素对生态区的脆弱性具有决定性的影响,而人为活动也可以影响生态环境的脆弱性。

脆弱生态环境与可持续发展

表4—1 以环境资源因子为聚类变量进行聚类时各统计量的变化情况

类数	R^2	伪 F	伪 t^2
10	0.609797	35.94	6.70
9	0.509469	27.00	53.86
8	0.500127	29.87	3.95
7	0.489812	33.60	3.50
6	0.478065	38.65	5.89
5	0.466026	46.26	4.18
4	0.301653	30.67	66.41
3	0.277692	41.14	5.00
2	0.070835	16.39	61.29
1	0.00	0.00	16.39

表4—2 环境资源约束型脆弱生态区分类结果

类别	所包含的县市	生态脆弱性分析
第一类（43个）	河北:张北、康保、沽源、尚义、丰宁、围场 内蒙古:翁牛特旗、敖汉旗、科左后旗、库伦旗、奈曼旗、太仆寺旗、丰镇、武川、和林格尔、兴河、凉城、察右前旗 广西:武鸣 贵州:遵义、毕节市、大方、黔西、织金 陕西:榆林市、神木、横山、靖边、定边 甘肃:永登、榆中、靖远、会宁、玉门市、张掖市、古浪、定西 宁夏:盐池、同心、固原、海原 新疆:西吉、库车	人类活动频繁,过牧、过樵及基础设施的建设造成山地水源涵养林面积减小,水土流失严重;生态系统多为退化的灌丛草地;人均耕地面积为3.83亩/人。
第二类（5个）	内蒙古:赤峰郊区、通辽市、科左中旗 甘肃:武威市 新疆:莎车	降雨量少,旱化过程明显,土壤调节水分能力低,群落结构简单,生产波动性大,人均耕地面积为2.53亩/人。

类别	所包含的县市	生态脆弱性分析
第三类（161个）	河北：万全、隆化 山西：左云、右玉、河曲、保德、偏关 内蒙古：喀喇沁旗、多伦、集宁市、清水河、东胜市、伊金霍洛旗 广西：上思、凭祥市、上林、隆安、马山、扶绥、崇左、大新、天等、宁明、龙州、三江、融水、忻城、百色市、田阳、田东、平果、德保、靖西、那坡、凌云、乐业、田林、河池市、罗城、环江、南丹、天峨、凤山、东兰、巴马、都安、大化 贵州：贵阳市、遵义市、桐梓、绥阳、正安、道其、务川、湄潭、余庆、仁怀、习水、石阡、思南、印江、德江、沿河、兴仁、普安、晴隆、贞丰、望漠、册亨、金沙、纳雍、赫章、安顺市、清镇市、开阳、息烽、修文、平坝、普定、关岭、镇宁、紫云、凯里市、黄平、施秉、三穗、镇远、锦屏、剑河、台江、黎平、榕江、从江、雷山、麻江、丹寨、都匀市、荔波、贵定、福泉、瓮安、独山、平塘、罗甸、长顺、龙里、惠水、三都 陕西：志丹、吴旗、府谷、米脂、佳县 甘肃：兰州市区、皋兰、金川市区、永昌、白银市区、景泰、酒泉市、敦煌市、金塔、阿克塞、安西、肃南、民乐、临泽、高台、山丹、民勤、天祝 新疆：库尔勒市、轮台、尉犁、若羌、且末、阿克苏市、沙雅、新和、阿瓦提、柯坪、喀什市、疏附、疏勒、英吉沙、泽普、叶城、麦盖提、岳普湖、伽师、巴楚、塔什库尔干、和田市、和田、思玉、皮山、洛油、策勒、于田、民丰	森林的过度砍伐使得其保水能力下降，地表冲刷较重；主要的人为扰动作用为农业开发活动；耕地的匮乏（人均耕地面积只有1.59亩/人，是5种类型的脆弱生态区中人均耕地面积最小的）是该类型生态区的主要脆弱特征。
第四类（5个）	内蒙古：准格尔旗、鄂托克前旗、乌审旗 甘肃：肃北、华池	人为活动造成上游截流量过大，导致下游水资源短缺，天然植被衰退，荒漠化严重。
第五类（1个）	甘肃：环县	人均耕地较丰富（4.59亩/人），但人为活动的干扰，使草场退化、土地沙化、生物多样性较低。

2. 根据经济发展水平因子进行的经济水平约束型脆弱生态区分类

受到数据的限制，我们选择的经济发展水平变量为有效灌溉面积、旱涝保收面积、农机动力、排灌动力、机耕面积、化肥实量、化肥纯量、农膜用量、农药用量、每人平均、粮食亩产，据此也可将中国脆弱生态区分

脆弱生态环境与可持续发展

为 5 类(根据三个统计量的变化情况,详见表 4—3,也可将脆弱区划分为 8 类。但划分的类型数越多,每个脆弱类型中所包含的县市数就会越少,一些包含个别县市的脆弱类型将不具有典型意义。因此不仅会增加结果分析的工作量,而且也失去了类型划分的意义,故这里将中国脆弱生态区划分为 5 个类型),结果见表 4—4。

表 4—3 以经济发展水平因子为聚类变量进行聚类时各统计量的变化情况

类数	R^2	伪 F	伪 t^2
10	0.583950	32.28	3.39
9	0.559927	33.08	12.57
8	0.552207	36.82	0.00
7	0.462749	30.15	42.31
6	0.452252	34.84	1.36
5	0.409438	36.74	16.90
4	0.292165	29.31	42.10
3	0.222246	30.58	21.04
2	0.120793	29.54	27.91
1	0.000000	0.00	29.54

表 4—4 以经济发展水平因子为聚类变量,采用聚类分析法得到的聚类结果

类别	所包含的县市	生态脆弱性分析
第一类(48 个)	河北:隆化、丰宁、围场 内蒙古:翁牛特旗、喀喇沁旗、敖汉旗、科左后旗、奈曼旗、武川、准噶尔旗、乌审旗 广西:上林、隆安、扶绥、崇左、大新、天等、宁明、龙州、忻城、田阳、田东、平果、都安 贵州:安顺市 陕西:榆林市 甘肃:永登、金川市区、白银市区、会宁、玉门市、敦煌市、金塔、民乐、临泽、高台、山丹、古浪、定西 宁夏:盐池、同心、固原、海原 新疆:西吉、库车、阿瓦提、莎车、墨玉	该类型脆弱生态区的人均收入为 544 元/人,粮食亩产为 216 公斤/亩,均属较低水平,因此经济发展水平因子有可能成为该脆弱生态区的约束因子。
第二类(1 个)	贵州:贵阳市郊	该类型脆弱生态区的人均收入为 834 元/人,粮食亩产为 241 公斤/亩,经济发展水平相对较高。

类别	所包含的县市	生态脆弱性分析
第三类（14个）	内蒙古:赤峰郊区、通辽市、科左中旗 广西:武鸣 贵州:遵义 甘肃:皋兰、榆中、永昌、靖远、景泰、酒泉市、张掖市、武威市、民勤	该类型脆弱生态区的人均收入为 782 元/人,粮食亩产为 402 公斤/亩,经济发展水平相对较高。
第四类（150个）	河北:张北、康保、沽源、尚义、万全 山西:左云、右玉、河曲、保德、偏关 内蒙古:库伦旗、太仆寺旗、多伦、集宁市、丰镇、和林格尔、清水河、兴河、察右前旗、东胜市、鄂托克前旗、伊金霍洛旗 广西:上思、凭祥市、马山、三江、融水、百色市、德保、靖西、那坡、凌云、乐业、田林、河池市、罗城、环江、南丹、天峨、凤山、东兰、巴马、大化 贵州:遵义市、桐梓、绥阳、正安、道真、务川、循潭、余庆、仁怀、习水、石阡、思南、印江、德江、沿河、兴仁、普安、晴隆、贞丰、望漠、册亨、毕节市、大方、黔西、金沙、织金、纳雍、赫章、清镇市、开阳、息烽、修文、平坝、普定、关岭、镇宁、紫云、凯里市、黄平、施秉、三穗、镇远、锦屏、剑河、台江、黎平、核江、从江、雷山、麻江、丹寨、都匀市、荔波、贵定、福泉、瓮安、独山、平塘、罗甸、长顺、龙里、惠水、三都 陕西:志丹、吴旗、神木、府谷、横山、靖边、定边、米脂、佳县 甘肃:兰州市区、肃北、阿克塞、安西、肃南、天祝、环县、华池 新疆:库尔勒市、轮台、尉犁、若羌、且末、阿克苏市、沙雅、新和、柯坪、喀什市、疏附、疏勒、英吉沙、泽普、叶城、麦盖提、岳普湖、伽师、巴楚、塔什库尔干、和田市、和田、皮山、洛浦、策勒、于团、民丰	该类型脆弱生态区的人均收入为 486 元/人,粮食亩产为 197 公斤/亩,其人均收入和粮食亩产均处于较低水平,经济发展水平因子是该脆弱生态区的约束因子。
第五类（1个）	内蒙古:凉城	该类型脆弱生态区的人均收入为 657 元/人,粮食亩产为 137 公斤/亩,经济发展水平中等。

以经济技术替代能力因子为聚类变量进行聚类,也可得到相应的类型划分图。

经济技术替代能力与产业结构、社会发展水平密切相关,所以我们选择农业收入与总收入之比、工业收入与总收入之比、乡企人数与总人口之比、种植业产值与农业产值之比、商饮业产值与社会总产值之比、经济作物面积与总播种面积之比等为聚类变量,聚类过程中各统计量的变化情况如表 4—5。相应地,将全国脆弱生态区划分为 3 类(表 4—6)。

脆弱生态环境与可持续发展

表 4—5　以经济技术替代因子为聚类变量进行聚类时各统计量的变化情况

类数	R^2	伪 F	伪 t^2
4	0.329548	34.90	0.00
3	0.262796	38.14	22.14
2	0.131707	32.61	38.65

表 4—6　以经济技术替代能力因子为聚类变量,采用聚类分析法得到的聚类结果

类别	所包含的县市	生态脆弱性分析
第一类（135个）	河北:张北、康保、尚义、万全、隆化、丰宁、围场 山西:左云、右玉、河曲、保德、偏关 内蒙古:赤峰郊区、喀喇沁旗、奈曼旗、集宁市、清水河、兴河、东胜市、准格尔旗、鄂托克前旗、乌审旗、伊金霍洛旗 广西:武鸣、凭祥市、上林、马山、大新、天等、宁明、三江、融水、忻城、平果、德保、靖西、那坡、凌云、乐业、田林、河池市、罗城、环江、南丹、天峨、凤山、东兰、巴马、都安、大化 贵州:贵阳市、遵义市、遵义、桐梓、绥阳、正安、道真、务川、湄潭、仁怀、习水、普安、晴隆、贞丰、望漠、册亨、毕节市、大方、黔西、金沙、织金、纳雍、赫章、安顺市、清镇市、息烽、平坝、普定、镇宁、紫云、凯里市、黄平、三穗、镇远、锦屏、剑河、台江、黎平、榕江、从江、雷山、丹寨、都匀市、荔波、贵定、福泉、独山、罗甸、长顺、龙里、惠水、三都 陕西:榆林市、神木、府谷、横山、米脂、佳县 甘肃:兰州市区、永登、皋兰、榆中、永昌、白银市区、靖远、会宁、景泰、玉门市、酒泉市、肃北、阿克塞、张掖市、肃南、山丹、武威市、天祝、定西、环县、华池 宁夏:盐池、同心、固原 新疆:若羌、喀什市、塔什库尔干	该类型脆弱生态区农业收入占总收入的比重及种植业收入占农业收入的比重分别为0.351和0.51,区域经济发展对农业及种植业的依赖性较小,因此其经济技术替代能力较强。
第二类（2个）	贵州:修文 甘肃:古浪	该类型脆弱生态区农业收入占总收入的比重及种植业收入占农业收入的比重分别为0.41和0.65,区域经济发展对农业及种植业的依赖性中等,因此其经济技术替代能力也为中等。

类别	所包含的县市	生态脆弱性分析
第三类（79个）	河北：沽源 内蒙古：翁牛特旗、敖汉旗、通辽市、科左中旗、科左后旗、库伦旗、太仆寺旗、多伦、丰镇、武川、和林格尔、凉城、察右前旗 广西：上思、隆安、扶绥、崇左、龙州、百色市、田阳、田东 贵州：余庆、石阡、思南、印江、德江、沿河、兴仁、开阳、关岭、施秉、麻江、瓮安、平塘 陕西：志丹、吴旗、靖边、定边 甘肃：金川市区、敦煌市、金塔、安西、民乐、临泽、高台、民勤 宁夏：海原、西吉 新疆：库尔勒市、轮台、尉犁、且末、阿克苏市、库车、沙雅、新和、阿瓦提、柯坪、疏附、疏勒、英吉沙、泽普、莎车、叶城、麦盖提、岳普湖、伽师、巴楚、和田市、和田、墨玉、皮山、洛浦、策勒、于田、民丰	该类型脆弱生态区农业收入占总收入的比重及种植业收入占农业收入的比重分别为0.621和0.667，区域经济发展对农业及种植业的依赖性较大，因此其经济技术替代能力较弱，是该生态区的主要脆弱因子。

3. 用与其他区域的联系（域外支持）因子为聚类变量进行类型划分

我们选择的域外支持因子为总人口、运输收入、运输业总产值等，以此为依据进行聚类，可得到域外支持能力约束型脆弱生态区分类。最佳聚类类数为4或7类（见表4—7、4—8）。

表4—7　以域外支持因子为聚类变量进行聚类时各统计量的变化情况

类数	R^2	伪F	伪t^2
8	0.761040	95.09	35.62
7	0.757412	109.28	8.50
6	0.706661	101.66	44.24
5	0.693352	119.84	10.96
4	0.645598	129.34	34.28
3	0.481699	99.44	98.56

表 4—8　以域外支持因子为聚类变量,采用聚类分析法得到的聚类结果

类别	所包含的县市	生态脆弱性分析
第一类（13个）	内蒙古:赤峰郊区、通辽市 广西:武鸣、都安 贵州:习水、毕节市、大方、黔西、织金、纳雍、安顺市 甘肃:兰州市区、武威市	该类型脆弱生态区的人均运输收入为40.6元,域外支持能力较弱。
第二类（86个）	河北:张北、隆化、丰宁、围场 内蒙古:翁牛特旗、喀喇沁旗、敖汉旗、科左中旗、科左后旗、奈曼旗、丰镇、兴河 广西:上林、隆安、马山、扶绥、崇左、大新、天等、宁明、三江、融水、忻城、百色市、田阳、田东、平果、德保、靖西、河池市、罗城、环江、大化 贵州:遵义市、桐梓、绥阳、正安、道真、务川、湄潭、仁怀、石阡、思南、印江、德江、沿河、兴仁、贞丰、金沙、赫章、清镇市、开阳、平坝、普定、镇宁、紫云、凯里市、黄平、黎平、都匀市、瓮安、独山、惠水 陕西:榆林市、神木、横山 甘肃:永登、榆中、靖远、会宁、酒泉市、张掖市、古浪、定西、环县 宁夏:同心、固原、海原、西吉 新疆:阿克苏市、库车、疏附、莎车、叶城、巴楚、墨玉	该类型脆弱生态区的人均运输收入为35.25元,域外支持能力很弱,是该生态区的主要脆弱特征之一。
第三类（2个）	贵州:贵阳市、遵义市	该类型脆弱生态区的人均运输收入为65.69元,域外支持能力较强。
第四类（113个）	河北:康保、沽源、尚义、万全 山西:左云、右玉、河曲、保德、偏关 内蒙古:库伦旗、太仆寺旗、多伦、集宁市、武川、和林格尔、清水河、凉城、察右前旗、东胜市、准格尔旗、鄂托克前旗、乌审旗、伊金霍洛旗 广西:上思、凭祥市、龙州、那坡、凌云、乐业、田林、南丹、天峨、凤山、东兰、巴马 贵州:余庆、普安、晴隆、望漠、册亨、息烽、修文、关岭、施秉、三穗、镇远、锦屏、剑河、台江、榕江、从江、雷山、麻江、丹寨、荔波、贵定、福泉、平塘、罗甸、长顺、龙里、三都 陕西:志丹、吴旗、府谷、靖边、定边、米脂、佳县 甘肃:皋兰、金川市区、永昌、白银市区、景泰、玉门市、敦煌市、金塔、肃北、阿克塞、安西、肃南、民乐、临泽、高台、山丹、民勤、天祝、华池 宁夏:盐池 新疆:库尔勒市、轮台、尉犁、若羌、且末、沙雅、新和、阿瓦提、柯坪、喀什市、疏勒、英吉沙、泽普、麦盖提、岳普湖、伽师、塔什库尔干、和田市、和田、皮山、洛浦、策勒、于田、民丰	该类型脆弱生态区的人均运输收入为48.33元,域外支持能力中等,一般不会成为区域经济发展的限制因子。

4. 以区域社会发展水平因子为聚类变量进行聚类

我们选择乡村劳力/总人口、农业人口/总人口、农林人口/总人口等作为表示人口素质的变量,以此为依据进行聚类(见表4—9、4—10)。

表4—9　以社会发展水平因子为聚类变量进行聚类时各统计量的变化情况

类数	R²	伪 F	伪 t²
5	0.795722	206.45	46.63
4	0.788030	263.95	15.57
3	0.466667	93.63	332.22

表4—10　以社会发展水平因子为聚类变量,采用聚类分析法得到的聚类结果

类别	所包含的县市	生态脆弱性分析
第一类(70个)	河北:围场 山西:左云、河曲、保德、偏关 内蒙古:翁牛特旗、喀喇沁旗、敖汉旗、科左中旗、科左后旗、库伦旗、奈曼旗、多伦、丰镇、和林格尔、清水河、准格尔旗、鄂托克前旗、乌审旗 广西:上思、凭祥市、百色市、河池市、环江、南丹 贵州:凯里市、都匀市 陕西:吴旗、榆林市、米脂、佳县 甘肃:永昌、玉门市、酒泉市、敦煌市、金塔、安西、肃南、山丹、华池 宁夏:盐池、同心、海原 新疆:轮台、尉犁、若羌、且末、库车、沙雅、新和、阿瓦提、柯坪、疏附、疏勒、英吉沙、泽普、莎车、叶城、麦盖提、岳普湖、伽师、巴楚、塔什库尔干、和田、墨玉、皮山、洛浦、策勒、于田、民丰	该类型脆弱生态区的乡村劳力占总人口的比重及农业人口占总人口的比重分别为0.296和0.831,说明社会发展水平较低。
第二类(129个)	河北:张北、康保、沽源、尚义、万全、隆化、丰宁 山西:右玉 内蒙古:太仆寺旗、武川、兴和、凉城、察右前旗、伊金霍洛旗 广西:武鸣、上林、隆安、马山、扶绥、崇左、大新、天等、宁明、龙州、三江、融水、忻城、田阳、田东、平果、德保、靖西、那坡、凌云、乐业、田林、罗城、天峨、凤山、东兰、巴马、都安、大化 贵州:遵义、桐梓、绥阳、正安、道真、务川、湄潭、余庆、仁怀、习水、石阡、思南、印江、德江、沿河、兴仁、普安、晴隆、贞丰、望谟、册亨、毕节市、大方、黔西、金沙、织金、纳雍、赫章、安顺市、清镇市、开阳、息烽、修文、平坝、普定、关岭、镇宁、紫云、黄平、施秉、三穗、镇远、锦屏、剑河、台江、黎平、榕江、从江、雷山、麻江、丹寨、荔波、贵定、福泉、瓮安、独山、平塘、罗甸、长顺、龙里、惠水、三都 陕西:志丹、神木、府谷、横山、靖边、定边 甘肃:永登、皋兰、榆中、白银市区、靖远、会宁、景泰、张掖市、民乐、临泽、高台、武威市、民勤、古浪、天祝、定西、环县 宁夏:固原、西吉	该类型脆弱生态区的乡村劳力占总人口的比重及农业人口占总人口的比重分别为0.464和0.920,说明社会发展水平低,有可能会成为该区的主要脆弱因子。

脆弱生态环境与可持续发展

类别	所包含的县市	生态脆弱性分析
第三类（3个）	内蒙古：集宁市 甘肃：兰州市区 新疆：喀什市	该类型脆弱生态区的乡村劳力占总人口的比重及农业人口占总人口的比重分别为 0.053 和 0.139，说明社会发展水平较高。
第四类（11个）	内蒙古：赤峰郊区、通辽市、东胜市 贵州：贵阳市、遵义市 甘肃：金川市区、肃北、闽克塞 新疆：库尔勒市、阿克苏市、和田市	该类型脆弱生态区乡村劳力占总人口的比重及农业人口占总人口的比重分别为 0.188 和 0.468，说明社会发展水平相对较高。

（二）采用分层聚类方法对中国典型脆弱生态区进行类型划分

由于脆弱生态环境是在长期的自然因素和人为因素共同作用下形成的,自然因素在这一进程中的作用是决定性的,人为因素则可以加快或减缓这种进程。因此,在进行类型划分时,也可按照这两个层次进行划分：首先以环境资源因子为聚类变量进行第一层次的划分（根据前面的划分结果,可将中国脆弱生态环境划分为 5 个不同的类型）,然后在此基础上,以经济发展水平因子为聚类变量对每一类型的脆弱生态分区再次进行聚类分析,得到第二层次的类型划分,结果见表4—11。

从表4—11 可以看出,中国脆弱生态区总共可划分为 15 个亚类。针对每个亚类的特点进行生态脆弱性分析,可以建立起相应的演化方程,以对脆弱生态区的发展趋势进行预测。

表 4—11　采用分层的聚类方法对中国脆弱生态区进行类型划分的结果

第一层次	第二层次	所包括的范围（县市）
第一类	第一亚类	内蒙古：科左后旗 广西：武鸣、宜州市 贵州：遵义 陕西：榆林市 甘肃：永登、榆中、靖远、张掖市、古浪
	第二亚类	内蒙古：凉城
	第三亚类	河北：张北、康保、沽源、尚义、丰宁、围场 内蒙古：翁牛特旗、敖汉旗、库伦旗、奈曼旗、太仆寺旗、丰镇、武川、和林格尔、兴河、察右前旗 贵州：毕节市、大方、黔西、织金 陕西：神木、横山、靖边、定边 甘肃：会宁、玉门市、定西 宁夏：盐池、同心、固原、海原、西吉 新疆：库车
第二类	第四亚类	内蒙古：赤峰郊区、通辽市、科左中旗
	第五亚类	甘肃：武威市
	第六亚类	新疆：莎车
第三类	第七亚类	甘肃：皋兰、民勤
	第八亚类	甘肃：永昌、景泰、酒泉市、民乐
	第九亚类	山西：左云、右玉、河曲、保德、偏关 内蒙古：多伦、集宁市、清水河、东胜市 广西：凭祥市、三江、融水、百色市、德保、靖西、那坡、凌云、乐业、田林、罗城、南丹、天峨、凤山、东兰、巴马、大化 贵州：遵义市、正安、道真、务川、湄潭、余庆、仁怀、习水、石阡、思南、印江、德江、沿河、兴仁、普安、晴隆、贞丰、望谟、册亨、金沙、纳雍、赫章、清镇市、开阳、息烽、修文、平坝、普定、关岭、镇宁、紫云、凯里市、黄平、施秉、三穗、镇远、锦屏、剑河、台江、黎平、榕江、从江、雷山、麻江、丹寨、都匀市、荔波、贵定、福泉、瓮安、独山、平塘、罗甸、长顺、龙里、惠水、三都 陕西：志丹、吴旗、米脂、佳县 甘肃：阿克塞、肃南 新疆：轮台、尉犁、若羌、且末、阿克苏市、沙雅、新和、柯坪、喀什市、疏勒、英吉沙、洋普、叶城、麦盖提、岳普湖、伽师、巴楚、塔什库尔干、和田市、和田、皮山、洛浦、策勒、于田、民丰

第一层次	第二层次	所包括的范围(县市)
第三类	第十亚类	河北：万全、隆化 内蒙古：喀喇沁旗、伊金霍洛旗 广西：上思、上林、隆安、马山、扶绥、崇左、大新、天等、宁明、龙州、忻城、田阳、田东、平果、河池市、环江、都安 贵州：桐梓、绥阳、安顺市 陕西：府谷 甘肃：金川市区、白银市区、敦煌市、金塔、安西、临泽、高台、山丹、天祝 新疆：库尔勒市、阿瓦提、疏附、墨玉
	第十一亚类	贵州：贵阳市郊区
第四类	第十二亚类	内蒙古：准噶尔旗、乌审旗 广西：上林
	第十三亚类	内蒙古：鄂托克前旗
	第十四亚类	甘肃：华池
第五类	第十五亚类	甘肃：环县

参考文献

1. 柴宗新："攀西地区水土流失初步分析"，《四川地理》，1985，第7期，第75页。

2. 柴宗新："试论广西岩溶区的土壤侵蚀"，《山地研究》，1989(4)，255~260。

3. 方华荣："水土流失及其防治"，《中国自然保护文集》，中国环境科学出版社，1990，67~83。

4. 贵州省国土资源地图集编辑委员会："贵州地貌图"，《贵州国土资源地图集》，1991。

5. 湖春：《内蒙古自治区农林牧业气候资源》，内蒙古人民出版社，1984，1~54。

6. 胡孟春："科尔沁沙地土地沙漠化的形成"，《现代过程及发展趋势》，中国环境科学出版社，1990。

7. 李承彪主编：《四川森林生态研究》，四川科技出版社，1990，第585页。

8. 李福兴、姚建华：《河西走廊经济发展与环境整治的综合研究》，中国环境科学出版社，1998。

9. 李希来、黄葆宁："青海黑土滩草地成因及治理途径"，《中国草地》，1995，第4期。

10. 刘东来："我国干旱、半干旱地区自然资源保护和建立自然保护区问题"，《中国干旱、半干旱地区自然资源研究》，科学出版社，1988，215~230。

11. 刘学愚主编：《元谋县经济、社会、生态综合发展战略规划系统工程研究文集》（1987~2000），云南大学出版社，1988，155~182。

12. 刘燕华、刘毅、李秀彬：《知识经济时代的地理学问题思索》，《地理学报》，1998，

53(4)。

13. 洛桑·灵智多杰:《青藏高原环境与发展概论》,中国藏学出版社,1996。

14. 毛汉英:《人地系统与区域持续发展研究》,中国科学技术出版社,1995,1~10。

15. 欧晓昆:"元谋干热河谷植物区系研究",《云南植物研究》,1988,10(1)。

16. 欧晓昆、金振洲:"元谋干热河谷植被的类型研究",《云南植物研究》,1987,9(3)。

17. 潘长庆、袁万钏:"云南省滑坡泥石流灾害及防治对策研究",《首届全国滑坡泥石流防治学术会议论文集》,1993,298~303。

18. 青海省气象局:《青海省气象资料》,1953~1990。

19. 青海省统计局:《青海省统计年鉴》,中国统计出版社,1987~1996。

20. 曲跃光:"我国西北干旱地区水资源的保护及合理利用",《中国干旱、半干旱地区自然资源研究》,科学出版社,1988,91~132。

21. 施雅风:"一个应当重视的问题:未来的西北可能更加干旱化",《中国干旱、半干旱地区自然资源研究》,科学出版社,1988,27~97。

22. 石蕴琮等:《内蒙古自治区地理》,内蒙古人民出版社,1990。

23. 四川植被协作组:《四川植被》,四川人民出版社,1987,第218页。

24. 吴鸿宾等:《内蒙古自治区主要气象灾害分析》,气象出版社,1990,1~12。

25. 奚国金:"历史时期的塔里木盆地南部绿洲分布",《中国干旱、半干旱地区自然资源研究》,科学出版社,1988,132~141。

26. 夏训诚等:"新疆沙漠危害及其治理意见",《中国干旱、半干旱地区自然资源研究》,科学出版社,1988,170~174。

27. 杨明德:"论喀斯特环境的脆弱性",《云南地理环境研究》,1990,2(1)。

28. 云南植被编写组:《云南植被》,科学出版社,1987,第580页。

29. 张兰生:"以农牧交错带及沿海地区为重点开展我国环境演变规律的研究",《干旱区资源与环境》,1989,3(3),1~2。

30. 张荣祖主编:《横断山区干热河谷》,科学出版社,1992,7~11。

31. 赵存兴:"我国土地资源的合理利用与保护",《中国自然保护文集》,中国环境科学出版社,1990,42~59。

32. 赵桂久、刘燕华、赵名茶主编:《生态环境综合整治和恢复技术研究》(第一集,第二集),中国科学技术出版社,1993,1995。

33. 中国科学院青藏高原综合科学考察队:《横断山区干旱河谷》,科学出版社,1992,第6页。

34. 周庭儒等编:《中国自然地理古地理(上册)》,科学出版社,1984。

35. 周性和等:《中国西南部石灰岩山区资源开发研究》,四川科技出版社,1990,14~15。

36. 朱显谟主编:《中国自然保护文集》,环境科学出版社,1990,279~298。

脆弱生态环境与可持续发展

第五章　典型脆弱生态区
可持续发展模式

脆弱生态环境是指地表组成物质相对不稳定,对外界干扰因素反映敏感,而易发生不利于人类活动的生态系统。在特征上主要表现为对外界干扰反映敏感、生态演变过程不稳定的特性(赵桂久等,1993、1995)。脆弱生态环境的形成有其自然的背景,也有人为因素。干旱缺水、土壤瘠薄、气象灾害与环境地质灾害频繁发生、自然植被生长困难等是导致脆弱生态环境形成的主要自然原因,而人类活动的介入,如过度农垦、过度放牧、不适当的森林砍伐、矿产资源开发等,促进了脆弱生态环境的形成。脆弱生态环境区一般位于不同生态系统的过渡地带,具有多种生态系统的过渡特征(赵桂久等,1993)。在中国,脆弱生态环境分布遍及全国,面积达到 $1.47 \times 10^6 \, km^2$。根据脆弱生态环境形成的机制和特征可以将中国脆弱生态环境区分为五大类型:北方农牧交错区、西北干旱绿洲边缘带、西南干热河谷区、南方石灰岩山地区和藏南河谷地区。自"八五"开始,中国即开始致力于对脆弱生态环境的研究,在脆弱生态环境区的形成、特征、识别、分类和综合整治方面取得了较大成就(赵桂久等,1993、1995)。但由于脆弱生态环境区人口素质相对较低,生态环境意识薄弱,加上该区自然生态环境的脆弱特性,直接影响了区域可持续发展战略的实施。

一、北方农牧交错带可持续发展模式
——以陕西榆林地区为例

(一)北方农牧交错带的基本特征

榆林地区位于中国陕北,地处北纬 $36°57′ \sim 39°34′$ 和东经

$107°28'\sim111°15'$之间,处于中国半干旱半湿润农业区向干旱草原荒漠区过渡地带,属于典型的脆弱生态区。该区土地面积4.36万km²,其中风沙区占34%,丘陵沟壑区占66%。若以土地利用方式统计,耕地占14.8%,林地占29.5%,草地占44.2%,荒地占11.49%。1997年榆林地区总人口达到324万,国民生产总值为58.3亿元,人口密度74人/km²,耕地面积64.6万公顷,粮食总产量53.1万吨。榆林地区经济发展长期处于波动状态,影响机制主要表现为两个方面:自然生态因子的波动性和粮食生产的不稳定性。

1. 气温和降水

榆林地区地处半湿润半干旱地区向干旱地区的过渡地带,在气候、土壤、植被上均表现出强烈的过渡性特征,特别是气候因子的不稳定性直接影响到区域国民经济的发展。

(1)气温 榆林地区1月平均气温$-6\sim-11℃$,7月平均气温$22\sim24℃$,年较差在$30\sim34℃$之间,气温年际变化较大。榆林1月平均气温最低是$-15.1℃$(1955年),最高气温是$-5.6℃$(1940年),二者相差$9.5℃$。7月平均气温与1月相比,变化幅度相对较小,一般在$22.1\sim26.6℃$之间,变化幅度为$4.5℃$。气温年际变化幅度大的直接后果是影响到适合于农作物生长的有效积温和无霜期的长短。榆林地区无霜期最长的年份为200天,最短的年份只有136天,二者相差64天,导致该区积温年际变化幅度较大(图5—1),十分不利于农作物的播种和生长。

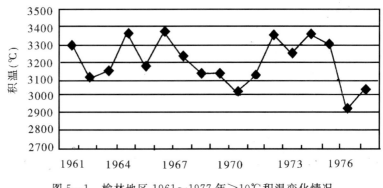

图5—1 榆林地区1961～1977年≥10℃积温变化情况

（2）降水　农作物所需的水分主要依靠大气降水补充，降水量的多少、分配的均匀程度、降水强度和性质，对农作物的产量起到重要影响。榆林地区多年平均降水量415.5mm，属于半干旱地区，降水量无法完全满足农作物的生长需求。除此之外，降水在季节上的分配不均以及年际之间的巨大变化，严重地影响农作物的产量。该区降水量一般集中在夏季，占全年的56.7%；秋季次之，占26.7%；春季较少，为14.5%；冬季最少，仅占2.1%（表5—1）。降水在年内分配极为不均，不利于植被的生长和恢复。同时降水量年际变化大也成为影响农作物单产的重要因子，该区丰水年份为695mm，缺水年份只有200mm，最大绝对正变率达到67%，最大绝对负变率为52%。而500～550mm降水的保证率只有17.7%。榆林地区气温和降水在时空上的极大变化，导致该区粮食产量呈明显的不稳定状态，也造成该区的经济发展具有明显的波动性。

表5—1　榆林地区降水变率（%）

地区	府谷	神木	榆林	横山	靖边	定边	绥德	清涧
1月	61.4	89.0	90.1	86.6	81.3	82.4	76.5	82.7
2月	65.9	68.4	70.3	75.5	70.3	72.1	76.1	72.0
3月	61.0	65.8	66.3	73.3	71.5	72.3	63.2	61.7
4月	53.0	60.9	55.8	55.3	53.4	65.5	63.1	50.3
5月	60.0	78.6	64.3	60.1	55.1	43.1	68.5	63.7
6月	57.3	54.1	49.3	54.2	43.5	53.1	42.0	45.6
7月	42.9	33.6	32.0	43.2	38.5	51.8	31.6	31.0
8月	49.1	59.1	48.5	51.2	39.8	49.6	44.9	53.0
9月	45.2	58.4	47.8	54.1	41.6	44.4	35.0	35.5
10月	49.9	67.6	62.8	57.0	63.3	43.6	65.2	58.1
11月	93.3	95.0	68.8	79.5	86.2	71.1	64.8	62.8
12月	97.5	81.4	81.4	100.3	82.7	108.3	86.6	90.2
年平均	31	31	24	24	18	23	18	21

2. 粮食生产年际波动较大

自 1949 年以来,榆林地区耕地总面积基本上呈不断减少趋势,尽管有效灌溉耕地面积基本上处于不断上升趋势,但粮食产量却一直处于频繁波动状态,反映了该区气候的波动性对农业生产的影响。图5—2 显示了该区粮食年增长率的变化情况,粮食正增长的年份和负增长的年份基本上处于均等状态,且近年来粮食波动的幅度还在加大。由于粮食总产量的波动变化,导致该区人均粮食占有量也处于明显的波动状态,其结果是导致农民对农业开发信心不足,从而采取广种薄收的策略。不仅未能从根本上解决农民的温饱问题,而且在较大程度上造成区域生态环境的较大破坏,使得脆弱生态区的经济发展和生态环境演变走上恶性循环之路。

3. 社会经济特征

榆林地区地处中国农牧交错地区,自然环境条件十分恶劣,区位优势较差,经济发展具有相对的封闭性和地方特色。

（1）农林牧副渔业比重过大,产业结构比较单一。从图 5—3 可以看出,在总产出中,第一产业的比重过大,至 1996 年,一直超过第二和第三产业的比重。由于大面积粮食减产,1997 年第一产业的比重略低于第二和第三产业。在工农业总产值中,农业总产值一直占有较大比例,与总产出相似,在 1997 年之前,农业总产值的比重一直高于工业总产值,80 年代中期以前均在 70％以上。在工业生产中,以食品加工为主的制造业占了相当大的比例,而且以农产品加工为该区特色。农产品加工创造的产值在轻工业中占有较大比重,80 年代以前均在 60％～70％之间,至 80～90 年代,所占的比重更是有增无减,达到了80％以上。由此可以看出该区基本上是以农林牧副渔业为主,以农产品加工为特色的经济发展模式。

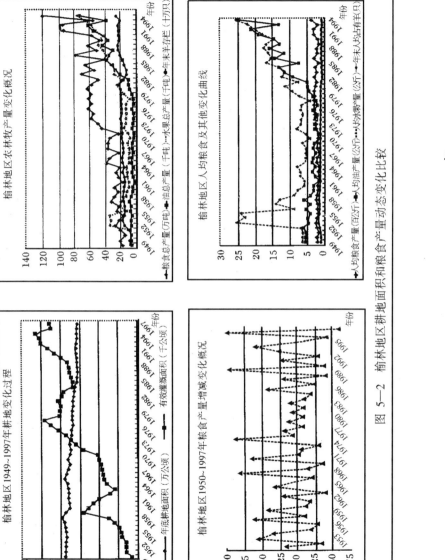

图 5-2 榆林地区耕地面积和粮食产量动态变化比较

第五章 典型脆弱生态区可持续发展模式

（2）经济发展过度依赖于种植业，导致经济发展的波动性较大。榆林地区国民生产总值、工农业总产值、财政收入、人均收入均与农业总产值有较高的相关关系，特别是地方财政收入和农民人均收入与油总产量、水果产量具有较好的相关关系，而与粮食产量的相关关系相对较低。尽管农民人均耕地面积较大，但粮食生产无法成为农民收入的可靠来源。总体上，农牧交错区经济发展对农林牧副渔业具有较强的依赖性。同时由于粮食生产极大地受制于区域气候条件，造成粮食单产和总产量具有较大的波动性，导致经济发展过程具有明显的波动性。

从区域从业人员的结构分析，同样可以看出从事第一产业的人员占了较大的比例，80年代以前一直占了80％以上，随着90年代以来产业结构的调整，从事第一产业人员的比例略有下降，仍占了较大的比例。

（二）北方农牧交错区可持续发展的限制因子

1. 气候波动对种植业和区域经济发展造成不利影响

如前所述，中国北方农牧交错区气候条件，如气温和降水量，在季节和年际变化上很大，导致了维持区域农业生产系统基础的脆弱性，其结果是导致区域农业生产的波动性较大。由于农牧交错区的国民经济发展在较大程度上依赖于区域的种植业发展，而种植业的不稳定性直接影响了区域的农业可持续发展和国民经济的稳定发展。同时，不稳定的自然环境因子和不稳定的农业生产导致生态环境破坏。由于粮食生产的不确定性，农民的经济收入没有稳定的来源，为此不得不采取广种薄收的无奈策略，在一定程度上促进了对区域生态环境的破坏。

2. 水资源相对缺乏限制了区域经济的发展

中国北方农牧交错区位于北方半干旱地区，地下和地表水资源相对缺乏，对种植业发展起到了较大的限制作用。该区的农业主要为雨养农业，灌溉条件较差，而该区的多年平均降水量较低，一般在300～500mm，并且常集中在夏季的6～8月份，导致农作物播种和生长季节

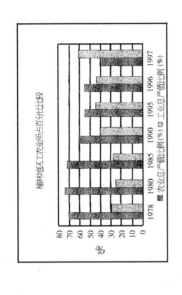

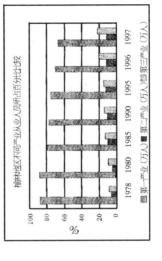

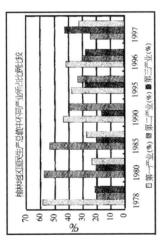

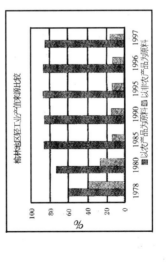

图 5—3 榆林地区经济发展及从业人员结构比较

水资源十分短缺,常常出现季节性和年际之间的干旱,直接影响到区域农业发展。该区国民经济的支柱产业又为大农业,因此水资源的短缺成为影响区域可持续发展的主要限制因子之一。

3. 气候灾害频繁,不利于区域经济的发展

由于榆林地区位于中国北方农牧交错地区,正好处于西北干旱沙漠地区向东南农业区的过渡地带,属于强烈气团急剧变化的地区。该区存在许多对区域可持续发展不利的气象灾害(陕西师范大学地理系榆林地区地理志编写组,1987)。

(1)霜冻 榆林地区平均霜冻期为 180~220 天。初霜一般始于 9 月下旬、10 月上旬,终霜一般在 4 月中旬结束。该区霜冻期年际变化较大,最长霜期为 210~240 天,最短仅 140~190 天。春季最早出现日与最迟出现日相差 45~60 天,秋季初霜最早出现日与最晚出现日相差 29~45 天,说明春季霜冻出现机会要比秋季霜冻大,但对农业生产威胁大的还是秋霜冻。榆林地区日平均气温>5℃的初日一般在 3 月底到 4 月初,而霜冻终日一般 4 月中旬才结束,最迟要延到 5 月初,这就意味着在农作物生长的初期,经常会遭受到霜冻的侵袭。

(2)干旱 榆林地区干旱灾害主要表现在两个方面:其一是年际上出现的干旱;其二是季节上的干旱(如农作物生长季节的干旱),常常影响到农作物的生长。本区旱年出现频率在 17.6%~35.3%之间,基本上每 3 年就有 1 个干旱年。农作物生长季节内降水的多少与农作物的产量密切相关,特别是在干旱年份,这种相关关系尤为突出。本地区在农作物的生长期(4~10 月),一般有 1/3 的年份会出现干旱。由于干旱灾害的频繁发生,直接影响了农业生产。

(3).冰雹 在农作物生长季节,突然一场意外的冰雹,轻者可以使作物叶碎秆折,重者将会导致作物全部毁灭,造成农业生产不可弥补的损失。冰雹多出现在春末盛夏之间,初春和秋季较少,冬季罕见。一年中,4~7 月是冰雹频繁的月份。

(4)暴雨 榆林地区不但雨季短,降水量少,而且常受暴雨危害。

该区虽然暴雨的天数较少,但暴雨的强度很大,大多数一次暴雨的降水量超过了 100mm。暴雨降低了本来就不多的降水量的有效利用率,并加剧了水土流失,增大了黄河泥沙的含量,恶化了生态环境。

(5)风沙 榆林地区位于中国北方的农牧交错带,地表植被覆盖率较低,大风天气对区域的生态环境影响很大。该区一般春季的风速最大,夏季次之,秋冬两季较小。而在该区大风天气(>17.2m/s)几乎在一年的每一个月都会出现,但春季最多,夏季次之,冬季最少。当地的大风,特别是毛乌素沙地一带,常常造成大面积的沙尘暴,埋没禾苗,吹走表土,使幼苗根部裸露,吹毁成熟的庄稼,埋没草场,使农牧业生产遭受巨大损失。

4. 植被覆盖率下降导致土地沙化面积扩大,加剧了区域生态环境的脆弱性

由于区域气候干旱,土壤水分较缺,导致该区植被生长十分缓慢。加上该区人类活动强烈,对地表植被破坏十分严重,极易产生土地沙化。目前榆林地区的林地覆盖率不足 30%,除了较多的地区被人类开发利用,如耕地、草场等以外,尚有较大的面积为裸露的沙地,成为土地沙化物质的重要来源。裸露沙地在榆林地区占有较大的比例,成为区域脆弱生态环境形成的主要因子之一。

(三)北方农牧交错区可持续发展战略

上述分析可知,农牧交错区国民经济发展主要依赖于农林牧副业的发展,由于种植业发展在较大程度上取决于区域气候条件,导致该区粮食生产具有较大的不稳定性,从而导致国民经济发展具有明显的波动性。经济发展的波动性对可持续发展造成的影响有两个方面:①由于自然条件和粮食生产的不稳定性,当地居民的基本生活条件无法得到有效保证,由此导致农民对生活缺乏长远规划,在较多情况下,只能靠天吃饭。在这种背景下,只能采取广种薄收的策略,寄希望于一年的好收成可以满足几年的生活来源。这样,许多不太适宜于耕种的土地

被用来垦殖,在风调雨顺气候条件下可以获得一定的收成,而在气候条件不利的情况下,不仅收获甚微,而且常常会导致生态环境的巨大破坏。②自然因子和经济的波动性对区域可持续发展战略的实施增加了难度。可持续发展的目的是要从长远的角度考虑区域的社会经济发展,然而由于自然因子的不稳定性,经济发展特别是粮食生产无法得到有效保障。由于经济发展不稳定,再好的可持续发展规划,往往会因为经济发展波动而受到直接影响。在开展可持续发展战略研究时,必须充分考虑自然条件的不稳定性和国民经济的波动性,对此我们认为脆弱生态区可持续发展的战略应为:

(1)可持续发展应实行分步走的策略,在不同时期应当把发展的重点放在不同的目标。实际上可持续发展包括自然可持续发展、经济可持续发展和社会可持续发展三个方面,自然可持续发展是基础。经济可持续发展是保证,社会可持续发展才是目标(陈利顶,1993)。脆弱生态区往往是中国贫困的地区,脱贫致富是当前亟待解决的问题。因而脆弱生态区可持续发展可以分为两个阶段,发展的初级阶段,应在维护自然环境最低限度的前提下,实现经济较高的持续发展,争取尽快解决农民的贫困问题;发展的第二阶段,在强有力的经济技术保证下,加快改善自然生态环境和农民生存的居住和社会环境,实现经济、自然和社会的协调发展,走上可持续发展的道路。

(2)在加快发展地区经济的同时,积极宣传可持续发展的内涵和意义,提高广大居民的可持续发展意识应作为当前形势下的基本任务。在脆弱生态区,人口素质普遍较低,接受新事物和新知识的能力相对较低。对于一个学术界尚在讨论的战略问题,在贫穷落后的地区实施起来更难。况且目前解决贫困地区农民的温饱和脱贫致富又是目前亟待解决的关系国计民生的问题,研究捉摸不定的可持续发展战略不仅脱离实际,而且在近期内无法实现。因而在脆弱生态区,开展可持续发展宣传与教育,加深农民对可持续发展的认识以及了解可持续发展对当地长远发展的意义应作为目前的首要任务。在目前形势下,不强求制订严格的可持续发展实施方案。

脆弱生态环境与可持续发展

（3）明确脆弱生态区可持续发展应走一种弱的可持续发展模式，可持续发展的征程将悠远漫长而艰难。可持续发展是一种综合的发展模式，同时也是一种社会发展过程。目前，应加大自然环境开发的力度，在一定时段内提高区域的经济实力。在集聚一定的经济资本后，将目前弱可持续发展的模式逐渐过渡到自然—经济—社会相协调的可持续发展道路，这个发展过程将是漫长的，不能急功近利。但在目前情形下，应以不破坏自然环境的最低限度为基础。

（4）研究和制订不同脆弱生态区各种自然资源和环境资源可开发利用的最低限度。提倡加速发展经济，尽快脱贫致富，并非是鼓励破坏自然生态环境，而是在不破坏可持续发展能力最低限度的前提下，通过引进发达地区的技术和经验，加大对自然环境资源的利用和开发，提高资源和环境的开发利用效益，促进经济的快速发展。因此研究和制订自然资源和环境资源可开发利用的最大限度成为最终能否实现可持续发展的关键。

对于半干旱农牧交错脆弱生态区来说，应以稳定粮食生产系统为根本，发展农林牧副业综合经营为方针，拓宽与外界的联系，提高区域商品生产率。基本指导思想是"只求粮食生产稳定，不求粮食自给，通过发展商品生产，换取粮食基本需求"。基本措施是通过加强农田水利基本建设，发展梯田、水田、有效灌溉田的面积，逐步提高和稳定粮食的单产和总产（林关石等，1998），在此基础上，通过发展果园和其他适合于生态环境的副业，提高区域的商品生产率，增加农民的实际收入，由此换取当地农民对粮食的需求。这样，既可以提高当地人民的经济收入和生活水平，同时又可以有效地保护区域生态环境免遭人为的破坏。

（四）北方农牧交错区可持续发展模式

由于自然条件恶劣，特别是气候条件的不稳定性和波动性，脆弱生态区社会经济发展长期处于较大的波动状态，由此对区域可持续发展战略的实施增加了困难。特别是气候波动性对粮食生产的影响，使脆弱生态区人民的生活无法得到持续而永久的保障，因而在制订可持续发展战略时,应首先考虑国民经济稳定发展的基础——农业生产。必须加强农田基本建设,提高粮食生产的稳定性,在保障区域粮食基本供给的基础上,发展与农林牧副业有关的行业,增加国民经济来源的渠道。在促进区域经济可持续发展的同时,改善区域生态环境。基本的可持续发展模式可以概括为:

1. 在生态环境脆弱区的上风向地区,植树种草,灌草林相结合,营建防风固沙林,防治区域土地沙漠化扩大

中国北方农牧交错带地处干旱与半干旱的交错地区,干旱少雨,风大且多,加上地面沙源物质丰富,土地极易产生风蚀沙化,对区域农业可持续发展产生较大的影响。因此,在农业发展地区的上风向地区,应将植树种草,防止土地沙化作为重点的治理措施,积极改善区域生态环境。防风固沙林建立的原则是在前沿地带,以流沙为主,地表植被较差,土壤水分稀缺,应以设置沙障固沙作为主要目的。在流动的沙地上种植灌木设置障碍物,能有效地削弱风速,减少风沙流的含沙量,控制流沙移动,使植物免遭风蚀、沙埋、沙割危害,改变植物立地和生长条件。陕北沙区设置的沙障,以植物沙障为主,其次有机械沙障。植物沙障有沙蒿活沙障、杨柳活沙障等。西北农学院林学系在定边长茂滩林场观测发现,设置沙蒿活沙障后,距地表 10 厘米高处的风速减低 20%～30%,设置 3～4年后,距地表 30cm 高处风速减低 60%～80%,地表至 2cm 高的空气层内的风沙流含量减少 85%以上(表 5-2)。只有在防风的前沿地带,建立比较密集的防风固沙障碍林,才能使农田免遭土地沙化的危害。

表 5—2　定边县长茂滩林场沙蒿活沙障对风速、风沙流含沙量的影响
(陕西师范大学地理系榆林地区地理志编写组,1987)

沙丘部位	设置 3～4 年的沙丘		光沙丘		比例(以光沙丘为 100)	
	风速(m/s)	风沙流含沙量(mg/cm² · min)	风速(m/s)	风沙流含沙量(mg/cm² · min)	风速	风沙流含沙量
迎风坡脚	1.49	3.00	3.71	19.83	40.2	15.1

沙丘部位	设置 3～4 年的沙丘		光沙丘		比例 （以光沙丘为 100）	
	风速 （m/s）	风沙流含沙量 （mg/cm² · min）	风速 （m/s）	风沙流含沙量 （mg/cm² · min）	风速	风沙流 含沙量
迎风坡 1/2 处	2.69		6.40		40.0	15.1
迎风坡 1/2 处	0.58		8.80		6.5	
迎风坡 2/3 处	0.90		6.73		14.3	
丘顶	1.21	2.90	3.37	1288.00	16.4	0.2

2. 营造农田防护林，大力发展精耕细作，提高农作物的产量和稳定粮食生产

农田防护林是保护农田，并给农作物创造良好发育条件的防护林，它有减低风速、防止风沙危害、保土保肥、调节气温、降低蒸发、提高空气和土壤湿度等条件，是改变沙区农业生产条件的重要措施。一般可以在农田地块周边地区建立适当宽度（5～10m）的防风固沙林。防风固沙林的树种应以高大的乔木为主要树种，结合灌木和草丛，增大地表覆盖度和降低林地的透风系数。这样可以有效地降低风速，起到防风固沙、防止风沙危害、保土保肥的作用。陕西靖边县柳湾大队营造的农田防护林在降低区域风速和减轻风沙危害、提高气温、减轻霜冻危害等方面起到了明显作用；林网内播种的黑豆生长较好，平均产量比空旷地提高 25.3%（表 5—3、表 5—4）。可见农田防护林对于保护农田和提高农作物的产量具有较好的作用。

表 5—3　农田防护林带对风速的影响

（陕西师范大学地理系榆林地区地理志编写组，1987）

林带 结构	透风 系数	空旷区 风速	林区风速减低（%）					
			林后 3 倍	林后 5 倍	林后 10 倍	林后 15 倍	林后 20 倍	林后 25 倍
疏透 结构	0.32	5.98	19.3	70.1	41.4	33.8	20.1	21.3

表5—4　农田防护林带对黑豆生长和产量的影响

（陕西师范大学地理系榆林地区地理志编写组，1987）

项目	空旷地	林后 5倍	林后 10倍	林后 15倍	林后 20倍	林后 25倍	林后 30倍
平均株数 （株/m²）	32	4340	4238	3534			
平均株高 （cm）	32.1	35.4	35.6	36.0	36.1	34.4	32.0
平均地径 （cm）	0.51	0.58	0.60	0.60	0.57	0.54	0.53
产量比率 （%）	100	123.2	133.1	145.2	120.0	118.4	111.9

3. 在稳定粮食生产的基础上，积极推广畜牧业的发展，提高农民的收入和抵抗灾害的能力

中国北方农牧交错带，气候上属于温带、暖温带半干旱季风区的一部分，大陆性明显，干燥少雨、温度低、温差大、风大风多，蒸发快，日照时间长。降水量一般在300～500mm之间，其中60%左右集中在7～9月，冬春降水量仅占14%左右，而年潜在蒸发量达到2000mm以上，约为降水量的4～5倍。本区具有发展农业生产的有利条件是：土地辽阔、平坦；水草资源丰富，有发展畜牧业的优越条件。不利因素是：多风沙；干旱频率高；霜冻、冰雹、盐碱化等自然灾害严重。因此农业发展的方向应为，在稳定区域粮食生产的同时，重点发展畜牧业和林业，特别是畜牧业发展，应密切结合区域的生态环境现状，林牧同举，适当控制牧场的载畜量，避免土地进一步沙化。①利用川地、滩地、湖盆地等，发展基本农田，走少种高产多收的道路；②搞好草原牧场建设，建成以牧羊为中心的畜牧业基地；③搞好植树造林，根据区域的自然生态环境条件，结合中国西部大开发的生态环境规划，积极营造防护林带、网，从根本上降低风沙和气象灾害的影响，以林保农、保牧；④注意发展多种经营和乡镇企业，增加农民收入。农牧交错区农业畜产品较多，可以兴办食品加工业；积极扩大地方特色资源的种植和加工，结合区域自然条

件,发展果品种植,开展农林牧综合经营。

二、西北干旱绿洲边缘带 可持续发展模式

随着中国政府对中西部地区开发的重视,加强西北干旱脆弱生态区的生态环境保护,帮助干旱区人民脱贫致富,缩小西部地区和东部地区之间的差距,实现可持续发展战略,成为中国下一步经济发展的战略重点。加强对干旱区生态环境与经济发展之间相互关系的研究,提出适合于该区的可持续发展模式,具有重要的指导意义,同时对于中国国家可持续发展战略的实施具有重要意义。

(一)西北干旱脆弱生态区的基本特征

中国干旱地区面积约为陆地国土面积的1/4,由于存在易于失衡的生态环境、较低森林覆盖率、严重的草场退化、土地沙漠化、盐渍化、强烈的水土流失、气候干旱化、河流径流减少、湖泊干涸、污染加剧、水环境恶化等问题,生态环境脆弱(邢大韦、韩凤霞,1994)。加上人口压力,人类活动对生态环境形成了较大影响,该区社会经济发展相对缓慢,目前仍有许多地方为中国贫困地区。该区深居欧亚大陆腹地,由于距海遥远和高山屏障,来自海洋的水汽很少能够抵达这里。除了6、7、8三个月外,全年大部分地区基本上为高压脊所控制,形成了明显干燥少雨的气候特点,导致水分奇缺、土壤贫瘠、植被稀疏、环境容量有限等严酷的自然生态环境特征。

根据自然条件,可以将中国西北干旱区分为两种明显不同的生态地区(王永兴,1999):一为干旱少雨的沙漠区;二为位于沙漠边缘的脆弱的绿洲生态区。绿洲是在干旱气候条件下形成的,在荒漠背景基质上以天然径流为依托,具有较高第一性生产力,以中生或旱生植物为主要植被类型的中、小尺度景观。绿洲是存在于干旱区、以植被为主体的、具有明显高于其周边环境的第一性生产力的、依赖外源性水源存在

的生态系统(王永兴,1999;汪久文,1995)。以中国新疆为例,干旱区总体特征表现为:人口总数较少,人口密度远低于全国平均值,而绿洲地区人口密度高于全国平均数。以1997年资料为例,新疆总人口为1718万人,仅占全国总人口的1.4%,全新疆平均人口密度不到20人/km²,远低于全国127人/km²的水平,但绿洲地区的人口密度却达352人/km²,相当于江苏、浙江等高密度人口地区的水平。

1. 西北干旱脆弱生态区的总体特征

西北干旱区生态环境的特点可以概括为以下几点(贾宝全,1999):

(1)生态系统类型多样,但变异大。主要包括两个方面,首先是各类生态系统所包含的亚类树种多寡不一,组成生物的多样性差别较大。以森林和草原论,新疆森林中乔木林仅有27种类型,且均具有层次结构简单、林分稀疏、种类组成单纯等特点,而草原与森林相比,其组成要丰富得多。其次是各类生态系统对干扰的抗性上亦有多变之特点,其中有抗性最小的荒漠生态系统,也有抗性较强的森林生态系统。

(2)地处内陆,水系多以盆地内的湖泊为归宿,形成内陆水系,而缺乏大范围的以水为载体的物质交换能力。

(3)干旱地域广大,但适于人类居住、生活的反而十分有限。中国西北干旱区面积280余万km²,约占全国国土面积的29%,但人口仅占全国人口的7%左右。但是,由于地质、地貌、气候等自然条件限制,决定了适合于人类居住、生活的空间却十分有限。以新疆为例,山地占全疆国土面积的38.85%、沙漠21.28%、湖泊0.35%、平原39.52%。在平原区,除去戈壁、盐漠等不适于人类居住的区域外,人类活动主要集中于占全疆国土面积4%～5%的人工绿洲上,加上天然绿洲,人类活动的最大范围也仅占国土面积的7.65%左右。在这4%～5%的人工绿洲上却集中了该区域90%以上的财富和95%以上的人口。

(4)生态环境脆弱,不可逆性强。脆弱性主要体现在三个方面。生物上,尽管有丰富多样的生态系统类型,但与其他地区同类型生态系统相比,生物生产量普遍较低,尤其是面积广大的荒漠系统;土壤上,首先是成土作用原始,土壤剖面的发育厚度及完整性远不及湿润区,且土壤的石质化较强,其二是土壤的有机质含量普遍较低,且盐渍化程度较强。第三个脆弱性表现为荒漠物理环境与绿洲相互作用的过程中,荒漠物理环境始终处于主导地位。

2. 绿洲生态系统的特点

总体而言,西北干旱脆弱生态区的生态环境特点可以概括为上述四个特点,进一步分析,可以将干旱地区分为两大完全不同的生态系统类型,其一是生态环境相对较好,但十分脆弱的绿洲生态系统,其二是环境条件十分恶劣的荒漠生态系统。在西北干旱地区,始终存在着绿洲化和荒漠化两种截然对立的生态过程,而这种生态现象直接与人类活动的强弱和合理程度密切相关,而绿洲的综合利用和保护,对于西部地区的经济发展和环境保护具有重要意义。

中国西北干旱平原区一般年降水量不足 200mm,而潜在蒸发量则高达 2000～4500mm,水资源十分缺乏。绿洲地区的所有水量几乎全部来自山区。每片绿洲都有属于自己本身的山区集水盆地。山区集水盆地的大小及集水量决定了山前绿洲规模的大小,山区水源的构成(降水、冰雪融水比例)决定了山前绿洲水源供应的质量(季节供水保证率)。一般绿洲具有以下明显的特征(王永兴,1999;汪久文;1995):①绿洲相对孤立,自然与人文环境封闭,不利于对外交流与联系。②绿洲依赖地表径流而存在,依靠开发水源而扩大,且有圈层结构特征。绿洲可以分成内核和外圈两部分,内核是受地表径流天然滋养的部分,一般位于现代绿洲的中上部,那里土地肥沃,地表水源充足,地下水位适中,生物活动频繁,是原有天然绿洲之所在,绿洲的外圈是人类为扩大其生存空间,利用水利工程对"天然绿洲"外延的结果。③各绿洲具有相似的自然条件和资源,导致了绿洲经济结构在一定水平上的趋同性。④现代绿洲中最活跃的因素是人,人类活动决定着绿洲的演化方向。现代绿洲是一种高熵系统,呈现着很强的动态特征,使其呈现出向荒漠化和向系统优化两个截然相反方向变化的不稳定性。⑤现代绿洲是自然资源、环境与经济的复合体系。天然绿洲的出现,最初仅是大自然在特定环境下的一种特殊景观,是一种单纯的自然现象。当人类开始本着逐水草而居的时候,就懂得天然绿洲已不是一种单纯的自然现象,而是一种可利用的自然资源,并且构成了人类在干旱地区赖以生存的理想环境。⑥有一个灌排配套的完整的灌溉系统是现代绿洲赖以生存的生命网,水是农业的命脉。在干旱地区,一个配置合理,可灌可排完整的灌溉系统,是绿洲存在的生命网,这一网络运转的性能如何,决定了生产能力的大小。⑦一个有效的防护林系统是现代绿洲的重要组成部分。以乔木为主体,乔灌草相结合的配置合理的绿洲防护林系统是抗衡荒漠条件和风沙侵袭,避免绿洲内土壤侵蚀沙化最有效的措施。中国干旱区绿洲分布面积见表5—5。

表5—5 中国干旱区绿洲分布面积(km²)

地区	总土地面积	绿洲面积	绿洲占总土地面积(%)
内蒙古西部 (阿/伊/巴盟)	391216.6	8749.9	2.24
甘肃河西	213820.4	10946.5	5.12
新疆	1660400.0	58700.0	3.54
青海柴达木	256586.0	5620.7	2.19
宁夏	51800.0	2400.0	4.63

绿洲在干旱区的地位与作用:①绿洲是干旱区地理系统中的主导系统;②绿洲是干旱区人类赖以生存和持续发展的基地;③绿洲经济是干旱区经济的基础和主体;④加强绿洲开发整治已成为干旱半干旱地区的紧迫任务(韩德林,1996)。

(二)西北干旱脆弱生态区可持续发展的限制因子

1. 干旱区可持续发展中存在的问题

在干旱气候影响下,西北干旱地区天然植被稀少、地表裸露、荒漠广布,绿洲成为西北干旱区最重要的人地关系地域系统。人类活动主要局限于面积狭小的绿洲上,人口压力较大;西北地区经济发展落后,20世纪90年代以来与东部及沿海地区差距进一步拉大,且有不断加剧趋势(胡鞍钢等,2000);然而,西北地区光、热、土地及多种矿产资源储量丰富,有很大的开发潜力,具有特大规模开发的地区(王永兴,1998;马彦琳,1998;马俊杰,1996)。

（1）自然资源优势明显,但未充分转化为经济优势。以新疆为例,新疆自然资源丰富,资源禀赋好,易于开发利用。铍、钠硝石、白云母、石棉等国家建设急需矿种储量居全国第一,其中有些矿种为新疆独有;煤炭远景储量 1.6×10^{12} t,占全国煤炭储量的31.7%;石油和天然气的资源量也分别达到 250×10^8 t 和 13.07×10^{12} m^3,分别占全国资源量的35.7%和38.2%。新疆光热资源充足,绿洲土地平坦,可耕性好,生产潜力很大。

（2）自然环境恶化,人地矛盾突出。西北干旱区,绿洲是人类生存的主要区域。但在急功近利思想的驱使及人口压力不断增加下,人类不断对绿洲周围少量的天然草地进行蚕食,同时在绿洲周围进行过度放牧、樵采等,使绿洲周围土地荒漠化加剧。据统计,1958～1982年,北疆准噶尔盆地的灌木林面积减少了68.4%,1959～1978年20年间南疆塔里木河流域胡杨林面积减少了70%,蓄积量减少了77%;喀什地区胡杨林从原来的16万 hm^2,减少到本世纪80年代初的约4万hm^2,减少 74.5%。

（3）经济发展落后,与东部地区差距继续拉大,主要表现在产业结构不合理、产业结构层次低和基础设施薄弱,投资环境及效益差等方面(表5—6)。

（4）人口增长过快,文化素质较低,社会发展相对较慢。西北干旱脆弱生态区多为中国少数民族集中聚居区,由于特殊的传统观念和国家在计划生育上对少数民族的优惠政策,该区人口增长较快;加上长期以来对文化教育的忽视,导致该区整个人口的文化素质偏低,社会发展十分缓慢,对区域的可持续发展形成了不利影响。

（5）贫瘠土地和稀疏植被的不稳定性。西北干旱区荒漠和荒漠草原占绝对优势,类型简单,产量很小;在干旱气候与稀疏植被条件下,广泛发育着贫瘠的土壤,并以有机质含量低、质地不良、水分缺乏为其主要特征。这种稀疏的植被和贫瘠的土壤与风大沙多、变化剧烈的气候条件,使得土地生态系统稳定性极差,利用稍有不当,极易出现沙漠化、盐渍化和植被退化等生态环境问题。据调查,准噶尔盆地东南部奇台县境内北部沙漠区自 50 年代以来沙地面积向南移动了 1～1.5 公里,淹没大量农田、农舍及草场。

(6)耕地资源数量大,但质量不高;后备宜农地质量差,开发难度大;中低产田的主要障碍因子有干旱、土壤瘠薄、土壤板结、盐碱、风沙等。

表 5—6 全国和新疆三次产业结构对比

	1980		1985		1990		1995	
	全国	新疆	全国	新疆	全国	新疆	全国	新疆
第一产业	30.1	40.4	28.4	38.2	27.1	34.7	20.6	30.0
第二产业	48.5	40.3	43.1	36.1	41.6	30.7	48.4	36.2
第三产业	21.4	19.2	28.5	25.7	31.3	34.6	31.1	33.8

2. 区域可持续发展的限制因子

(1)水资源量有限,成为控制区域经济发展的主导限制因子。实现绿洲生态与经济协调发展的最重要因子是水资源的利用。水资源是绿洲生命之源,它既是建造绿洲的主要动力,也是维护绿洲的重要保障。水在绿洲生态系统中的作用在于:①水是绿洲内物质、能量和信息最主要的携带者,水带来了建造绿洲的土壤,同时也是绿洲植物及经济作物养分的携带者;绿洲地区的水能是绿洲能源的重要成分;绿洲地区许多环境变化和其他信息是由水量、水质的变化反映出来的。②水是绿洲生态(自然)和经济社会(人文)系统共同依赖的基础,水资源在绿洲间和绿洲内的时空分布在很大程度上决定了绿洲地区基础产业的结构和空间布局,直接影响着绿洲区域中心的空间结构、职能和规模;水资源的数量还在一定时期和一定程度上决定着绿洲经济发展的总量。

干旱区的生态用水包括刚性生态用水和弹性生态用水(贾宝全,

1998）。刚性生态用水包括护田林网、灌草防蚀带、乔灌防沙带，主要分布在人工绿洲地区；弹性生态用水包括薪炭林、用材林、园林与特用林用水。在经济发展过程中，必须满足刚性生态用水，才能确保实现干旱区的可持续发展，在此前提下，合理规划弹性生态用水方式和规模，力求达到区域生态环境的改善和社会经济的可持续发展。

（2）土地资源的有限性决定了人类生产与生活的空间。尽管西北干旱脆弱生态区具有广大的面积，然而，适合于人类生存的地区仅局限于不足5％的绿洲地区，而广大的荒漠地区无法为人类提供生存的空间。由于受到水资源的限制，绿洲的开发和利用也受到极大的限制。加上时刻存在的荒漠化过程，一旦对绿洲的开发利用不当，将可能导致绿洲生态系统向荒漠化演变。充分有效地利用绿洲地区有限的土地资源，防止土地荒漠化，将是实现干旱绿洲边缘区可持续发展的关键。

（3）经济基础薄弱，文化素质差成为制约可持续发展的后腿。与中国中东部地区相比，广大的西北干旱脆弱生态区经济十分落后，加上该地区人口文化素质普遍较低，新疆成人文盲率为9.7％（中国科学院可持续发展研究组，2000）。因而决定了在实现整个地区的可持续发展过程中具有较大的难度。提高西北干旱脆弱生态区的竞争能力和创新能力，加强与中东部地区的经济联系将是该区发展的基础之一。

（4）不便的交通条件大大妨碍了西北干旱脆弱生态区与外界的交流与来往。由于距离中国经济的中心遥远，交通条件十分不便，广大东部地区经济发展的辐射作用无法成为推动西北干旱脆弱区经济发展的外来动力。即使在西北干旱区内部，由于受到水源的限制，各个绿洲系统几乎是散布在广大的西北荒漠地区，不同绿洲地区之间也成为一个个独立的小岛，绿洲系统之间缺乏必要的经济联系，导致在该区无法形成大规模的经济生产。一般以一个绿洲生态系统为单元，发展结构完善、功能齐全的社会国民经济体系。

（三）西北干旱绿洲边缘带可持续发展战略

干旱脆弱生态区是西北广大人民生存的家园，同时也关系到中国东部地区生态环境的演变,如气候干旱化、风沙灾害等。由于其本身生态环境的脆弱性,在开发利用过程中必须将保护和开发相结合,而且必须以生态保护为基本前提。干旱脆弱生态区生态保护的基本原则可以概括为(贾宝全,1999):①生态合理性前提下的生态用水优先满足原则;②以绿洲为中心的原则;③以植被为主体的生态建设原则;④以水为纽带综合开发原则;⑤以现状为主循序渐进的开发原则。

干旱区生态环境十分脆弱,因而在流域开发过程中,应合理开发自然资源,坚决杜绝掠夺性开发和不合理开发现象。否则就会导致流域生态环境的进一步恶化,反而得不偿失。如甘肃石羊河流域开发中,由于中游用水过度,导致下游供水严重不足。绿洲退缩和沙漠化加剧,严重影响了下游地区经济的发展。在干旱区,强度不同的人类活动往往会产生两种截然不同的后果,即荒漠化和绿洲化。因而在干旱脆弱生态区流域开发中,人类活动不应过大,避免诸如过度放牧、滥砍滥伐等不合理行为(张兴平,1994)。

土地合理利用的途径:①发展节水农业:以深度挖潜为主,以水定地;开源与节流相结合,推广先进灌溉技术;改进栽培技术,量水种植;利用经济杠杆,全面收取水费。②调整畜牧业生产布局。③植树造林,防风固沙(张落成,1994)。

绿洲可持续发展的战略重点:①加强绿洲化建设,确保生态环境的良性循环;加强绿洲防护林和防护性植被的建设,维持绿洲的稳定发展;加强绿洲土地管理,防治沙漠化及次生盐渍化的发生和发展;合理调配、节约用水、确保生态用水。②优化绿洲产业结构,实行绿洲经济多元化,促使绿洲经济协调、稳定和高效发展:a.绿洲产业结构的调整方向:新疆的产业结构中第一产业占的比重较大,第二、第三产业均不发达,第二产业中以资源型原材料开发和初级产品加工业为主,深加工、精加工产品极少。因此产业结构调整的总方向是:提高第二、第三产业的比重,增强产品的深加工、精加工能力,使产业向知识、技术型方向发展。b.绿洲大农业结构的优化:优化农、林、牧三者之间的比例关系,获得最佳经济效益与环境效益。改变传统的粮—经二元结构为粮、

脆弱生态环境与可持续发展

经、肥、饲、菜多元复合结构。传统的粮—经二元结构是低投入低产出，不利于实现农业高产、高效。应根据因地制宜原则，将粮食作物、经济作物、绿肥作物、饲料作物和蔬菜进行合理的间、轮、套、复作，形成新型多元、复合群体结构，以真正实现绿洲农业的高产、优质、高效。c.发展绿洲的立体生态农业。根据不同地形及土壤条件，发展农林牧分带或分块布局的立体农业；多层次利用光热和水土资源，推行田间套种的立体农业；发展立体种植（高志刚，1996）。

（四）西北干旱绿洲边缘带可持续发展模式

1. 干旱脆弱生态区可持续发展模式

前面分析了干旱脆弱生态区可持续发展中存在的问题和限制因子，人们已经认识到这些问题的重要性，并积极展开了研究，在此基础上，针对干旱脆弱生态区（绿洲区）提出了许多适宜的可持续发展模式。作为干旱脆弱生态区人类活动的主体，从整体上，应建立合理的生态系统结构，使得生态系统的保护功能达到最完善，既可以起到保护区域生态环境的目的，又可以为干旱区人类的生存和经济发展提供必要的物质基础。概括起来，绿洲生态系统的生态结构应包括四部分（张鹤年，1995）：

（1）沙漠边缘自然植被的恢复、重建。在沙漠、绿洲的结合部，在自然条件下，因洪泛和泉水，滋生了大面积中旱生植被，沿河流渠系、泉点分布，代表植物为深根型灌木、半灌木，前者以柽柳为主，后者以骆驼刺为主。这类植物以地表水萌芽、扎根，以地下水延续生命进程，并以根蘖繁殖特点扩大种群覆盖面，形成保护绿洲的自然屏障。

本世纪 60 年代以来，由于干旱区各河上游人口激增，大量开垦土地，生产和生活用水迅速增长，导致洪水量日趋减少，下游自然植被由于地表水的减少、地下水位的下降，造成繁衍、生存威胁。与此同时，樵采、放牧等不合理社会经济活动，加速了天然植被的瓦解，裸地面积迅速增加，既失去了对绿洲的保护作用，又增加了新的沙源地。

为此,恢复、重建沙漠边缘的自然植被,成为建立荒漠—绿洲生态保护系统的首要环节。自然植被恢复、重建,采取模拟自然、辅以人工的方式,以促进其发育过程。主要措施为引洪灌溉和封禁保护。

　　引洪灌溉,一方面改变了地表含水状况,另一方面增加了沙层含水率,一定程度补给了地下水,促进了固沙植物的种子繁育和根蘖繁育,可在较短时间内大幅度提高植被的覆盖度。一般3年左右,植物覆盖度即可由3%~5%增加到70%~80%。

　　封禁保护,为沙地植物正常生长发育创造了条件,并促进了根蘖繁衍,又利于迅速扩大植物覆盖度,尽早发挥防护效益。

　　恢复、重建的自然植被,增加了植被所在区域地表粗糙度,有利于改变近地表风沙结构,减少含沙量,又有效地固定了地表流沙,防止了风蚀。在沙漠治理中,属于一种治本措施,其作用是其他防护措施所不可替代的,而且,它还提高了生物生产力,在一定条件下,可分片、有限度地开发利用。

　　(2)绿洲外缘防风阻沙灌木林营造。在绿洲外缘,分布有大面积弃荒地,是在原天然植被分布区垦殖后又放弃的。它们构成了距绿洲最近的新沙源地,是人类开发沙地失败的产物,属沙漠化土地范畴。

　　弃耕的沙源地对绿洲危害虽最直接,但因距绿洲较近,获取水源便利,治理也相对容易,可根据"先易后难,先近后远"原则,逐步布设防风阻沙灌木林。防风阻沙灌木林树种选择的原则是:耐大气干旱和土壤干旱、耐风沙沙埋、繁殖容易、速生等。经试验可以乔木林树种沙拐枣、柽柳等大灌木为主。营建方式采取平沙开渠,植苗插播、直播等均可,每年洪水季节灌溉一次,即可保持正常生长发育。

　　沙拐枣耐沙埋能力十分强,在全株被埋90%时仍能正常生长,10年生植株沙埋深度可达3.5m,而其地上部分仍高达5.2m,冠幅3.5×2.4m,基径10~15cm。

　　(3)绿洲前缘窄带多带式防风固沙林网营建。洪灌、封育的天然植被和人工灌木林,能较好改变近地表气流状况,防止地面起沙,但对高层气流仍无能为力,近地面气流仍有恢复成害的可能。为此,为改变局部气流环境,减少风沙危害,尚需连续削减风力,改变风流结构。窄带多带式防风固沙林网即是实现上述目的的一种较好的用林方式。

绿洲前缘紧临弃耕沙源地,在风沙流作用下,地面有大面积雏形沙丘分布,地形起伏不平,加上风力较大,一般的造林方式均不适用,保存率极低。本试验采取免耕沟植法,利用地形平沙开沟引水,沟两侧各植一行树,带(沟)距10m,株距1.5m,树种以桑树为主,带间种植苜蓿,使防护林网成型后,兼有发展蚕桑、畜牧的生产功能。

因采用沟植法,水源充足,树木生长迅速,桑树枝叶繁茂,苜蓿覆盖地面,二者结合,既防风又固沙,发挥了双重功能。进入绿洲的风沙流,经多道窄林带的阻拦,携带的沙子大量沉降于此,越过这一道屏障的气流,不仅能量大量衰减,而且也基本纯净了,实现了对绿洲沙害的根治。

(4)绿洲内部农田防护林建设。在大风条件下,风沙流虽历经草带、灌木带、窄带多带式防沙林网的阻拦而有所削减,但进入绿洲的气流,不进行有效防护,在绿洲内部的沙质环境条件下,有重新形成风沙流的可能,仍然会带来危害。为此,在绿洲内部配设农田防护林仍然是十分必要的。

2. 绿洲地区适宜生态农业模式

作为脆弱的绿洲生态系统,必须发展农、林、牧综合的生态农业,既提高农民的经济收入,同时又保护生态环境。仅靠单纯地发展农业生产,无法满足人们增加经济收入的要求,同时对区域生态环境也产生了巨大压力。

表5—7 绿洲农林牧结构优化及效益对比(高志刚,1996)

	占耕地面积比例(%)			经济效益	利 润
	种植业	苜蓿	林带	产值(元/hm²)	(元/hm²)
现状	83	12	5	525	225
优化方案	62	25	13	1042.5	450

根据广泛的试验结果,目前比较适用的农业生态技术有(张鹤年,1995):

（1）杏—小麦—棉花型农林复合生态系统。杏树是干旱区比较适宜的树种，一般喜光喜肥，生长迅速，定植后第 4 年开始结实，第 8 年进入盛果期。采用植苗造林，苗高 1～1.5m，株距 5×4m。定植翌年 4 月份嫁接，或于 5 月初套种、牙接，成活率均达 100％，当年生长分别为 158cm、176cm、133cm，无明显差异。杏树主根发达，第 2 年即深入土层 1.5～2m，侧根分布距地表 40～50cm 处。小麦为一年生乔本科植物，须根特别发达，从地表以下 5cm 开始生根，集中分布于 10～15cm 处，15～30cm 处须根较少，30～50cm 处则更少。表明小麦所需水分和养分主要来自 5～15cm 土层。

脆弱生态环境与可持续发展

杏树与小麦间作套种，可充分利用土壤水分和养分。两者地上部分高度差异大，也不影响光热的利用。此外，小麦生长期灌溉达 4～5 次，可充分保证新植杏树对水分的需求。在小麦成熟收割后，还可播种冬菜，如黄萝卜、青萝卜、大白菜等，每公顷收入可达 15000～20400 元。棉花是本区主要经济作物，每公顷收入 9000～15000 元。然而，棉花采用铺膜播种，出苗后两个月才浇第 1 水，不利于新植杏树的成活，经试验成活率仅 50％～70％。因此，杏树与棉花的套种只适宜放在杏树定植成活后第 2 年。此外，棉花的主根也发达，存在与杏树争水争肥的情况，故不是最佳组合。

（2）红枣—小麦—棉花型。红枣是经济价值较高的经济林木，喜水喜肥，但对土壤的要求较高，在风沙土、轻盐碱土上生长均较好，为主根型速生树种，在适宜水土条件下，栽植当年即有少量结实，第 7 年进入盛果期，每公顷产干枣约 7500kg，价值 30000 元以上。红枣种植第 3 年主根即深入土层 2～2.5m，侧根从距地表 40～50cm 处伸展，与小麦、棉花套作均适宜，年经济效益可达杏—麦—棉型的两倍以上，是一种值得推广的类型。

（3）苹果—小麦—棉花型。苹果亦属高经济价值果木，喜肥、喜水，对土壤要求较严格，耐低温，但逊于杏树，在当地最低气温条件下一般能安全越冬，但在幼树期木质化不够时，尖梢有受冻害致死现象。在水肥适宜、管理得当条件下，定植 5 年开始结果，以后逐年递增，10 年进入盛果期。此时,行株间郁闭,不宜再进行间作套种,一般可在前5年套种小麦、棉花。

在苹果园套种小麦或棉花,因施用农家肥(每公顷 45000～75000kg)、磷酸二铵(每公顷 300kg)作基肥,生长期追施尿素每公顷600kg,同时进行中耕锄草等田间管理,不仅保证粮、棉的收成,也有利于促进苹果树繁茂生长,提前进入结果期。同时也增强了抗御风沙的能力,一举而多得。

(4)桃—麦—棉花型。桃树为速生经济树种,定植第3年即结实,但冠幅大、占地多,过去多种植于房前屋后。加之果实不耐储运,商品率较低,因此,仅做了少量试验。栽植株距 5×4m,3 年株间郁闭,行间覆盖率达 70%～80%,对小麦影响较大。

综上所述,在本地区进行果、粮、棉间作套种,改变了过去防护林树种选择的单一化,增加了生态经济林树种的比例,在保证防护效益前提下,增加经济收益,有利于促进地区经济发展,提高人民生活水平,也有利于促进荒漠化的治理。在间作套种下,应因地制宜,在水肥条件好的地方,多发展苹果—粮—棉型;在水肥条件差的地方,多发展红枣—粮—棉型;在风沙较重地方,宜以杏—粮—棉型为主。

3. 实现干旱脆弱生态区可持续发展的途径与措施

(1)提高水土综合开发利用效益的基本途径和措施:①加强水土开发科学决策,推行综合效益系统评价制度;②完善开发利用中的节水节土机制;③建立人口—水土开发—经济—环境总体协调的优化模式(韩德林,1994)。

(2)生态环境的合理利用途径:西北干旱区太阳辐射量丰富,日照时间长;无霜期长,热量条件较好;但降水量稀少,大气极度干旱;风能贫乏,但风沙危害强;地表缺水时间长,但地下水丰富;土壤以风沙土为主,养分含量少,含盐量低(热合木都拉,1995)。这些特点从一方面说明地区的资源优势,特别是太阳辐射充足,为农作物的生长提供了有利条件,同时具备较好的太阳能资源,若开发得当,可以大大促进地区经济的发展。然而从另一方面,这又是地区经济发展的不利因素,强烈的太阳辐射,导致地表极度干旱,不利于作物的生长,而导致区域生态系统十分脆弱。因此在合理利用生态环境资源促进区域可持续发展上应注意以下几点:①因地制宜,种植多种作物和园林果木;②多饲养冬冷夏热干旱型家畜;③减少小麦播种面积,提高单产,春播玉米改为夏播;④推广一年两熟制生产模式;⑤实行草田轮作,种植深根植物;⑥合理分配水源,提高植被覆盖率。

（3）提高农作物降水利用率的途径:降水资源是一种廉价的便利的清洁的再生资源,合理利用降水资源对于实现区域的可持续发展具有最积极的作用。对于干旱脆弱生态区来说,降水资源十分有限,但又十分珍贵,必须加以综合研究,充分利用。①应建立合理的农业生态系统:对农业结构进行调整,建立与本区自然资源相适应的农林牧结构互相协调的农业生态系统,才能合理利用自然资源,最大限度地开发农作物降水生产潜力;②调整农作物种植结构和布局;③增施肥料,以肥调水,以水促肥;④广辟水平梯田,等高种植;⑤大力推广地膜覆盖(陈昌毓,1995)。

三、西南干热河谷区可持续发展模式

中国西南干热河谷脆弱生态区系指横断山区河面以上 300～800m 的干旱、半干旱河谷地带,干燥度大于 1.5,原始植被为干旱草原、稀树草原和河谷季雨林。主要分布于金沙江、怒江、澜沧江和雅砻江的中、下游,大渡河和元江的中游,岷江上游(汶川以上)和嘉陵江上游的白水河等河谷区,其总长度为 4105km,总面积 11230km² (张荣祖,1992)。

本区一般为中山峡谷,地势陡峭,河谷深切,具有山高谷深、盆地交错的分布特点。土壤以燥红土为主,土层瘠薄,有机质含量低,水土流失严重。植被多为喜热耐旱类型,其中干热性稀树灌草丛是其主要类型,分布最广。群落外貌呈"稀树草原状",并以中旱生禾草为主要层次,盖度 80％以上。草丛高 50～170cm,多见硬叶、卷叶、厚叶、多刺、多毛、多刺等耐旱的适应性特征，季相变化明显，随干湿交替而转移。本区气温日较差大，年较差小，四季不分明，干湿季明显，冬春干旱晴朗多风、无严寒，夏季温暖湿润、降雨集中。一般年均温 20～24.1℃，≥10℃积温 7800～8800℃，极端最低气温－1℃，极端最高气温 42.5℃，年降水量 610～817mm，年蒸发量 2600～3700mm，相对湿度 55％～68％，最低值为 1％，地面最高温 75.8℃。

（一）西南干热河谷区的基本特征

根据本区水热条件垂直变化的规律，干热河谷气候表现为下干上湿、下热上凉，这与热带、亚热带山地气候的变化趋势完全一致，但是，干热河谷水热条件的垂直变化的幅度十分明显。

横断山区的怒江高黎贡山东坡和金沙江白马雪山东坡与中国东部地区湖南的九嶷山东南坡和福建的武夷山（黄冈山）南坡相比，年降水量和年平均温度随海拔高度的变化率差异十分明显。后者从山谷到山顶都属湿润气候，只不过湿润程度不同。怒江和金沙江河谷则不一样，山上属湿润气候，河谷则属半干旱气候，其干旱指标与中国西北的半干旱地区大体相同。从热量条件看，干旱河谷显然要优越些，同一生态类型的植被或作物的分布上限，在干旱河谷要比中国东部地区高得多（表5—8）。

表 5—8　干旱河谷与中国东部地区植被分布海拔上限比较（张荣祖，1992）

高黎贡山东坡	武夷山南坡
3000m 以上：铁杉林	1800～2100m：中山草甸
2400～3000m：常绿阔叶林	1600m 以下：黄山松林
1200～2400m：云南松林	1400m 以下：常绿阔叶林；马尾松林
1200m 以下：稀树灌草丛；干性常绿阔叶林；双季稻和多种果树	900m 以下：作物多样；柑橘、茶树
	500m 以下：双季稻

1. 降水

干热河谷地区降水量表现出明显的山地上下变化趋势，一般在山地的下部降水量偏低,随着海拔升高,降水量呈明显的增长趋势(表5—9、表5—10)。如位于该区的怒江河谷,谷地的岗党海拔755m,年降水量663mm;由此向上,鱼塘1400m,降水量1170mm;大风包2440m,降水量2226mm;山顶的斋公房3210m,年降水量3020mm。这表明位于山坡中、上部的大风包和斋公房,它们的降水量要比河谷中的岗党、山下的上江坝高3～5成。据沿江地区记录,深切于滇北和川西高原之间的金沙江河谷,自谷底至高原面上,降水量呈现增加的总趋势,但其海拔高度变化的幅度较小。如沿其南岸支流龙川江河谷到元谋盆地南部,降水量变化呈另一趋势,即降水量最少的不是在海拔最低的谷底,而在元谋盆地的中央,但它们相差仅20mm左右,显然是受到盆地气候效应的影响。

降水量的垂直变化,在干旱最显著的金沙江奔子栏、澜沧江日咀的同一剖面的东、西两坡,表现得更有规律。从金沙江河谷到白马雪山哑口为东坡,随着海拔的升高,年降水量增加,干燥度减小,但降水量最多处不在哑口,而是在该坡中上部,即最大降水量带在海拔3760m左右。从白马雪山哑口到澜沧江河谷为西坡,也就是西南季风的迎风坡,降水量随高度增加,干燥度随高度减小,但是不存在最大降水带。

根据彭曼干燥度指数计算的干燥度,干热河谷地区在空间分布上出现了三个严重的干旱中心:一个在三江(怒江、澜沧江、金沙江)最狭窄的河段,包括德钦的日咀和奔子栏,得荣以及察雅的卡贡等河谷地区,年干燥度在3.0～5.0之间;一个在滇西北和川西南之间的金沙江谷地,包括元谋、宾川、东川新村、巧家、渡口、华坪及东南部的南涧、元江等地,年干燥度在2.0～4.0之间;一个在大渡河、岷江和白龙江中游,其西南部的大雪山、中部的邛崃山、东北部的岷山与东南部的茶坪山和龙门山构成西南和东南季风的屏障,干旱河段则分布在这些山脉的背风坡,年干燥度1.5～3.0左右。由此可见,年干燥度的大小及其区域差异,基本上反映了本区各大江河不同河段的干旱程度。

虽然干热河谷地区降水量比较丰富,但由于该区气温较高,潜在蒸发量非常高。本区南部地区的元江河谷,全年潜在蒸发量约1500mm,

脆弱生态环境与可持续发展

导致在干季(3～5月)水分匮缺严重,而在雨季水分基本可以得到平衡(表5—11)。西部的怒江河谷怒江坝至六库的干旱河段,全年缺水约600mm,基本表现在干季,但在雨季略有剩余。

表5—9 龙川江河谷年降水量随高度的分布(张荣祖,1992)

地点	江边	多克	黄瓜园	元谋	班果	猛连	河尾	羊街	把锯
海拔(m)	980	1045	1060	1118	1170	1380	1500	1885	2090
年降水量(mm)	645	647	643	626	661	668	739	830	883

表5—10 安宁河年降水量随高度的分布(张荣祖,1992)

地点	三堆子	湾滩	丙谷	米易	德昌	西昌	冕宁
海拔(m)	1000	1010	1079	1099	1380	1591	1774
年降水量(mm)	724	957	941	1097	1047	1005	1088

表5—11 干旱河谷地区的水分平衡表(张荣祖,1992)

地点	全年潜在蒸发量 (mm)	水分余(＋)亏(一)量(mm)		
		全年	干季 3～5月	6～8月
元江	1576	－770	－616	－382	＋8
怒江坝	1371	－623	－588	－397	＋48
宾川	1462	－888	－663	－516	＋46
元谋	2216	－1602	－1157	－780	－105
巧家	1850	－1060	－890	－643	－8
渡口	1737	－975	－876	－664	＋131
日咀	1512	－1087	－488	－231	－273
得荣	1982	－1657	－876	－281	－201
西昌	1474	－460	－737	－422	＋291
泸定	1155	－518	－526	－248	＋117
汉源	1339	－612	－533	－291	＋32
丹巴	1505	－911	－620	－305	－95
南坪	1077	－524	－409	－209	－60

2. 温度

干旱河谷地形一般比较闭塞,降水稀少,晴天多,太阳辐射强度大;河谷底部受热剧烈,散热不易,故温度较高。山坡中、上部或高原面上地势开阔、阴雨天气多,太阳辐射量相对较少,地面辐射强度大,温度较低,温度随高度降低非常显著。因此,干旱河谷气温垂直递减率一般比较大,特别是南部和中部的干旱河谷。纬度相近的怒江坝—腾冲、元江—甘庄坝、元谋龙街、姜驿、德钦日咀—白马雪山哑口、得荣—乡城等剖面,与峨眉—峨眉山、九江—庐山、祁门—黄山、连城—九仙山等剖面比较,年平均气温垂直递减率在干旱河谷地区平均为 0.69℃/100m,在东部地区仅 0.51℃/100m。夏季(以 7 月为代表)和冬季(以 1 月为代表),干旱河谷分别为 0.71℃/100m 和 0.65℃/100m,而东部地区则分别为 0.58℃/100m 和 0.41℃/100m,两者相差显著。

在干热河谷地区,不同河谷、不同坡向和不同坡度的气温和垂直递减率亦不同,反映了干旱河谷气候条件的局地变化较大。如自南向北流的龙川江河谷,从金沙江的龙街—元谋段,年平均气温垂直递减率为 0.87℃/100m,而在元谋盆地内仅 0.53℃/100m。从盆周到高原面上,由于散热作用加强,递减率达 1.09℃/100m,在纬度相近的同一剖面上,东、西两坡不同部位的气温垂直递减率亦各不相同(表 5—12、表 5—13)。

干热河谷地区南部的元江、怒江坝和中部的元谋、华坪、永胜金江、巧家、渡口、会东等河谷地区,大于 10℃的积温一般在 7000~8000℃ 以上,相当于热带和南亚热带的热量水平;中部的宾川、西昌、德钦的日咀和奔子栏、得荣、金阳、泸定、丹巴、汉源等河谷地区,大于 10℃ 积温为 4400~6000℃,基本上相当于中亚热带和北亚热带的热量水平;北部的昌都、巴塘、德格、小金、南坪等河谷地区,大于 10℃ 积温为 1500~4000℃,约相当于从北温带到南温带的热量水平。

表 5—12　干旱河谷与中国东部地区气温垂直递减率比较

剖面	纬度差(°)	高度差(100m)	平均气温递减率(℃/100m)		
			全年	7月	1月
元江—干庄		3.81	0.76	0.70	0.76
怒江坝—腾冲	0.0	9.20	0.72	0.74	0.71
元谋江边—姜驿		9.20	0.74	0.78	0.65
日咀—白马雪山哑口	0.1	22.12	0.71	0.70	0.74
得荣—乡城	0.2	4.19	0.93	0.95	0.86
巴塘—理塘	0.0	13.60	0.70	0.67	0.71
雅江—理塘	0.0	13.48	0.58	0.56	0.55
泸定—康定	0.2	12.95	0.64	0.55	0.67
丹巴—小金	0.1	4.19	0.60	0.60	0.53
武都—南坪	0.1	3.27	0.55	0.80	0.34
平均	—	—	0.69	0.71	0.65
峨眉—峨眉山	0.1	26.00	0.55	0.55	0.50
九江—庐山	0.2	11.32	0.49	0.61	0.39
祁门—黄山	0.2	17.00	0.46	0.56	0.38
连城—九仙山	0.0	12.85	0.54	0.61	0.37
平均			0.51	0.58	0.41

表 5—13　龙川江河谷不同部位的气温垂直递减率

部位	河谷下部	盆地内	河谷上部(盆周)
海拔(m)	980～1118	1118～1307	1307～1855
递减率(℃/100m)	0.87	0.53	1.09

3. 植被

干热河谷地区植被的形成是长期适应局地干旱生境的结果。无论是植物群落的外貌与结构,还是种类组成,个体的形态与生态等都具有明显的旱生特征,主要表现为:①群落分布上的局限性。本区干旱性植被的分布,主要局限于大江干流及其支流两岸的山地下部,分布的高度范围常随不同经、纬度而变化,大致在三江区南部的滇南和滇西,一般分布于海拔 800～1200 米。金沙江流域则在 700～1500m;在本区北部的干温河谷地区,大渡河为 800～1800m,岷江上游为 1300～2200m,西部三江(金沙江、澜沧江、怒江)则为 1900～3000m;在最北部的昌都、德格等地(31°～32°N),分布高度在 2800～3200m,个别地区的上限可达海拔 3500m。②群落外貌随干雨季变化明显。干旱河谷中的植物,大多在雨季来临时,迅速抽枝发叶,呈现出一片翠绿的欣欣向荣的景色,继而开花结果,以争取在雨水较为充足期间完成其生活周期。而雨季结束后,所有植物又转入枯、落叶,甚至地上部分死亡,整个群落表现出一种毫无生气的休眠状态。③群落结构单一。干旱河谷植被由于水分不足,极大地限制了群落结构演替,绝大多数的生态系统类型与分层都比较单一。群落中乔木的生长受到水分抑制而影响高度和盖度;几乎所有群落类型中的有效层均以灌木草本为主,高度约 1～2m,有时也勉强可以分出上、中、下三层,但毫无例外的总是以中层盖度最大,在多数群落中,上下两层的地位似乎可有可无。④植物个体的旱生特征非常突出。本区干旱河谷的水分条件较中国西部干旱地区优越,气候分类上虽属于半干旱类型,但有些河段还偏湿润,所以本区几乎未出现以真正旱生植物为主的群落。这里的旱生植被,实际上都由中生性植物组成,大多具有明显的旱生形态,主要表现为以下特点:植株矮化,叶片变小,植物体被覆灰白绒毛,植物体具有刺化结构。

(二) 西南干热河谷区可持续发展的限制因子

1. 气候干旱、水资源季节分配不均是区域农业发展的主导制约因子

气候干旱,水热不平衡是干旱河谷生态环境脆弱的主要原因。干旱河谷区降水量少,蒸发量大、降雨年内分配非常不均,长达 7 个月以上的旱季降水不足年降水量的 20%。特别是 4～5 月旱季末期,气温高,蒸发强烈,土壤干旱严重,极不利于植物生长。如云南元谋,年降水量 614mm,年蒸发量 3737mm,年均温 21.7℃,干燥度达 2.5。旱季 7

个月(11～5月)降水不足50mm,同期蒸发量为2290mm。最热月为5月,月均温27.1℃。

　　干热河谷的河谷平原部分,灌溉农业发达,原始的干旱草原、稀树草原生态系统已被改造为干旱河谷灌溉农业生态系统。干旱河谷平原的生态环境已朝向有利于人类生存和资源利用的方向发展,是进化而不是退化。但河谷平原两岸的山地下部,生态环境严重退化。主要表现为植被退化、林线上升、森林覆盖率下降、水土流失严重、冲沟发育、土地质量下降。两岸山地严重的水土流失产生大量泥沙堆积于谷地,掩埋农田,造成河谷平原的农田的退化。据调查,金沙江下游河谷,30、40年代稀树灌丛和稀树草原景观仅分布于金沙江河谷相对高度500m范围内,现在已向上推进了300m,谷底以上800m范围内均呈现干旱河谷景观(柴宗新,1985)。云南元谋的森林覆盖率由50年代初期的12.8％下降到80年代末期的5.2％。引起干热河谷生态环境退化的主要人为原因是乱砍滥伐、毁林开荒(刘淑珍,1996;张建平,1999)。

2. 灾害性天气发生频率增大,滑坡、泥石流、崩塌等灾害频繁

　　据云南省统计资料,1900～1950年间,洪涝灾害平均5年发生1次,其中大灾14年1次,旱灾3年1次,大旱9年1次。而1950～1985年间,大洪灾2～3年1次,大旱3年1次,发生频率加快1～2倍(杜天理,1994)。许多地区滑坡、泥石流已经到了防不胜防的地步,严重威胁着工农业生产和人民生命财产的安全。

3. 严重的水土流失

　　干热河谷地区由于森林过伐、不合理开垦和过牧,加之森林火灾频繁发生,致使该区森林生态系统受到严重破坏,导致水土流失十分严重。一些典型地段土壤侵蚀模数达到 $1400～1500t/km^2 \cdot a$,最高达 $12000t/km^2 \cdot a$。由四川攀枝花的仁和区至云南元谋的金沙江段两侧,因长期的侵蚀、淋溶作用,形成了举世瞩目的"土林"景观,面积最大的

有 3000 余公顷。土层瘠薄,多数在 30cm 以下,最旱时土壤含水量低于 6%(杜天理,1994)。

金沙江、岷江地区均为中国水土流失十分严重的地区(柴宗新,1995)。根据遥感资料解译分析,岷江上游五县水土流失面积 10265km²,占土地面积的 41.6%,年侵蚀总量 2614.5 万 t,侵蚀模数 2547t/km²·a(郭永明,1995)。水土流失主要集中分布在森林破坏殆尽、植被稀疏的干旱河谷地区,坡度较陡,基岩风化剥落、泄溜、沟蚀、崩塌、滑坡和泥石流等活动十分活跃。

4. 土壤胀缩性高,对农业生产极为不利

西南干热河谷地区分布有较广的变性土。在干热河谷元谋地区进行的土壤胀缩性实验表明,干热河谷地区的土壤胀缩性非常强,土壤的胀缩度可以达到 45%～60%(表 5—14)。研究发现,干热河谷地区土壤吸水后迅速膨胀,5～10 分钟,土壤膨胀度值已很高;此后其值变化较小。

一般认为,土壤胀缩性高,对农业生产十分不利。土壤胀缩时,对周围土壤产生强大压力,而可能对植物根系产生机械损伤;同时,会使土壤变得更为紧实、透水困难,气体交换和热量状况均将受到阻碍。土壤收缩会引起龟裂,在元谋地区干热变性土上经常可以见到长 2～5m、宽 1～2cm,深达 30cm 的裂缝,拉断植物根系,使下层水分蒸发加快,导致土层干燥,植物根群减少,最终导致植物死亡。在干热变性土上的作物不仅产量低、品质差,而且多难以存活,部分区域乃至寸草不生。

表 5—14　元谋地区土壤的胀缩性(黄成敏等,1995)

序号	土壤类型	膨胀度(%)	收缩度(%)	胀缩度(%)	黏土矿物组成	黏粒含量(%,<2μm)
1	普通弱发育干热变性土	28.0	17.5	45.5	以蒙脱石为主;其次有伊利石;有少量高岭石	36.84

序号	土壤类型	膨胀度（%）	收缩度（%）	胀缩度（%）	黏土矿物组成	黏粒含量（%，<2μm）
2	表蚀弱发育干热变性土	26.5	34.0	60.5	同上	53.33
3	表蚀燥红土	4.5	3.0	7.5	以伊利石和高岭石为主	37.82
4	普通燥红土	6.5	5.0	11.5	以伊利石为主；高岭石次之	35.37
5	普通薄层土	2.0	1.0	3.0	以伊利石为主；高岭石次之	7.53
6	普通紫色土	7.5	14.0	21.5	以伊利石为主	17.44

此外,干热河谷地区土壤的容重偏大,表层土壤平均值达到 $1.35 mg/m^3$。在普通弱发育干热变性土上,土深至 10cm 处,容重就可达 $1.40 mg/m^3$,随土层加深,容重变大,至 60cm 处为 $1.74 mg/m^3$,反映出土壤紧实、板硬而缺少团粒结构。由此可知,干热河谷地区的土壤物理性状恶劣,改善土壤的物理性质具有重要的现实意义。

干热河谷地区上述恶劣的土壤性状,加上该区特殊的干热气候,使其不良的土壤物理性质更为突出。在旱季,土壤蒸发失水,强烈收缩;在雨季,土壤吸水,迅速膨胀,使得农作物难以正常生长,甚至存活都十分困难。

干热河谷地区普遍存在水分亏缺现象,相对持水量和有效水分保证率都很低,表层土壤难以满足植物对水分的需求。同时,土壤的耐旱性一般较弱,造成土壤水分缺乏更为严重。所以,改善土壤物理性状,充分利用土壤有效水分,增强土壤的抗旱能力,是提高干热河谷地区农业生产力的重要任务,也是生态环境整治的重大课题。

张信宝(1995)利用 [137]Cs 对元谋地区低山土壤侵蚀研究表明,元谋坝周低山台地燥红土农耕地侵蚀不强烈,但谷坡变性土农耕地侵蚀强烈。地梗在拦截泥沙方面,有明显的水土保持效益。谷坡非农耕地土壤侵蚀程度主要取决于植被覆盖率。草灌植被好的坡度 37°砂岩谷坡,侵蚀轻微,侵蚀速率仅 550t/km²·a;草灌植被覆盖差的坡度 20°左右的泥岩谷坡,侵蚀强烈,侵蚀速率达 3800t/km²·a 左右;谷坡裸地侵蚀非常强烈,侵蚀速率高达 8000t/km²·a 以上。

谷坡农耕地土壤侵蚀强烈,侵蚀程度多为强烈、极强烈,侵蚀速率从 2255t/km²·a 到大于 8000t/km²·a 不等。农耕地埂具有明显的保持水土作用。

5. 土地荒漠化扩大是实现可持续发展的主要障碍

西南干热河谷地区,由于自然因素和人为作用的影响,土地荒漠化日趋严重(刘淑珍等,1995、1996)。土地荒漠化的主要特征表现为:

土地资源逐渐丧失。在干热河谷地区的许多丘陵地区和河谷阶地由更新世胶结较差的河湖相砂砾层组成,地表植被覆盖极差,在夏季流水的侵蚀作用下形成细沟、切沟、冲沟,最后发育成宽度达数十米甚至几十米宽的宽沟。暴雨季节水土流失比较严重,不利于该区农业发展。

土壤退化。干热河谷地区土壤退化主要表现在以下几个方面(刘淑珍等,1995):①土壤类型的退化:由于气候日趋干燥、炎热,干热河谷地区本应形成的地带性土壤——红壤而被适应干热气候的燥红土所代替,而由于土壤侵蚀,燥红土又逐渐演变成表蚀燥红土、砂燥红土、石子燥红土等。同时还发现较多的干热变性土。②土壤物理性状的退化:主要表现为土壤质地逐渐粗化。由于土壤侵蚀带走了土体中的细粒物质,使表土中的砂砾石含量增多。据调查,元谋县土壤质地机械成分中物理性沙粒占了 70%～95%的旱地占耕地面积的 62.5%。在土林分布区土壤粗化现象尤为明显。土壤粗化后保水保肥能力下降,抗侵蚀能力变差,加剧了土壤侵蚀的发展和土壤肥力的衰竭,形成恶性循环,从而加剧土地荒漠化的过程。③土壤结构性退化:由于土壤侵蚀作用,表层土壤不断被冲刷,土层变薄。据调查元谋县耕地的 25%土层只有 10cm 左右,山地表现尤为突出,有些地区耕地的 60%土层只有 10 厘米左右。同时土体构型劣化,变成无 A、B 层的母质性土壤,产生逆性发育过程。另外干热变性土土体干裂,沿裂面崩塌,出现滑擦面、锲状结构。④土壤营养性退化:因流水侵蚀作用,土壤中被带走的物质大大高于进入土壤中的物质,使物质循环得不偿失。元谋县试验区主要土壤燥红土表层有机质含量为 0.15%～0.08%(0～20cm),其中由于土壤侵蚀所形成的表蚀燥红黏土亚类土层仅厚 10cm 左右,有机质含量 0.15%。干热变性土有机质含量也仅占 0.15%～0.66%,土壤中磷素极缺乏,全磷仅 0.013%～0.0245%,速效磷则多为痕迹量。

植被退化。由于气候自晚更新世以来日趋干燥,加之土壤退化,使干热河谷区的植被严重退化,已由地质历史时期森灌草完整的群落退化为稀树灌丛植被,丘陵区已退化为草地,局部土地荒漠化严重地段已退化为裸地。因为地表植被的退化,加速了土壤侵蚀作用的进行。

除了由于气候变化而降水减少等自然因素外,一些人为因素的影响加速了生态环境的退化。人类活动对土地荒漠化的影响主要表现在(张建平,1997):①人口激增,环境压力增加。在元谋干热河谷地区,由于人口快速增长及对自然资源的滥用,使本来就十分脆弱的生态环境遭到破坏,导致土地荒漠化发生。元谋县人口从 1950 年的 5.20 万人增加到 1993 年的 18.97 万人,43 年增加了 264.65%。人口增加对元谋干热河谷区环境的压力,导致土地荒漠化发生和扩大。②垦荒。随着人口的增加,人均耕地不断下降,加上城镇、居民点、工矿、道路等占用耕地,使耕地面积不断减少。人们为了解决吃饭不得不开垦荒坡。③乱砍滥樵。人口大量增长,使元谋县森林遭到大量砍伐和破坏,植被发生逆向演替,并导致土地荒漠化的发生。50 年代初期,元谋县有林地 $2.6×10^4$ 公顷,人均 0.38 公顷,森林覆盖率为 12%。到 1985 年,全县有林地下降到 $1.0×10^4$ 公顷,人均 0.06 公顷,覆盖率下降到 5%;活立木蓄积量 $55.2×10^4 m^3$,人均 $3.2m^3$,由于元谋缺煤、石油等生活能源,所以山区农民至今仍以烧柴为主,加速了土地荒漠化过程。④过度放牧。随着人口数量的快速增长,畜群数量大量增加,草地超载愈来愈严重,形成畜群数量、草场生产水平、载畜量之间的恶性循环,导致草场退化和荒漠化的发生。

据元谋县志记载,20世纪50年代初期,生态环境虽然遭到了一定的破坏,但是境内森林覆盖率仍有12.8%,1500～2000m的山地分布有成片的云南松林。丘陵区仍是灌草丛生。但随着社会经济的发展,人口增加,生态环境急剧恶化,土地荒漠化日趋严重。

(三)西南干热河谷区可持续发展战略

干热河谷地区恶劣的生态环境直接限制了该区的经济发展。为了实现区域的可持续发展,应紧紧围绕如何改善区域的生态环境,合理开发利用荒地资源和丰富的植物资源。首先应从恢复区域的植被覆盖率入手,以种植抗旱、耐灾害的具有多功能的豆科灌木及多年生草本植物为主来覆盖土壤、保持水土,改善生态环境。在此基础上,根据环境地质条件,在地形敏感的地区,种植一定面积的林地,增强区域生态系统的功能。

干热河谷地区具有热带和亚热带地区的气候特征,并且垂直地带性变化明显,为区域农业的综合发展提供了有利条件。在农业发展上,结合区域的生态环境特点,发展生态农业,培育和发展水果、药用植物。西南干热河谷地区土地资源的潜力,一方面表现在其得天独厚的光热资源;另一方面因干旱缺水,大面积的旱坡地未能充分发挥生产潜力,旱粮最高年产1500～2000kg/公顷,荒山荒坡却根本没被利用。显然,解决水分紧缺问题是实现该区土地生产潜力的关键。适当配套水利设施,依靠节水农业技术,发展亚热带经济林果、水保经济林及水土保持林草,其开发潜力相当可观。

合理开发利用土地资源的途径必须根据干热河谷地区土地资源现状,保证该区粮食自给,稳定蔗、菜产量,适度发展热带水果,结合热带经济作物开发,重点搞好水土保持。以此为指导,转变过去依靠政府兴修水利,大力开发的观念,为适当解决水利,依靠科技合理开发;发展节水农业和雨养农业,最大限度地提高水分利用率和发挥光、热、土优势,是开发利用好该区土地的有效途径。

（四）西南干热河谷区可持续发展模式

1. 荒地资源的开发利用模式

在荒山造林绿化中,应坚持"因地制宜"、"适地种树"的原则,贯彻"以灌为主,乔、灌、草相结合,宜乔则乔、宜灌则灌、宜草则草"的开发策略。将开发利用与恢复植被、保持水土有机地结合起来,既要积极栽树种草、改造和恢复植被,提高覆盖率,又要禁止滥砍乱伐、陡坡开垦和不合理放牧等破坏植被的现象。

干热河谷地区因河流走向、切割深度各异,自上而下形成不同的生态层次。因此,应根据立地环境条件,将干热河谷地区从地域上按海拔高度划分成不同的类型,实行"因地制宜"、"适地种树"的分类指导原则（张映翠,1996）。

（1）过渡区　海拔 1600m 以上从稀树草原向云南松林区过渡的狭窄地带。该区土壤水分条件较好,应尽快实行造林绿化,以达到控制水土流失,涵养水源,调节气候,改善生态环境的目的。该区应以营造水源涵养林为主,实行乔、灌、草相结合,进行多层、多种经营,以提高森林生态系统的稳定性和抵御自然灾害的能力。树种可以选用蓝桉（*Eucalyptus grobulus*）、桤木（*Alnus nepalensis*）、黑荆（*Acacia decurrens var. mollis*）、松（*Pinus spp.*）和米德杉（*Currninghamial unicaliculata var. pyramidalis*）,以容器育苗造林为主,实行工程造林,努力保证造林质量,提高造林效益。

（2）稀树草原区　海拔 1200～1600m 之间的地区。该区面积大,范围广,生态脆弱,环境质量差,土层瘠薄,水土流失严重,土壤对植物的承载力较低,是造林难度最大的地方。该区应以保水保土、减少土壤流失为主要目的。大力营造水土保持林,种树以灌木为主,要引进经济价值高、多年生的豆科植物和良种草来改造以扭黄茅为主的稀树草原景观。营造周期短、多功能人工生态植物群落,实行乔、灌、草布局相结合。为避免水土流失,整地方式应以水平带状松土或小块状为主。土层薄的地段宜稀植,树种选择应具备速生、覆盖性好、需水量低、抗旱耐热性强、常绿多年生、改土性能好、经济价值高、造林方法简单易行等为条件,经多年试验,以山毛豆、车桑子、新银合欢、苦刺等树种为佳。

(3)河谷农业区 海拔 1200m 以下地区,是干热河谷粮食和经济作物主产区。农地间成片荒坡、沟谷、坡坎等约占 10%,是发展热带、亚热带经济果木的理想场所。该区应以立体农业布局为基础,大力发展芒果(*Mangifera indica*)、香蕉(*Musa paradisiac var. sapienium*)、油梨(*Persea ameriicana*)、西番莲(*Passiflora edulis*)、番木瓜(*Carica papaya*)、荔枝(*Lich chinensis*)、桑(*Morus alba*)、葡萄(*Vitis vinifera*)、龙眼(*Euboria longan*)、石榴(*Punica granatum*)、酸角等经济林木。采用良种壮苗,提高栽植、经营管理水平。同时还应建立一定数量的防风林,以促进农业的稳产高产,树种可选用赤桉、柠檬桉(*E. Citriodora*)、红椿、酸角、大叶相思(*Acacia auriculaeformis*)、顶果木(*Acrocarpus fraxinifolius*)、云南石梓(*Gmelina arborea*)等。加速区域农村庭院经济的发展,实行合理的时空布局,建立早、中、晚果类组合,美化环境,增加经济收入。

2. 植物资源的开发利用模式

(1)热带亚热带水果开发利用:芒果是干热河谷地区具有发展前景的水果之一。攀枝花市 70 年代初引种成功,现已在河谷地区利用农用旱地推广芒果 50 余万株,获得较好效益。如攀枝花市仁和镇东风村一农户,种植芒果 19 株,第 3 年开花结果,第 5~6 年平均每株产果 30kg,年产果 1400 余公斤,收入 3400 元左右。云南元江县甘庄坝农场 80 年代利用荒山种植芒果 530 公顷,现产品远销深圳,深受欢迎。

(2)饲料植物资源利用:攀枝花市林业科学研究所在海拔 1200~1600m 的荒山上种植山毛豆获得成功。已在川、滇等省干热河谷推广营造山毛豆灌木林 2 万公顷,山毛豆叶可利用资源总量达 700 万 kg。山毛豆叶含蛋白质 21.4%,富含 18 种氨基酸和多种常量及微量元素,用于猪饲料可以节约粮食 30%~40%,且有肉质好、味鲜美的优点。

脆弱生态环境与可持续发展

四川省凉山彝族自治州林业科学研究所 80 年代初在干热河谷地区营造新银合欢林 1200 公顷。该所试验用叶粉作饲料,在猪食料中添加 30％叶粉,其增重与对照尤显著差异。

（3）纤维植物资源利用:山毛豆木材综合纤维含量达 80％,木素和其他抽出物含量低,粗、细浆得率高。用于抄制瓦楞纸、箱板纸、胶印书刊纸,经轻工部武汉造纸测试中心监测,其各项指标均达到国(部)颁标准。攀枝花市山毛豆木材量已达 16 万 t,已列入正在筹建中的金沙江万吨造纸厂原料之一。云南省红河彝族哈尼族自治州林业科学研究所在开远市荒山营造车桑子林 700 公顷,获得成功。用车桑子木材造纸,细浆得率 40％,纸白度 45,其他指标均达到部颁卫生纸标准。

（4）香料植物开发利用:蓝桉是近年来滇西北、川西作为香料重点发展的树种之一。该树种生长快、产叶量高,含油量 1％左右。在攀枝花市、凉山州已建成了蓝桉香料林基地,面积在 700 公顷以上。香茅草（Cymbopogon）、天竺葵（Pelargonium graveolens）在川、滇干热河谷区均引种成功并大力推广,已开始产油供出口和国内市场。

（5）植物油开发利用:小桐子（Jatropha curcas）在干热河谷区生长良好,攀枝花市林业科学研究所进行了千亩小桐子示范林营建试验,已通过省级鉴定,并在干热河谷区大面积推广。其油可以代替柴油,供农用燃油机械。蓖麻（Ricinus communis）在干热河谷引种栽培后为多年生植物,结果早、产量高。其油可用于航空业,货源紧俏。

（6）饮料植物资源开发利用:余甘子树天然生长于干热河谷地区荒山,广泛分布于川、滇、黔、桂四省(区)。结果早、产量高,果汁对咽炎有较好的疗效。中国林业科学研究院紫胶研究所已建立了果汁饮料加工厂,产品颇受欢迎。酸角为干热河谷代表植物之一,果肉作饮料,维生素含量高,具清热解渴功效。川、滇干热河谷均有分布,年产荚量在 100t 左右。

（7）蚕桑植物资源开发利用:攀枝花市引进和选用良种桑,在春、夏、早秋、正秋和晚秋五个养蚕季节,大规模养殖桑蚕有高产、优质的优点,且较其他地区每年可多养两季蚕。

3．坝区农地和旱坡地的开发利用模式

（1）合理调整粮、蔗、菜生产布局，在有限的土地上获取最大的经济效益。由于产业效益的差异，坝区粮—菜、蔗—菜争地矛盾突出，粮食用地减少。需以科技为依托，引进和推广优良品种，提高单产水平，增加粮、蔗，特别是甘蔗的经治产出率，缓解三者用地矛盾。粮食要立足自给，最终解决水稻高产区吃返销粮的局面。在加工增值体系形成之前，除了靠近区域大中城市较近、交通条件较好的地区，可以有计划地发展冬旱蔬菜外，其他各地方应把甘蔗作为粮食之后的第一大种植业，选择抗寒、抗旱、高产品种，尽快从粮、菜土地中退植旱地，确保丰产丰收及三大产业协调发展，为干热河谷地区农业综合发展提供基础保障。

（2）大力发挥庭院的生产功能和生态优势，发展南亚热带名、优、特水果。受人畜生存对水、土、光、热及其他物质需求的影响，庭院有其独特的生产功能和生态优势，很适宜于发展南亚热带水果。如荔枝（ *Lich chinensis* ）、龙眼（ *Eupboria longan* ）、石榴（ *Punica granatum* ）是河谷区的传统名果。近年来新引进的芒果、香蕉日益为农户所接受。除石榴在会泽县形成千公顷规模种植，芒果、香蕉有一定面积发展外，这几大类水果至今仍保持庭院栽培，并产生较好的经济效益。

（3）适度发展特色养殖业。在基本保证生猪养殖的基础上，充分利用坝区生态条件好、交通便利、市场近的特点，适度规模发展市场前景好，同时又具有耐热、耐旱、耐粗、抗病、食量小、周期快、多用途、高增值的热区特色养殖业，如火鸡、毛驴、鸵鸟等，以提高坝区开发水平和效益。

（4）旱坡地的保护性开发利用。在有季节性灌溉条件的旱地，局部地势平缓和斜坡汇水宽坦区，重点发展南亚热带水果。品种上要求抗旱、质优、丰产、早熟。作物匹配上要顾及长效与短效、乔木与灌木的复合，采取果—果—菜（药）果—菜（药或粮）模式，尽可能利用光、热资源和有限的水分，充分挖掘土层厚、肥力相对较好的潜在优势，实现较

高生产力水平和良好效益。适宜该地段的长效南亚热带水果有芒果（*Mangifera indica*）、香蕉（*Musa paradisiac var. sapienium*）、荔枝（*Lich chinensis*）、葡萄（*Vitis vinifera*）、龙眼（*Eupboria longan*）、石榴（*Punica granatum*）、柑橘等；短效作物有云南小粒咖啡（*Coffea arabica*）、番木瓜（*Carica papaya*）、直立花生、绿豆、玉米、南药及在区内已形成一定规模的冬春早蔬菜。

对于水资源较差的缓坡、斜坡地，应发展节水或雨养经济林及经济水保林为主要手段。选择本区原生适生植物资源，实施乔—灌—草、乔—灌—草复合栽培，是实现该区土地资源持续利用的有效途径，可供开发的品种有酸角、攀枝花、余甘子、毛叶枣（*Zizyhpus mauitina*）、番石榴（*Psieium guajava*）、剑麻（*Agave americana*）、黄茅等。

表 5—15　干热河谷适宜林草种及其特性（杨忠等，1999）

林草种	抗旱耐瘠薄性和适种范围	萌芽力和速生性	改土性能	经济价值	育苗定植
桉树	适应性强，耐热耐干旱耐瘠薄，适于于砾石层坡地、河谷侵蚀沟及四旁	速生，根系发达。3 年树高达 5～7m，冠幅 1.5×1.8m	改土性能差	用材，其中柠檬枝叶可提炼芳香油等	8～9 月采种，容器育苗，3×4m 定植，水平沟 1.5×0.6m
相思	耐旱、瘠，适性强，优良先锋树种，适种砾石层山地，河谷侵蚀沟及四旁，桉树伴生种	15 年以前生长慢，萌生力强，3 年树高 2～4m，冠幅 1.3×1.3m，根系发达	具有较好的结瘤固氮和改土性能，是许多树种的理想伴生种	用材，材质坚韧有弹性，树皮含韧质 23%～25%，叶含芳香油	8～12 月采种，容器育苗，2×4m 定植，水平沟 1.5×0.6m
刺槐	根系发达，耐干旱瘠薄，适种于砾石层坡地、河谷侵蚀沟及四旁	速生，萌生力极强。3 年树高 2～3m，冠幅 1.3×1.3m	结瘤固氮和改土性能强	用材，薪炭和绿肥	8～9 月采种，容器育苗，2×3m 定植
银合欢	抗旱耐瘠薄，适生性广，优良先锋树种，适种大部分坡地类型	速生，萌生力极强。3 年树高 4.5m，冠幅 2×2m，2 年可郁闭	结瘤固氮和改土性能强，年固纯氮 750 kg/公顷	优良饲料，薪炭和肥料，可作造纸原料	11～4 月采种，容器育苗，2×3m 定植

林草种	抗旱耐瘠薄性和适种范围	萌芽力和速生性	改土性能	经济价值	育苗定植
山毛豆	耐热、抗旱、耐瘠性强，优良先锋树种，适种大部分坡地类型	速生，萌生力较强。3年可郁闭，高2.5m，冠幅1.8×16m	3年枯枝落叶层达20cm，结瘤固氮和改土性能极强	种子可食，茎叶可作药	12～3月采种，按1.5～2m种子直播
木豆	耐热、抗旱、耐瘠性强，优良先锋树种，适种大部分立地类型	速生，萌生力较强。3年可郁闭，高2.5m，冠幅1.5×1.5m	3年枯枝落叶层达20cm，结瘤固氮和改土性能极强	优良饲料，薪柴，造纸原料和绿肥	8～12月采种，容器育苗1×2m，种子直播
大翼豆	叶背毛，叶可调节方向避光，肉质根，抗旱耐瘠薄，适种大部分坡地类型	速生，覆盖性强。1年生蔓长3m，1×1m定植，当年覆盖，厚度20～30cm	3年枯枝落叶层达20～30cm结瘤固氮和改土性能极强	优良饲料和肥料	8～12月采种，容器育苗1×3m，种子直播
车桑子	耐瘠抗旱性极强，适种大部分坡地类型	萌生力强，较速生，可作混交林中层植物		薪柴和造纸原料	8～12月采种，容器育苗1×3m，直播
余甘子	耐瘠抗旱性极强，适种大部分立地类型	萌生力强。3～4年可郁闭，3年树高2m，冠幅1.5×1.5m		薪柴和造纸原料，果实可作饮料和果脯	8～12月采种，容器育苗2×3m定植
香根草	耐瘠抗旱性极强，适种所有立地类型	速生，根系发达，固土能力强	等高种植，保土能力强	优良牧草，根系可提炼香精	分蘖繁殖，0.5×1.0m苗植
龙舌兰	耐瘠抗旱性极强，适种所有立地类型	速生，分蘖力强		防护篱，加工缆绳，叶可提化工原料	分蘖繁殖，0.5×1.0m苗植
滇刺槐	多刺，叶背毛，抗旱耐瘠薄性极强，适种大部分立地类型	速生，萌生力强。3年树12.5m，冠幅1×1m		防护篱，可作毛叶枣黏木	1～4月采种，容器育苗2×1m定植

脆弱生态环境与可持续发展

林草种	抗旱耐瘠薄性和适种范围	萌芽力和速生性	改土性能	经济价值	育苗定植
龙须草	叶纤细，富含纤维，抗旱耐瘠性极强，适种大部分立地类型	速生，覆盖能力较强。1 年高20cm，叶披幅30×30cm		优良造纸原料，叶可作绳索	9～12 月采种，容器育苗，1×0.8m 定植
山合欢	抗旱耐瘠性强，适种砾石层山地及"四旁"	萌生力极强。速生，3 年树高5～6m，冠幅2×2m	具有结瘤固氮	用材、绿肥、饲料、薪柴	10～2 月采种，容器育苗，3×4m 定植
山黄麻	抗旱耐瘠性强，适种砾石层山地。	速生，3 年树高4m，冠幅1.3×1.3m		用材	10～2 月采种，容器育苗，2×2m 定植
金合欢	抗旱耐瘠性强，适种大部分立地类型	较速生，3 年树高2.5m，冠幅2×2m	结瘤，固氮，改土性能强	防护篱，花作饮料	8～12 月采种，容器育苗，1×2m 定植

对于无水资源保证的旱坡地，坡顶、裸露地搞雨养多功能灌—草水保林建设。该地段因高温干旱植物稀少而濒临水土的流失，是最难发挥生产潜力的土地。因而开发利用应致力于建造集水保、薪炭、饲料、肥源为一体的雨养灌草林地，以灌木为主，利用雨热同季条件，选择抗干旱耐热性强、耐粗放，多年生具多功能且短期内可利用的植物，如毛叶枣、余甘子、山毛豆（*Tephrosia candida*）、车桑子、新银合欢（*Leucaena leucocephala*）等灌木和新诺顿豆（*Neolotonis wightii*）、香根草（*Vetiveria zizanioides*）及区域内 10 余种野生豆科草本植物，采用水平带状深沟或小块状塘穴种植。据研究，毛叶枣不仅是本区淡季水果，亦是上等的燃料，速生性极强，定植第二年产柴可达 10～15t/公顷，可作为灌木先锋树种之一。新诺顿豆在定植带松土上撒播易成活，覆盖性好，种植当年覆盖厚度可达 5～8cm，年产干物质为 5000kg 公顷，是较为理想的宿根多年生固土、饲草、肥源草本。

表 5—16　元谋干热河谷坡地类型及其植被恢复(杨忠等,1999)

坡地类型	特征及水分状况	典型地段及试验点	人工植被类型	适宜林草种	混交模式	种植规格
泥岩低山坡地	元谋组泥岩风化物组成,黏粒含量高,黏重板结,孔隙度大而孔隙小,降雨径流大,极干旱瘠薄,分布广	元谋生态试验区、公路梁子一带	以草本为主,草灌混交,灌木30%以下	银合欢、木豆、山毛豆、车桑子、余甘子、滇刺槐、金合欢、龙舌兰、香根草、大翼豆、新诺顿豆、龙须草等	一行大灌木一行小灌木,四至六行草本	灌木:8m×3m;小灌木、草本:1~2m×0.3m
片岩低山坡地	坡度>10°,下伏风化片岩,土层薄,孔隙孔径较大,水分状况一般	元谋东西山中上部	稀树草灌混交,灌木50%~70%	同泥岩坡地	同砂砾层坡地	大灌木:4m×2m;小灌木、草木:1m×0.3m
砾石层低山坡地	坡度小,下伏1m以上砾石层孔隙孔径较大,水分状况最好	小横山、岭庄一线	乔灌草混交,比例1:1:1,乔木30%以下	桉树、相思、刺槐、合欢、山黄麻、银合欢、木豆、山毛豆、车桑子、余甘子、滇刺枣、金合欢等;龙舌兰、香根草、大翼豆、新诺顿豆等	一行乔木,一至二行灌木,三至五行草本	乔木:4~6m×3m;灌木:3~5m×2m;草本:1m×0.3m
砂砾石低山坡地	沙沟组半成岩砂砾层组成,富含砂砾,孔隙孔径较大,水分状况一般	虎跳滩土林一带	稀树草灌混交,灌木50%~70%	同泥岩坡地	一行大灌木,一行小灌木,二至四行草本	大灌木:2~4m×2m;小灌木、草本:1m×0.3m

四、南方石灰岩山地可持续发展模式

石灰岩山地,指的是主要由碳酸盐岩组成的地区,通称岩溶地区或喀斯特地区。中国裸露和浅覆盖的喀斯特区约有 206 万 km²,占国土面积的 21.5%,加上埋藏的喀斯特面积,则达 344.3 万 km²,其中裸露的石灰岩山地区约 90 万 km²(李大通、罗雁,1983)。根据自然条件和

脆弱生态环境与可持续发展

地貌特征,中国的喀斯特区又可分为南部、北部、西部和东南部几大区域,以南部地区喀斯特分布面积最大,涉及滇、黔、桂、川、湘、鄂、粤七省(区),裸露(出露)喀斯特区面积近 50 万 km^2(表 5—17)(朱学稳、朱德浩,1989;吴应科等,1991;陈朝辉,1994;张安录、徐樵利,1995)。因此,选取南方石灰岩山地进行研究具有很好的典型性。

喀斯特地区是世界上主要的生态脆弱带,尤其是发展中国家的喀斯特地区,一般都面临着贫困与环境恶化的双重难题。这不仅使这些地区的发展长期停滞,也是社会不安宁乃至冲突的重要原因。因此,喀斯特地区的环境治理和消除贫困是全球持续发展的一个重要课题,受到各国政府和学术界的高度重视。可持续发展是我们根据非持续发展的缺陷而追求的一种合理的发展形态。当今中国南方石灰岩山地经济社会不能持续发展的深刻根源,就在于现存的以主要依靠消耗资源和牺牲环境为代价的传统发展模式。这是一种非持续性的经济发展模式。要实现该地区的经济社会可持续发展,必须针对当前的问题,依托现存的优势,正确地在经济圈、社会圈和生物圈的不同层次中力求达到经济、社会和生态三个亚系统相互协调和可持续发展(杨云彦,1999),使生产、消费、流通都符合可持续发展要求,在产业发展上建立生态农业和生态工业,在区域发展上建立农村与城市、山里与山外的经济可持续发展模式。

表 5—17 中国南方碳酸盐岩分布和出露情况(单位:万 km^2)

	云南	贵州	四川	广西	广东	湖南	湖北
分布面积	24.1	15.6	36.0	13.9	2.9	11.3	7.8
出露面积	9.7	8.9	8.2	7.9	1.4	5.8	4.1
分布位置	滇东及滇西的中甸大理、保山镇康一带	除东部的梵净山外,几乎遍及全省	盆地东部边缘和川西南山地,川西北、川北零星分布	桂西北、桂东北、桂西南、桂中一带	粤西北的清远、韶关	湘西、湘西北及湘西南	鄂西、鄂东南及鄂北大洪山

（一）制约南方石灰岩山地可持续发展的主要因素

南方石灰岩山地之所以成为典型的脆弱生态区，并处于非持续的经济社会发展状态，主要受制于下列几个方面。

1. 资源开发不当，环境退化，生态系统日趋脆弱

在石灰岩山地区，不合理的资源开发利用方式主要有毁林开荒、陡坡（＞25°）垦殖、顺坡直耕、乱砍滥伐以及用而不养和重用轻养的掠夺式生产方式等。其危害是森林破坏，水源减少，自然灾害和水土流失加重，土层变得更稀薄，土中石砾更多，而且造成土壤退化，如肥力下降、砂化、板结、"石漠化"。

在湘西武陵山区，由于不合理地开发当地资源，虽然近50年来耕地面积扩大了80％，其中旱土增加了290％，而有林地面积和立木蓄积量分别下降23％、38％，造成49％的旱土分布在＞25°的坡地上，森林覆盖率仅38％，荒山草坡占土地面积的25％，水土流失面积增加了77％，已占土地总面积的33％。据统计，该区每年土壤流失总量达3000万t，相当于损失0.87万公顷耕地表层土壤；流失有机质77万t，流失氮、磷、钾76万t，从而使境内土壤耕层变薄，肥力减退。由于喀斯特地区土层浅薄，地表漏水，水土一旦流失，极易产生不可逆的石漠化过程（图5—4）。如贵州自1975年以来，基岩裸露的石山每年以136万亩的速度在增加，云南年流失土壤5亿t。土地退化带来的直接后果是地表上植被生长更困难，植株高度降低、生物量下降、群落种属的数量减少、群落结构日趋简单、食物链易受干扰中断。在维持景观稳定性方面生物有三个显著特征：首先，生物具有恢复能力，特别是在严重干扰，种群密度降至低水平时，多数物种具有很强的繁殖和扩散能力；其次，生物（主要指植物）能固定太阳能，可以保证景观具有开放性和耗散结构，是景观中物质交换的重要环节；再次，生物反馈的不稳定性导致的种群区域隔离，增强了景观的异质性，从而减少干扰的传播（刘惠清、龙花楼，1998）。因此，资源开发不当，致使环境退化、生物量下降，生态

脆弱生态环境与可持续发展

系统的稳定性降低、敏感性增强、自我调节能力和抵抗自然灾害的能力减弱,整个生态系统日趋脆弱。

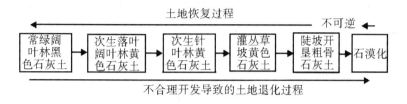

图5—4　中国西南喀斯特地区的土地演替过程

(蔡运龙、蒙吉军,1999)

2. 自然灾害频繁,耕地面积少,土地生产率低

旱、涝、低温、冰雹等多种自然灾害频繁发生,严重威胁当地农业生产,尤其旱涝灾害较非喀斯特区严重。喀斯特区的最大特点之一是地表水极易漏失,加上土层变薄、植被破坏严重,地表贮水保水能力的降低,导致旱涝灾害更趋频繁。当洪水来临时,水位暴涨,可淹没洼地、低地;旱时则水位下降至深处,甚至连人畜用水都发生严重困难。通过分析贵州建国以来的旱涝资料后发现:贵州的大旱在50~60年代约5年一遇,70年代3~5年一遇,80年代以后,约2年一遇,中小旱灾则每年都有,只是影响程度的差别而已。在湘西喀斯特区,特大洪涝灾害和旱灾由过去的20年、10年一遇,增加至5年、3年一遇。如1994~1999年的6年中,永顺县城就被淹了三次,且一次比一次淹没持续的时间长,灾情重。三次大的洪涝灾害使境内直接经济损失达到80亿元以上。旱涝灾害造成本区粮食生产大幅波动,其中,粮食总产的最大波幅达38%。由于喀斯特地区特有的水文地质条件,地下河系发育,地表渗漏大,耕地保土、保水、保肥性能差;水往地下流,水利建库难选址,筑渠难防渗,引水难度大,大雨则涝,无雨则旱,易旱易涝是这一地区的主要特点,对农业生产极为不利。喀斯特区自然灾害频繁,交替发生,加之抗御自然灾害的能力低,使农业生产对自然条件形成很大的依赖性。

南方喀斯特山地的边坡一般都在40°以上,有的甚至直立,土壤只见于负地形之中,而且土壤层极薄,可耕地少,一般只占总面积的百分之几(朱学稳、朱德浩,1989)。如广西喀斯特区石头多,土壤少,耕地零星分散,每平方公里峰丛洼地中洼地占5.5%,山峰占94.5%。由于石灰岩是可溶岩类,在侵蚀溶蚀过程中,大部分物质都溶解于水并被带走了,故碳酸盐岩造壤能力很差,产生的土壤具有黏性高、持水能力低、易板结等特点,致使土地瘠薄、土壤肥力低,严重制约着喀斯特区农业生产的发展。

3. 人口增长过快且素质较差,环境容量低

喀斯特地区通常是少数民族聚集区,人口增长速度快。由于科技文化水平低,人口素质普遍偏低。如贵州喀斯特地区1998年人口为1954.6万人,自然增长率为14.26‰,居全国人口自然增长率之首;据统计,其中文盲或半文盲占23.18%,小学文化程度占38.45%,初中文化程度占33.43%,而高中、中专和大专以上文化程度分别只占4.15%、0.73%和0.07%(贵州统计年鉴,1999)。

人口增长导致对粮食、能源等需求的增长,增加了对生态环境的压力,与喀斯特区的低环境容量形成鲜明的反差。贵州和广东的不少喀斯特山区人均只有几分旱地,据计算,这类山区土地的人口承载量平均每平方公里只有90人,然而这类山区的人口密度大都超过150人/km²(陈朝辉,1994)。更为严重的是,广西喀斯特石山区现有40多万人生活在人均耕地不到0.02公顷、每年生活用水短缺3~4个月、人均年收入不足400元的生态环境脆弱且人口超载区域(亦农,2000)。

4. 财政困难,资金严重不足,物质技术投入少

喀斯特地区财政普遍困难,据统计,3/4以上的县财政收支入不敷出,多靠国家拨款维持,增加物质投入和扩大再生产的能力很弱。1998年,贵州喀斯特地区社会固定资产投资水平为35.6亿元,只占全省的16.3%。由于文盲率高,农业技术人员缺乏,如广西河池地区、云南文山州农业技术人员仅占总人口的0.34‰和0.45‰,大量农业实用技术难于推广普及。因物质技术投入少,土地生产力低,形成广种薄收、掠

夺经营的生产方式。其后果是进一步使环境恶化,土地生产力降低,人均收入少。有些地方的人民温饱问题尚未根本解决,故总收入中用于积累和生产性投资的部分比例甚少。

5. 基础设施薄弱,交通闭塞,商品经济不发达

基础设施既包括经济基础设施,如交通、通讯、电力、供水、灌溉等,也包括社会基础设施如初等教育、职业技术培训、基本医疗卫生服务等。完善的基础设施条件是一个地区经济和社会发展的前提条件。普遍看来,喀斯特山区的基础设施依然很薄弱。据统计,到 1999 年底止,湘西喀斯特区未通公路的乡镇还有 2 个,未通公路的村有 810 个,未通照明电的村有 75 个,无标准卫生院的乡镇有 171 个,无卫生室的村有 1851 个,有 37.2 万人常年饮水困难。目前通电话的村不到总村数的一半。由于路无一里直,地无百亩平,交通不便,信息闭塞,导致自我封闭,旧的传统观念难以转变,商品生产意识薄弱,商品流通困难,市场信息和新的技术成果难以接受和推广。基础设施的薄弱表明这些地区的投资环境和条件差,弱化了这些地区市场发育程度和外部区域经济增长对这些地区的辐射作用,使之失去许多发展机会。此外,交通、通讯等设施和小城镇建设的落后,阻碍农民与外部环境的交流和沟通,强化了这些地区以自给性生产为主的特征。

6. 经济发展水平低,产业结构和资源结构不协调

喀斯特地区的国民经济以农业为主,农业以种植业为主,种植业又以粮食生产为主,这种单一的产业结构致使当地的经济发展水平很低。例如,湘西喀斯特区,种植业占农业总产值的 64%,以养猪、养羊为主的畜牧业占 28%,林业只占 5.5%,可见以种植业为主的特点十分明显。在种植业内部,粮食作物占总作物播种面积的 75%,在粮食作物中,水稻占粮食播种面积的 67.5%,而有效灌溉面积只占耕地面积的 54%,且逐年有所下降,造成农作物产量低而不稳。由于人口压力和政策失误,喀斯特山区的大农业结构失调,生产率低,未能充分发挥当地

自然条件和自然资源的优势。在广西喀斯特山区,占地 53.05％的林业产值仅占 4.33％,而占地 9.78％的种植业的产值却占 53.37％,且各产业的生产率均低于全省平均水平。牧业以养猪为主,大面积的草地及许多牲畜可食的植物茎叶是发展牛、羊、马饲养业的好资源,但利用率低。可见喀斯特山区普遍存在林、牧业未能得到应有的发展,多种经营的潜力没有发挥,第二、三产业比重偏小的现象。

（二）实现南方石灰岩山地可持续发展的优势与潜力

1. 土地资源开发潜力较大

喀斯特山地区种植业开发历史较短,投入较少,目前多处于粗放经营阶段,中、低产耕地、林地和园地所占比例较大。此类土地单位面积产量的成本较低,只要加强投入,生产潜力是比较大的。喀斯特山地区土地资源的深度与广度开发均具有一定的潜力。据广西农业区划办公室 1995 年组织的"四低"、"四荒"跟踪调查汇总材料(广西丘陵山区农业气候资源及其合理利用课题组,1997),喀斯特山区县水稻、玉米、甘蔗年亩产分别在 500kg、350kg、4.5t 以下的中低产耕地有 61.85 万公顷,占耕地面积的 82.39％,其中,中低产水田 25.46 万公顷,占水田面积的 74.75％;中低产旱地面积 37.28 万公顷,占旱地面积的 89.82％;中低产果、桑、茶园 4.31 万公顷,占园地面积的 41.79％,占进入盛产期园地面积的 83.57％;中低产林地 70.23 万公顷,占林地面积的 39.21％。可见土地资源深度开发的潜力还很大。此外,目前尚未利用的荒山坡 35.41 万公顷,占喀斯特区总面积的 4.45％,其中,宜粮、糖、油面积 2.48万公顷,占 7.02％;宜果、桑、茶面积 6.14 万公顷,占 17.33％;宜林面积 3.64 万公顷,占 10.27％;宜牧面积 47.90 万公顷,占 63.38％。土地资源广度开发仍有一定的潜力。

脆弱生态环境与可持续发展

2. 水能资源储量大,利用率低

喀斯特地区由于岩溶化作用,石山区储水空间大,地下水资源较丰富,水能蕴藏量大。例如占全区面积 40.79％的广西喀斯特地区,岩溶地下水资源总量为 484 亿 m³/年,占全区多年地下水总量的 62％;贵州岩溶地下水资源占全省总量的 83％。南方喀斯特山区还蕴藏有丰富的水力资源(朱学稳、朱德浩,1989)。例如西南喀斯特山区的理论水能蕴藏量达 6500 万 kW 以上,占全国的 9％~10％。其中可开发量近 5000 万 kW,占理论蕴藏量的 3/4 左右。因受地形地貌和经济技术条件制约,目前开发利用的还不足 5％(徐荣安,1991)。

3. 矿产资源种类多,开发程度不高

全国现已探明的 140 多种矿产资源中,喀斯特山地区就分布有 100 多种,其中储量占全国保有储量 30％以上的矿产就有 20 余种。喀斯特山区的铅、锌、银、汞、铁、锰、铝、锡以及多种矽卡岩床、多种稀有金属和非金属矿产,在中国矿产资源中,占有重要的地位。此外,石灰岩中的洞穴、孔隙为油气提供了储存的空间,世界上主要的高产油井多出现于喀斯特区。中国广西、贵州、四川等地都在碳酸盐岩中发现了油气藏或在寻找油气藏方面已获得重要突破。再者,石灰岩(包括大理岩)本身就是一种有用的矿产和用途广泛的建筑和装饰材料。上述矿产都有待进一步开发利用。

4. 劳动力资源丰富

目前中国喀斯特山地区的劳动力资源存量正处在迅速增长和抚养系数最低时期,有着丰富的劳动力资源。例如贵州省喀斯特山区 1998 年的新增劳动力就有 65.1 万人,失业人员为 26.3 万人(贵州统计年鉴,1999)。据 1998 年统计,湘西喀斯特地区的劳动力资源总数为 222.9 万人,就业人口为 180.34 万人。丰富的劳动力资源为广大农村进行产业结构调整,组织劳动大军进行治山、治水、水土保持、植树造

林、农田水利建设,以及开发荒山、荒地、荒水面,全面开展农林牧渔业生产、发展乡镇企业和民营经济,发展第三产业和劳动密集程度较高的工业企业,实现农业剩余劳动力向非农业转移提供了机遇。

5. 地貌形态奇特,人文风情独特,利于发展旅游业

南方石灰岩山地区的岩溶发育形态多样,类型齐全,景观千姿百态,以名山、秀水、奇峰、异洞、瀑布、湖泊、温泉、峡谷为特色的岩溶自然风光独特秀丽,为旅游业的发展创造了有利条件。例如国务院1982年审定的第一批44个国家重点风景名胜区中,全部或大部属于岩溶景观的就有9处。该区也是中国近20个少数民族聚居的地区。独特而多元的民族风情,不仅为秀丽的石山区增光添色,还给奇山秀水打下了鲜明的历史与文化印记。各民族都有自己的习俗风情、文化传统,对中外游客颇具魅力,为旅游业的发展开辟了广阔的前景。

6. 土地类型多样,自然资源丰富且垂直分异明显,具备农业综合发展的条件

南方喀斯特山地区一般有高山、中山、低山、丘陵、岗台地、山间盆地、沟河谷、山塘水库等土地类型。种类齐全的土地类型格局提供了多种经营的基础条件,有利于农、林、牧、副、渔各业的综合发展。中国南方气候条件好,大部分地区属亚热带季风气候区,夏长冬暖,雨热同季,水热资源丰富(年平均气温14~26℃、年平均降雨量800~2000mm),全年无霜期长(180~330天)(朱学稳、朱德浩,1989),特产种类繁多,适宜于有较高经济价值的多种动植物的生长、繁殖。如广西喀斯特山区生物物种资源达7476种,其中植物约4000种,脊椎动物717种,经济昆虫2677种,大型菌类82种;其中属于国家级保护的一、二级珍贵动物有46种,如白头叶猴在世界上仅产于广西南部喀斯特山区;特种植物有砚木、金丝李和苏木;还有蛤蚧、金茶花、田七等动植物资源,为发展喀斯特地区的名优特产品提供了有利条件。山区的自然条件随着海拔高度的变化,其垂直递变明显,在不同高度的地段,适宜生长的林

脆弱生态环境与可持续发展

木及农作物差异明显，为农业的立体布局，综合发展提供了条件。

（三）南方石灰岩山地可持续发展模式

要实现南方石灰岩山地的可持续发展，必须使当地的生产、生活方式都要有所改进，改革当地人的价值观，更多地依靠生态持续性来取得经济持续性，把人类社会的经济活动引导到追求经济、社会、生态三大效益的有机统一上来。虽然生态环境的建设是治理石山之本，但有关可持续发展的讨论，片面强调生态环境的居多，而对经济在可持续发展中所起的重要能动作用常常注意不够。然而，没有经济的起步和促进，可持续发展就难以实现。生态和社会效益是可持续发展的目标，经济效益的实现才是实现可持续发展的关键。地方政府要使其所在区域实现可持续发展的目标，必须考虑在保护生态环境的基础上，通过相应的经济起步和发展措施，逐步提高经济发展水平，以满足人口的不断增长和相应的物质需求增长。因此，区域的可持续发展必须处理好生态环境、经济发展与需求增长这三方面的关系（陈传康，1997）。

1. 可持续发展的原则

（1）生产活动与生态环境相协调。按照生产力合理布局的原则，使宏观经济活动与微观经济活动都符合所在区域的要求。石灰岩地区生态环境脆弱，资源的开发利用规模只有控制在生态系统的自我恢复、更新率之内，资源才能持续地满足人类各项经济活动的需求，否则，将会导致资源供求关系变形，生态系统的逆行演替，生态环境进一步恶化。

（2）发展目标与生态经济要求相符合。可持续经济发展就是要通过增加产品产量、提高产品质量，力求用少量的资源代价来获取最大的物质福利。而产出的产品不仅要符合市场需求，也要符合生态经济的要求，即使对人体和环境都无害的产品成为产品生产的主导方向。同时，也要运用经济手段把生态经济要求转化为一部分市场需求，推动生产绿色产品的大趋势。

（3）科学技术是发展的基石。合理运用科学技术是实现石灰岩山地可持续发展的关键。要强调以智力资源来替代物质资源，在生产中逐步用可再生资源所产生的自然力来替代不可再生资源所产生的自然力。如运用清洁生产技术，将废物减量化、资源化和无害化，或消灭于生产过程之中；生产"绿色产品"，用生态性能高的产品去占领国内外市场；运用生态农业技术、通过合理的设计、巧妙的安排，来降低物质消耗，实现资源节约型生产。

2. 可持续发展的模式

南方石灰岩山地现有的资源和环境状况是制定发展模式的前提与基础。前面所分析的实现南方石灰岩山地可持续发展的制约因素、优势与潜力具有明显的区域性差异。据此，结合上述可持续发展的原则，提出以下几种发展模式。

（1）保护型发展模式。在环境与资源条件恶劣且人口超载地区，通常难以用扩大现有技术条件下的生产活动来使当地脱贫致富，这些地方主要是通过生态环境重建来改善生态环境，尽可能通过迁移、异地开发来解决问题。劳动力输出，也是缓解人地关系紧张、保护当地生态环境的良好途径。劳务输出，虽可给贫困地区的人们带来一些收入，但这种收入是很不稳定的，难以从根本上改变现状；况且由于当前中国城市中就业竞争非常激烈，文化素质低的贫困地区人们在竞争中往往会处于不利地位。因此，目前劳动力输出模式并非良策，但丰富的劳动力资源正好可用于当地的重建开发活动。

① 环境移民、异地开发——"肯福"模式。在广西喀斯特石山区有40多万人生活在人均年收入不足 400 元的生态环境脆弱且人口超载区域。而在区内的一些土山丘陵区，人口密度较低，尚有大量土山丘陵有待开发。从国家生态安全与促进贫困区域发展考虑，国务院决定把石山区缺乏基本生存资源的 40 万特困农村人口迁移到土山丘陵区，通过异地开发脱贫致富。为避免移民把恶化的环境与贫困状况带入新区，实现区域的持续发展，中科院与广西区政府合作实施异地扶贫开发

示范项目。通过研究移民环境容量,编制综合建设规划,进行土地可持续利用生态设计,监测移民开发环境效应,培植特色支柱产业,在广西环江县的肯福中心试验区取得成功。中科院长沙农业现代化所、广西山区开发中心和环江县政府三家联合组建股份制扶贫企业—科技扶贫开发有限责任公司,形成企农贸一体化的"科技单位+公司+基地+农户"的科技与扶贫企业相结合的新机制。1996年9月,80户、400名来自大石山区的毛南族、壮族特困人口迁入面积为267公顷的肯福中心实验区,到1999年已发展水果54公顷、甘蔗27公顷、粮食作物19公顷、竹林13公顷、马尾松与常绿阔叶混交林28公顷、阔叶林44公顷、封山育林47公顷,年出栏猪240多头,移民人均纯收入迁入当年(1996年)仅有390元,1997年就达到1220元,1998年达到了1750元,1999年突破了2000元(亦农,2000)。

　　② 生态环境重建。喀斯特区退化土地的"恢复"是一个自然演替过程,这是一种自调节、自维持、自发展的过程,一般表现为演替速度较慢,时间过程较长,某些环节具有不可逆性。石漠化土地在人类历史尺度上已很难恢复,石漠化前土地的恢复必须解除人口的压力,途径之一是移民,但无论是当地还是全国范围,可以接纳移民的地方有限,因此移民措施无普遍意义,还得依靠当地的土地求生存。而这种"恢复"过程显然不能满足当地生存与发展的要求,必须进行生态环境重建,即通过大规模的社会物质和能量投入,定向地加速土地系统的演替过程,这种演替过程是可逆的,可以在关键环节有突破性进展,演替速度较快,时间过程较短。

　　"顺向演替"模式(张安录、徐樵利,1995)。这种高效演替模式的实现关键在于选择适宜石灰岩土类生长的灌木。如在湖北省石灰岩地区适宜贫瘠、碱性土地,且经济价值高的首推豆科灌木,如紫穗槐、多花木兰、马棘、胡枝子等。据此,形成适宜于湖北省石灰岩地区生态重建的"顺向演替"模式(图5—5)。

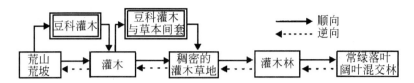

图 5—5　湖北石灰岩山地生态重建的"顺向演替"模式

(张安录、徐樵利,1995)

　　"大关模式"①。贵州省罗甸县大关村处于西南喀斯特山地丘陵区中部,在 1980 年时全村人口 1320 人,无一份水田,旱地零散分布在陡坡上或溶坑中,产量极低。植被破坏殆尽,地表怪石嶙峋;地表径流干涸,生活用水奇缺。后来,大关村人采取生态重建方法。首先在沟谷、洼地选取坡度较小的地块,把溶坑和岩缝中的土壤取出堆放待用。然后用炸药把岩石炸开,采用"分层铺垫法"造田:即第一层用大块石头填坑和砌坎,将坡地改造成平地;第二层用碎石塞缝铺底;第三层用黄泥糊实以防渗漏;第四层覆盖表土。同时在雨水汇集的新地块两侧修蓄水池,拦蓄降水和山坡径流,以提供所需的生活和灌溉用水。通过这样的劈石造田、雨水利用,大关已经建造出一批稳产高产的水平梯田。在"口粮田"有了保证的基础上,在山坡实现退耕还林,条件好的地方栽种经济林木,条件差的地方则封山育林,同时发展畜牧业和多种经营。据1997 年的调查,大关村人均粮食产量达到 450kg,人均纯收入超过 900元。村里还开通了公路,推动了商品流通和商品经济的发展。更为重要的是,当地的生态环境得到了极大改善,昔日岩石裸露的荒凉景象已被绿油油的稻田和满目的青山所代替。这些措施重建了当地的环境和经济,使群众摆脱了贫困,并使退化土地走上了生态良性循环的轨道。

　　(2)生态农业模式。农业是满足人类生存最基本需求的行业,也是目前喀斯特山区的支柱产业。目前,喀斯特山区的农业生产方式为传统的粗放经营方式,无法摆脱食物生产与环境保护这对固有的矛盾。要从根本上化解这对矛盾,就必须改变整体思路,同时也要进行技术探索,也就是说必须为常规农业构建理想的替代模式,即实现农业的持续性。集经济、社会、环境三效益于一体的生态农业是一良好的替代模式,喀斯特山区经济社会可持续发展的实现有赖于转变传统农业生产方式为生态农业生产方式。

①"种养多样、循环利用"模式。在合适地点推广水旱轮作,提高复种指数。将具有不同生态习性、不同植株形态的农业植物有目的地结合在一起,实行多样化种植,可提高对光热水土的综合利用效率。可根据生态农业的特点,对药材、经济林、果树、籽粒苋、花生、玉米、红薯等作物,开发出种类繁多、结构巧妙的间套作形式。在家禽、家畜饲养方面,改变过去单一饲养的局面,增加各类家畜及禽类的饲养,尤其是食草动物的加入,即充分利用种植业的生产物和废弃物,实行生态良性循环,增加农业产值。延长食物链,即将有机废弃物进行多级利用,一个系统的产出是另一个系统的投入,废弃物在生产过程中得到再次利用,使系统内形成一种稳定的物质良性循环机制,既可充分利用自然资源,又可提高系统的稳定性和经济效益。如鸡粪喂养家畜,粪肥喂鱼;将玉米芯、稻草等含粗纤维高的有机废物作原料,按一定的配比做成培养基来生产蘑菇、草菇等各种食用菌;将各种有机废物喂养蛋白质含量高的小动物(如蚯蚓、蜗牛等),将它们加工后即可成为优质的动物蛋白饲料。畜牧业的废弃物还可通过沼气这个纽带进行循环利用。沼气可缓解该地区的生活能源,有利于控制滥砍乱伐,沼液和沼渣可为农作物(含饲料作物)提供有机肥,提高土地肥力,同时也能增加饲料作物的产量,促进畜牧业的发展,形成一种良性循环。

②"层次开发、综合发展"模式。生态农业要求一个地区或生产单位农业生物的布局既适应生态环境,能充分利用自然资源,又能在经济上具有一定的生命力。这就需要因地制宜地合理布局农作物,优化产业结构。在中国石灰岩山地区,"层次开发、综合发展"是一很值得推崇的发展模式。在以石灰岩为主体的湖北武陵山区,根据山区农业自然环境的垂直结构与优势农业自然资源组合的不同,划分为三个农业自然资源地带(张安录,徐樵利,1995):(Ⅰ)低山(800 或 1000m 以下)农

用地、经济林地资源带,(Ⅱ)"二高"山(800/1000m～1500/1600m)农用地、经济林地、用材林地资源地带,(Ⅲ)"高山"(1500/1600m以上)林用地、农用地资源地带和若干农业自然资源组合区。各农业自然资源带农业宏观布局是:(Ⅰ)地带以发展亚热带多种经济果木和农作物为主,重点布局烟叶、柑橘、杨梅、茶叶、油桐、木梓、油茶和落叶果等;(Ⅱ)地带重点发展连生杉木、五倍子林、药用林、落叶果、生漆、药材、人工草场养畜业和其他经济林;(Ⅲ)地带重点发展药材、果药特用林、草场养畜业和用材林。

(3)生态工业模式。石灰岩地区的环境较非岩溶区易受污染,岩溶区存在相互沟通的地下洞隙网络,污染物极易扩散。因此,无论是对农产品加工工业还是能源化工等工业类型来说,都必须采取与区域可持续发展相协调的生态工业模式。

① 清洁生产模式。清洁生产有三方面的内容:采用清洁的能源、少废无废的清洁生产过程以及对环境无害的清洁产品。其目的是合理利用资源,减少整个工业活动对人类和环境的危害。它是实现经济可持续发展的关键因素,将是21世纪工业发展模式的主要内容。因此,针对该区域丰富的矿产资源,无论是初级开发,还是精深加工,都有必要采取清洁生产模式(图5—6)(丁树荣,1993)。

② 发展绿色食品产业。发展高产、优质、高效农业是当前中国农业发展政策,保护环境又是中国的一项基本国策,发展绿色食品是执行这两项政策的最佳选择。绿色食品的显著特点:一是安全、无污染;二是优质;三是其生产过程与生态环境的保护紧密结合。因此,发展绿色食品,走绿色食品产业化的贸工农一体化发展之路,对处理好石灰岩山区生态环境、经济发展与需求增长这三方面的关系,促进本区经济社会可持续发展具有重要意义。

根据南方石灰岩山区的资源情况,可开发下列绿色食品:绿色粮食加工(红薯、木薯、魔芋、玉米等);绿色肉禽蛋(猪、羊、牛肉,土鸡鸭肉蛋,人工饲养肉用野生动物如果子狸、山鸡等);绿色饮品(龙眼、刺梨、梅、李、桃、芒果、荔枝等水果饮料,酒,天然矿泉水,金银花、苦丁茶等);

绿色饲料(红薯、木薯、玉米、秸秆、动物屠宰下脚料等);绿色山野产品(山野菜,野生干果如板栗、枣等,食用菌,中草药如田七、绞股蓝、地枫皮、山海带、天麻、杜仲等);绿色蔬菜(各种瓜菜及加工成的蔬菜系列果脯)。

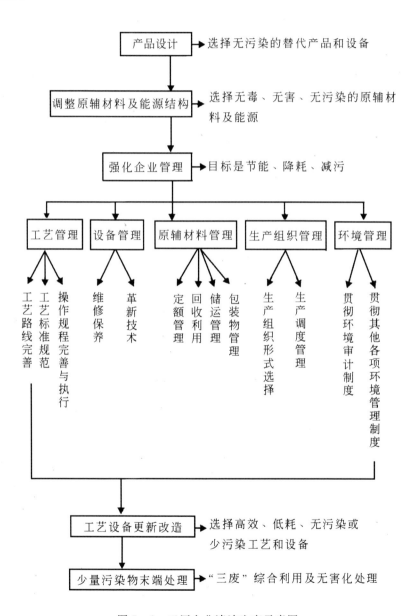

图 5—6　工厂企业清洁生产示意图

由于南方石灰岩山区发展绿色食品目前普遍存在产业化和贸工农一体化发展层次低、规模较小、过于分散、缺乏整体布局的问题，如农产品加工业生产力布局不合理，没有形成一个城乡分工与技术结构合理配置的加工网络，企业布局点小面广，龙头企业带动作用不强，没有形成大的生产规模，名优产品少，科技水平低，专业技术人才缺乏，资金短缺等问题。对此，发展绿色食品的实施策略有：①统筹规划，分步实施近、中、远期步骤；②策划和宣传山区形象及其产品形象；③积极开拓市场；④加大招商引资力度；⑤扩大生产规模，实现绿色食品生产的产业化和集团化，形成拳头产品；⑥依靠科学技术，提高绿色食品精细加工与综合利用水平；⑦加强资源和环境的保护与整治；⑧提高当地人民的科学文化素质；⑨建立和健全环境监测机构和绿色食品质量检测机构。

（4）生态旅游模式。南方石灰岩山区丰富且独特的旅游资源有待进一步开发，生态旅游是旅游开发的一种新战略，它可通过资源开发与保护之间的相互促进，经济效益与社会效益之间的相互协调，以实现资源的可持续利用和区域的可持续发展。在开发之前，应对山区进行环境影响评价，明确生态风险，减少不利影响，确定环境承受能力，通过研究、管理和监测，以及有效的公众参与过程，提出合理的生态环境管理措施。做到以社会经济发展为参数，以环境生态容量与潜力为约束机制，以取得在保证环境与生态效益前提下的经济发展最佳目标。此外，还应注意两点：一是要注重结合当地居民的利益开发生态旅游项目；二是要对进入山区参与生态旅游的游客，采取各种有效的方法和技术，实施生态环境意识教育。通过这些手段来维护区内优美的自然环境，防止各类废弃物污染。

（5）"山外"辐射带动模式。岩溶山区的经济社会可持续发展离不开"山外"的辐射带动作用。因此，要充分发挥"山外"在人才、技术、资金、设备上的优势，辐射扩散，支援岩溶地区的资源开发。通常可由贫困地区开发办公室或扶贫开发公司牵头，牵线搭桥，使"山外"的机关、企业、工厂、大专院校、群众团体，与岩溶地区的县、乡（镇）村挂钩支援，对口服务，帮助当地解决名特优新产品开发中的资金、设备、技术、人才、信息等有关问题。加快岩溶地区农业资源优势转化经济优势的步伐，使石山区尽快脱贫致富。如桂东南的孤峰平原区，不属于"石山"范畴，但却具有为石山区提供出口口岸和供给粮食的重要作用；南宁和柳州两市分别可辐射南宁、百色、柳州、河池四个地区的石灰岩山区县。

3. 实现可持续发展的途径与措施

（1）完善能源、水源、交通等发展石山经济的首要条件。能源方面主要依靠水力发电，如红水河梯级电站的开发和积极发展地方小水电。尤其要解决地方用电和"以电代柴"的问题，要采取以电能、沼气和生物能的"多元型"能源结构，其目的是最大限度地保护生态环境。水源方面须大力推行节水技术，合理开发利用水资源：利用相对隔水层修建水库；在岩溶区的古河道、山前冲积扇等地方，拦截伏流、抬升水位；严格控制无计划打井和过量开采地下水。交通问题是石灰岩山区开发的首要基础设施，重点应解决对外联系的"大交通"和山区内旅游景点间和绿色食品原料生产基地间的"小交通"。

（2）控制人口数量，提高人口素质，提高当地科技水平。人口增长迅速且文化素质不高，是长期制约南方石灰岩山地区经济持续增长的主要社会因素之一。当地应运用经济杠杆，通过经济手段，实行各种诱导措施来控制人口增长，使农民在追求自身利益的同时自觉地配合国家实现整体利益。为此，必须把计划生育同农民切身利益紧密联系在一起。提高科学文化和技术水平的关键在于提高人口素质，加强智力投资和科技开发；尽力解决适龄儿童入学问题；开展扫盲教育，拓宽认识，不断加强商品生产、市场经济的意识；积极开展职业技术教育和适用技术培训，特别是农业适用技术的培训，加快农业科学技术的推广应用和经营管理水平的提高，以适应经济发展的需要。

（3）加大招商引资力度。吸引资金是落实项目、实施各项发展模式的关键。力争国家和省财政资金和信贷资金的投入，争取有一批绿色食品开发项目在国家和省市政府立项；农村集体及农民个人的资金投入，建立石灰岩山区开发专项资金配套制度，采取按比例配套的办法,引导、鼓励农村集体经济组织和农民增加投入;招商引资,对本地的优势项目,在搞好可行性论证研究和项目设计的基础上,积极参加国内外大型的招商引资会和各类经贸洽谈会,并在政策上予以优惠并完善必要的基础设施,广泛招商引资。

(4)统筹规划分步发展。实现南方石灰岩山地的可持续发展是一个系统工程,涉及各个方面,而现在还受到资金、科技水平等条件制约。因此,必须分近、中、远期加以规划。近期起步措施要具有促进经济发展的可行性,并与中期发展的可靠性与远期规划的前瞻预测性相协调,以实现南方石灰岩山地的当前开发与长远持续发展的统一。

由于南方石灰岩山地涉及范围较广,应区别地点而采取适宜模式,并在相应的实施途径与措施的配合下,必要时还应进行省际、县际间的合作,以实现该区域的经济社会可持续发展。

五、藏南河谷地区可持续发展模式

(一) 藏南河谷地区的基本特征

藏南河谷地区指西藏南部的"一江两河"(雅鲁藏布江、拉萨河、年楚河)中部流域地区,行政上包括拉萨市辖的城关区、林周县、尼木县、曲水县、堆龙德庆县、达孜县、墨竹工卡县,山南地区的乃东县、扎囊县、贡嘎县、桑日县、琼结县,日喀则地区的日喀则市、南木林县、江孜县、拉孜县、谢通门县和白朗县,土地总面积 6.65 万 km²。该地区地势南北高,中间低,西高东低。河谷最高点在西部的海拔 4050m,最低点在东部的海拔 3500m。山原面的海拔高度一般在 5200～5400m。周围6000m 以上的山峰发育着小规模的冰川,雪线大约在 5800m。气候具有高原季风温带半干旱气候的特点。全年干湿两季(或称冬夏两个半年)分化分明。冬半年地面多大风,气温低,降水少,气候干燥;夏半年天气比较复杂,多积雨云,经常形成雷暴、冰雹、大风等灾害性天气。日照、辐射丰富;光温同期;降水季节分配不均等也是这一地区的特点。

河谷地区主要为宽谷和窄谷相间,河道平缓,全年水量丰富,可进行灌溉、开发水电。但水量的季节变化大,丰枯期流量相差大,河道多为游荡性辫状,枯水期河道中边滩和江心洲露出。土壤主要是山地灌丛草原土和高山草原土。山地灌丛草原土分布在海拔3500～4300m的宽

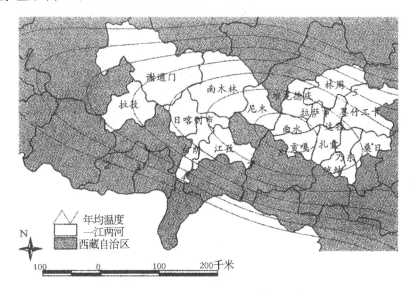

图 5—7 藏南河谷地区年平均气温(℃)

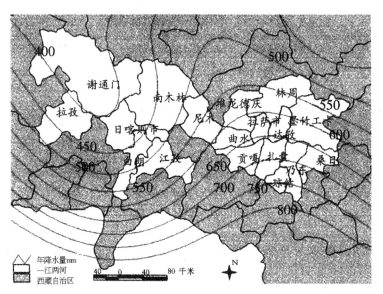

图 5—8 藏南河谷地区年降水量(mm)

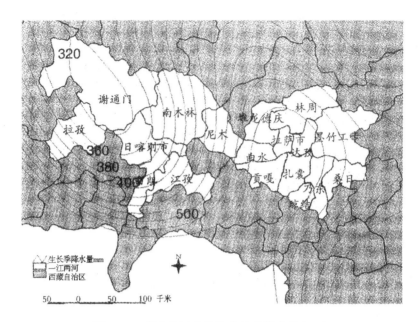

图5—9 藏南地区农作物生长季降水量(mm)

表5—18 藏南河谷地区太阳辐射

地区	总辐射(MJ/m²)			光合有效辐射(MJ/m²)			日照时数(小时)		
	全年	生长季	生长季占全年%	全年	生长季	生长季占全年%	全年	生长季	生长季占全年%
墨竹工卡	7678	5817	76	3181	2572	81	2813	2092	69
拉萨	7712	6328	82	3293	2686	82	3008	2319	77
尼木	7734	6115	79	3304	2688	81	2974	2169	73
贡嘎	7984	6769	85	3410	2922	86	3246	2514	79
泽当	7712	6629	86	3296	2861	87	2939	2417	82
日喀则	7761	6091	78	3415	2671	78	3240	2315	71
江孜	7774	5717	74	3421	2515	74	3190	2096	66

谷地带,土壤剖面中有明显的腐殖质层,但有机质的含量不高,土壤淋溶作用弱,碳酸钙反应强烈。这一土壤上生长着以狼牙刺、小角桂花等为主的山地灌丛草原。高山草原土分布在海拔4200～4700m之间,土壤中的腐殖质发育较弱,碳酸钙有明显的聚积。其上生长着紫花针茅,嵩属种类和固沙草为主的高山草原。图5—7～9、表5—18显示了藏南河谷地区气温、降水和太阳辐射的主要特征。

1. 丰富洁净的水资源

藏南河谷地区水资源总量为 233.9 亿 m^3,平均流量达 742m^3/s,其中地下水量约 74.8 亿 m^3。水资源总量分布为,拉萨河 108 亿 m^3,流量为 343m^3/s;年楚河 12.8 亿 m^3,流量 40.7m^3/s;雅鲁藏布江 113.1 亿m^3,流量 358.3m^3/s。这一地区人均占有水量 30776m^3,每亩耕地占有水量 8841.43m^3。藏南河谷地区水资源的另一优势是水质好,基本上未受到污染,有毒、有害物质含量少,矿化度低,水质适合饮用和灌溉。

2. 土地利用结构

藏南河谷地区土地资源丰富,土地总面积为 665 万公顷,其中农用地 508 万公顷,占土地总面积的 76.4%,是土地利用的主体。非农用地 2.2 万公顷,水域 17 万公顷,未利用地 138 万公顷。农用地中耕地 18 万公顷,占土地总面积的 2.65%;有林地 0.8 万公顷,宜林地 15 万公顷,园地 200 公顷;牧草地 49 万公顷,占土地总面积的 71%(图 5—10、表 5—19)。

耕地质量大体是:拉萨市辖地区水热条件尚好,肥力中等,但土层大部分较薄且砾石多,保水保肥能力较差;山南地区耕地缺乏植被覆盖,虽土壤养分较高,但速效养分偏低;日喀则地区则土层较深厚,肥力中等,砾石也较少,但风沙危害严重,水土流失现象普遍。

表 5—19 藏南河谷地区农业用地(单位:万亩)

县　市	耕　地	园　地	林　地	草　地
拉萨市城关区	4.85	0.15	1.00	50.77
林周县	23.40	0.00	61.07	483.90
尼木县	5.60	0.00	5.36	393.25
曲水县	9.30	0.02	5.18	185.16
堆龙德庆县	14.36	0.00	1.56	287.42
达孜县	10.06	0.04	5.33	167.60
墨竹工卡县	15.75	0.00	62.50	568.82

县　市	耕　地	园　地	林　地	草　地
乃东县	12.04	0.07	17.81	255.71
扎囊县	9.77	0.00	13.30	235.30
贡嘎县	15.59	0.00	6.61	282.05
桑日县	4.98	0.00	42.07	274.24
琼结县	5.19	0.02	0.48	137.64
日喀则市	37.50	0.00	1.54	398.85
南木林县	20.57	0.00	5.23	790.54
江孜县	27.09	0.00	2.38	480.86
拉孜县	21.96	0.00	0.33	527.82
谢通门县	8.21	0.00	0.42	1258.61
白朗县	18.33	0.00	0.95	349.70
一江两河地区	264.55	0.30	233.12	7128.24

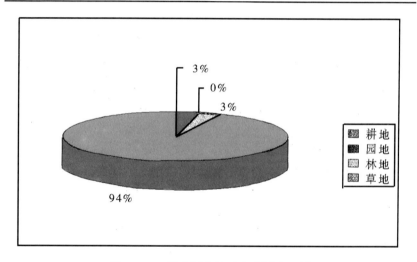

图 5—10　藏南河谷地区农业用地比例

3. 适宜种植的农作物

由于藏南河谷地区冬季没有严寒，春秋两季相连，没有夏季，作物生长季长达 7～9 个月，适合许多喜凉作物生长，如青稞、小麦、豌豆、油菜、马铃薯等。粮食作物还有蚕豆、荞麦等，局部可种玉米。适宜种植的蔬菜还有大蒜、藏葱、藏萝卜、元根、大白菜、小白菜、萝卜、甘蓝、芹菜、菠菜、空心菜、花菜、韭菜、莴笋、葱头、胡萝卜等。

4．林果业发展

藏南河谷地区有林面积小，约 0.84 万公顷，宜林地面积大，约 14.7 万公顷。林木有 70 余种，主要为高山松、乔松、雪松、西藏云杉、大果园柏、侧柏、藏川杨、银白杨、钻天杨、加拿大杨、康定柳、大红柳、竹柳、长芯柳、龙爪柳，还有白榆、国槐、刺槐、紫穗槐、复叶槭、臭椿、白腊、泡桐等。其中藏川杨和银白杨为当地树种，适应性强，生长快。这一地区原有核桃和毛桃，70 年代开始引进其他果品，现有果园约 200 公顷，以苹果为主，有少数的梨和桃等。

5．牧业优势

藏南河谷地区畜牧资源比较丰富，草场 475 万公顷，每年还有约 5 亿 kg 的秸秆可作为饲料。畜牧品种资源丰富，几乎包括了西藏所有地方品种，如牦牛、黄牛、犏牛、马、驴、绵羊和猪等。先后引进了 28 个外来优良品种，以改良牦牛、绵羊和猪等。

6．多样化的能源

藏南河谷地区的能源优势主要体现在水能、热能、风能和太阳能。水能蕴藏量丰富，雅鲁藏布江干流为 285.1 万 kW，拉萨河流域 197.82 万 kW，多雄藏布流域 34.82 万 kW。按地区划分是拉萨市辖地区 234.11 万 kW，日喀则地区 249.08 万 kW，山南地区 110.9 万 kW。水能开发的优势是：地区分布均匀；支流坡降大，有利于集中落差；开发规模有大有小，可从几十万千瓦至上百万千瓦；不少地方地广人稀，开发占用耕地少，淹没损失小。

地热资源以水热为主，共有水热区 53 处，相对于当地海拔高度沸点的高温水热区 6 处。羊八井浅层热储开发潜力 3～3.5 万 kW，羊易乡地热开发潜力 1.5～2 万 kW。此外，还有谢通门、古堆、曲松等热田尚待开发。

太阳能年总辐射 7600～8000MJ/m²，直接辐射强，有利于太阳灶、太阳能热水器等光热转换装置发挥作用。这一地区的冬季气温高于我国东北、西北和华北的中北部,夏天热量偏低。这样,冬天利用太阳房取暖或大棚温室种菜不需加温;这些设备也不会在夏季闲置。

≥3m/s 的有效风能,在雅鲁藏布江的宽谷、高山和个别山口,全年可达到 4000 小时,有效风能密度超过 150W/m²,可以设法利用。

7. 矿产资源

藏南河谷地区已发现的矿产有 37 种,探明储量的有铁矿、铬铁矿、铜矿、铅、煤、泥炭、重晶石、白云母、石灰石、大理石、花岗岩、压电水晶、黏土、刚玉等。其中有一定规模的是铬铁矿 390 万 t,铜矿 6.7 万 t,铅矿 5.6 万 t,石灰石 2032 万 t。大理石 1082 万 m³,花岗岩 1473 万 m³,刚玉 1.69 万 t。

8. 独特的旅游资源

藏南河谷地区是西藏自治区的旅游胜地,境内的江河、雪山、地热、温泉、草原等自然景观绚丽多彩;赛马、赛牦牛、朝拜等风土民情奇特;文化古迹丰富多彩,有布达拉宫、大昭寺、罗布林卡、青瓦达孜宫、藏王墓、桑耶寺、扎什伦布寺、抗英城遗址等。得天独厚的高原风光与名胜古迹将使旅游业成为这一地区第三产业发展的主导行业。

(二) 藏南河谷地区可持续发展存在的主要问题

藏南河谷地区脆弱生态问题主要体现在自然环境不稳定和科技文化的不发达两个方面。

1. 自然条件较差

青藏高原所共有的高寒气候、较差的土壤背景加上突出的水资源时空分布的不平衡,造成这一地区气象灾害频繁,低温冻害、干旱、冰雹、大风连年发生,水土流失、风沙灾害加剧,农业生态环境恶化。全年霜日在 200 天以上,海拔 4300m 以上每个月都会出现霜冻。作物在分

脆弱生态环境与可持续发展

蘖、拔节和抽穗期容易遭受冻害。干旱是最常见的灾害,严重的时候可冬、春、夏连旱,最长连旱日数可达 156～228 天之多。冰雹灾害也比较普遍,平均每年 6～12 天,多出现于 6～9 月。此外,每年 30～60 天的大风加重干旱和风蚀沙化,对农林牧生产造成直接和间接影响。

水资源年际变化有扩大的趋势,这将增加水资源开发利用的难度。水资源年内变化悬殊,3～5 月越冬农作物返青、拔节和夏季农作物播种、出苗时,严重缺水;河川径流的空间分布不平衡,枯水径流不断减少,径流丰枯交替周期长、变幅大。

耕地的耕作层薄,一般只有 10～15cm;土壤质地偏轻,容易漏水漏肥;土壤温度低,微生物数量少,繁殖慢且活动弱;土壤肥力差,产量低。荒地资源面积大,质量较差;小块分散的多,集中连片的少;水利建设投资大。

农作物种植资源存在的问题是,保护稀有品种资源的措施不得力,稀有品种没有专门栽培;作物品种混乱,出现同种异名和同名异种现象;缺乏耐寒、旱的优良品种;良种推广不平衡,如小麦良种推广程度较高,青稞较低,而且还有不同品种混杂现象;良种缺乏替代品种。

由于薪柴严重不足,使森林遭到大量的砍伐,天然树林的大量砍伐加剧了生态环境的恶化。特别是这一地区的风沙地貌非常发育,植被的破坏使沙丘、沙地面积不断扩大,给农牧业生产、交通运输、人民生活造成很大的危害。

牧草的主要问题是草场类型简单,草场生产能力低,草地生产力存在明显的季节和年际不平衡,而过度放牧,天然草场未能得到保养,人工草场规模小,造成草场退化。

2. 文化教育落后

由于长期封建农奴制度的统治,使这一地区的科学技术和文化教育落后。76.42 万人口中大学本科学历的人数不足 3400 人,大专学历人数不足 5400 人,中专学历人数不足 13800 人,而不识字或识很少字的人数高达约 411300 人;15 岁以上的人口中,文盲和半文盲人数达到

318568 人,占 66.8%;此外,不在业人口 106852 中,除在校学生和丧失劳动能力人口(38749 人)以外,大部分人在家料理家务(52621 人),占 77%。目前的科学文化水平已经不适应目前社会经济发展的要求,这也是该地区长期未能摆脱生态脆弱的重要原因。

(三)藏南河谷地区可持续发展战略

1. 可持续发展的指导思想

藏南河谷地区是西藏自治区自然条件较好,开发最早,生产历史悠久,经济相对比较发达的地区。这一地区的建设对带动全区经济发展起重要作用。但是,由于前面所述的自然、社会和历史的原因,藏南河谷地区至今还是脆弱生态区。因此,这一地区的经济建设必须以可持续发展作为最根本的指导思想。这一思想符合中国国民经济和社会发展 2010 年远景目标纲要所制定的战略思想。可为藏南河谷地区群众的脱贫致富、环境恢复保护提供决策依据和技术支撑;对这一地区经济的健康发展、民族团结和社会稳定具有重大意义。

2. 可持续发展的目标

藏南河谷地区可持续发展的目标应该是,经过 8~10 年的努力,有效控制藏南河谷地区生态脆弱的发展趋势,合理开发利用这一地区的自然资源,初步达到使这一地区的生态状况朝着良性循环的方向发展,逐步提高当地农牧民的生活水平,最终达到藏南河谷地区发展经济、保护环境、稳定社会的区域可持续发展总目标。

3. 可持续发展的原则

由于藏南河谷地区的脆弱生态环境,使其可持续发展更应该强调人与自然的协调,在实施该地区的可持续发展过程中,必须始终贯彻以下原则。

(1)环境保护原则。环境保护原则是指以保护环境为前提考虑社会经济的发展。藏南河谷地处青藏高原南部,自然条件并不优越,生态状况也不稳定,并且是西藏自治区人口最稠密的地区,也是生产活动最集中的地区。由于长期落后的生产活动,使原来不稳定的生态状况变得更加脆弱。因此,以保护环境的前提去考虑发展经济至关重要,在藏南河谷地区尤其要考虑区域经济的适度发展规模和发展速度,这一地区保护环境要先于经济发展。

(2) 社会经济生态协调原则。社会经济生态协调原则指在制定发展战略时必须考虑到社会、经济、生态上都能得益。保护环境不是目的,没有社会、经济效益的环境保护对人类没有意义,而没有生态效益的社会经济效益将对环境产生影响。藏南河谷地区是西藏自治区经济相对发达的地区,其经济发展对西藏自治区的经济发展起带动作用。在制定藏南河谷地区可持续发展战略,特别是选择适用的技术和规划工程建设时更必须考虑社会、经济、生态同时得到效益。不能因为环境保护限制社会经济的发展,也不能因为发展而破坏环境。

(3) 地区特殊原则。地区特殊原则指可持续发展战略充分考虑藏南河谷地区的特殊性,以便扬长避短,发挥地区的优势。藏南河谷地区有两个特殊性,一是地区自然特殊性,这一地区位于青藏高原南部,地区边远,交通条件落后,自然条件不优越,生态具有脆弱性;二是人文方面的特殊性,这是一个以少数民族聚居为主的地区,长期受封建农奴制度的统治,经济、文化相对落后,生产力不发达。在区域可持续发展战略中要充分考虑这一地区的特殊性,达到经济发展、环境保护、民族团结、社会稳定。

(4) 因地制宜原则。因地制宜原则是指可持续发展战略充分发挥藏南河谷地区的资源优势,使可持续发展战略切实可行,并具有较高的可操作性。藏南河谷地区,自然条件不优越,自然资源贫乏,生态脆弱,自然资源的开发利用必须谨慎从事。因此因地制宜就成为一个重要原则,例如,这一地区的能源短缺,气候上又有常年大风的特点,都是可持续发展不利的因素。但是如果在大风的地方根据条件逐步建立风能发电,这样就把大风变成资源,又能缓解能源的紧张。

（5）优先顺序原则。优先顺序原则指藏南河谷地区的可持续发展应考虑发展的难易程度、时空分次序，做到先易后难，先重点后一般。

4. 可持续发展的模式

根据藏南河谷地区的自然条件、传统习惯、产业结构、现有的经济基础、目前治理脆弱生态状况，实现可持续发展的模式应该采取"一三二"模式，即以第一产业为基础，大力发展第三产业，有计划、有步骤、有规模地发展第二产业。

藏南河谷地区是一个半农半牧地区，第一产业是藏南河谷地区的基础产业，这里的第一产业以粮食种植业和牧业为主，农牧业生产历史悠久。由于农牧业生产与区域资源环境状况密切相关，又是藏南河谷地区社会经济发展的基础，根据上述的第一、第二、第五原则，第一产业的可持续发展应该放在藏南河谷地区可持续发展的首位。

藏南河谷地区具有奇特的自然景观、历史名胜古迹和鲜明的民族特色，发展第三产业，基础较好，而且发展第三产业相对于第二产业来说资源的消耗和资金的投入都比较低，对环境的压力也比较小，根据近年来的情况，以旅游业为主线的第三产业发展运行良好，前景较佳。但是，藏南河谷地区第三产业的基础还比较薄弱，根据上述发展战略原则，这一地区的第三产业发展应该以旅游业作为主导行业，充分发挥旅游资源优势，吸引国内外各界游客，通过旅游加强文化、经济交流，促进开放搞活，带动相关行业的发展。在旅游业的带动下，适度发展餐饮业、扩建接待设施。但在藏南河谷地区要强调以生态旅游为宗旨，减少对资源环境的破坏。

藏南河谷地区的工业基础薄弱，发展状况落后。但是，由于藏南河谷地区生态状况的脆弱性，而工业的建设对资源的需求大，环境压力大，资金投入高，因此，第二产业的发展必须慎重行事。根据发展目标和原则，第二产业应该以发展有特色的民族手工业和无污染的能源为主，严格控制环境压力大的工矿业。

脆弱生态环境与可持续发展

5．可持续发展的适用技术、工程

　　根据上述的可持续发展模式，可持续发展适应的技术和工程必须适应于这一模式。藏南河谷地区的农业要解决的是水利灌溉问题。这一地区虽然水资源丰富，但雅鲁藏布江干流的过境水资源尚未很好开发，加上降水的季节性和年际变化大，时空分布不均匀，丰枯期水量未能合理调节，所以限制了藏南河谷地区的农业发展。所以，发展农业生产必须坚持引、蓄、提、节相结合方针，引进相应的适应技术和建设相匹配的工程。在引、蓄、提方面应该继续发展部分提灌工程，建设以蓄水为主调节河川径流的工程。引进节水技术对于藏南河谷地区来说，是比建设引、灌工程更行之有效，并且更符合可持续发展原则的技术。在这一地区可以引进、推广秸秆覆盖和地膜覆盖技术。对于耕地则应推广施肥技术、坡改梯技术、建立农田防护林网技术。在耕作上推广旱作技术。在种植业和牧业上引进优良品种，改良现有品种。在草地上逐步推广人工种草技术，改善草场质量，提高草场载畜量。林业上建设防护林、薪炭林、用材林工程，合理配置三者之间的比例。

　　第三产业是藏南河谷地区很有潜力的产业，目前应该以发展旅游业为主线以带动相关行业的发展。这一地区的旅游资源丰富，以高原风光、民俗风情、文化古迹为主要特色。在技术上主要引进管理技术，实现并网联营，加强统一管理。工程建设不是旅游景点的建设，而是旅游辅助设施的建设，如接待能力、交通能力、饮食等。

　　工业能够增强区域经济实力，但在藏南河谷地区这样的生态脆弱区域，工业的发展要严格控制，目前发展的重点项目应该是民族手工业和无污染型能源开发。可引进的技术有太阳能灶、太阳能热水器、风能发电。工程建设应该重点在水力发电和地热发电。建成自治区—地区—县三级水电站；开发建设羊八井，羊易乡热田等地热资源；推广以太阳灶为核心的太阳能开发工程，若每户使用 $2m^2$ 的太阳灶，每年可节省燃料 1500kg，整个地区可节省燃料 15 万 t 以上。这些工程、技术既可提供经济发展所需能源，缓解自然资源需求的压力，又不对环境造成污染。

　　大力发展科学文化事业。文化教育、科学技术的落后,是藏南河谷地区脆弱生态状况没有得到缓解的重要原因之一。目前当地群众的科学技术和文化水平远远达不到实施可持续发展战略的要求,必须尽快扭转这一局面。应该从两个方面解决,一是大力开展扫盲工作,普及和推广科学技术知识,提高民族文化素质;另外从改革开放的指导思想出发,积极从国内各地引进科学技术人才,并创造开展国际合作的条件,建设农牧业科技园带动农牧民致富,并提高广大农牧民接受科学文化的意识,使藏南河谷地区的可持续发展战略得到顺利实施。

参考文献

1. 蔡运龙、蒙吉军:"退化土地的生态重建:社会工程途径",《地理科学》,1999,22(3):198～203。

2. 柴宗新:"攀西地区水土流失初步分析",《四川地理》,1985,第 7 期,第 75 页。

3. 柴宗新:"西南地区水土流失区划",《山地研究》,1995,13(2):121～127。

4. 陈昌毓:"甘肃干旱半干旱地区降水特征及其对农业生产的影响",《干旱区资源与环境》,1995,9(1):26～33。

5. 陈传康:"区域持续发展与行业开发",《地理学报》,1997,52(6):518～527。

6. 陈利顶、傅伯杰、王军、马克明:"榆林脆弱生态区经济发展特点与可持续发展战略研究",《土壤侵蚀与水土保持学报》,1999,5(6):86～91。

7. 陈朝辉:"广东纯石灰岩山区人口外迁后的环境保护与旅游开发设想",《热带地理》,1994,14(2):113～117。

8. 邓贤贵:"金沙江流失及其防治措施",《山地研究》,1997,15(4):277～281。

9. 丁树荣:《绿色技术》,1993,江苏科学技术出版社,71～94。

10. 杜天理:"西南地区干热河谷开发利用方向",《自然资源》,1994,(1):41～45。

11. 高志刚:"新疆绿洲可持续发展若干问题初探",《干旱区地理》,1996,19(1):85～89。

12. 广西丘陵山区农业气候资源及其合理利用课题组:《广西山区农业气候与大农业开发策略》,气象出版社,1997,153～162。

13. 《贵州统计年鉴》,中国统计出版社,1999。

14. 郭永明、汤宗祥:"岷江上游水土流失及其防治",《山地研究》,1995,13(4):267～272。

15. 韩德林:"西北干旱区水土资源开发利用优化途径与对策",《干旱区地理》,1998,17(1):9～15。

16. 韩德林："加强中国绿洲的研究与建设"，《干旱区地理》，1996,19(1):41～47。

17. 胡鞍钢、邹平：《社会与发展——中国社会发展地区差距研究》，浙江人民出版社，2000。

18. 黄成敏、何毓蓉："元谋干热河谷土壤水分的动态变化"，《山地研究》，1995,15(4):234～238。

19. 黄成敏、何毓蓉："云南省元谋干热河谷的土壤抗旱力评价"，《山地研究》，1995,13(2):79～84。

20. 贾宝全："干旱区生态保护原则的探讨"，《干旱区地理》，1999,22(2):14～19。

21. 贾宝全、许英勤："干旱区生态用水的概念和分类"，《干旱区地理》，1998,21(2):8～12。

22. 贾宝全、阎顺："吐鲁番盆地天然草场资源评价及其合理利用"，《干旱区地理》，1994,17(1):57～62。

23. 加帕尔·买合比尔："论干旱区水资源与生态环境问题"，《干旱区资源与环境》，1994,8(2):7～13。

24. 李大通、罗雁："中国碳酸盐岩分布面积测量"，《中国岩溶》，1983,1983(2)。

25. 林关石、孙保胜等："榆林地区农田开发与粮食增产回归分析及其潜力研究"，《水土保持通报》，1998,18(3):30～33。

26. 刘刚才、刘淑珍："金沙江干热河谷区水环境特性对荒漠化的影响"，《山地研究》，1998,16(2):156～159。

27. 刘惠清、龙花楼："为生态建设服务的吉林省西部景观类型研究"，《地理研究》，1998,17(4):389～397。

28. 刘淑珍、柴宗新、张建平、范建容："我国西南地区土地荒漠化及其防治对策"，《山地研究》，1998,16(3):176～181。

29. 刘淑珍、黄成敏、张建平、范建容："云南元谋土地荒漠化特征及原因分析"，《中国沙漠》，1996,16(1):1～8。

30. 龙花楼、蒙吉军、蔡运龙、秦其明："我国农业县市绿色食品发展对策研究"，《中国人口资源与环境》，1999,9(1):49～52。

31. 马俊杰："论西北地区持续发展研究的基本问题"，《干旱区地理》，1996,19(1):64～67。

32. 马彦琳："新疆农业可持续发展问题研究"，《干旱区地理》，1998,21(4):49～55。

33. 热合木都拉："塔克拉玛干沙漠南缘绿洲脆弱带生态环境特点及其利用途径"，《干旱区地理》，1995,12(4):30～33。

34. 陕西师范大学地理系榆林地区地理志编写组：《陕西省榆林地区地理志》，陕西人民出版社，1987。

35. 王永兴："西北干旱区的可持续发展及信息调控"，《干旱区地理》，1998,21(2):13～20。

36. 王永兴、张小雷、阚耀平："绿洲地域系统及其演变规律的初步研究"，《干旱区地理》，1999，22(1)：62～67。

37. 汪久文："论绿洲、绿洲化过程与绿洲建设"，《干旱区资源与环境》，1995，9(3)：1～11。

38. 吴应科、卢东华、方福南："广西石山地区综合开发与规划"，《地理学与国土研究》，1991，7(2)：27～30。

39. 邢大韦、韩凤霞："我国西北干旱区环境与发展问题"，《干旱区资源与环境》，1994，8(4)：1～8。

40. 徐荣安主编：《中国山区经济学》，农业出版社，1991，389～406。

41. 杨云彦主编：《人口、资源与环境经济学》，中国经济出版社，1999，394～406。

42. 杨忠、张信宝、王道杰、陈玉德："金沙江干热河谷植被恢复技术"，《山地学报》，1999，17(2)：152～156。

43. 亦农："可持续发展的新模式——中科院副院长陈宜瑜考察广西环境移民与扶贫开发示范区纪实"，《科学新闻周刊》，2000，第16期。

44. 张安录、徐樵利："湖北石灰岩地区持续发展模式及对策"，《地理学与国土研究》，1995，11(1)：23～28。

45. 张鹤年："塔克拉玛干沙漠南缘——绿洲过渡带生态环境综合治理技术与试验示范研究"，《干旱区地理》，1995，12(4)：1～9。

46. 张建平："元谋干热河谷土地荒漠化的人为影响"，《山地研究》，2000，15(1)：53～56。

47. 张建平、王道杰："元谋干热河谷区农业生态系统的优化对策"，《山地学报》，2000，18(2)：134～138。

48. 张立运、夏阳："塔克拉玛干沙漠南缘生态环境的特点及治理问题"，《干旱区资源与环境》，1994，8(1)：72～79。

49. 张落成："干旱区土地合理利用问题研究"，《干旱区地理》，1994，17(2)：56～59。

50. 张荣祖主编：《横断山区干热河谷》，科学出版社，1992。

51. 张信宝、文安邦："云南元谋干热河谷坝周围低山区土壤侵蚀的^{137}Cs法研究"，《生态环境综合整治与恢复技术研究(第二集)》，北京科学技术出版社，1995。

52. 张兴平、张林源、韩魁哲："试论干旱区流域开发中人口、资源、环境和经济发展的协调"，《干旱区地理》，1994，17(2)：38～43。

53. 张阳生："西北干旱区持续发展的思考"，《干旱区地理》，1996，19(1)：27～31。

54. 张映翠、朱宏业："金沙江干热河谷土地资源及其开发潜力"，《山地研究》，1996，14(3)：188～193。

55. 张有富："干热河谷气候区荒坡生物治理技术——以东川蒋家沟大凹子村为例"，《山地研究》，1998，16(3)：248～251。

56. 中国科学院可持续发展研究组：《中国可持续发展战略报告》，科学出版社，

2000。

57. 中国科学院青藏高原综合科学考察队:《横断山区干旱河谷》,科学出版社,
    1992。

58. 朱学稳、朱德浩:"中国南方石山区概况及其治理与开发",《地理学与国土研
    究》,1989,5(2):19～23。

第五章　典型脆弱生态区可持续发展模式

第六章　脆弱生态环境整治的措施和战略

一、典型脆弱生态区综合整治的技术体系

脆弱生态环境的主要特征是敏感性强和稳定性差。人类不合理的生产经营活动常会造成生态环境的迅速退化。在对生态脆弱地区进行整治时,要充分考虑它所处的生物、气候、地理、人文等综合条件和环境的脆弱性,尽量避免人类不合理生产经营活动的强烈干扰,因地制宜采取有效措施增强系统的稳定性。

生态环境综合整治的技术体系根据不同地区和脆弱生态环境的不同特性,采取不同的技术组合,对生态环境进行综合整治。

(一) 北方农牧交错带生态环境综合整治技术体系

造成北方农牧交错带生态环境脆弱的原因有四点:①脆弱带处于过渡带,其气候、土壤、生物和农业生产经营活动波动频繁,容易引起农业生产和生态环境的变化;②它受两种气候类型、两种生产经营方式的共同作用,其作用强度经常处于不平衡状态,导致系统界线在时间和空间的位移;③它处于两种生态系统的边缘,系统内部的反馈调节机制在边缘的反馈控制能力很弱,不能及时有效地对人为干扰和环境变化作出自身反馈调控,所以系统容易受损;④过渡带中脆弱的生物有机体,许多是处于其忍耐极限的边缘,环境条件向任何地方的转变都会导致部分生物有机体的衰亡,引起生物种群和群落的重新组合(刘新民等,1996)。

北方农牧交错带的生态环境整治技术体系主要包括两个部分,即防护体系建设和生产经营方式调整。

防护体系建设:①该区脆弱生态环境整治的生态工程中林业是主体,应实施防风固沙、水土保持、农田林网、草牧场防护、村镇绿化、护岸林等工程。区别不同类型及立地条件选择树种。在半湿润地区,营造乔灌结合的防护体系,可供选择的灌木有沙柳、小黄柳。阴坡由于立地条件水分较好,应营造落叶松,阳坡及丘间低地应在灌木或人工沙障保护下营造樟子松。平坦沙质耕地应建设杨树为主的农田防护林,并且可适当发展杨树、樟子松片林。②半干旱的地区,在风沙活动极为严重地段应先选择沙柳、小黄柳固定沙丘,再栽植樟子松。在沙质耕地及未受风蚀的农田应营造杨树与沙柳结合的防护体系。阴坡土层较厚处适当发展落叶松,土层较薄,肥力较低的阳坡应以散生的锦鸡儿灌丛结合一些散生状的樟子松作为防护体系,沟坡及沟底流沙出现地段应先用籽蒿固沙,并栽植沙棘、锦鸡儿。③滩地草场应营造杨树为主的带状防护体系,滩地耕地上应有保护林网。④半干旱偏干地区在沙漠化较为严重的地段应以灌草固沙为主,适当引种樟子松,耕地上应有以杨树为主的保护林网。

生产经营方式调整:①执行轮牧制。草场退化是该区生态环境退化的显著特征,是土地沙漠化的前奏。造成草场退化原因主要是过牧。执行划区轮牧,可以促进草场恢复,提高草地生产力。②改造低产田。农业生产低而不稳是该区大量垦荒的动力。由于农田多为原草场开垦而来,既无林网保护,又缺少农业投入,原来相对肥沃的草地经过几年的耕作,地力显著下降,最后导致撂荒。另外,当地推行的秋翻耕作方式,使得耕地在冬季大风期发生严重的风蚀。据测定,在一些典型地区的耕地上一个冬春季节的风蚀深度达 2cm 左右。该区农田除了需要建设林网保护外,还应增加农业投入,如增施肥料,加强管护,提高农业经营水平;执行草田轮作,改善地力;改秋翻为春耕,减少风蚀;在有条件的地方发展灌溉农业等。

1. 赤峰模式——半湿润地区荒漠化土地综合治理开发

赤峰市荒漠化产生的主要原因在于人口迅速增长和技术落后带来

的"滥垦、滥伐、滥樵"等不合理的人为活动,防治的基本途径是合理调整土地利用结构,充分利用光、热、水资源,采用合适的提高生物生产量的适用措施,在水肥条件优越的甸子地建立集约、稳产高效的种植业系统,减轻沙地和草场的人口粮食需求压力;同时采取措施恢复植被,建立高效的人工草场,进行综合治理与开发。主要技术措施有:①固沙造林育草系列技术;固定流沙,建设片、网状防护林和经济林;建设和恢复沙地草场,包括封沙育草技术、流沙地飞播种草技术、以柠条平茬、顶凌种草、草田轮作、青刈青贮微贮为主要内容的草业开发技术、以大犁开沟为基础的抗旱造林技术、以全埋至风季末为特征的樟子松造林保苗技术、以李树、山楂为主的沙地果树栽培技术等。②沙地衬膜水稻栽培技术:在水资源条件较好,而漏水、漏肥、基质不稳定的流沙上,利用沙基质栽培原理,通过在根系层下方铺设塑料薄膜,既防渗漏又防盐分上移,直接用沙土做田土,配以优化灌水、施肥、免耕及选用适宜优良品种,种植较高产的水稻。③"小生物经济圈"整治技术:适用于沙丘密集分布、丘间较小、牧户居住分散地区。以户或联户为单位,以水分条件较好的丘间地为中心,并以同心圆形式划成三个闭合区域,即在中心区沿丘间地边缘建防护林带,中心建住房及井渠配套的灌溉体系,种植粮食和精饲料;在保护区(中心区外围)建草库,进行草场改良,建设家畜棚圈;在缓冲区(保护区外)再对流动沙地进行封育,控制流沙向内部蔓延。系统内形成水、草、林、机、粮配套和农牧林副各业与生活环境协调发展的格局(卢琦、周择福,2000)。

赤峰模式是科尔沁沙地荒漠化防治的一个典型,可以在呼伦贝尔沙地、松嫩平原、乌珠穆沁沙地和浑善达克沙地等自然条件相近的地区推广应用。

2. 榆林模式——半干旱地区荒漠化土地治理与开发

针对以风力作用为主的沙质荒漠化土地,建立"带、片、网"相结合的防风沙体系,包括:①利用沙区内部丘间低地潜水位较高、水分条件较优越的优势,采取丘间营造片林与沙丘表面设置植物沙障及障内栽

脆弱生态环境与可持续发展

植固沙植物(沙蒿、小叶锦鸡儿等)相结合方法固定流沙;同时加强对固定半固定沙丘的封育,使以流动沙匠为主的严重沙质荒漠化土地处于各种绿色屏障的分割包围之中。②对分布于河谷阶地、湖盆滩地,处于沙丘包围下的农田,建立以窄林带小网格为主的护田林网;并与滩地边缘固定半固定沙丘封育、草灌结合固定流沙等措施共同组成农田防护体系;同时与滩地内开发利用地下水、发展灌溉农业、改良低产土壤和挖渠排水等水利工程措施相配合,组成沙质荒漠化地区的新绿洲建设体系。这种新绿洲生态系统散布于丘间低地,从而使沙质荒漠化土地受到分割与包围,削弱其危害强度。③在面积较大、高大起伏密集的流动沙丘地区,采取飞播造林种草和人工封育相结合的办法,其保存率一般在40%～50%,最高可达70%,3～5年以后即可使流动沙丘固定,并逐步形成以花棒、踏郎为主的优质灌丛草场。④在地表水资源较为丰富的地区,主要是引水拉沙,改良土壤。利用河流、湖泊或水库作水源,采取自流引水或机械抽水,借流水的冲力拉平沙丘;拦蓄洪水,引洪漫淤,垫土压沙,将起伏的流动沙丘改造成平坦的农田,或作建设用地。⑤在有风沙活动的黄土梁峁丘陵地区,对流动沙丘采取灌、草固定;对梁峁丘陵坡面上的耕地,以水平梯田建设为主,广种牧草以控制坡面冲刷;在谷坡上结合水平沟、鱼鳞坑等田间工程,配合灌木林以稳定谷坡;在沟底以防洪拦沙为主,修建淤沙坝(卢琦、周择福,2000)。

榆林模式对毛乌素沙地的综合治理开发具有直接的指导和示范作用,而且对中国北方半干旱农牧交错地区地下水条件较好的地区也有一定的借鉴价值。

(二) 西北干旱绿洲边缘带生态环境综合整治技术体系

几十年来中国在荒漠化防治实践中取得了100多项成熟技术和治理模式,为中国防沙治沙工程建设起到了巨大的推动作用,围绕荒漠化防治三大目标即"防、治、用"的各项技术措施日臻完善,形成了一套成熟的荒漠化防治技术体系。

1．绿洲防护林体系的含义

包括在绿洲外围的流动沙丘上采取各种工程措施,阻止和固定流沙;在沙漠前沿地段,建立宽阔的封沙育草带;带后营造高耸的防风阻沙林带;绿洲农田内建立纵横交错的护田林网。如此分层设防,充分有效地发挥综合防治的作用。

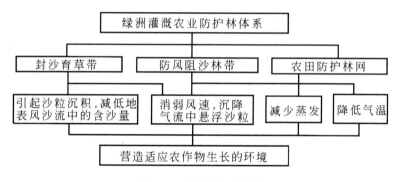

图6—1 绿洲防护林体系

由于各部分的防护作用相互联系,阻沙防风相结合,使风沙流的结构受到破坏,强度受到削弱,能够有效地防止绿洲沙化,保护农作物不受危害。这是各种防风、固沙、保护绿洲措施的综合应用,它表现出以下几个特点:

(1)在设置规模上,从沙漠到绿洲内部农田,跨沙漠和绿洲两个生态环境。

(2)在结构组成上,充分利用工程和生物措施,发挥乔、灌、草和片、带、网各自的独特作用,组合成不同层次,不同形式的统一体,发挥综合多样的防护作用。

(3)在防护效果上,对绿洲生态起到了层层设防、节节防御、稳定与提高的作用;对沙漠生态起到了步步紧逼、片片蚕食、改造与逆转的作用。

(4)在生产布局上,有效地贯彻了农、林、牧全面发展,综合利用的方针,达到了以林保农,以农促林,以林养牧,以牧兴林的大农业体系(卢琦、周择福,2000)。

脆弱生态环境与可持续发展

由此,防护林体系是一个内容丰富,防护措施完整,科学技术性强,农、林、牧相互促进,生产布局合理,巩固和扩大绿洲的有效措施。

2. 绿洲防护林体系建立的程序

防护林体系是根据自然环境和防护需要,由不同防护设施组合而成的统一体,其程序为:

(1)流沙前沿工程阻、固流沙带。在流沙、风口地段,造林种草极为困难,但又是侵害绿洲风沙流的源头,为堵塞风口,阻滞沙源,应本着就地取材,因害设防的原则,设置工程防护措施,筑防风墙,设防风栅栏,栽高立式或半隐蔽式机械沙障,铺黏土和卵石压沙,为生物防护创造条件。这是防护林体系的辅助性工程措施,也是第一道防线。

(2)沙漠边缘防蚀固沙草灌带。该带是建立在沙漠边缘的灌木草类绿色带。这里接壤沙漠,地表疏松,风蚀、风积现象严重,是侵害绿洲风沙流的要冲。为防止就地起沙和削减地表风速,阻截外来流沙侵袭绿洲,建立宽阔的抗风沙、耐干旱、喜沙埋的灌、草带,是防护体系的先驱措施,也是第二道防线。它的建立,一是自然繁生,在降水较多或地下水较高,或有洪水流经的地带,通过划区封禁,禁止樵采、放牧,保护天然植被,促使自然形成草灌带。二是通过人工干预,利用天然降水的有利时机或引水灌沙后,人工栽、种沙生灌、草植物,建立草灌带。草灌带增加了地表的粗糙度,使近地层气流在草灌层内,受到阻摩而降低其速率,达到防蚀阻沙的目的。

(3)绿洲外围防风阻沙林带。该带处于绿洲农田的边缘。营造防风阻沙林带的作用,在于继续削减越过草、灌带前进的风沙流速度,阻挡沉降其剩余的沙粒,进一步减轻风沙灾害,保护绿洲。防风阻沙林带是由乔、灌木组成单带或双带式林带,面对沙漠、背依绿洲,比草、灌带占有更高的空间和重要的地位,其防风阻沙的作用表现得尤为突出。林带采取沟植沟灌造林,吸取了沟植沟灌、林渠结合、宽窄行相间、多带配置的优点,表现出灌溉省水、管理方便、便于清沙、有益林木的生长的特点。在树种配置上,迎风面第一道沟,栽植抗性很强、枝叶稠密的亚乔木沙枣两行,目的在于起抵挡风沙和林缘灌木的作用;林中两沟,行间混交,各植一行新疆杨和榆树;背风一侧两道沟,各植一行新疆杨和白桑。这种长寿与速生、高大与低矮相间的配置方式,既构成比较稳定的林带结构形式,又使林带具有起伏不平的波浪式横断面,提高了林带顶部的粗糙度,增加了林带削弱风速的能力。

(4)绿洲内部农田林网是农牧业生产的基地和经济中心,所以也是防护林体系的中心环节。组成防护林体系中的各个部分,所发挥的不同效益,都归属于保护绿洲内部的农田、牧场,促进农、牧业生产,繁荣经济这一目的。

绿洲农田,面积辽阔,但是由于大气活动的空间和范围特别巨大,不可能设想一条或几条林带就会使大片的绿洲农田得到保护,因此,营造农田防护林必须纵横成网。为构成合理的林网结构,林带要窄,林网要小,组成"窄林带,小网格"的林网形式,对于防止风沙,改善农田小气候,缓和土壤次生盐渍化,都有较好的效果。所谓"窄带、小网",并不意味着林带愈窄,网格愈小,其防护效果就愈好,而必须是适应当地气候、灾害类型和灾害程度的要求(卢琦、周择福,2000)。

3.临泽模式——干旱地区绿洲土地荒漠化防治

根据流动沙丘之间具有狭长的丘间低地和可以利用灌溉余水浇灌的有利条件,首先在绿洲边缘沿干渠营造宽10~50m不等的防沙林,树种采用二白杨与沙枣,前者防风作用显著,多栽植在具有下伏土层的地段,后者枝叶繁茂,阻挡风沙能力较强,适宜于较贫瘠的土层。同时在绿洲内部建立护田林网,规格为300×500m,以二白杨、箭杆杨、旱柳、白榆为主。在绿洲边缘丘间低地及沙丘上营造各种固沙林,在流动沙丘上先设置黏土或芦苇沙障,在障内栽植梭梭、柽柳、花棒、柠条等固沙植物,这样就在绿洲边缘形成了"条条分割、块块包围"的防护体系。为了进一步防止外来沙源,在防护体系外的沙丘地段应建立封沙育草带,禁止乱牧乱樵,并引用冬季灌溉余水灌溉封育区,以加速植被的恢复。这样以绿洲为中心形成了自边缘到外围的"阻、固、封"相结合的防护体系,建立了适宜于干旱地区绿洲附近土地荒漠化治理的模式,即绿洲内部护田林网、绿洲边缘乔灌结合的防沙林、绿洲外围沙丘地段的沙障及障内栽植固沙植物的固沙带和外围封沙育草带相结合的防护体系(卢琦、周择福,2000)。

这种模式一般可适用于干旱地带沙质荒漠化危害的绿洲地区,如新疆准噶尔盆地、青海柴达木盆地和甘肃河西走廊诸绿洲。

(三) 南方石灰岩山地生态环境综合整治技术体系

石灰岩山地生态环境具有相当大的脆弱性,如石灰岩山区一般山陡峰峻,基岩裸露,石多土少,森林植被一旦被破坏,生态环境急剧恶化,出现半石化、石化现象。石灰岩地区成土过程极其缓慢,据资料,要溶蚀 2~3m 厚的石灰岩才能形成 10cm 厚的土壤;要形成 20cm 厚的耕作土壤需要 2~2.75 万年。所以,一旦土壤冲刷殆尽,再进行逆向演替几乎不可能。石灰岩地区耕地资源相当贫乏,仅零星分布在岩溶负地形中,而且偏碱不耐旱。所以,人地矛盾和水上矛盾很突出。另外,岩溶地区多地质灾害,也加重了生态环境的脆弱程度。

近几十年来,由于岩溶地区人口大量增加,对粮食、木材、燃料的需求也迅速增长,造成大规模毁林开垦,砍伐森林,滥樵薪柴和超陡坡种植,加上政策上的失误和管理混乱,导致山地森林生态系统严重破坏,从而诱发系列环境灾害,恶化水文气候状况,土地大面积石化。如贵州 1975 年以后,基岩裸露的石山以每年 9 万公顷的速度增长,到 1980 年全省裸露、半裸露的石山面积已达到 135 万公顷,占该省土地总面积的 7.6%。可见,若不采取有效措施加以控制,本来就贫困落后的石灰岩山区将会变成难以生存的不毛之地。

由于土壤偏碱性或上酸下碱等原因,在石灰岩母质上造林,成活率仅 30%。灌木再生萌发力强,石山、半石山地段封育 15~20 年后大多能演替成种类较多、结构层次较复杂的林分,郁闭度大于等于 0.8,一些断流的暗泉亦重新涌水。因此重建喀斯特荒山植被较为易行的途径是封山育林,这对改善生态环境有积极的意义,且所需投资少(王克林、章春华,1999)。

（四）西南干热河谷地区生态环境综合整治技术体系

干热河谷大多是高山峡谷地形，山地坡度陡峭，高差悬殊，一般相差 500～1000m，金沙江一些地段超过 1000m。由于焚风效应和地形阻挡作用，形成河谷气温高、降水稀少的高温低湿气候类型。如 3～5 月相对湿度为零。它的脆弱性在于：①干燥。植被破坏后，暴热、干燥越来越突出，恶化了的生态环境很难逆转。②灾害性水土流失。由于山高坡陡谷深，极易造成水土流失。③泥石流主要发生地。

干热河谷在人类未从事农林业开发之前，坝区和山地都有旱生性的森林植被存在。后反复遭到严重破坏，使水蚀、重力侵蚀、风蚀加剧，水文气候状况恶化，到处是光山秃岭，破山烂箐，耕地减少，土壤沙化，有机质含量降低，库塘淤积，泉水干涸，"水荒"日趋严重。生态环境恶化不仅成为进一步开发热区的障碍，而且严重威胁着人类的生存环境。

在干热河谷地区的农业生产，必须根据水土条件的限制，采取相应的节水保土措施，诸如用固氮植物篱来防治坡耕地的土壤侵蚀，用地下地膜截水墙（张信宝、朱波等，1999）等节水保水技术才能进行。而生态整治恢复技术体系重点是以下三个方面。

（1）选择适宜的林、草种。适宜于干热河谷的林、草种应具备 5 个特征：①耐热、耐旱、耐瘠薄、抗逆性强，适生性广；②速生快长、萌芽力强、覆盖或郁闭性快，能在短期内起到水土保持的作用；③自我繁殖和更新能力强；④具有结瘤固氮和改土功能；⑤有一定的利用价值和经济效益。据此，从 36 个引进种和当地种中选出适宜于干热河谷不同坡地类型的 25 个林、草种（参见表 5—15）。

（2）根据岩土组成，正确划分坡地类型。岩土组成是影响干热河谷坡地土壤水分状况和植被恢复的关键性因子，干热河谷的植被恢复应针对不同岩土组成生境的水分条件，主要依靠优势生活型植物种类，进行乔灌草不同生活型植物类型的合理配置，建立起植被与生境水分条件相适应的群落生态关系，方能达到成功的目的。如元谋干热河谷，根据地面岩土组成,其坡地可划分为四种类型(参见表5—16)。另外,在侵蚀冲沟两侧等坡度较大的坡地,土壤极干旱,基本无法进行人工植被恢复,应进行封育管理,使植被自然恢复。

干热河谷植被覆盖度在20%左右,近地面小气候条件恶劣,对幼树生长极端不利,种植后成活率低、成活后保存率低,严重制约着人工植被恢复的进程,所以选择覆盖性能强的速生草本植物,迅速覆盖地表,发展多层次多种结构的人工混交植被类型尤其重要。混交模式必须遵循:混交类型以灌草为主,在砾石层坡地及其他水分条件较好的地段,可建立乔灌草人工混交植被,但必须控制乔木的比例;进行多林草种的搭配,建立稳定的多样性人工植被,多林草搭配应注意豆科和非豆科、阴性和阳性植物的搭配,混交方式以行间混交为主,不同坡地混交模式不同(参见表5—16)。

(3)栽植技术。①水平沟整地。在干热地区不良土壤条件下,水平沟整地可改善土壤水、肥、气、热状况,充分拦截蓄积天然降水,提高苗木成活率和保存率,促进苗木生长。整地时间以10~12月份较好,此时土壤含水适宜而不高,整地容易。挖出的土经过几个月的曝晒后,于雨季来临前回填,填后留沟深7cm左右较适宜。种植乔木的水平沟宽×深为:0.6m×0.5m;种植灌木的水平沟宽×深为:0.4~0.5m×0.3~0.4m为适宜;种植草本植物的水平沟宽×深以0.3m×0.3m较适宜。在坡度较大、地形复杂以及在片岩山地岩石露出地表较多不宜采用水平沟整地的地段可采用鱼鳞坑整地方式,鱼鳞坑长、宽、深均为50~60cm。②容器育苗,掌握苗龄。提前适时容器育苗是植被恢复成功与否的关键技术环节。许多树种出苗后均有一个缓慢生长阶段,提前容器育苗可避开这一缓慢生长时期,定植后即能充分利用降水迅速生长,安全度过来年的干旱季节,提高成活率,草本植物还可在当年迅速覆盖地表。桉树、相思树、新银合欢、金合欢、余甘子等乔灌木,应进行容器育苗,营养袋以8cm×12cm规格为宜。营养土以腐殖质土、农家肥、锯末、复合肥按30∶30∶40∶1的比例配制。木豆、山毛豆、车桑子等灌木和大翼豆、新诺顿豆等草本植物,一般可直播,部分困难地段可用容器育苗。播种时间应掌握在乔木苗龄 60～80 天、灌木和草本40～60 天为宜。③适时定植苗木。选择定植时间的原则一般是以降雨持续 > 6 小时,雨量达 20～30mm,浸润定植沟内土层厚度为 20～40cm 时定植,一般在 6 月下旬到 7 月中上旬,木豆、山毛豆、车桑子等灌木直播时期以雨季刚来时为宜。如有条件,可在定植前每株施100～200 克钙镁磷肥作底肥。苗木定植或种子直播后应在附近割草覆盖种植沟,以减少水分蒸发。④封禁管理,加强抚育。人工直播应进行封禁管理,加强抚育,其工作内容包括以下几个方面:严禁放牧和樵采;专人看管,防止火灾;人工直播营造初期,水平种植沟易被冲毁而形成新的侵蚀沟,在雨季经常观察、及时修补水平沟的冲毁缺口;当人工遮蔽下层完全覆盖地表,中上层郁闭,直播群落稳定后,可根据疏密状况对上层乔木进行适当的间伐,对灌木树种进行樵采和平茬复状。平茬以隔行平茬为好,时间应在冬季来临,树木停止生长时进行。同时也可进行有计划的放牧、采叶作饲料和肥料。种子成熟后应及时采种,以提高人工植被的经济效益(杨忠、张信宝等,1999)。

(五)藏南河谷地区生态环境综合整治技术体系

由于高寒气候条件、较差的土壤质地和水资源时空分布不平衡,造成了藏南河谷地区的脆弱生态环境,表现为气象灾害频繁,低温冻害、干旱、冰雹、大风等灾害连年发生,导致水土流失、农业生态环境恶化。同时,由于薪柴的严重不足,使森林遭到大量的砍伐,加剧了生态环境的恶化。

藏南河谷地区是西藏自治区人口最稠密的地区,也是生产活动最集中的地区。由于长期落后的生产活动,使原来不稳定的生态状况变得更加脆弱。

藏南河谷地区的农业要解决的是水利灌溉问题。这一地区虽然水资源丰富,但雅鲁藏布江干流的过境水资源尚未很好开发,加上降水的季节性和年际变化大,时空分布不均匀,丰枯期水量未能合理调节,限制了藏南河谷地区的农业发展。所以,发展农业生产必须坚持引、蓄、提、节相结合方针,引进相应的适用技术和建设相匹配的工程。在引、蓄、提方面应该继续发展部分提灌工程,建设以蓄水为主调节河川径流的工程。引进节水技术对于藏南河谷地区来说,是比建设引、灌工程更行之有效,并且更符合可持续发展原则的技术。在这一地区可以引进、推广秸秆覆盖和地膜覆盖技术。对于耕地则应推广施肥技术、坡改梯技术、建立农田防护林网技术。在耕作上推广旱作技术。在种植业和牧业上引进优良品种,改良现有品种。在草地上逐步推广人工种草技术,改善草场质量,提高草场载畜量。林业上建设防护林、薪炭林、用材林工程,合理配置三者之间的比例。

二、典型脆弱生态区可持续发展的管理体系

(一) 区情与形势

脆弱生态区是指生态条件已成为社会经济继续发展的限制因素,或者社会经济按目前模式继续发展时将威胁到生态安全的区域。脆弱生态区是自然区域、经济区和行政区的综合体现,并具有明显的时效性。

目前,由于面临人口容量和经济发展双重压力以及全球变暖引起的环境变化,中国境内的脆弱生态区范围大、类型多。大致可分为高原脆弱生态区(含青藏高原脆弱生态区、黄土高原脆弱生态区、云贵高原脆弱生态区、蒙古高原脆弱生态区、天山脆弱生态区)、丘陵脆弱生态区(含南方丘陵脆弱生态区、淮河丘陵脆弱生态区)、平原脆弱生态区(含华北平原脆弱生态区、东北平原脆弱生态区、成都平原脆弱生态区、河套平原脆弱生态区)、干旱脆弱生态区(塔里木脆弱生态区、准噶尔脆弱生态区、柴达木脆弱生态区、河西脆弱生态区、内蒙古西部脆弱生态区)、城市脆弱生态区、矿山脆弱生态区。在这些脆弱生态区中,有三种重要的脆弱生态类型区。第一限制要素为水资源、水环境的脆弱生态

区有：塔里木脆弱生态区、准噶尔脆弱生态区、柴达木脆弱生态区、河西脆弱生态区、内蒙古西部脆弱生态区、黄土高原脆弱生态区、淮河丘陵脆弱生态区、天山脆弱生态区、城市脆弱生态区、矿山脆弱生态区、华北平原脆弱生态区、东北平原脆弱生态区、成都平原脆弱生态区、河套平原脆弱生态区。第一限制要素为土壤的脆弱生态区有：云贵高原脆弱生态区、南方丘陵脆弱生态区。第一限制要素为过牧、鼠害的脆弱生态区有：青藏高原脆弱生态区、内蒙古高原脆弱生态区。

90 年代初，国际社会与世界各国在探索解决环境与发展问题的道路上迈出了重要一步。1992 年 6 月，联合国环境与发展大会把可持续发展作为未来共同的发展战略，得到了与会各国政府的普遍赞同。1992 年 8 月，联合国环境与发展大会之后，中国政府提出了中国环境与发展应采取的十大对策，明确指出走可持续发展道路是当代中国以及未来的必然选择。

1994 年 3 月，中国政府批准发布了《中国 21 世纪议程——中国 21 世纪人口、环境与发展白皮书》，从人口、环境与发展的具体国情出发，提出了中国可持续发展的总体战略、对策以及行动方案。有关部门和地方也分别制定了实施可持续发展战略的行动计划。

1996 年 3 月，第八届全国人民代表大会第四次会议审议通过的《中华人民共和国国民经济和社会发展"九五"计划和 2010 年远景目标纲要》，把实施可持续发展作为现代化建设的一项重大战略，使可持续发展战略在中国经济建设和社会发展过程中得以实施。

2000 年开始实施的西部大开发战略，是以江泽民同志为核心的党中央根据邓小平同志关于中国现代化建设"两个大局"的战略思想，根据国际、国内政治经济形势的变化，审时度势，高瞻远瞩，统揽全局，面向 21 世纪作出的重大决策。实施西部大开发战略，加快中西部地区发展，对于全国经济结构实施战略性调整，促进地区经济协调发展，保持社会稳定，实现民族团结，巩固边疆安全，改善生态环境，提高综合国力，最终实现中国的现代化建设和全国人民的共同富裕，具有重大而深远的战略意义。

脆弱生态环境与可持续发展

实施西部大开发战略,为脆弱生态区可持续发展管理体系研究提出了新的任务和要求。

(二)管理目标和原则

目标是促进生态、经济、社会协调发展。以生态保证经济发展,以经济发展带动生态建设,以社会制度保障生态与经济步入良性循环轨道,以生态与经济发展保障社会稳定与进步。

(1)政府宏观调控,条块协同、部门协作、区域协调;

(2)建立市场机制,务实操作,开放生态产品市场、生态技术市场、资本市场、环境产权市场;

(3)恰当界定市场失灵与政府失灵;

(4)生态建设、经济发展与社会进步并重;

(5)以生态建设保障经济发展,以经济发展促进生态建设;

(6)以社会进步保障生态经济建设,以生态经济建设促进社会进步。

(三)组织机构

1. 国家机构

在国务院的直接领导下,国家行政立法机构、行政机构、行政监督机构和统计机构要尽可能相对独立、自成体系。特别是监督机构和统计机构要尽可能与地方政府脱钩,尽可能与本部门利益脱钩。国家垄断行业要与主管行政部门脱钩,国家垄断行业不等于国家垄断企业,国家垄断行业要指定不少于三个国家企业进行同一市场竞争,当某一企业对市场的控制份额超过 48% 时,国家要强制其拆分成两个规模相当的企业。国家企业要引入全员岗位竞争机制,以优化社会资源和经济资源配置,减轻生态压力。目前,亟须完善的是从中央到基层垂直领导的监督机构和统计机构。

职能部门和地方政府的管理要以合法授权和法律为基础,越权无效,并追究行政责任和法律责任,渎职要从严处罚。

2．市场机构

发展和完善社会主义市场经济体系目前仍是脆弱生态区管理研究的首要任务。要完善商品市场、促进要素市场、发展期货市场、健全劳动力市场、稳定房地产市场、开发资源市场、建立环境市场，开拓进出口市场。期货市场和进出口市场是目前亟待发展的两个市场。

建立健全微观经济主体的自律机制：①个人的自我约束机制；②企业的自我约束机制；③行业协会的自律机制。微观经济主体的自律是市场经济高效运行、市场秩序稳定的重要保证，是脆弱生态区提高政府管理效率、减少管理成本的有效手段。

（四）运行机制

1．科学运用计划规划机制

在经济运行机制中引入计划机制，从而使国家通过国民经济计划来调节经济运行，以实现经济的稳定增长，是社会主义市场经济初期阶段国家充分利用社会资源、高效配置市场资源、高速推进经济增长的有效手段，是除美国以外的发达资本主义国家从社会主义国家借来的用于追赶美国经济的重要法宝。

从中央到地方的各级政府、各职能部门要自上而下、自干而枝、协调一致地制定五年计划和远景目标规划。严格控制指令性计划，科学运用指导性计划。要尽可能通过市场机制保证计划目标的实现。一要预测，通过对未来经济发展的目标、速度、结构的预测，引导企业的经济活动，减少经营的盲目性；二要协调，通过提供各种经济信息，提高市场的透明度，协调各企业之间的经济活动；三要诱导，通过调整经济利益关系，诱导企业在追求利润最大化的同时刚好符合国家的计划目标；四要设限，对有损计划目标实现的企业经营，实施制约、限制、惩罚措施。

脆弱生态环境与可持续发展

2. 启用市场准入机制

在脆弱生态区,生态环境容量是经济发展的重要瓶颈。因此,要严格限制对生态环境资源占用多,经济效益相对较小的企业进入市场,力争在有限的生态环境容量下,实现经济效益最大化。要鼓励生态效益和经济效益都较好的企业进入市场,要慎重支持以生态效益为主的企业进入市场。

建立、规范、完善期货市场,开拓国际市场,降低农民和企业的市场风险、经营风险和价格风险。

3. 规范税费调控机制

1980 年起,中央政府与地方政府实行"分灶吃饭",1989 年起又实行"划分税种、核定收支、分级包干",1998 年实行全方位财政大包干。这三次改革,大大增加了地方政府组织财政收入的积极性。目前,重点要做好费改税的有关工作,特别是农村税费改革工作。各种收费总量多、范围广、秩序乱,管理体制和征收方式等方面存在严重缺陷。现行收费体制是一种利益驱动机制,收费与地方政府、部门、单位甚至个人利益有密切联系。这种与利益密切相联的收费体制是现行收费过多过滥,农民、企业和居民不堪重负的根本原因,是脆弱生态区可持续发展的严重障碍。要适应社会主义市场经济条件下脆弱生态区行政管理和事业发展的要求,结合机构改革和财税体制改革,强化税收,弱化收费。大幅度减少国家机关收费,压缩收费总量,国家机关收费总规模要控制在财政收入的 10% 以内,严格控制收费范围,改革收费资金收缴办法,切断收费主体与收费行为的利益联系,排除刺激收费膨胀的经济动因;制定收费管理法规,规范管理行为和收费行为,坚决依法收费,建立与社会主义市场经济相适应的收费管理体制。对缴费者不直接受益、征收范围和标准具有相对稳定性、征收手段具有强制性,符合税收条件,既合理又合法的附加费、建设费、基金等逐步实施费改税。

做好适应加入 WTO 的税收准备工作。要适应 WTO 规则和中国政府对外承诺的要求,做好有关税收法律、法规的清理、修改和新法律的立法工作。要针对中国加入 WTO 后可能给经济带来的负面影响,研究制定符合 WTO 规则的税收政策,促进国内产业结构和资本结构的调整,提高民族产业的国际竞争力。要加强对税制的监控及税收收入影响的预测分析工作。要适应经济全球化趋势,改进税收征管手段,合理运用国际通行的税收监控措施,加强国际税务合作。要努力实现税收执法行为的进一步规范、透明。

充分利用税收手段,调控脆弱生态区市场运行,努力做到应收尽收,为经济增长和生态建设提供财力保证。加大财政支付转移力度,确保区域协调发展。

4. 健全金融管理机制

要加速建立与国际接轨的、符合中国特色社会主义市场经济的现代金融体系、现代金融制度和良好的金融秩序。要有计划分步骤地进行银行管理体制改革;建立健全多类型、多层次的金融机构体系;按金融企业的基本属性建立各项经营管理制度,要求所有金融企业依法自主经营,严禁任何部门和个人干预金融企业的业务,同时要求金融企业承担经营责任和风险;进一步完善金融法律体系,依法整顿和规范金融秩序;切实加强金融机构内部自律控制机制;建立市场经济条件下的金融监管制度,在国有全国性金融企业成立监事会等等。

建立现代金融制度,其中很重要的是要创造条件,按照国际清算银行确定的原则对银行进行管理,对其业务实行资产负债比例管理和风险管理。

要充分运用信贷、利率杠杆,促进脆弱生态区经济与生态协调发展。

5. 完善法律约束机制

要加速建立与 WTO 接轨、与西部大开发战略相适应的脆弱生态区可持续发展法律体系。在税费手段、金融手段失灵或起负面作用的情况下,要充分运用法律手段进行市场行为规范。

制订"环境产权法",建立、规范、完善环境商品市场,已是脆弱生态区可持续发展管理的重要任务。

(五)典型模式剖析

1. 开发区模式

在生态脆弱的地区,规划建立经济开发区,使企业集中在开发区内发展,有利于提高市场资源配置效率,有利于环境污染控制管理,有利于城市环境美化。

开发区建设要优化软环境,重点要体现"新、特、活、实"四个字,即用企业家的思维来指导开发区的城市建设和经济发展,走出去,请进来,借外脑,借外力,搞好"四联一网"招商工作,全面建设项目库,组建开发(投资)公司,营造特殊环境,采取特殊的招商办法。建设"一站式"办公大厅,真正做到办公、收费、审批一次到位,激发人的活力,激发经济活力,扎扎实实做引资,实实在在做服务。开发区各行政职能部门应对投资者全面实行行政公示制和服务承诺制,通过报纸、电视、广播等新闻媒体对投资者公开办事程序、内容、标准和时限,并应作出"限时办结"、"当场审批"等公开承诺。

2. 保护区模式

自然保护区是指对有代表性的自然生态系统、珍稀濒危野生动植物物种的天然集中分布区、有特殊意义的自然遗迹等保护对象所在的陆地、陆地水体或海域,依法划出一定面积予以特殊保护和管理的区域。据《自然保护区类型与级别划分原则》,自然保护区可分为:自然生态系统类、野生生物类、自然遗迹类三个类别;森林、草原与草甸、荒漠、内陆湿地与水域、海洋与海岸、野生动物、野生植物、地质遗迹和古生物遗迹九种类型。

新中国成立后,特别是改革开放以来,在党中央、国务院的重视和关怀下,中国自然保护区事业从无到有,蓬勃发展。自 1956 年第一个自然保护区广东鼎湖山自然保护区建立以来,中国已建各类自然保护区 1000 多处。

自然保护区是保护、研究野生生物资源的重要场所,是人类认识自然、利用自然的科学基地。它对于研究自然变化规律,监测人为活动对自然界的影响,探索合理利用自然资源的途径和方法,以及对维护生态平衡,保护生物多样性,都具有十分重要的意义。中国的自然保护区保护了 85% 的陆地生态系统类型、85% 的野生动物种群和 65% 的高等植物群落。国家重点保护的 300 余种珍稀濒危野生动物、130 多种珍贵树木的主要栖息地、分布地得到了较好保护。

自然保护区分国家级和省级两个等级,目前,中国已建国家级自然保护区 155 处。三江源自然保护区是积极贯彻落实党中央、国务院提出的西部大开发战略的一个重大举措。这一保护区的建立将使中国自然保护区总面积达到 88.13 万 km^2,由占国土面积的 8.8% 上升到 11.26%。

3. 产业化模式

(1)"专业村"模式

运作机理:经营成功的专业户,以带头人身份,通过示范、帮教,带动村内其他农户种植、饲养、经营同一品种,以逐渐形成规模。

优点:这种模式容易进行技术传播、财富积累、低成本提高劳动者素质。

缺点:规模不容易扩散到其他村子。

(2)"公司＋农户"模式

运作机理:公司与农户签订多年合同,农户按合同进行生产,公司垄断经销农户产品。

优点:公司掌握市场行情,具有资金优势;农户提供土地和劳动力,具有资源优势;具有一定规模效益。

缺点:公司垄断了农户,社会资源配置缺乏充分竞争;模式过于单调,在公司市场波动情况下、农户在自然灾害面前无法规避风险;公司和农户之间的信誉问题有可能阻碍这一模式的普及;在公司与农户之间的利益关系分配上,农户处于弱势地位,利益分配不利于农户。

(3)"土地入股"模式

运作机理:投资公司与农户合资组建新公司,共同制定公司章程,成立有关机构;公司以资金、技术、购销渠道、公司商誉入股;农户以土地(仅指一定时期内的土地使用权)入股;公司优先雇用入股农户的劳动力;利益分配按股份多少而定。

优点:公司和农户的投入都较少,容易形成规模效益;公司与农户利益分配与风险共担,容易形成合力,利润较高;公司决策民主,失误概率较小。

缺点:公司决策慢,容易久拖不决,丧失商机;公司和农户规避风险的能力低,一旦经营破产,农户在土地入股期内,对土地无使用权,如果找不到其他就业机会,将无收入来源。

(4)"公司租用"模式(泾川模式)

运作机理:公司与农户签订一定时期的土地转租合同,转包租用农户土地,付给农户地租并承担有关税费;公司投资生产,并优先雇用出租土地的农户;经营利润与风险由公司单独承担。

优点:公司掌握市场行情,具有资金优势;公司经营自主权较大,运作灵活、高效;农户提供土地资源和劳动力,具有稳定收益;具有公司期望的规模进行经营;公司利润较大,农户风险较小。

缺点:公司风险较大;农户利润较小;公司没有规避风险的能力;公司资金投入较大,不利于扩大规模。

(5)"期货市场+公司+农户"模式

运作机理:公司向市场卖出长期合约;公司依合约与农户签订投资与购销合同,向农户提供生产资金;农户依购销合同进行生产;收获时节公司依购销合同购入农户产品;公司将产品提交期货市场或买入合约,进行平仓。

优点:公司将市场波动风险和风险投资利润交给了期货市场,从而只承担农户信誉风险,经营风险大大降低,农户亦不承担由于市场波动引起的公司信誉风险,农户只承担自然灾害风险,同时在风调雨顺时将获得丰产利润。

缺点:公司利润减少,没有规避农户信誉风险的能力,农户公司没有规避自然灾害风险的能力。

(6)"期货市场+公司+农户+保险"模式

运作机理:公司向市场卖出长期合约;公司依合约与农户签订投资与购销合同,向农户提供生产资金;农户依购销合同与保险公司签订自然灾害保险合同,让出丰产利润,规避自然灾害风险;农户依购销合同进行生产;收获时节公司依购销合同购入农户产品;公司将产品提交期货市场或买入合约,进行平仓。

优点:公司将市场波动风险和风险投资利润交给了期货市场,农户将自然灾害风险和丰产利润交给了保险公司。在这一模式中公司和农户都不承担经营风险。

缺点:公司和农户的利润都较低。

(六)管 理 对 策

1. 生态与生态经济建设管理对策及原则

(1)市场管理对策

① 在统一规划的前提下,要首先进行生态工程项目的经营权公开拍卖。

② 在经营权拍卖后,依统一规划要求,对生态工程项目的开发权要进行公开发包、竞标。

③ 经营权公开拍卖不成功的生态工程项目和不适应经营权公开拍卖的生态工程项目的开发权和经营权,要分别进行公开发包、竞标。

④ 生态工程项目的经营者不具有再度开发权,生态工程项目用地的开发与经营必须服从生态工程建设规划,并经过合法授权。

⑤ 在市场经济条件下,生态工程建设项目要尽可能避免使用义务

工和强制用工。

⑥ 对于已经承包出去的生态工程项目规划用地,要先转包、再拍卖。同等条件下,优先获得经营权和开发权的顺序为:原土地承包者,私营独资、私营合资、其他企业。

(2) 规划原则

① 在进行生态工程、生态经济工程规划前要进行市场调研、市场预测、市场定位、市场配套体系建设规划。

② 生态工程建设规划要与农业产业化规划协调统一。

③ 要把生态工程作为农业产业化的基础和保证来进行建设。

④ 要把农业产业化作为生态工程的向导和动力来进行规范。

⑤ 在进行生态工程、生态经济工程规划时,要首先进行区域整体景观规划。

⑥ 在水土流失严重(或容易流失)的地貌部位(陡坡地、梯田埂、沟底冲刷区、沟沿等)要选种生态型的林灌草。

⑦ 在风蚀严重的山头、峁顶和风口地带,要选种抗风、旱、寒的生态型的林灌草。

⑧ 在受到生态保护的梯田内部,要根据市场需要和生态适宜性,种植经济作物、经济林、牧草和粮食作物。

⑨ 在部分受到生态保护的梯田区,上下梯田间要间隔种植生态型的林灌草和经济作物、经济型林、灌、草及粮食作物。

⑩ 生态型林灌草的选择原则:

(a) 具有良好的水土保持能力:根系发达、枝叶茂密、不落叶植物。

(b) 易成活,但不易传播,引种要预防生态入侵和基因变异引起生态失控。

(c) 选种要注意生物多样性,尽可能避免种群单一,使生态群落具有良好的抗干旱、抗风灾、抗冻灾、抗虫灾等抗逆能力和防火能力。要科学计算生态群落对种植地有关灾害具有多少年一遇的抵御能力。

(d) 充分利用气候、水文记录资料和当地居民的见证资料,注意近5~10年变化趋势,科学规划生态工程项目。

（e）在同等条件下考虑的优先次序为：果林、牧草、药材；观光林、灌、草；一般林、灌、草。

2. 水资源与水环境管理对策

（1）全国水资源水环境统一规划；

（2）各大流域间要能够调水互济；

（3）雨水、洪水资源充分利用；

（4）大力营造地下水库和生态水库；

（5）流域水资源配给要先算经济账和生态账；

（6）建全环境产权管理制度，完善环境流通市场；

（7）建立流域上下游、水利水电企业水资源水环境配给补偿机制；

（8）严格限制高耗水、高污染行业发展；

（9）用市场机制引导用水的开源节流。

3. 信息与形象管理对策

（1）自然景观与城市景观形象塑造；

（2）旅游景观形象塑造；

（3）投资环境形象塑造；

（4）政府与社会形象塑造；

（5）利用大众传媒进行形象塑造；

（6）利用驻外机构进行形象塑造；

（7）利用 INTERNET 网进行形象塑造；

（8）建立 INTERNET 信息中心，及时准确掌握国内外市场信息，及时、准确、全面地向国内外提供本地区市场信息。

（七）实证研究

1. 庄浪模式

庄浪县是国家确定的贫困县，属甘肃省平凉地区，地处黄土高原中部、黄河支流渭河上游,流域生态地位十分重要。由于自然、历史和社会经济的原因,区内生态系统和生态经济系统曾经十分脆弱,全县大部分土地为陡坡地。但是,在各级政府的一贯支持下,庄浪人民发扬"苦干、苦干、再苦干"的愚公移山精神,30多年来,持之以恒,自力更生,大搞梯田建设,全部实现了梯田化,平均每亩梯田建设财政投资仅几元钱,取得了巨大成绩,被国家水利部立碑命名为"全国梯田建设第一县"。梯田是庄浪县的巨大财富,是21世纪庄浪县经济腾飞的坚实基础。在2000年的春夏大旱中,周边有的县由于粮食歉收入心浮动,庄浪县得益于梯田及其配套工程,群众安居乐业。

2. 泾川模式

泾川县位于甘肃省东部的陇东黄土高原沟壑区,海拔930～1462m,总面积1409km²,人口32.3万,年均气温10℃,降水量553mm,属温暖半湿润气候。1949年以前,泾川县的森林覆盖率不到1%,水土流失面积占总土地面积的98.6%。1949年后,当地政府和人民始终把造林绿化作为改善生态环境、加快农业脱贫致富的战略措施来抓。50年代典型开路;60年代发展起步,以护坡保塬为重点,种植生态林;70年代大干快上,兴办乡村林场;80年代总体开发,大力发展速生用材林和果树经济林,积极探索经济林带动生态林的新路子;90年代全面向市场林业迈进,依照市场机制配置资源,实现重大产品和产业结构调整。到1998年,全县森林覆盖率达到34.9%,水土流失治理程度达到82.4%,林果业用地面积为40%,林果业总收入9653万元,占农业总收入的30.2%,农民人均林果业纯收入319.6元,占全部纯收入的23.4%,果品创税1172万元,占全县财政总收入的24.6%。从1956年开始,多次受到了国家和省上有关部门的嘉奖,有120多人先后成为国家或省地林业劳模和先进工作者,2000年荣获"全国林业生态建设先进县"。2000年初,泾川县先富起来的农户在五里铺办起陇东苗圃繁育中心,当地政府出面协调贷款,不用出一分钱,协调连片租用农户77公顷川地,不用出一个义务工,每公顷地每年给农户4500kg

小麦,租期 3 年,锄草和其他用工,雇用出租地农户,每人每天 8 元工资。预计苗圃繁育中心当年可收入 200 万元,第 2 年可收入 400 万元,第 3 年的收入将更多。这个苗圃繁育中心不仅带动了整个县的育苗发展,而且还向陕甘宁周边地区提供生态用苗和经济用苗。泾川县经过 50 年的生态建设和生态经济建设,不仅取得了巨大的成绩,而且还摸索出了一套成功的模式——"公司租用"模式,这套模式不仅适用于苗圃,而且还适用于生态建设、生态经济建设、农业产业化等,模式的关键是公司能够瞄准市场。

3. 大连模式

以城市形象建设、城市生态环境建设作为城市建设的第一任务。以优美的市容环境,带动城市精神文明建设,招商引资,从而促进区域经济发展。大连市首先认清了城市公共环境质量是城市形象的重要组成部分,是经济发展的新增长点和社会进步的新动力源,从完善城市功能和提高环境质量的城市建设中得到了丰厚的回报,以环境建设为切入点,带动了建筑、建材、交通、旅游、引进外资、房地产等一系列行业的发展。大连的星海湾曾是一个污染严重的地区,仅仅经过三个冬春的整治,造出一个 160 多万 m² 的海滨广场,崛起一片商务新区,地价由每平方米 1000 元飙升到 10000 多元,并且为社会提供了千余个就业岗位。

深圳市日前宣布将以建设一个环境优美的新深圳来招商引资、带动经济的新发展。这是大连模式在中国城市再版的范例。

4. 三江源模式

1999 年,中国科学院部分专家在青藏高原进行野外科学考察时发现,黄河源头、长江源头和澜沧江源头的生态形势十分严峻,一些地区的草场破坏不仅危及当地经济发展和社会安定,而且威胁到这三条大江大河的水资源、水环境、生态安全、流域安全,威胁到中华民族"水塔"的安全(长江总水量的 25%、黄河总水量的 49%、澜沧江总水量的

17％都来自三江源地区,这一地区还是三江生态系统最敏感的地区),旋即迅速向国家有关部门和青海省政府汇报。2000年夏,国家林业局、中国科学院、中央电视台、青海省政府联合派出科学考察队,奔赴三江源地区,历时一个多月,进行全面系统的科学考察、规模宏大的现场报道。待考察结束时,三江源自然保护区的框架已经形成。从中国科学院专家发现问题到保护区建立,仅仅用了一年时间,为中央财力和国家科技力量迅速注入生态危险区赢得了宝贵的时间,为保护区建设创造了新的模式。

国家林业局将把三江源自然保护区作为全国自然保护区建设的一号工程,作为西部生态建设的重中之重,从投资、项目、资金等方面给予重点倾斜,并以此为契机推动西部生态建设和全国自然保护区建设。三江源自然保护区是长江、黄河及澜沧江的发源地和生态系统最敏感的地区,也是世界高海拔地区天然湿地最多、生物多样性最集中的自然保护区。建设好三江源自然保护区,对于保护高原湖泊湿地、原始森林、珍稀野生动植物、高寒灌丛、草甸草原和世界"第三极"景观及整个三江源流域生态环境,具有重要的作用。三江源自然保护区的成立仅仅是拉开了建设的序幕,今后的建设任务极其艰巨。三江源自然保护区的建设要走综合保护、综合治理、综合利用的道路,当前要打好基础。三江源自然保护区是国家生态建设的战略要地,也是青海省生态建设的战略要地,要真正把三江源自然保护区建设纳入国家和地方社会经济发展计划。同时,要在科学考察的基础上,充分论证,作出科学规划和布局,提出切合实际的总体目标、近期目标和建设项目。三江源自然保护区面积大,对核心区、缓冲区、实验区要分类指导,分别树立典型,第一步要把纪念碑周围的生态环境保护好、建设好。三江源自然保护区建设是一项极其复杂的系统工程,光靠林业部门的力量远远不够,必须依靠各行业、各方面的大力支持。要开拓思路,多渠道筹集资金,不仅要争取国家投资、部门投资、地方投资,还要广泛争取国内和国际的社会资金。

5. 贷款修路模式

在全国高速公路建设中,普遍采用"贷款—招标"、"管理权拍卖"集资建设模式。西安市使用"管理权拍卖"集资建设模式时,不但政府不用出一分钱,而且还有净赚。这一模式不仅限于高速公路建设,而且很容易推广到铁路行业、水运行业、航空业、国家电网建设、国家电信建设以及其他各行各业。这一模式的优点是政府出政策不出钱、经济发展速度快、社会效益大。

三、脆弱生态环境综合整治战略分析

(一) 脆弱生态环境综合整治的指导思想及原则

1. 脆弱生态环境综合整治的指导思想

战略是决定全局的策略,它是为指导某一重大工程或举措而制定的计划。战略制定的正确与否事关全局的成败,因此它具有十分重大的意义。脆弱生态环境综合整治战略的制定必须从以下几点出发。

(1) 全局性:战略是指导全局的计划或策略,全局性是战略概念本身所体现的最基本特征之一。因此,任何战略的制定首先须具有全局观念。全局性不仅要求我们全面清楚地认识研究的对象,把握其总体特征,而且还要求我们在制定或实施任何策略时都必须以整个社会的大局利益为重。那些只从局部利益出发,只注重某一社群或某一区域局部利益的任何策略都难以称之为战略。现实中,那些带有全局性、宏观性和长远性的问题如发展生产力、控制人口增长、加强教育、实施产业结构调整、加速脱贫致富、合理开发与利用资源等才是战略所关心的真正问题。研究和解决这些带有全局性规律的问题才是战略指导的重要任务。脆弱生态环境是由自然和人文的干扰、胁迫而造成的,脆弱生态环境的形成与发展不仅对当地社会、经济与环境造成影响,同时也影响其他区域的社会、经济与环境。因此,脆弱生态环境问题是事关整个社会发展的全局性问题。脆弱生态环境整治战略制定的好与坏直接关系到社会、经济与环境效益能否协调一致。所以,把握住全局性,是脆弱生态环境整治战略应首先考虑的问题。

（2）长期性:战略的着眼点不在当前,而在未来。战略的长期性有两层含义:一,任何战略的制定都是为了追求一定的利益,这种利益应是长远的而不是短期的,是可持续的而不是短暂的;二,任何战略的实施都是一个长期的过程,不可能一蹴而就。同时,在战略实施过程中,可能会面临着许多意想不到的阻力,它往往也是十分艰巨的,我们应有打"持久战"的思想准备。因此,同那些只追求短期利益、只在短期内起作用的行为和措施来说,战略具有更深远的意义。这就要求我们,在战略制定与实施过程中,既要从长远利益出发,又要考虑战略实施的长期性和艰巨性。例如,我们通常所说的发展生产力、控制人口增长、加强科技教育等都是联系中国基本国情的长远战略,这些策略的制定都是从中国未来发展的长远利益出发的,这些策略的实施也是一个长期的过程。所以,放眼未来,从未来的长远利益出发是脆弱生态环境整治的基本出发点。任何脆弱生态环境的整治都应从长远利益出发,避免那些只追求短期利益的行为。同时,还要清楚地认识到脆弱生态环境的形成都经历了一个较长的历史过程,因此对它的整治与治理也是一个从量变到质变的过程。要做好长期的思想准备,否则欲速则不达。

（3）层次性:战略具有全局性,这种全局性是同系统的整体性联系在一起的。系统的整体利益、整体功能的可持续性是制定任何战略务必考虑的内容。系统是由要素构成的,构成系统的要素具有一定的层次性,即水平层次和垂直层次。例如,在整个社会系统内,自然再生产系统、人口再生产系统和经济再生产系统就位于同一水平层次上。在自然再生产系统中又有资源、环境系统等,体现出垂直层次性。因此,任何战略的制定都应考虑到系统的层次性。在水平层次上,针对不同的局部问题,其战略不同;在垂直层次上,局部性的战略不应同系统的整体战略相悖,下一层次的战略应不违背上一层次的战略。在脆弱生态环境整治中,战略的层次性表现在全国有全国的总体战略,不同脆弱生态区有其各自的战略；同一脆弱生态区，不同层次上其整治策略也不同。

（4）重点性：战略既具有全局性也具有重点性。战略是把握全局的，绝不能事无巨细，面面俱到。而应选择战略重点，即突出重点，突出对全局有决定意义的部分。所谓重点，内涵有二：一是突出对全局有决定意义的地区或重点区；二是突出对全局有决定意义的重点问题，如决策层经济战略选择问题、农村能源等。只有突出重点，才能在制定和实施战略时做到有条不紊、层次分明。

（5）创新性：战略是指导全局的策略，这种策略应是高屋建瓴式的。战略的制定因基于最新的知识，把握住事物发展的最新方向，因此它在思想、理论、方法上都应有所创新，不能因循守旧。只有这样，战略才能最大程度地接近客观事物的本质，战略的实施才能收到事半功倍之效。在中国，很多脆弱生态区都是较为贫困的地区，过去一想到穷则救济，但事实表明这非明智之举。救济只能解决贫困农民的一时之急，无法根除贫困。这样，脆弱的生态环境也无法从根本上得到治理。饱尝多次失败之后，人们才发现，只有帮助贫困地区的人民找出一条脱贫致富的路子，才能真正消除贫困，才有助于脆弱生态环境的治理与改善。所以，战略应不断创新，不断有所发展。

（6）开发性：治理并不是脆弱生态环境整治的归宿，治理的目的就是为了改善人类生产和生活的环境，拓宽人类生存的空间，为未来更好地开发和利用自然环境打下基础。脆弱生态环境整治战略切忌就治理论治理，在治理的同时要立足开发，正确处理好治理与开发的关系。应该明白，开发能为治理提供经济基础；反过来，治理又能为开发提供良好的资源环境，两者不可偏颇。只重视治理，不重视开发，则人民生活水平难以提高，治理所需的资金也得不到保障，其效果也不会很理想；反过来，只重视开发，不重视治理，片面地强调经济效益也会带来生态环境的破坏。所以，脆弱生态环境整治应将治理寓于开发建设之中，只有这样，脆弱生态环境综合整治才能真正实现。

308

脆弱生态环境与可持续发展

2. 脆弱生态环境综合整治的原则

（1）可持续发展原则。整治脆弱的生态环境，目的在于改善脆弱的生态环境，促进区域社会、经济、资源和环境的可持续发展。1987年布伦特兰等将可持续发展定义为"既满足当代人的需求又不损害子孙后代需求能力的发展"。自此之后，可持续发展逐渐成为人类实现社会、经济、资源与环境发展的最高目标。《中国21世纪议程》的实施为中国未来的发展构筑了综合性的、长期的、渐进的可持续发展战略框架，是中国21世纪的政策指南。《中国21世纪议程》把经济、社会、资源与环境视为密不可分的复合系统，提出了一系列调控这一复合系统的战略和措施，唯求以新的视角、新的观念唤起全民族的可持续发展意识。因此，脆弱生态环境的综合整治也应以实现脆弱生态区社会、经济、资源和环境的可持续发展为最高原则。这一最高原则主要表现在以下几个方面。

① 社会、经济可持续发展原则：可持续发展的最终目标就是不断满足人类的需求和愿望；脆弱生态环境整治的目的也是通过治理脆弱的生态环境，改善脆弱生态区人民的生活水平，实现经济的可持续发展，在这方面两者是统一的。因此，实现经济的可持续发展，改善人类的生活质量，不仅是可持续发展所要达到的目标，也是脆弱生态环境整治所要达到的目标。另一方面，可持续发展实质上是人类如何与大自然和谐共处的问题，而脆弱生态环境的形成正反映了人类与大自然之间和谐关系的失调。因此，脆弱生态环境综合整治就是要求处理好人类与大自然之间所存在的问题，使两者达到和谐发展。

② 生态环境与经济可持续发展原则：生态环境与经济发展之间有着密切的联系。贫困是导致生态环境破坏的主要原因之一，生态环境破坏反过来又使贫困进一步恶化。可持续发展把消除贫困作为重要的目标和优先考虑的问题，脆弱生态环境的综合整治也与消除贫困紧密相关。但在实现生态环境与经济可持续发展过程中，还必须掌握生态环境与经济的相容性原则，即任何一种生态环境整治战略的制定和实

施都必须在经济上具有可操作性,可操作性越强,成功的可能性就越大,这主要因为:生态环境以人的存在为前提,人类社会经济的发展具有明显的阶段性。与此相对应,生态环境问题也体现出一定的阶段性特征。在社会心理层次上,一方面,人类的生态意识还受到物质生活水平的制约,超越经济发展的水平,脆弱生态环境整治战略就可能落空;另一方面,不同文化层次的人对生态问题的认识及其程度尚有差别,这也影响生态环境整治战略的制定与实施。对于生态经济系统而言,生态环境问题的解决或治理不能跨越社会经济发展的阶段。在低水平的物质生活条件下,群众首先关心的是温饱问题,很难对环境质量有较高的要求。可见,脱离实际,战略要求过高,是不现实的。同时,在一定社会经济发展阶段,特定社会群体解决生态环境问题的能力是有限的,任何整治战略的制定与实施都应考虑当前整个社会经济的承受能力,超过一定的限度,则无法达到目标。

③ 资源的可持续利用原则:脆弱生态环境的整治涉及诸多问题,其中资源的可持续利用是中心问题之一。生态环境综合整治要保护人类生存与发展所必需的资源基础,因为许多脆弱生态环境问题的产生都是资源的不合理利用引起资源生态系统的衰退而导致的。为此,在制定生态环境综合整治战略时,必须考虑到资源的可持续利用问题,对可更新的资源,要制定出促进其再生产的战略;对不可更新的资源,要制定出提高其利用率、积极开辟新资源的战略途径。只有这样,才能真正实现资源的可持续利用。

(2)以内部系统为主的原则。内部系统功能增强是解决生态问题的关键。脆弱生态环境区面临许多亟待解决的问题,如人口增加、生活贫困、水土流失、土地生产力下降、灾害频率较高等。整治这些问题,主要的源动力应来自脆弱生态系统的内部。只有脆弱生态系统内部结构得到优化,系统功能得到提高,才能最终治理好退化的环境。因此,脆弱生态环境的综合整治应充分发挥系统的内部功能,这包括提高脆弱生态区人民对人口政策的接受程度,加强脆弱生态区人民的文化教育和增强脆弱生态区人民的生态意识等。脆弱生态环境区的生态问题最终要由那里的人民去解决,他人是难以替代的。因为他们与脆弱生态环境之间的利益关系最直接、最密切。只有充分发挥脆弱生态区人民的积极性和能动性,脆弱生态环境问题才能得以真正改善。所以,整治脆弱生态环境应力求做到谁污染、谁治理;谁耗竭、谁培植;谁破坏、谁恢复。

（3）因地制宜的原则。中国国土辽阔,类型多样,生态环境因素不仅在成因和形态上千差万别,而且在空间分布上亦有很强的区域性,这一切是造成中国脆弱生态类型种类繁多,区域色彩较浓的主要原因。因此,区域不同,脆弱生态区的成因和特征也不同。这就要求脆弱生态环境综合整治战略的制定要充分考虑到脆弱生态区的区域差异,要因地制宜,切忌一刀切。只有这样,脆弱生态环境整治战略的制定才能具有较强的科学性和切实的可操作性。

（4）预防为主、防治结合的原则。防,就是要防止胁迫环境退化的各种因子(包括自然的和人为的),使未遭受破坏的环境得以可持续发展,使正在退化的环境避免进一步恶化;治,就是治理,主要针对已经退化的脆弱生态环境而言。预防与治理,不是截然分开的,两者相互促进,互为补充。"预防"就是为了更好地"治理",本质上也就是"治理";"治理"是为改善退化的系统,提高系统自身的防御能力,所以"治理"也是为了未来的"预防"。但多年的实践告诉我们,预防与治理的效益是不同的。通常来说,预防所需的经济成本要比生态系统一旦退化后进行治理所需的成本大得多;同时,只有做好预防工作,才能治一个少一个。所以,脆弱生态环境综合整治应坚持预防为主、防治相结合的原则。

（5）突出重点原则。突出重点原则要求我们在进行脆弱生态环境综合整治时应坚持:首先要弄清造成生态环境脆弱的主要矛盾,找出解决问题的主要方案;其次,脆弱生态环境的整治既要从全局出发,也要突出重点。对于那些不治理就会急剧恶化,且危害性较大的脆弱生态环境应该优先治理,治理方式也应突出重点,如贫困是造成中国部分地区生态环境脆弱的主要原因,因此,如何帮助农民脱贫致富就成了首要问题。

（二）总体战略目标与主要措施

1. 总体战略目标

从脆弱生态环境综合整治的内涵来看，脆弱生态环境综合整治的战略目标不是一个绝对概念，它随着时间的变化而变化。在不同的社会经济发展水平上，其战略目标可能不同。脆弱生态区资源与环境的现状及其发展潜势不同，其整治战略目标也可能不同。但从总体战略目标的外延看，它是不变的，主要有五大目标：社会经济目标、生态环境目标、资源开发利用目标、为科研服务的目标和综合目标。

（1）社会经济目标。实现脆弱生态区社会、经济的可持续发展是脆弱生态环境综合整治的首要目标。可持续发展的最终目标就是不断满足人类的需求和愿望，脆弱生态环境综合整治也遵循这一目标。因此，对脆弱生态区进行整治，帮助脆弱生态区贫困人口脱贫致富，是实现脆弱生态区社会稳定、可持续发展的基本条件；同时，提高脆弱生态区人民的科学文化素质，发展生产力，是实现经济可持续发展的必要条件。所以，实现脆弱生态区社会稳定，提高该区人民的科学文化素质和生产力水平是脆弱生态环境综合整治的社会经济目标。

（2）生态环境目标。从宏观上看，脆弱生态环境综合整治就是通过采用生物、工程等技术措施和通过行政、法律、经济、教育等手段，使退化的生态系统得以恢复与重建，以维持生态系统的正常功能。从微观上看，针对不同的整治对象，其目标也不同。如沙漠化治理的好坏应以沙漠化的扩展是否得到控制，已沙化的土地是否恢复原貌等为依据；水体污染的治理应以污染源是否得到控制，水体中污染物是否消除为目标等。就中国目前而言，其生态环境整治主要目标是先控制住导致生态环境脆弱的各种自然和人为胁迫源，然后通过退耕还林，种树植草，科学教育等工程技术、行政教育手段，使脆弱的生态系统得以恢复重建。

（3）资源开发利用目标。整治脆弱的生态环境的目的就是通过治理脆弱的生态环境为未来更好地开发利用资源环境打下基础。脆弱生态环境的好坏与人的利益关系最直接最密切。脱离人这一主体,脆弱生态环境整治的重要性也就值得怀疑。人是有目的性的,纯整治而不图回报的行为是少之又少的。可以说,整治脆弱的生态环境就是为了日后更好地开发利用它,从中获取我们生存所需的物质和能量。因此,脆弱生态环境整治应体现资源开发利用这一目标,即整治就是为了开发,整治就是为了使脆弱的资源环境走上一条真正可持续利用的道路。

（4）为科研服务的目标。脆弱生态环境综合整治还应实现为科研服务的功能。脆弱生态环境是一类特殊的生态系统,具有独特的性质和变化趋势。在脆弱生态环境整治中,应充分利用这一机会和人力物力,弄清脆弱生态环境形成的机制,如生态系统的稳定性、敏感性、弹性特征等,外部胁迫因子及其作用原理等。只有这样,才能从科学的角度把握脆弱生态系统内外各种反馈机制,提高我们对脆弱生态环境的理论认识水平。此外,通过脆弱生态环境整治,可建立各种脆弱信息数据库和决策管理系统,这有助于提高我们的科研水平。科研水平提高后,可为日后和其他生态系统的整治提供更有效、更科学的经验和技术指导。

（5）综合目标。脆弱生态环境整治的综合目标是上述各分目标的集合,这表现在整治后的生态环境应具有以下特点:①脆弱生态区社会稳定,人民的生活水平和科学文化素质大幅度提高,且社会的稳定性、经济的可持续性较强;②原已退化的生态环境得到恢复,生态系统的正常功能得以实现,生态环境走上良性发展的轨道;③整治后的生态环境,其资源的再生产潜力高,具有可持续开发利用的潜力;④通过整治加深了我们对脆弱生态环境的认识水平,理论上有所突破创新,科研能力大大提高。总体来说,使脆弱生态区社会经济、资源与环境系统逐步趋向健全、完善、合理和增强是脆弱生态环境整治的综合目标。

2. 主要措施

脆弱生态环境综合整治的主要措施如下:

（1）严格控制人口增长,提高人口素质。人口快速增长、单位土地面积上人口数量过多已成为中国部分脆弱生态区生态脆弱、环境退化的主要原因。人口增长过快、单位土地面积上人口数量超过该区域社会经济以及资源、环境的承载能力,将增大对该区社会经济、资源环境的压力。在资源有限的条件下,人民为了生存,只会加大对自然资源开发利用的频度和强度。结果,过度、掠夺式地开发利用资源的活动如滥垦、滥牧、滥伐,只会导致植被破坏、沙化发展,进而造成生态环境的进一步退化。

控制人口增长,提高人口素质,首先应科学地确定区域社会经济、资源与环境对人口的承载能力,如土地承载力、环境承载力等,并在此基础上根据社会、经济、资源与环境之间协调发展的原则,做出较为合理的人口规划目标。同时,加强法制教育和宣传工作,严格执行计划生育,大力提倡独生子女政策,奖惩分明。人口素质的提高依赖于文化教育事业的发展,因此严格执行九年制义务教育是其重要环节。另外,加强义务制教育法的宣传与教育,是帮助和督促义务制教育得以实施的重要工具。对少数民族地区和多民族地区,更应加强教育工作,让人民认清控制人口增长、提高人口素质的好处。在各民族平等的原则下,积极地实施计划生育和科教兴国政策。

（2）依靠科技,调整产业、土地利用结构,发展脆弱生态区的生产力和保护环境。脆弱生态区的形成与本区科技落后、产业、土地利用结构不合理密切相关。因此,提高科技水平在生产活动中的含量,调整不合理的产业结构和土地利用结构就成了脆弱生态环境整治的当务之急。如针对中国北方的农牧交错区,应在综合调查农牧交错带环境、资源和社会经济条件的基础上,正确评价其自然资源和环境的特征。然后根据这一正确评价结果,对该区的产业、土地利用结构进行调整,力争做到宜农则农,宜牧则牧,宜林则林。

科学技术是第一生产力,也是人类利用自然,改善生态环境的主要手段。因此,只有依靠科学技术进步,加大对脆弱生态环境区的科技投入才能处理好经济发展与环境保护之间的关系,改善生态环境。这主

脆弱生态环境与可持续发展

要从以下两方面着手：一是普及环境科学知识，加强和提高全民族的生态环境意识，动员全社会的力量进行环境保护与整治工作；二是加强科学研究，推广有利于改善环境的新方法、新技术和新工艺，这包括科学制定环境整治规划，综合利用自然资源，走资源节约型发展道路；工业上推行清洁生产，将污染的控制贯穿整个生产过程，使生产与环保一体化；发展环保产业，开发新的环境监测技术装备，提高环境监测水平。总之，以科技为依托，提高脆弱生态区的土地生产力，才能从根本上为脆弱生态区脆弱环境的综合整治打下良好的经济基础。也只有在生产力发展的条件下，增加环境投入加强环境治理，才能保护生态环境，遏制环境退化，为保障生产力的可持续发展创造良好的环境条件。

（3）加强脆弱生态环境的管理工作。脆弱生态环境的治理应与管理并举，两者缺一不可。健全的管理机构和系统及其相应的责、权、利制度是保证脆弱生态区环境整治成功与否的关键要素之一。环境管理的持续性是一个容易被人忽视的问题。如植树造林，人民多注重于造林，但对造林之后的管理、维护缺乏足够的认识，这是造成造林效益不明显的重要原因。同样，在治理沙漠化、水土流失等工作中，也存在"多年治理，一年破坏，治理赶不上破坏"的现象。这不仅浪费了大量的人力、物力和财力，反而会使环境进一步退化。所以，脆弱生态环境的整治不仅要求治理脆弱的生态环境，而且还要加强治理后的管理工作。

建立健全的管理机构要求处理好国家、集体与地方、个人之间的关系。国家与地方、集体与个人各行其事是脆弱生态环境区综合整治的一大弊端。因此，要真正做好脆弱生态区的综合整治工作就应协调好国家与地方、集体与个人之间的利益以及经济开发与环境保护之间的关系。同时，加强法律、经济、行政和教育手段在管理环境中的作用，如利用价格、税收、信贷等经济杠杆对开发、使用和保护环境资源给予相应的税收、信贷政策，以求达到合理利用资源、保护环境的目标。

（4）建立适宜推广的环境综合治理模式。不同区域，脆弱生态环境的形成与发展是不同的，因此脆弱生态环境的综合整治无固定的模式。但根据区域相似性原理，可以在自然条件和人类活动相近的不同区域推广类似的综合整治模式,它不仅可充分发挥过去积累的整治经验、提高综合整治的效率,也可节省不必要的资金和人力。如针对不同结构和类型的脆弱生态区,可在有代表性的区域单元里进行典型示范,提出生态结构的合理配置方案和控制措施。在此基础上,再把这些经验和模式延伸到整个生态脆弱区或其他区域,以点带面,实现区域共同发展。所以,建立良性循环的协调发展示范区,从而探索大面积推广、辐射的技术路线,这在脆弱生态环境综合整治中是十分重要的。

（5）改变传统的经济发展模式,确立可持续发展战略。脆弱生态环境区往往比较贫困落后,经济的发展多沿用高投入、高消耗、低产出、低效益、粗放经营的发展模式。在资源开发利用上,基本停留在原料的索取和粗加工阶段,对环境保护和资源的综合利用不够重视。在经济发展上,往往只重视经济产出而轻视环境和社会效益。某种程度上,这种发展模式不仅是导致脆弱生态环境形成的部分原因,而且由于其本身很不适应目前已脆弱的生态环境,也是脆弱生态环境进一步退化的潜在推动力。因此,如果不改变传统的经济发展模式,听凭环境恶化势必会使当地逐渐丧失生存与发展的基础,导致生态、经济系统的彻底崩溃,后果不堪设想。所以,只有调整各有关政策,建立既有经济效益又有环境效益的发展模式,不断地协调经济发展与环境之间的关系,才能保证社会、经济持续稳定的发展,也才能从根本上扭转环境恶化的趋势。

（6）将环境整治与扶贫工作紧密结合起来。贫困既是环境脆弱的表现又是环境恶化的推动力。贫困限制了人民选择的机会和回旋的余地,迫使他们过度地开发和利用有限的资源,从而导致环境的进一步恶化。环境的恶化又会使越来越多的人陷入贫困,最终造成贫困与环境退化之间的恶性循环。因此,脆弱生态环境的综合整治须同根除贫困结合起来。扶贫工作不仅仅只是简单的救济,而且还应为环境整治工作的开展打下良好的经济基础;环境整治则是扶贫工作的深化和保障。两者相辅相成,相互促进,并行不悖。只有将两者紧密地结合起来,方可收到事半功倍之效。在环境整治和扶贫工作上,要以市场经济为导

脆弱生态环境与可持续发展

向,变单向纯防护性环境整治为开发性环境治理,变救济式扶贫为开发性扶贫,将宏观的、长远的生态效益与微观的短期的经济效益融为一体,这样才能为广大群众所接受,提高脆弱生态环境的整治效率和速度。

(7)加强脆弱生态环境的动态监测,建立脆弱信息网。中国脆弱生态类型较多、变化快,外部各种自然和人为的胁迫都会给脆弱的生态环境带来巨大的影响。就脆弱生态环境本身来说,由于自身不稳定性强和对外部的环境变化比较敏感,更易在外部变化的胁迫下发生响应。因此,要真正治理好脆弱的生态环境不仅要对其现状进行治理,还要对其未来的变化趋势进行适时的动态监测。只有这样才能做到有备无患,才能防止已治理好的环境再次退化,才能对具有退化倾向的环境做出及时治理。所以,针对每一脆弱生态环境区迫切需要建立一个区域性的脆弱信息数据库和基于技术、经济、环境等的综合协调信息数据库和全面的观测系统,以便持续地观测外部环境压力、人为活动对脆弱生态环境的影响及其各影响力和相互关系;研究脆弱生态环境的变迁和演替规律,确定影响脆弱生态环境的主导因子及实施行动的优先领域,以提高区域环境的负荷能力,探讨各种治理措施对消除生态脆弱和提高土地生产力的有效性及其相互关系。

(8)鼓励和促进公众参与,减少人为因素在脆弱生态环境形成中的不利影响。人类不合理的活动是诱发脆弱生态环境形成和导致其进一步恶化的两大外力之一。随着科技的日新月异,人类影响与改变自然的能力已今非昔比,而且在脆弱生态环境整治中,只有人才是最能动的因素。因此,脆弱生态环境综合整治必须依靠和发动群众,积极调动人民群众的主观能动性,节制一切有导致脆弱生态环境形成和不利于区域可持续发展的行为,树立正确的环境价值观和世界观,节约资源,减轻对脆弱生态环境的压力,从而最终走上可持续发展的道路。不调动人民的积极性,没有公众的积极参与和响应,脆弱生态环境的整治到头来只可能是"竹篮打水一场空",既浪费时间,又浪费人力物力。

参考文献

1. 卞翠屏、陈传康:《区域开发理论与实践》,中国商业出版社,1994。

2. 方光迪:"贵州脆弱环境研究与整治",《生态环境综合整治与恢复技术研究(第二集)》,北京科学技术出版社,1995。

3. 李荣生:"论中国脆弱环境整治战略",《生态环境综合整治与恢复技术研究(第二集)》,北京科学技术出版社,1995。

4. 李荣生:"论云贵高原脆弱生态环境整治战略",《生态环境综合整治与恢复技术研究(第一集)》,北京科学技术出版社,1993。

5. 刘培哲:"《中国二十一世纪议程》与生态学发展",中国地理学会编:《生态系统建设与区域可持续发展研究——生态系统建设与可持续发展学术研讨会论文集》,测绘出版社,1996。

6. 刘雪华:"脆弱生态区的一个典型例子——坝上康保县的生态变化及改善途径",《生态环境综合整治与恢复技术研究(第一集)》,北京科学技术出版社,1993。

7. 陆大道:《区域发展及其空间结构》,科学出版社,1998。

8. 罗承平、薛纪渝:"中国北方农牧交错带生态脆弱特征、环境问题及综合整治战略",《生态环境综合整治与恢复技术研究(第一集)》,北京科学技术出版社,1993。

9. 王克林、章春华:"湘西喀斯特山区生态环境问题与综合整治战略",《山地学报》,1999,17(2):125~130。

10. 韦朝阳等:"再论我国煤矿生态环境现状及综合整治战略",中国地理学会编:《生态系统建设与区域可持续发展研究——生态系统建设与可持续发展学术研讨会论文集》,测绘出版社,1996。

11. 杨忠、张信宝等:"金沙江干热河谷植被恢复技术",《山地学报》,1999,17(2):152~156。

12. 赵爱芬主编:《科尔沁沙地风沙环境与植被》,科学出版社,1996。

13. 赵士洞、王礼茂:"可持续发展的起源、定义与内涵",中国地理学会编:《生态系统建设与区域可持续发展研究——生态系统建设与可持续发展学术研讨会论文集》,测绘出版社,1996。

14. 张更生、曹学章:"红壤丘陵脆弱生态环境综合整治战略研究初探",《生态环境综合整治与恢复技术研究(第一集)》,北京科学技术出版社,1993。

15. 张信宝、朱波等:"地下地膜截水墙——一种新的节水农业技术",《山地学报》,1999,17(2):115~118。

16. 张永涛、申元村:"脆弱环境土地退化过程及其防治对策研究",《生态环境综合整治与恢复技术研究(第二集)》,北京科学技术出版社,1995。

脆弱生态环境与可持续发展

第七章 脆弱生态区可持续发展的典型剖析

一、陕西安塞县区域可持续发展的定量分析

（一）前言

黄土高原位于中国东部季风区的中纬度地带,地理范围在太行山以西,日月山以东,长城一线以南,秦岭以北。行政区划上,包括山西省全部,陕西省北部和关中地区,甘肃省乌鞘岭以东地区,宁夏南部,以及内蒙和河南小部分地区。按县统计,区域面积为 41.1 万 km^2 (按自然界限为 35.9 万 km^2),耕地面积 1347 万公顷,人口 6298.3 万(赵存兴,1991)。黄土丘陵沟壑区是黄土高原的主体,主要分布于陕、晋、甘三省,其西北部以景泰、盐池、榆林、达拉特旗一线为界,东南界为天水、铜川、静乐,土地总面积约 30.6 万 km^2。

黄土高原,特别是丘陵沟壑区,地形破碎,植被破坏严重,是中国生态最脆弱、水上流失最严重的地区。本节选择位于黄土丘陵沟壑区的陕西安塞县为案例,根据安塞县区域农业系统分析模型的结果(Lu, 2000),对黄土高原区域可持续发展问题、长期发展战略与政策,进行了定量分析探讨。第二小节介绍了安塞县的自然条件与土地资源状况,第三小节分析了目前区域可持续发展所面临的问题。第四小节简要介绍了安塞农业系统分析模型的基本组成和量化方法,第五小节给出了根据模型分析结果得出的主要结论。最后讨论了黄土高原实现区域可持续发展的途径与措施。

（二）安塞县概况

1. 自然环境概要

安塞位于陕北黄土丘陵沟壑区，地理位置在北纬 36°31′～37°20′，东经 108°52′～109°26′，土地总面积 2951km²，其中 90％ 的面积为黄土丘陵。地形高度在 997～1731m（多在 1200～1500m）之间，相对高度一般在100～200m。受侵蚀切割，地形破碎，全县沟谷平均密度 4.7km/km²（林恒章，1988）。安塞是一个非常典型的黄土丘陵沟壑、脆弱生态县。

气候属温带半干旱季风类型，多年（1971～1993）平均年降水量 520mm，平均气温 8.6℃（表 7—1）。气候季节变化明显（图 7—1），冬季寒冷干燥，12～2 月各月平均气温在 0℃ 以下，并几乎无降水；夏季（6～8月）炎热，各月日平均气温均在 20℃ 以上。全年 74％ 的降水量出现在 6～9 月，雨热同期。降水的年际变化大，在 1971～1993 年的 23 年间，最低降水量出现在 1974 年，仅为 297mm，最高在 1983 年，降水 647mm，是 1974 年的 2.2 倍。从图 7—2 看，月降水量的年际变化则更为突出。

主要土壤类型为黄绵土，土壤土层深厚，质地均一。土壤质地组成以粉沙（粒径 0.002～0.05mm）为主，占 60％～75％，黏土（粒径＜0.002mm）含量较低，多在 9％～15％，沙粒（粒径＞0.05mm）一般低于 30％。土壤表土容重多在 1.2～1.4t/m³，随耕作和植被状况有所不同。土壤空隙发达，土层储水量高，田间持水量在 235mm/m 左右。由于土壤黏粒和有机质含量低，土壤盐基量低，多在 5～10 毫克当量/100g 土。土壤淋溶弱，碳酸钙含量高，一般在 9％～14％，土壤 pH 值在 8 以上。因水土流失，土壤肥力偏低，如耕地表土有机碳和有机氮的含量分别只有 0.4％～0.7％ 和 0.03％～0.05％。土壤缺乏有机质和黏粒物质，胶结能力差，不利于水稳性团聚体的形成，遇水易分散崩解，抗蚀能力低，加上降水强度大，植被破坏严重，因此是中国土壤侵蚀最敏感的地区之一，也是中国生态最为脆弱的县之一。

表 7—1 安塞气象站(海拔高度:1068m,地理纬度:北纬 36°53′,东经 109°19′)1971～1993 年各月平均气候观测资料

月份	1	2	3	4	5	6	7	8	9	10	11	12	年
TMX	1.4	4.4	10.5	19.0	24.4	28.0	28.7	27.0	22.2	16.9	9.4	2.9	16.2
TMN	−12.9	−8.9	−2.3	3.5	9.2	13.5	16.5	15.6	10.0	3.6	−3.6	−10.0	2.9
PRCP	3.6	6.3	15.6	23.6	40.0	65.3	117.2	116.8	82.4	33.9	11.8	3.9	520.3
DAYP	1.8	3.0	4.9	5.2	6.7	7.8	11.3	12.1	9.6	6.0	2.8	2.0	73.2
P5MX	2.2	2.7	5.1	7.5	14.6	25.7	32.4	21.8	45.7	10.8	6.4	2.4	
RHUM	56	54	56	48	51	58	71	77	77	72	64	59	62
WSPD	1.7	2.0	2.2	2.6	2.5	2.1	1.7	1.5	1.5	1.7	1.9	1.7	1.9

注:TMX、TMN:最高、最低气温;PRCP:降水量(mm);DAYP:日降水量≥0.2mm 的日数;P5MX:最大半小时降水量(mm);RHUM:相对湿度(%);WSPD:10m 高度风速(m/s)。

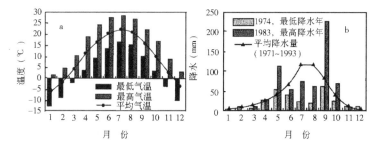

图 7—1 a. 月平均气温、最高和最低气温(℃,1971～1993);

b. 长期平均、最低和最高月降水量(mm)

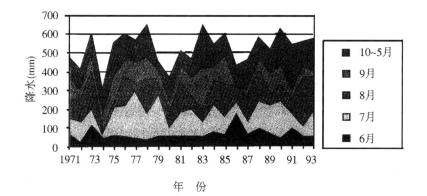

图 7—2 1971～1993 年安塞 6、7、8、9 和

10～5 月降水量分布图(mm)

2．土地利用现状与土地资源

由于人口增长和不断增加的食物需求,安塞县的沟间地,特别是近居民点地区,大部分已开垦为耕地。根据土地利用、林地和草地调查资料(陈德华,1988;罗修岳、张金胜,1988;王长耀等,1988),各类土地的面积(表7—2)是,耕地占 40.4％,草地 14.9％,灌丛 4.4％和林地 10.4％。其余的29.9％为沟壑和极陡坡地、水体、居民和工矿用地,不适宜农业利用。

根据国家水土保持法规定,考虑水土流失控制的可能性,耕作土地应控制在坡度 25°以下。安塞县的草地和有林地,一般坡度陡,耕垦会造成植被的进一步破坏,引发严重水土流失。另外,这些土地远离居民点,交通不便,因此不适宜耕垦。以坡度 25°为宜农地的上限指标,根据土地资源调查数据(陈德华,1988),安塞县共有宜农土地 10.58 万公顷,占土地总面积的 35.8％(表7—2)。考虑土地距村庄的远近、坡度、潜在水土流失强度,将宜农土地划分为三等。

一等地:无土地限制和水土流失危害,有灌溉,近居民点,适宜机械耕作。

二等地:地形坡度小于 10°,潜在土壤侵蚀危害,需要一定的水土保持措施控制土壤侵蚀;无灌溉条件,适宜小型农业机械作业。

三等地:地形坡度 10～25°,潜在土壤侵蚀危害大,无灌溉条件,不适宜机械作业。各适宜类和适宜土地单元的面积见表7—3。

脆弱生态环境与可持续发展

表7—2　安塞县各类土地资源面积

土地资源类型	面积（万公顷）	占土地总面积的％	特征概要
宜农土地	10.58	35.8	坡度小于 25°,适宜种植作物、果树,也可用于发展薪炭林和人工草地。
草地	4.41	14.9	天然草地。主要为陡坡地,一般远离村庄,用于牲畜放牧。
灌丛	1.30	4.4	天然多年生灌丛,多用于薪柴或水土保持。
林地	3.06	10.4	天然林和人工林,主要分布于南部和北部山地。

土地资源 类型	面积 （万公顷）	占土地总 面积的%	特征概要
其他土地	10.16	34.5	沟壑和极陡坡地;居民点、河流和水库水 面;不适宜农业利用。
土地总面积	29.51	100.0	

表 7—3　安塞县各宜农土地单元面积及其主要特点

宜农土地类和 土地单元	面积 （公顷）	特征概要
HS:一等地	5123	分布于延河谷地,海拔高度在 1050~1200m,近村 庄,可灌溉。
FLP:洪积平原	5123	
S:二等地	20489	无灌溉条件。
TRL:梯田	3186	现有梯田,梯田宽度一般 3~8m,距村庄小于1.5km, 大多不适宜机械作业。
GSL:缓坡地	5923	分布于丘陵顶部,海拔多在 1300~1500m,地形平 缓,坡度小于 5°。
MSL:中坡地	11380	地形坡度在 5~10°,海拔高度多在 1300~1500m。
MS:三等地	80232	无灌溉条件,不适宜机械作业。
STL:较陡坡地	40650	陡坡地,坡度在 10~15°,海拔高度在 1200~1400m。
VSL:陡坡地	39582	坡度 15~25°,海拔高度 1200~1400m。
宜农土地总面积	105844	

（三）安塞县区域可持续发展问题

1. 主要问题

水土流失、人口压力和农民的相对贫困是安塞县和黄土丘陵地区实施可持续发展战略所面临的主要问题。

（1）水土流失严重。据水文输沙资料计算（安塞县志,1993）,安塞县平均年产沙量高达 84t/公顷,相当于每年 6.5mm 的土层被侵蚀掉。除多暴雨、黄土抗蚀能力低、地形起伏大等自然因素外,坡地耕垦和植被破坏是造成水土流失的主要原因。由于人口压力和过去政策上的失误,安塞县坡地耕垦普遍,近居民点地区,包括大量陡坡地多已耕垦,导致自然植被的严重破坏。根据耕地类型调查资料(陈德华,1988),安塞县耕地面积为 11.94 万公顷,其中 80% 为陡坡地(表 7—4)。

表 7—4 安塞县不同耕地类型的面积(陈德华,1988)

统计指标	总计	平地		坡耕地(坡度)					
		梯田	平原	<9°	10~18°	19~27°	28~47°	48~70°	>70°
面积(ha)	119444	3186	5122	5923	11380	40650	39583	13011	589
面积百分比	100.0	2.7	4.3	5.0	9.5	34.0	33.1	10.9	0.5

(2)人口增长过快,土地压力大。安塞县人口增长很快,从 1953 年第一次人口普查时的 6.0 万人,提高到 1990 年第四次人口普查的 14.7 万人,平均增长率为 2.46%,明显高于同期全国的人口增长率(1.47%)。从 1964、1982 和 1990 年三次人口普查资料看(表 7—5),70 年代末推行的计划生育和人口控制政策,在安塞县成效不大。人口平均增长率在 1982~1990 年是 2.34%,较 1964~1982 年(平均为 1.95%),不但未降低,反而提高了 0.4 个百分点。人口的过快增长,不仅造成食物需求的增加,而且加重了农业的就业压力,进一步导致了耕地,特别是坡耕地的扩张。据调查资料(唐可丽、陈永宗,1991),与 1964 年相比,1985 年安塞坡耕地的面积增加 2.8 倍。

安塞县缺乏非农业就业机会,农村劳动力主要从事农业生产。根据 1990 年人口普查资料,安塞县近 90% 的就业人口从事种植业。在可预见的将来,安塞乡镇企业和城镇化,因受自然和交通条件的严重制约,很难有大的发展。在今后很长的时间内,农业仍将是安塞县劳动力的主要就业途径。因此,如何解决不断增长的食物需求和大量农村人口的就业问题,是安塞县实现区域可持续发展的关键。

表 7—5 不同时期安塞县人口总数及其相对人口增长率
(根据人口普查资料,括号中的年份为人口相对增长率的开始或结束年份)

	1953(~1964)	1964(~1982)	1982(~1990)	(1953~)1990
安塞县人口(万人)	6.0	8.6	12.2	14.7
安塞县人口相对增长率(%)	3.34	1.95	2.34	2.46
全国人口相对增长率(%)	1.64	2.09	1.47	1.83

脆弱生态环境与可持续发展

（3）经济发展水平低，人口相对贫困。安塞经济落后，农业耕作粗放，土地投入不足，加上自然灾害，如干旱、暴雨山洪、冰雹、霜冻和病虫害严重，粮食产量低而不稳。遇灾年，缺粮现象时有发生，食物安全还有待改善。

据 1992 年统计年鉴，安塞县农村人口的平均国内生产总值是 927 元，人均净收入 438 元，明显低于全国的平均水平。在远离交通和城镇的农村，因缺乏收入来源，贫困现象还相当严重。造成这种状况的原因，除自然条件差、投入不足、生产效益低外，在很大程度上，是由于交通条件的制约。据 1992 年统计年鉴，安塞仍有近 80％的自然村不通车，毛驴仍是主要的交通工具。交通条件的不足，限制了与外界的交流，制约了市场的发育，进一步阻碍了区域经济的发展，导致农民收入偏低。

2. 区域可持续发展方案探讨

从过去的经验看，要解决上述问题，实现区域的可持续发展难度很大。在过去几十年，尽管政府投入很大努力包括资金支持，来促进水土保持和区域经济发展，以改进当地群众的生活条件，但总的来说，成效有限。边治理边破坏的现象严重，经济发展仍相当缓慢。这有政策上的原因，如土地使用权不稳定，也有技术措施的原因，如水土保持片面强调退耕和植树种草，忽视农民的经济利益。

要促进区域的可持续发展，需要一个在充分考虑国家、集体和个人利益的基础上，制定长期的发展战略和适当的政策措施。也即是说，不仅应考虑国家对整个黄土高原环境整治和黄河下游防洪的总体布局，也应考虑当地农民对食物和生活条件改善的迫切要求。要制定这样的战略，必须对区域条件和发展潜力有一个系统的认识。就安塞来讲，需要明确下述问题：

（1）安塞县的作物生产潜力有多大？要提高土地生产力和减少水土流失，应采取什么样的农业技术措施？

（2）制约安塞农业可持续发展的主要障碍是什么？在满足粮食自

给和其他区域需求（如就业、收入）的前提下，坡地退耕的潜力有多大？

（3）黄土丘陵土地退化是否可得到有效控制？需要多少投入？

（4）持续增长的粮食需求对区域土地利用、农业收入以及环境的可能影响是什么？即考虑食物安全、食物结构的改善和人口增长，以及人们对生活水平改善的要求，在大量耕地退耕后，对农村社会经济（如收入、就业等）的潜在影响有多大？

为了回答上述问题，以安塞县为案例，我们提出了一个基于模型的系统分析方法（Lu，2000），用于定量分析探讨黄土高原地区，区域农业发展潜力和长期发展战略。该方法将整个区域作为一个系统考虑，利用作物模拟模型和多目标线性规划（MGLP）技术，对区域土地利用、自然和社会经济条件以及区域发展目标进行综合分析。模型分析结果可为决策者制定区域可持续发展战略和政策提供决策依据。

（四）安塞县农业系统定量分析模型概要

该模型采用系统分析方法和多目标线性规划（MGLP）技术，将区域农业、自然和社会经济条件，以及区域发展目标综合为一个系统。该方法包括 4 个主要部分（图 7—3）：①诊断确定适宜农业技术，定义农业生产（或土地利用）类型，并根据定量土地评价方法和文献资料，量化土地利用类型；②根据区域问题和发展目标，定义目标函数；③确定区

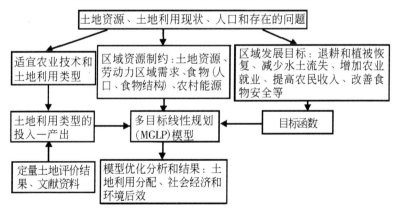

图 7—3　区域农业系统综合分析研究方法框图

脆弱生态环境与可持续发展

域限制条件和农产品需求,即确定有效土地资源、劳力,及区域食物、薪柴的需求量;④建立 MGLP 模型,进行定量优化分析。

安塞模型共包括 2032 个农业生产类型,超过 3000 个限制条件和 40 万个非零数据,用 XPRESS 软件写成。基本数据包括野外调查、气候、土壤和文献资料。数据处理利用作物模拟模型、GIS 技术和专家知识。

1. 农业生产类型及其投入—产出系数的确定

根据安塞县的自然条件、土地利用、存在的问题和区域发展目标,定义了 5 种农业生产类型,即作物、果园、人工草场、人工灌丛(薪柴)和畜牧。由于粮食安全和水土保持是黄土高原区域农业可持续发展的中心问题,也是本研究的重点,因此详细定义了作物生产类型。

作物生产类型根据作物、产量水平、机械化水平、水土保持措施、梯田类型和适宜土地单元 6 个指标划分。选择了 7 种主要粮食作物,即玉米、谷子、冬小麦、大豆、秋土豆、夏土豆、胡麻和饲料作物苜蓿,考虑作物病虫害、土壤水分和养分利用,将这些作物定义为三种轮作方式:连作、粮食作物轮作和草田轮作(即苜蓿—粮食作物轮作),共 17 种轮作类型。每种轮作根据生产水平、机械化程度、水土保持措施(沟垄耕作、秸秆覆盖、等高耕作等)、梯田(水平梯田和隔坡梯田)和土地适宜单元(洪积平原、现有梯田和 4 种坡地类型即缓坡地、中坡地、较陡坡地、陡坡地,见表 7—3),进一步划分成不同的作物生产类型(共 2006 个作物生产类型)。

基本数据通过基于 EPIC 模拟模型的定量土地评价方法获取。考虑不同的水土保持方法和土地条件(土地单元),对 17 种轮作类型模拟了其潜在、水分限制和养分(氮)限制条件下的产量、肥料需求量、氮和土壤流失量。模拟结果用于确定农业生产类型的投入—产出系数。

农业生产类型的量化采用面向目标的方法,即先确定产量,然后计算实现此产量的投入。目标产量根据 EPIC 的模拟结果,考虑气候灾害(冰雹、霜冻和暴雨)、土生病虫害和作物管理的不完善(即施肥、除草、农药施用和灌溉不及时和不均匀)等因子可能造成的减产。

实现目标产量的养分需求（氮、磷、钾）采用供求平衡法计算，即投入的养分等于随经济产量和作物秸秆移出的养分加上损失。在计算肥料投入时，假定化肥和有机肥的养分利用率相同。农药需求量根据文献资料和专家知识，并考虑到作物轮作和产量水平的影响。劳动力投入根据标准任务方法，并考虑农田和村庄之间的距离、土地坡度和耕作工具，基本数据来源于文献资料。农产品和有机肥运输所需的劳动力，根据运输距离、运输工具（如，拖拉机、牛车或驴车）估算。修建梯田所需劳力，根据搬运土方量估计。

生产成本和农业净收入根据 1997～1998 年的价格计算。生产投入（即肥料、劳动力、农药）和农产品产值以市场价格为基础。人工草地的技术参数也是以 EPIC 模拟的结果为基础，而果业和人工灌木的技术参数用文献资料估计。

畜牧生产类型的技术系数根据动物模型估计。该模型以畜群结构为基础，根据出栏率、产羔率、死亡率等建立。此模型用于计算家畜（山羊、绵羊、耕畜）的产肉量、饲料需要量（可消化能量和蛋白）和厩肥产量。饲料的需求以可消化能（DE）和可消化粗蛋白（DCP）表示。畜牧饲料来源包括玉米、苜蓿、作物秸秆和草场。

根据电子表格软件（EXCEL），开发了技术参数生成器，用于计算农业生产类型的投入—产出系数。该生成器包括所有的 EPIC 模拟结果和基本的参数，如减产因子、标准劳力投入，以及农产品、肥料和农药的价格等。通过改变参数，如减产因子、肥料价格，可以很容易生成新的投入—产出系数。利用该生成器可以计算每个农业生产类型的技术系数，如产量、氮损失量，以及实现此产量所需要的投入，如资金、灌溉、化肥（氮、磷、钾）、劳力、耕牛（或机械）和农药等。

2. 目标变量

针对安塞县土地利用存在的问题和区域发展目标，定义了 10 个目标变量，即总的和单位面积的土壤流失量、作物种植面积、粮食总产量、农业就业总量、生产总成本、农业净收入、劳动生产率（单位劳动力的净

脆弱生态环境与可持续发展

收入)、矿物氮的总投入量、农药总量和氮的损失总量。考虑一系列的约束条件,这些目标可以通过模型优化。

3. 主要约束条件

主要的约束条件包括土地资源、劳动力、农产品需求和饲料需求。可利用农业土地包括适宜农耕的土地、天然草地和灌木林地,其面积根据土地调查资料确定。适宜土地可用于种植作物、果树、牧草和灌木。天然草地和天然灌木林地只用于放牧和提供薪柴。

农业劳动力根据预计的 2020 年农村人口计算。食物需求根据农村人口数、每人每天的食物能量和蛋白质需求及食物结构(粮食、肉、油、水果等)计算。粮食供给量等于生产的生产总量减去饲料用粮。粮食供求关系按标准谷物当量计算。薪柴来源包括灌木和作物秸秆,其供求关系按标准煤(SCE)计算。饲料包括:①牧草;②作物秸秆;③农副产品;④饲料用粮(玉米、苜蓿和土豆)。每头牲畜的饲料供求量根据 DE 和 DCP 计算。

该县划分为六个小区,劳动力、作物秸秆(作为饲料或燃料)、灌木、苜蓿和厩肥假定仅在同一小区内使用。每一小区,假定粮食、水果和肉类自给,即作物总产量(谷物当量)和肉类总产量应超过总需求量(包括饲料用粮)。天然和人工草地仅限于小区放牧。谷物麸皮(小麦和谷子)和豆、麻饼(大豆和胡麻)由食物和食用油的消耗量确定。MGLP模型提供了一个方法,用于确定牲畜圈养、放养时间和计算厩肥产量。

4. MGLP 模型和模型分析方法

模型利用 XPRESS 软件写成,所有生产活动类型及其相互关系(如作物秸秆可用于牲畜饲料,厩肥、耕牛用于作物、果园和饲草生产)、产品需求和限制条件用线性方程连接(Lu,2000)。这样,模型可根据(决策者)需要优化各种目标,如最小土壤流失量、最小生产投入、最大收益、最大作物产量、最大农业就业(最小失业)、最小化肥或农药用量,等等。这些目标函数也可结合优化,即政策情景分析。

（五）主 要 结 论

1. 发展旱地农业具有很大潜力

EPIC 模拟结果显示,在安塞县可获得较高的雨养产量。例如,玉米的平均模拟(雨养)产量(干物质)为 6.6～9.3 吨/公顷,谷子4.7～6.6吨/公顷,秋土豆 5.6～7.1 吨/公顷。因为这些作物的生长季节与雨季完全匹配,模拟结果显示,用于水土保持的垄作和秸秆覆盖对其产量的贡献有限。与此相反,这些措施可以显著提高冬小麦、夏土豆和胡麻的产量,对陡坡土地尤其明显。这主要是因为这些措施能减少降雨径流,间接改善了干旱季节(冬、春)土壤的水分条件。不施用氮肥,通过作物与苜蓿轮作,也可以获得较高的产量。

除梯田外,作物与苜蓿轮作也可有效地控制水土流失。对陡坡地,沟垄耕作控制水土流失的效益不如作物秸秆覆盖。在该区域,氮损失可控制在一个很低的水平。模拟结果表明,氮损失主要是由于气化作用、地表径流和土壤流失。因为根层土壤水分很少饱和,降雨基本不产生土壤淋溶,氮的反硝化损失和淋失很低。在好的管理条件下,即地表径流和土壤流失等得到有效控制时,平均氮损失量可控制在施氮量的25％以下。

2. 从模型分析结果看,在安塞(也许整个黄土高原地区),粮食可实现自足有余

在有效管理和适当投入的条件下,粮食生产不但可满足 2020 年23 万农业人口(作者计算)的需求并且还有富余。在保证安塞县 2020年粮食安全的前提下,现有作物种植面积可以大幅度降低。考虑投入、食物安全(粮食生产的年际波动),最小耕地面积可控制在 3 万公顷左右,约为现有耕地(调查)面积的 1/4。如果食用高(动物)蛋白食物,最小耕地面积需要较大幅度提高。

脆弱生态环境与可持续发展

3．只考虑耕地，通过修梯田、沟垄耕作、草田轮作和秸秆覆盖等，水土流失可基本控制

在黄土丘陵沟壑区，水土流失在很大程度上是由于坡地耕垦和植被破坏引发的，因此，长期以来，坡地退耕和耕地土壤侵蚀的控制，一直是水土保持的重点。从模型的分析结果看，在保证安塞食物安全的前提下，通过修梯田、沟垄耕作、草田轮作和秸秆覆盖等措施，耕作土地的平均土壤流失量可以控制在 7 吨/公顷以下。沟壑、陡坡荒地和自然草场的水土流失难以定量，因此本模型未考虑。模型结果显示，在很大程度上，水土流失的控制与提高土地生产率和劳动生产率（单位劳动力的净农业产值）的目标一致。

4．农村剩余劳力是应解决的主要问题

农村人口多和缺乏非农业就业机会可能是影响安塞县农村发展的最重要的制约因素之一。从模型的分析结果看这是明显的，即增加总的农业就业，需要维持高的作物种植面积，因此，大幅度提高化肥、农药及资金的投入。随农业就业人数的增加，人均劳力净产值几乎呈线性下降。然而，在适当农业投入的条件下，仍有一定潜力保持较高的农业就业率和较高的收入。从模型的分析结果看，在基本维持现有耕地面积（1992 年统计面积）的前提下，农业就业率维持在农村总劳动力的 2/3，人均劳力的年净产值（2020 年）为 6700 元（以 1997～1998 年的价格计）。如农业就业率维持在 40％左右，以 1997～1998 年的价格计，人均劳力的年净产值可达到 1 万元，高于 1992 年安塞县农村劳动力净产值的 10 倍。农业机械化在本地区发展潜力不大，一是受地形限制，不适宜机械作业，二是劳动力充足，对农业机械需求不大。

5．发展牲畜圈养有一定潜力

在满足粮食自给的前提下，坡耕地可以大幅度退耕。这些退耕土地可用于种草、种灌木或发展水土保持林，但这会造成很低的农业就业

量。在无其他非农业就业机会的情况下,退耕发展放牧畜牧业潜力不大。模型分析结果表明,由于劳动力资源丰富,畜牧业应重点发展养猪和养羊(圈养为主,结合夏季适量放牧)。可能的选择是扩大玉米种植(养猪)、作物与苜蓿的轮作面积,以提供高质量的饲料(苜蓿),促进作物秸秆饲用(养羊)。这样既可解决农村剩余劳动力就业问题,增加农民收入,还可促进秸秆过腹还田,增加肥料。模型分析结果表明,解决农村能源,如用煤代替秸秆,可减少因秸秆用作薪柴对畜牧业发展造成的不利影响。

脆弱生态环境与可持续发展

6. 从长远考虑,应加强梯田建设,发展草田轮作

修建梯田和草田(作物与苜蓿)轮作是促进安塞水土保持和农业发展的有效措施。丰富的农村劳动力可用于修建梯田。苜蓿有固氮作用,因此可以大幅度降低氮肥的需求,并能提高土壤肥力。当坡地不是很陡时,沟垄耕作可以有效地控制土壤流失,但问题是沟垄耕作需要大量耕牛。由于耕牛利用时间有限,造成饲料、资金浪费。此耕作法应作为权宜之计,从长远看应发展梯田建设。从经济效益看,隔坡梯田优于水平梯田,因为前者需要的劳动力和资金投入较少。

7. 提高粮食生产,除水土保持外,应增加化肥,特别是磷肥的投入

因为氮肥资源相对丰富,减少矿物氮的投入有相当大的潜力。矿物氮肥可在很大程度上由有机肥和生物固氮替代。厩肥磷含量有限,加上磷肥利用率低(土壤固定),所以磷肥投入不足,可能会成为影响本地区粮食生产的主要制约因素。

8. 要实现安塞县区域的可持续发展,需要大量的资金投入

从模型计算结果,所需投入一般要数倍于目前的农业投入(取决于要实现的目标)。因此,要实现长期的可持续发展目标,需要不断的自我积累或政府补贴。从目前来讲,重要的是充分调动农民的积极性,利

用充足的劳动力资源,发展基本农田建设。

9. 实现区域可持续发展潜力很大

从长远来讲,投资水土保持可以促进农业资源的有效利用和改善环境,也可以增加作物产量和农村人口的收入。在该地区,应强化农业的集约化经营,这样,可促进坡地退耕,用于林地或作为保护用地。

为促进土地的可持续利用,必须有适当的政策。稳定土地使用权、控制人口增长、改进基础设施及教育系统;政府的特别支持,如加大对教育、基础设施和水土保持的投入,对该地区的农村发展是非常重要的。

(六) 黄土高原实现区域可持续发展的战略措施

从安塞的分析结果,黄土丘陵地区实现区域农业可持续发展的潜力很大。尽管目前黄土高原地区经济发展水平还很低,且人口增长快,但只要投入适当和管理有效,粮食可实现自给有余,水土流失也可在很大程度上得到控制。要促进黄土高原的可持续发展,主要的政策措施包括:

1. 稳定政策,强化政府职能部门对水土保持工作的领导,鼓励农民植树绿化、种草或发展果木,促进资源的综合利用

要实现黄土高原的区域可持续发展,"退耕还林还草"是非常必要的,也是大家比较认同的环境整治途径。从安塞的情况看,黄土高原地区坡地退耕的潜力是很大的。近数十年,特别是改革开放以来的 20 余年,在政府的推动下,坡地退耕取得了一定的成绩,但总体来讲,进展仍十分缓慢、阻力较大。分析其原因,主要是由于:①土地使用权不稳定。农民承包的土地随意变动的现象还较普遍,国家规定如 15 年或 50 年不变的政策并未真正落实。由于经济利益的促动,随意变更土地使用权,收回农民承包的土地而发展烟草的现象在有些地区时有发生,这不

仅影响粮食生产,而且给农民造成不稳定感,影响农民对土地的投入。②因市场发育差,生产资料如化肥价格偏高,而农产品价格偏低,加上许多不合理的收费和农村劳力富余,导致农民常常选择通过扩大播种面积,而不是通过增加(化肥、农药)投入来提高产量。

水土保持,特别是梯田建设需要较大投入,除国家给予一定的资金扶持外,稳定土地使用权,明确权益,对农民积极参与水土保持是非常重要的。具体的政策措施包括:①严格执行国家承包土地长期稳定使用的政策,禁止随意变更土地使用权的行为。②完善、扩大"四荒地"的拍卖,鼓励当地农民自觉参与水土保持。"四荒地"拍卖并经过法律部门公证后,购买荒地的农民便对土地具有长期使用和转让权,即具有了法律保障,实现了责权利的统一,解决了治管用脱节的矛盾。实践证明,此项措施是行之有效的。如山西岚县拍卖荒地2933.3公顷后,往年靠行政命令很难完成的春季造林任务,在 1997 年顺利完成,其中购买四荒地的农户完成 1000 公顷,占当年总任务的 34%(江定生,1997)。③加强立法、执法和普法宣传,提高农民对自己的权利和义务的认知,加强农民的自我保护意识。

2. 加大水土保持的投入

目前水保部门普遍感到资金短缺,解决办法除国家投入外,还应采取多渠道集资,如通过广告宣传,争取社会各界、企业团体的资助;通过政府争取国际社会的援助;加强立法和执法,对区域内的工矿企业除要求它们做好自身对环境破坏的治理外,必须按规定交纳水土保持税或基金。完善国家的倾斜扶持政策。黄土高原地区生态条件脆弱,土地退化严重,人口压力大,农村经济落后,还存在较明显的贫困现象,单靠自身的能力很难对环境的退化实施有效的治理。因此,国家的倾斜扶持政策在很长的时期内,仍是黄土高原地区摆脱贫困,整治改善其环境条件的最主要的因素之一。

加快林草和基本农田建设,在实现粮食自给的前体下,改变单一的粗放经营模式,提高畜牧业比重。植树种草,发展基本农田建设,在财力允许的范围内尽可能地营造梯田、坝地和发展灌溉,提高人均基本农田的占有量,促进陡坡耕地的退耕还牧还林。恢复植被、增加盖度是防止水土流失的最有效途径,以西峰的杨家沟(林草治理沟)和董庄沟(未治理沟)为例,1958~1977年平均洪水径流量前者较后者减少74.5%,侵蚀量减少 84.4%(唐可丽、陈永宗,1991)。粮草林等高带状间作,坡地实施草粮、草灌(林)和粮灌(林)等高带状间作,可减缓径流的形成,控制侵蚀产沙,其减沙效益较对照耕地可达 80%以上。

3. 推广水土保持和旱地耕作技术,大力提倡推广少种精种,限制以致消除广种薄收、粗放经营的落后方式,提高作物单产

黄土高原降水量较低,缺水干旱是制约农业发展的最重要因素之一。因此应把提高降水的利用率作为突破口,采取措施促进降水入渗,降低土壤蒸发。主要措施包括减缓耕地坡度,修筑水平梯田;等高带状耕作,发展水平沟种植;粮草轮作、间作,增加有机肥料投入,改善土壤的理化性状,提高土壤的入渗率;发展推广地膜覆盖技术等。

4. 实施小流域综合治理

以小流域为单位,生物、工程和农业技术措施相结合,沟坡田兼治,农林牧并重,同时政策落实配套,充分调动集体和个人的积极性,坚持常年连续治理,逐步改善农业生态条件。

5. 控制人口增长

黄土丘陵沟壑区人口增长很快,如延安地区 1990 年的自然增长率为 28.1%,榆林地区为 36.3%。粮食增产赶不上人口增加势必导致耕地面积的扩大,据西吉和海原两县的资料(唐可丽、陈永宗,1991),人口每增加 1 人,耕地增垦量分别为 0.3 公顷和 0.79 公顷,因此严格实施国家的计划生育政策,控制人口增长对黄土高原的综合治理至关重要。

6. 改善基础设施,促进市场建设;加强农村教育,提高农民的知识水平

黄土丘陵交通条件差,很多村庄还不通车。教育落后,科技人才缺乏,人口素质整体水平较低。以安塞为例,根据 1990 年人口普查资料,安塞县 15 岁及以上人口中,文盲、半文盲的比例超过一半,在女性人口中,文盲、半文盲的比例甚至超过 70%。基础设施建设和改善教育是实现黄土高原地区区域可持续发展的长期战略措施。

二、河西走廊干旱绿洲可持续发展评价与对策

中国干旱区绿洲主要分布在天山南北麓、昆仑山和祁连山北麓以及黄河流经的河套平原地区,形成几条绵延数百公里至上千公里的巨型绿洲带。其中,河西走廊、南疆塔里木盆地是中国五个典型脆弱生态区之一(冷疏影、刘燕华,1999)。该区地处欧亚大陆中心,位于中国的内陆腹地,因远离海洋,降水稀少,年降水量多在 200mm 以下,水分短缺是影响资源利用与环境整治的主导因素。由于人口分布相对集中于绿洲地区,上游过度用水造成的下游水源短缺、土壤次生盐渍化、草场过牧与退化现象均十分严重。目前,干旱绿洲地区环境退化比较明显的有 3 个地区,它们是石羊河下游地区的民勤绿洲、黑河下游地区的额济纳旗绿洲和塔里木河下游的铁干里克。因此,如何根据绿洲本身的优势和条件发展区域经济,合理开发利用和优化配置水资源,治理和避免生态环境恶化,走可持续发展道路,是一个非常值得研究的重大课题。其中河西走廊是一个独特的相对独立的地理单元,整个西北干旱区的几乎所有特征均可在这里得到体现。以之为例进行可持续发展水平定量评价,提出区域发展对策和宏观调控措施,对干旱绿洲地区乃至其他生态脆弱带的可持续发展提供经验和模式,无疑具有重要的现实意义。

（一）区域环境与可持续发展条件

广义的河西走廊(亦称河西地区)系指甘肃省黄河以西的地区,在行政上分属武威、张掖、酒泉三地区和金昌、嘉峪关两市。在国外的地理文献中,则称之为甘肃走廊。它东起乌鞘岭、古浪峡一带,西至甘新交界处,南以祁连山、阿尔金山分水岭为界,北至内蒙古自治区和蒙古人民共和国边界,总面积 21.5 万 km²。狭义的河西走廊是指祁连山和走廊北山之间的平原地区,是经济发达、人口密集的绿洲分布区和古丝绸之路的主要通道,面积约为 12.2 万 km²。

祁连山横亘在河西地区的南部,长约 800km,山脉海拔一般在 3000～5000m。祁连山区降水较多,一般年降水量为 200～800mm,冰川发育,形成地表径流,是河西地区大小 57 条内陆河的发源地,每年可向干旱的走廊平原区输送 70 多亿 m³ 的地表水资源,成为山前平原绿洲发育的必要条件。北部是走廊北山山地和阿拉善高原,走廊北山是龙首山、合黎山与马鬃山的统称,系长期剥蚀的中低山和残山,海拔一般不超过 2500m,大部分地区降水不足 150mm,难以形成地表径流。中部走廊平原位于祁连山和走廊北山之间,是一宽度为数公里至百余公里不等的狭长平原,东西长千余公里,海拔 1000～2500m。区内的大黄山(3978m)和黑山(2799m)两座中山,将走廊平原分成三个相互独立的内陆河流域(石羊河流域、黑河流域、疏勒河流域),亦即走廊东段、中段和西段。从祁连山和走廊北山冲刷下来的沙砾物质覆盖了走廊的大部分地面,受搬运距离和地势的影响,冲积、洪积物呈明显的由粗变细的分选现象,遂使地貌分布表现为带状结构,自南而北可划分出祁连山北麓坡积带(由碎石和类黄土状物质组成)、洪积扇带、洪积冲积带、冲积带(细土平原)和北山南麓坡积带。由于拥有充足的光照和热量、充沛的地表水和地下水以及由黄土沉积过程和洪积冲积过程提供的地表细粒物质,因此洪积倾斜平原和各河流冲积平原上到处都可形成绿洲。现代绿洲大多分布在紧靠祁连山的走廊南侧,全区 20 个县、市拥有 18 个大绿洲,面积约 20420km²,占走廊平原面积的 16.7%。

首先,河西走廊地域辽阔,土地类型较多,具有发展大农业的条件。根据调查,有宜农土地128万公顷,宜农宜林宜牧土地132万公顷,宜林宜牧土地42万公顷,宜林土地29万公顷,宜牧土地1286万公顷,宜其他土地71万公顷(冷疏影、刘燕华,1999)。其中耕地103.92万公顷,农业人口人均0.2公顷,比全国人均高1倍多。有可垦荒地130多万公顷,其中近期可开垦的宜农荒地31.13万公顷,集中连片分布在平原地带,是发展灌溉农业的后备耕地。根据估算,河西走廊主要粮食作物平均光温潜力为9860kg/公顷。而目前现实产量不足6000kg/公顷,尚有65%～75%的增产潜力。若按远景可灌耕地的60%种粮,通过宜农荒地的开发,发展套田多熟种植、节水灌溉等关键技术,远景灌溉耕地可达67.59万公顷,粮食总产潜力为40亿kg,比现状22～23亿kg增加80%左右(黄高宝等,1996)。因此,只要解决了水源问题,河西走廊无疑是灌溉农业发展潜力很大和较理想的地区。

其次,原材料资源有一定优势,但能源资源相对不足。河西走廊地区矿产资源比较丰富,品种较多,已探明的有65种,产地298处,潜在价值4470.78亿元,占甘肃省矿产潜在价值的46%。其中镍、钴、铂、铁、铬、钡、钨、金、石油、高铝矿物、铸型黏土、芒硝、萤石、滑石、石棉、重晶石、蛇纹石、石灰石、石膏等矿产在省内占优势,有的在全国属前列。其中金川地区的铜镍矿储量位居世界第二位,占全国总储量的70%。铁矿储量5.7亿t,占甘肃省的76%,其中镜铁山大型铁矿保有储量3.74亿t,是中国西北地区大矿之一。石油主要分布在酒西盆地,总资源量1.82～2亿t,玉门油田是中国最早发现和开发的油田之一,是中国第一个石油工业的基地,但80年代以后已进入开发后期,需要寻找新的储油构造。煤炭资源在河西地区蕴藏量较少,且质量差,分布零散,无法满足本区需要,1995年缺口达200万t。

此外,河西走廊历史悠久,景观独特,又位于丝绸之路的咽喉,留下了许多珍贵的文化遗产和名胜古迹。就旅游资源的种类而言,具有独特和丰富的特点。如"丝路"沿线的古长城、古城堡、石窟、驿站、烽燧、古墓等星罗棋布,皆具有文化和历史价值。干旱的气候和高耸的祁连

脆弱生态环境与可持续发展

山,使河西走廊既有大漠风光,又有冰山雪峰、高山牧场和中山森林等美景,颇有科学考察和探险价值。河西走廊还是一个多民族聚合区,有10多个少数民族保存着各自的风俗人情,从而使本区成为了解和收集民族风情的理想之地。总之,河西走廊是自然景观与人文景观相容兼备的旅游区,大力发展旅游等第三产业,能有力地支撑绿洲经济的发展。

(二)河西走廊可持续发展的综合评估

1. 评价方法和指标

可持续发展作为人类社会一种新的发展模式,强调生产可持续性、经济可持续性和生态可持续性三者的统一。其核心思想是根本改变以往传统人类社会生产和生活方式,实施资源的合理利用和生态环境保护,既满足当地人的需要,又不对后人满足其需要构成危害,从而为满足当代及后代人的生存和发展创造一个协调和公平的自然和社会环境。可持续发展评价,则是对特定区域人地系统的水平和能力的定量评估,是制定区域经济和社会发展中长期规划的科学依据。因此,对不同区域的人地系统进行可持续性评价时,应考虑其自然地理特征和社会经济发展方向来选择评价指标,构建评价的指标体系。

区域可持续发展评价,首先应建立一套完整而科学的类型区。为便于数据的收集和处理,本文划分可持续发展类型区的主要依据是:①以完整的地貌区域或流域(包括水系、水域)为基本空间单元;②主要考虑行政区特别是县、市间在统一管理上的完整性;③适当兼顾自然人文经济方面有共性有联系的地域单元的独特性。根据上述划分思路和依据,将河西走廊可持续发展类型区分为 3 大流域、20 个县(市)区。在此基础上,再根据干旱绿洲地区的独特性,制定了河西走廊可持续发展评价指标体系,共计 25 个指标。由于每一个指标都具有对可持续发展能力的促进或制约作用,其增减并不意味着可持续发展能力的增长或减弱。故本文采用专家评判法,设计出河西走廊可持续发展评价指标的标准值及其权重,并依据实际值与标准值的逼近程度划分出各指标可持续能力的状态控制范围(表7—6)。标准值的确定主要依据干旱绿洲地区或国家现阶段的社会经济发展规划指标,并考虑指标评价与全国水平的一致性,以使可持续能力具有横向可比性。

表7—6　河西走廊可持续发展指标属性判断标准

评价指标	不可持续	潜在不可持续	潜在可持续	强可持续	权重
人口自然增长率(‰)	≥12.5	10～12.5	7.5～10	≤7.5	0.05
非农业人口比例(%)	≤10	10～15	15～20	≥20	0.03
人均耕地(亩)	≤1.0	1～1.5	1.5～2	≥2.0	0.06
人均水资源量(m³)	≤1000	1000～1500	1500～2000	≥2000	0.08
耕垦指数(%)	≤0.5	0.5～2.5	2.5～5.0	≥5.0	0.02
净灌溉定额(m³/亩)	≥350	300～350	250～300	≤250	0.03
保证率75%之缺水程度(%)	≥25	20～25	12～15	≤15	0.02
森林覆盖率(%)	≤5	5～7.5	7.5～10	≥10	0.05
土地退化程度(%)	≥30	20～30	10～20	≤10	0.05
草场载畜量(羊/公顷)	≥4	3～4	2～3	≤2	0.03
农业灾害(沙尘暴日数)	≥20	15～20	10～15	≤10	0.04
人口密度(人/km²)	≥300	250～300	200～205	≤200	0.01
粮食单产稳定度(Cᵥ)	≥30	20～30	10～20	≤10	0.01
人均畜产品产量(kg)	≤15	15～22.5	22.5～30	≥30	0.02
文盲、半文盲率(%)	≥20	15～20	10～15	≤10	0.02
土地资源利用率(kg/亩)	≤350	350～400	400～450	≥450	0.03
水资源有效利用率(%)	≤50	50～65	65～80	≥80	0.06
经济作物面积比例(%)	≤10	10～15	15～20	≥20	0.02
人均占有粮食(kg/人)	≤300	300～350	350～400	≥400	0.03
农业人口人均收入(元/人)	≤1000	1000～1500	1500～2000	≥2000	0.04
卫生体育人口比例(%)	≤0.45	0.45～0.60	0.60～0.75	≥7.5	0.01
公路密度(km/100mk²)	≤5	5～7.5	7.5～10	≥10	0.05
专业技术人员比例(%)	≤2.5	2.5～3.0	3.0～3.5	≥3.5	0.03
大专以上人口比例(%)	≤0.5	0.5～0.75	0.75～1.0	≥1.0	0.03
经济增长率(%)	≤5	5～12.5	12.5～20	≥20	0.05
人均GNP增长率(%)	≤5	5～10	10～15	≥15	0.05
第三产业产值比重(%)	≤18	18～24	24～30	≥30	0.05
合计					

对于每个指标的属性判断值,本文规定在不可持续状态下为 1,潜在不可持续状态为 2,潜在可持续状态为 3,强可持续状态为 4。据此,河西走廊 20 个县、市的可持续发展的能力可按下式计算:

$$I = \sum_{i=1}^{n} A_i Y_i$$

式中,I 为综合评判值,A_i 为 i 项指标的权重值,Y_i 为 i 项指标的属性判断值。在此基础上,给出可持续发展的判据如下:① $I < 2.0$,潜在不可持续;② $3.0 \geqslant I > 2.0$,基本可持续;③ $4.0 \geqslant I > 3.0$,可持续。

2. 主要评估结果

综合评估结果显示,河西走廊地区属基本可持续发展状态(表 7—7)。其中,张掖、酒泉、武威三市评价值最高,属可持续发展类型区,古浪、民勤二县评价值最低,属潜在不可持续类型区;其余各县、市则属基本可持续发展类型区。就流域而言,以走廊中段的黑河流域可持续发展能力最高,其次为疏勒河流域,石羊河流域可持续发展能力最低。在全部的指标中,可持续发展能力的大小主要取决于水资源、土地类型、环境质量、经济发展等指标,人口状况、社会进步和知识经济等指标的贡献不大。通过评价可以看出,影响河西走廊可持续发展的重大问题或限制性因素,主要有下列方面。

表 7—7　河西走廊各县、市可持续发展状态评价结果

县、市	张掖	酒泉	武威	肃南	嘉峪关	敦煌	永昌
所在流域	黑河	黑河	石羊河	黑河	黑河	疏勒河	石羊河
评价值	3.23	3.15	3.04	2.92	2.89	2.83	2.81
位次	1	2	3	4	5	6	7
县、市	临泽	安西	金塔	肃北	山丹	民乐	玉门
所在流域	黑河	疏勒河	黑河	疏勒河	黑河	黑河	疏勒河
评价值	2.80	2.79	2.79	2.79	2.72	2.68	2.64
位次	8	9	10	11	12	13	14
县、市	高台	阿克塞	金川	天祝	民勤	古浪	平均
所在流域	黑河	疏勒河	石羊河	石羊河	石羊河	石羊河	
评价值	2.63	2.60	2.41	2.19	1.95	1.89	2.69
位次	15	16	17	18	19	20	

（1）生态系统脆弱，绿洲环境退化。干旱地区的环境退化问题实质上是绿洲荒漠化。根据调查，河西有各类荒漠化土地 5.03 万公顷，占土地总面积的 18.3％。不少地方的沙丘带每年以 5～10m 的速度前移，50 年代初以来，走廊绿洲因流沙埋压和风沙危害而弃耕的农田约有 12.7 万公顷。由于上游过度用水，使进入下游的径流量锐减，导致终端湖泊全部干涸。以石羊河下游民勤为例，50 年代河流来水量为 5.46 亿 m^3，60 年代为 3.23 亿 m^3，80 年代为 2.22 亿 m^3，90 年代减少为 1.48 亿 m^3。迫于地表水不足，1970 年代开始了大规模超采地下水。现在与 50 年代相比，地下水位普遍下降 4～17m，造成大量植被衰亡、农田无水弃耕。河西走廊 1990 年牲畜存栏数约 960 万羊单位，而理论载畜量为 895 万羊单位，超载 65 万羊单位，造成草场退化，生产力下降。据土壤普查资料，由于水资源利用不科学造成耕地次生盐渍化面积已达 7.04 万公顷，年计损失粮食 2.0 亿 kg（李福兴、姚建华，1998）。南部祁连山毁林、毁草开荒，造成水源涵养林减少，加之雪线不断上升，也对绿洲生态环境造成严重威胁。

（2）水资源利用不合理，处于低效和粗放阶段。水是干旱区一切经济活动的限制因素，一定数量的水资源只能孕育一定面积的绿洲，但水资源开发利用的技术水平对绿洲规模和效益产生深刻的影响。例如，以色列只有 16 亿 m^3 的淡水资源，人均水资源量只有 320m^3，但通过水资源的高效利用，不仅解决了该国 500 万人的农产品供应，而且还成了世界上优质水果、花卉、蔬菜的主要出口国。而中国的河西走廊有 75 亿 m^3 淡水资源，仅养活了 460 万人，还造成了中、下游和工农业用水矛盾日益突出，这不得不引起人们深思。计算表明，河西走廊人均水资源占有量 1763m^3，亩均占有量 749m^3，高于中国北方的黄淮海流域和辽河流域。按 1993 年联合国人口行动组织（PLA）提出的水资源量紧张国家（1000～1667m^3/人）和缺水国（≤1000m^3/人）的标准，河西走廊不属于缺水地区。问题的关键是水资源浪费严重，有效利用率低。以黑河张掖绿洲为例，农业灌溉的模式仍然是修渠引水、打井提水、大水漫灌，农田灌溉水的净引用率仅为 34.87％，每立方米水产粮食仅

0.73kg(陈隆亨、曲耀光,1992)。而先进国家的农田灌溉水有效利用率已达50%～70%,以色列的水分利用系数更高达90%,每立方米水所产农产品销售利润达2.04美元(龚家栋,1997),比黑河流域目前的水平高十几倍。

(3)产业结构层次较低,"二元结构"经济明显。河西走廊地区在50多年的开发建设中,以占甘肃19%的耕地,生产了占全省33%的粮食、98%的商品棉、92%的甜菜、35%的蔬菜、43.7%的羊毛和28.7%的肉类,成为甘肃农业经济的主体,全国12大商品粮基地和8大商品蔬菜基地以及国家重要的能源和原材料生产基地之一。但总的来说,由于长期以来单纯以开发绿洲农业为主,地方工业基础差,人均国内生产总值只相当于全国平均水平的76.4%。经济发展水平与东部沿海地区的差距,表面上看是经济增长速度和人均收入较低,实质上则是产业结构不合理。1997年,河西走廊国民生产总值中,第一产业占31.8%,第二产业占40.1%,第三产业占26.25%。同全国平均水平相比(第一、二、三产业构成为20.28:47.99:31.737),第一产业高11.52个百分点,第二产业低5.89个百分点,第三产业低5.53个百分点。在三次产业发展上,关联度差,经济效益低,特别是绿洲地区,"高产穷县"、"高产穷队"极其普遍。在工业总产值中,轻重工业,能源原材料工业与加工工业之间比例失调。1997年全区工业产值中,轻重工业所占比重分别为22.1:77.9,同全国平均水平(42.8:87.2)相比,重工业高20.7个百分点;重工业中,又以采掘业和原材料工业为主,加工工业比例很低,轻工业主要是对当地农产品的初加工,投资大、回报率低。由于产业结构层次较低,严重制约了整体经济的协调发展,突出地表现为经济结构的二极化(毛汉英,1997)。一极是由中央投资兴办的大中企业群,如金川有色金属公司、酒泉钢铁公司、玉门石油管理局等;另一极则是脆弱落后的地方工业、乡镇企业和近于原始的灌溉农业。两极之间存在着巨大的梯度差,前者在区域经济中占有绝对优势。如金川有色金属公司的工业产值占金昌市主导产业的90%以上,酒钢公司产值占嘉峪关市主导产业产值的75%以上,玉门石油管理局产值占玉门市总产值的

50％以上(李福兴、姚建华,1998)。这种二元经济是一种投入效益漏出型结构,与地方极少有产业链的结合,难以形成相互促进的区域产业体系,而且对工矿城市本身的生存和发展带来后患。一旦非再生资源趋于枯竭、国家投入减少,区域经济发展就会受到严重制约,甚至出现负增长(如金川区1997年经济增长率为－1.34％)。

（三）河西走廊实现可持续发展的对策

作为开发西北的纽带和依托,河西走廊地区无疑具有巨大的发展潜力,但也存在水资源浪费、生态环境退化和"二元结构"经济明显等问题。我们认为,应该从以下几个方面加以优化调控。

1. 以流域为单元进行国土整治,用生态系统观点促进可持续发展

根据流域内自然地理的一致性、水分状况与人类活动关系的密切程度,河西走廊内陆河生态系统可分为南部山地生态系统、中部绿洲生态系统和北部荒漠生态系统。山地系统主要依靠大气降水,是径流形成区,应保护和发展祁连山水源涵养林,扩大森林覆盖率。绿洲系统主要依靠山地地表水及高水位的地下水孕育,今后应进一步建立和完善农业综合开发和防护体系,使绿洲成为高效、稳定、环境优美的场所。在干旱区河流的中、下游,适量的林、草覆盖和水域面积,对保护整个流域内的生态系统稳定起着至关重要的作用。因此,必须以流域为单元进行国土整治规划,充分改善上中下游的水资源保护和合理利用与分配问题,既从科学也从行政管理以至法律的角度来安排用水问题,才能达到工农业生产、生态和社会的可持续发展。石羊河流域的净耗水量已超过流域的最大可用水资源量,今后应严格控制扩大灌溉面积,争取早日调水补源,以增加生态用水量;黑河流域宜修建山区水库蓄调地表水适量开发地下水;疏勒河流域水资源潜力较大,应充分开发地表水和地下水,注意防止土壤次生盐渍化。

2. 以节水为中心,建立资源节约型社会经济体系

已如上述,河西走廊在水资源的开发和利用方面,与国内和世界干旱区的先进水平相比,还有很大的差距。这说明工业、农业和农田防护林带以及防风固沙林带都潜在巨大的节水能力,主要表现在节水灌溉、加强地表水和地下水联合运用和平衡发展以及提高水资源利用的经济效益等三个方面。模拟研究表明,当绿洲农田灌溉定额由现在的6940.5m³/公顷降至 3300m³/公顷,工业产值耗水量由现在的675.7m³/万元降至170m³/万元时,水资源供需矛盾将基本解决,并且可带动沙漠化土地逆转,环境质量逐渐提高(李福兴、姚建华,1998)。因此,河西走廊可持续发展的关键对策在于整个社会、经济和环境系统的同步节水,合理用水,即以节水为中心,建立节水、节地、节能、节材的资源节约型经济体系。为防止水资源浪费,必须树立自然资源的价值观和综合利用观,实行水资源的有偿利用。如果从全面开发大西北的未来着眼,在节水挖潜的同时,还必须重视开源,应积极安排跨流域调水(如"引水济石"、"引硫济金"及西线"南水北调"等)的前期工作,以促进包括河西走廊在内的整个干旱绿洲地区经济的持续发展和生态改善。

3. 以产业结构调整为契机,大力发展以旅游业为主导的第三产业

河西走廊作为资源开发主导型地区,其产业结构调整优化的目标应是主导产业多元化,逐渐淡化"二元结构"经济。具体言之,就是稳定发展商品粮和副食品生产基地,通过专业化、集约化、农工贸一体化和乡镇企业等实现绿洲农业的现代化。第二产业应依靠科技进步提高产品的技术含量和附加值,大力发展新能源、建材、化工、轻纺和食品等工业,以不断完善工业规模结构。河西走廊第三产业近几年发展较快,所占比重较大,但产业水平不高,层次较低。为确保全区经济的持续、快速发展,必须有发达的第三产业为其提供服务保障。在现代服务经济

社会发展阶段，旅游业的发展有时可以成为一个地区经济振兴的带头产业。河西走廊旅游资源密度之大、类型之多、品位之高为中国干旱绿洲地区所仅有，选择旅游业作为发展第三产业的重点无疑是适宜的。今后应以旅游业为契机，充分开发利用区内的多种资源，以带动河西走廊地区的经济持续发展。

三、榆林脆弱区沙漠扩展与逆转

（一）榆林地区沙漠扩展与逆转

1. 沙漠化定义与指标

土地沙漠的扩展又叫沙漠化（朱震达，1994），沙漠化全名为沙质土地荒漠化，属于荒漠化的一部分。荒漠化的研究始于 1949 年法国科学家 A. Aulreville，他将非洲热带森林滥伐与火烧后森林地区演变为草原及荒漠的景观这种环境退化过程称为荒漠化。1992 年联合国环发大会对荒漠化做出了如下定义：荒漠化即由于各种自然因素及人类不合理的活动所造成的干旱、半干旱与具有干旱性质的半湿润地区的土地退化。

土地沙漠化是土地荒漠化的一部分，其定义为："在干旱多风的沙质地表条件下由于人为强度活动，破坏脆弱生态平衡，造成地表出现以风沙活动为主要标志的土地退化"。沙漠化包括：在风力作用下的风蚀土地，粗化地表（砾质化与沙化）片状流沙堆积，沙丘的形成发展，已固定沙丘活化过程等。

中国土地沙漠化分级为：强烈发展的沙漠化地区，沙漠面积年增长率大于 3％，正在发展中的沙漠化土地，沙漠面积增长率在 0.25％～3％之间，逆转的沙漠化土地，沙漠面积以负值增长。沙漠化程度的生态指标，使用植被覆盖度、农田系统的能量产投比，生物生产量等项指标表征。

表 7—8 中生态学指标随沙漠化的扩展而发生明显变化，利用这些

指标可以半定量地描述沙漠化的发展程度。植被覆盖度以初期当地的植被覆盖度为100％,榆林地区植被覆盖率为59％,属于潜在沙漠化的程度;生产潜力是单位面积的可能生产量,并以其为100％;榆林地区地处农牧交错地区,旱作农田推算的可能产量为1.5～2.0t/公顷;农田系统的能量产投比将耕种收获全过程所花费的各种有机能和无机能总合与产出能之比求出。中国农牧交错带旱作农田的能量产投比值约为2.0,榆林地区能量产投比的100％就是2.0(朱震达、刘恕,1984)。

表7—8　沙漠化程度的生态学指标(朱震达,1994)

沙漠化程度类型	植被覆盖度(％)	农田系统能量的产投比(％)	生产潜力(％)	生物生产量
潜在的	>60	>60	80	3～14.5
正在发展中的	59～30	59～30	79～50	2.9～1.5
强烈发展中的	29～10	29～10	49～20	1.4～1.0
严重的	9～0	9～0	19～0	0.9～0

　　研究榆林地区土地沙漠化的动态变化,考虑沙漠面积扩展、土地退化、沙化粗质化、养分减少等因素。

　　沙漠面积年增长率计算公式(刘恕,1983):

$$R = ((Q_2/Q_1)^{1/n} - 1) \times 100\%$$

　　式中,R为沙漠面积年增长率;n为测算相隔年限;Q_1为测算起始年沙漠化土地面积(或面积比);Q_2为测算终结年沙漠化土地面积(或面积比)。

2. 沙漠逆转

　　榆林地区位于半干旱地区,是干草原向荒漠草原的过渡带,降水量为400mm。虽然在第四纪时毛乌素沙漠已开始形成,但整体环境为间有耕地的水草丰美的草原,建有统万城等。秦汉以后,特别是明、清时期进行了过度的耕垦,使沙地活化,流沙不断扩大发展,形成了以流动沙丘为主要景观类型的沙地,毛乌素沙地为典型的沙漠化土地,是土地沙漠化的典型例证。

　　1949年以后,长城沿线,尤其是榆林地区的治沙,取得的成绩最为显著。区内原沙漠化土地占 50.8%,沙漠化程度指数为 0.3。陕西省科委、榆林地区林业局、榆林治沙研究所用沙区引种、飞机播种、草方格覆盖、植树等各种方法进行了治理,沙漠化发生逆转,1977~1986 年共治理了 2088.6km² 的沙漠,主要在榆林县城北和神木、府谷县,逆转速率为 1.62%,见表 7—9。

表 7—9　1977~1987 年榆林地区沙漠逆转情况

监测范围面积 （km²）	1977 年沙漠化土地		1987 年沙漠化土地		年增长	
	面积(km²)	增长率(%)	面积(km²)	增长率(%)	面积(km²)	增长率(%)
21528.87	15307.7	71.1	13219.1	61.4	−232.1	−1.6

（二）榆林地区沙漠扩展与逆转驱动因子分析

榆林地区在 1949 年前的几百年期间,沙漠扩展,使草原破坏,毛乌素沙漠南侵,其驱动因子主要为人类活动的影响,如草原开垦、过垦、过牧,而当地自然因子则是沙漠扩展的基础动力。

（1）自然因素

① 地面组成物质:榆林地区在长城以北,土壤为风沙土,风沙土范围北接毛乌素沙漠的东南部,南与黄土丘陵沟壑区相接,其范围包括定边、靖边、横山、榆林、神木、府谷 6 县的 45 个乡,总面积 15280km²,占上述 6 县土地总面积的 44%(李玉山,1985),基岩为中生代杂色沙页岩和新生代的松散沉积物,结构疏散,极易风化和风蚀,这是形成沙漠的物质基础,由风蚀和流沙堆积形成沙丘。沙丘中流动沙丘、固定沙丘和半固定沙丘各占 1/3。本区成土母质,无论是沙地、滩地或川地,都是风积和冲积的细沙及粉沙,因此,风沙上的沙源为就地起沙,即当地的砂性母质及砂质土壤是风蚀沙化的基础。而本区的地面组成物质又是由河、湖相砂物质、砂质基岩和砂黄土组成,这些物质结构松散,抗蚀力极低,在垦殖毁灭草原和林木后,强烈的风蚀造成就地起沙,使成为沙漠。

在榆林地区河湖相砂层中砂粒级含量为 76.6%,沙黄土中砂粒级含量为 58.56%,这些沙物质含量决定了本区有丰富的砂物质来源供风蚀沙化。

陕北与榆林地区土壤质地分布具有明显的地带性特征,土壤质地分布由北向南依次为沙壤土、轻壤土,在沙壤土带由于临近毛乌素沙漠,风蚀将明沙覆盖于南部黄土之上,使土壤质地粗沙粒含量向南递减,这些分布规律正是沙漠南移的结果(李玉山,1985)。

② 风力对沙漠扩展的作用:风力是产生风蚀沙化的主导外营力,风力的区域分布和变化特点必将对风蚀强度和沙化强度施加影响。榆林地区平均风速为2.8m/s,在东南部黄土丘陵区平均风速为2.2m/s。将各县平均风速与相应的沙漠化指数和风蚀强度列于表7—11。

表7—10 榆林地区及附近土壤质地带的颗粒组成

及其所占面积比例(李玉山,1985)

土壤带及地名	粒级含量(%)及所占面积比例			
	>0.25	0.25~0.05	0.05~0.01	<0.01
沙壤带				
榆林	0.3	64.9	22.0	10.8
绥德	0.3	31.8	52.7	15.3
佳县	0.8	41.8	46.3	11.1
轻壤带				
吴旗	0.2	22.0	49.0	28.8
安塞	0.3	18.7	59.0	22.0
子长	0.1	18.9	58.8	22.2
清涧	0.2	15.1	57.7	27.0
延长	0.2	17.8	52.8	29.2
吴堡	0.2	35.8	42.0	22.0

表7—11 各县平均风速与沙漠化关系(郭绍礼,1995)

县名	平均风速 U(m/s)	沙化指数(DI)	风蚀强度(WE)(t/km²)
府谷	2.5	0.0001	360
神木	2.8	0.2448	4360
榆林	2.8	0.4617	3230
横山	2.6	0.1778	830
靖边	2.9	0.2210	480
定边	2.8	0.0589	230

（2）人为活动因素

人为活动在风蚀沙化过程中的作用引起有关学者的广泛关注和研究，普遍认为沙漠化发生和扩展的过程中，人为活动起到了越来越重要的作用，人为活动在本地区导致风蚀沙化的方式主要有草场垦荒、樵采、草场过度放牧和大规模工业项目破坏地表结构四种。这四种破坏生态环境的行为，在整个研究区域都程度不同地存在着。

据中科院沙漠所研究，在1977～1986年榆林地区各县风蚀沙化过程中人为作用的比例占80%以上，自然作用比重小于20%，本时段中，除靖边以外各县沙化面积均在逆转，无疑这是人类保护环境，并取得胜利的一个例子。因为1986年的降水量、平均风速与1977年相比较，各县降水均减少，气候趋于干旱，有利于沙漠化的扩张，但同期平均风速也减小，又有利于沙漠化逆转，两个相互矛盾因素的作用相互抵消使其作用减小，又由于降水和风速变化对沙漠化的变化本身作用就比较小，所以说，本区风蚀沙化土地的逆转主要是由于人为作用的结果。

表7—12　风蚀沙化过程中人为作用的比重（郭绍礼，1995）

县（市、旗）	风蚀沙化面积及变化			风蚀沙化中的人为作用（%）	自然作用（%）
	1977年沙化面积	1986年沙化面积	沙化面积变化（%）		
定边	2643	2143.56	−18.90	81.58	18.42
靖边	2569	2747.12	2.93	86.39	13.61
横山	2369	1909.82	−19.38	85.66	14.34
榆林	6559	5381.14	−17.96	84.93	15.07
神木	5910	5231.99	−11.78	88.86	11.14
府谷	1436	1035.41	−27.9	86.76	13.24

（三）历史时期榆林地区由良好生态环境向脆弱沙漠化的演变过程

榆林地区发现的文化遗址属于新石器时代的已有近千处，龙山文化遗址约800处，主要分布在黄土丘陵沟壑区内；原始社会初期榆林也有人类活动，榆林北部为广阔草原，以南为茂密森林，种植业在社会经济构成中虽有一定地位，但只起辅助作用，植被未破坏，具有良好的生态环境。

1. 历史上第一次大规模农业开发带来的影响

公元前221年,秦统一全国后为解决中原和边疆地区的经济发展不平衡,开始大规模农业开发,"戍边屯垦和移民富边",无定河流域从戎狄之居变成农耕民族,历史上成为第一次土地开发高峰时期,先进农技广为传播,成为北方"沃野千里,谷殷积"的重要粮仓;两汉(公元前206~公元220年)在秦推行"移民富边"后,掀起农垦高潮,森林被砍伐,草原被破坏,气候恶化,水土流失加剧,生态环境的破坏导致自然灾害的严重加剧。据可查史料记载,秦至西汉200余年时间里,就发生较大灾害39次,平均每百年16次;西汉时期,从公元前109年至公元前81年,可查之自然灾害11次,平均2~3年一次。

在西汉前史料中从未有过关于沙化的记载,至唐朝,继续出现"沙丘、沙阜"等记载,表明有明显的沙化。西汉以前黄河只称为河,西汉以后才冠以"黄"字,反映出土地沙化导致黄河泥沙量的增加。

2. 历史上第二次大规模农业开发带来的影响

唐朝设陕北9郡39县,唐及北宋(公元618~1127年)除保留一定畜牧业生产外,土质好的地方进行军垦和民垦。唐中宗(公元684年)鼓励开荒,规定新垦农地五年不赋税,内地汉人纷纷北上垦荒种田,公元742年已达到15万人。垦荒居民砍树、挖草、盖房、造田,五年后另觅草地砍伐,使植被破坏,原牧场大规模减少,许多草场被开垦成耕地。唐宋500年间黄河下游水患频度35.7次/百年,比秦汉增加了5.5倍。至元明600年间草地剩余"仅十之二、三",风沙泛滥,无定河边已满风沙,说明生态环境已严重恶化。

3. 历史上第三次大规模农业开发带来的影响

明清时期(公元1368~1911年)实行屯垦制度。公元1713年康熙下诏允许汉人越过长城垦殖,农垦规模扩大。《榆林府志》记载,1840年榆、神、横、府四县原有村庄3300个,跨过长城汉人垦殖者聚于1515

个居住点。到民国时期,由于开垦规模大,荒地颇多,广种薄收,不耕不耘,种而待获,乱垦滥伐有增无减,草原面积急剧缩小。农牧业的交错发展,使长城以北以畜牧业为主,长城以南以农业为主。

环境的破坏使自然灾害频频发生。公元 1368～1949 年的 581 年间,自然灾害 429 次,平均 1.35 年一次,有的地方十年九旱,连年有灾。1926～1929 年持续大旱,全榆林地区由春至秋滴雨未降;井泉枯竭,夏粮收成不足 2 成,秋粮颗粒未收,风蚀沙化和水土流失,比历史上任何一时期更剧烈,毛乌素沙漠已形成,其南缘开始向南越过长城,毁坏了大量村庄和农田。黄河中游水土流失严重,下游水患及决溢逐年增加。

由于历史上毛乌素沙漠不断扩展与南移,使得毛乌素沙地内部保留了不少人类活动的遗迹,从新石器时期至明清遗迹均有分布,如榆林北部汉代缸房村遗址、唐代古城靖边北部的统万城等等(图7—4)。这

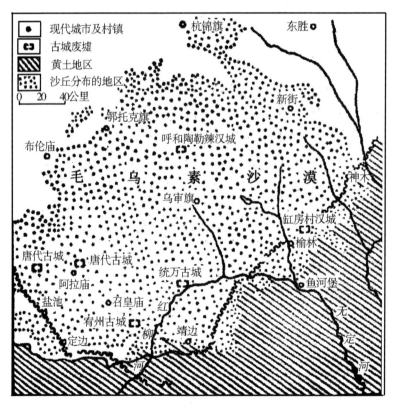

图 7—4 榆林地区毛乌素沙漠主要古城分布图

些历史遗迹在沙区内的分布有着时代的顺序性,从榆林向西北,汉代遗迹向沙地延伸得最远,唐代次之,宋代又次之,至明代遗迹已退到沙漠东南边缘,这种分布特点是由沙漠化发生时间及沙漠的扩展决定的。由这些古代城池的分布规律证明榆林地区沙漠的不断扩张南侵。

(四) 榆林市治沙成效

榆林地区定、靖、横和榆林市、神、佳沙漠为857万公顷,榆林市有沙漠53万公顷,占国土面积的70%,耕地仅占30%,1949年时,沙滩高过城墙越墙而过,沙漠不断南迁,60年代末期,满目黄沙,共有716片流动沙地,最大片约为2万公顷。

1984年开始治沙,用麦秸、牧草、柠杨、草绳在沙丘上用2m间隔,制成草方格或称"草绳障蔽"。1985～1986年用1亿kg柴草为8万公顷沙丘制作障蔽。1986年治沙8.7万公顷。至1991年58万公顷沙漠已治好33万公顷,1994年加治8.1万公顷,共治理41.1万公顷,沙丘已被沙树等覆盖,森林覆盖率已由1949年的1%上升到1991年的59.2%(余刚,1996)。榆林地区每年增加耕地1.3万公顷,1985～1995年每年增加667公顷水田,人均水田0.173公顷。查勇等(1996)根据1986年TM卫星像片与1960年航空像片研究得出以26年为间隔时段的土地利用图,前后对比分析芹河乡土地沙漠逆转情况。由流沙变化量因子关系分析,以相关系数为区分标准,得出耕地林地和牧地的变化是影响土地沙漠化的三个主要因素,三者与土地沙漠化均为负相关,即当耕地、林、牧地面积扩大时,流沙面积减小,沙漠得以逆转,三者之中,以牧地变化对土地沙漠化影响最大,林、牧地影响次之,耕地影响最小。沙漠化土地治理之后,土壤有机质含量增加,风沙流活动减弱,植被覆盖度增加,则沙漠面积减少,称之为沙漠逆转,其分级标准列于表7—13。

芹河乡近30年来,土地沙漠化确有所逆转,流沙面积减少了6%,属轻微逆转,经26年治理,流沙面积减少,尤其是在东部地区更明显,某些流沙已变为牧地,但西部地区仍有新增沙地出现。经分析,沙漠逆转已见成效,但生态效果仍显轻微,必须更加大力治理,以有效控制沙漠侵蚀。

表7—13　沙漠逆转分级

沙漠逆转等级	与治理前相比流沙面积减少的比率(%)
很显著	＞50
显著	26～50
中等	10～25
轻微	＜10

（五）榆林地区煤田开发对环境的破坏

1. 煤田分布与面积

榆林地区能源矿产主要是煤炭、石油及天然气。煤炭资源极为丰富,主要有石炭二叠纪和侏罗纪两个煤田,石炭二叠纪煤田分布在府谷、吴堡,侏罗纪煤田分布于神木、府谷、榆林、横山、定边、靖边一带。全区煤炭预测储量 2714 亿 t,含煤面积 25092km²,占全区土地总面积的 57.5%,神府侏罗纪煤田分布在神木、府谷境内,为世界七大煤田之一的特大型煤田,煤炭储量 1081 万 t/km²。

神府煤田埋藏很浅,在乌兰木伦河等河谷地带煤层出露地表,在一些沟壑断层亦有出露,当地居民随用随取。据考古资料,2200 年前的秦长城遗址基部整土中已有煤灰,说明神府煤田开采历史很久远,因交通不便,生产规模极小。1949 年以前煤炭仅手工开采并不外销,1946～1949 年,因战争及苛税,煤窑多数倒塌。1949 年后,由于政府支援,采煤业日渐兴旺。

神府煤田面积之广,储量之大,质量之优,堪称世界之首。20 世纪80 年代才得以开发,1984 年成立了中国精煤公司,使开采现代化。煤田建设分三阶段,一、二期规划已经完成,年开采量达 3000 万 t,1996 年后,矿区向南移动,至榆林、横山等地。

煤田开采部分在露天,与矿井开采相结合,故开采面积产量与矿山土地利用面积不完全一致。以神府煤田为例,露天矿面积约占30.5%,露天矿产量占全部产量的 37.5%。矿区 60 余个,每 5km² 有一个矿区。

在神府煤田区内。煤井田利用面积共为 1112.37km²,相当于全部含煤面积的 4.43%。煤田的开发,从土地利用的比例看,数量很小,经济价值却异常巨大。

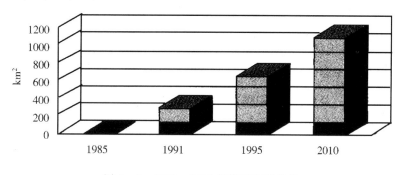

图 7—5　1985~2010 年煤矿面积变化

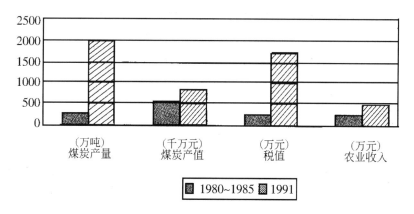

图 7—6　神木、府谷县 1980~1985 年与 1991 年煤炭产值、
产量及农民收入变化比较图

2. 神府煤田开发对土地沙化的影响

(1)矿区开发对地表的破坏和影响。矿区开采、铁路与公路的施工以及工业场地、居民点的建设,都会直接构成对地表形态与地表植被的破坏,形成大面积人工裸地。而不同施工项目对地表的破坏范围也

不同。

铁路、公路施工：根据修建包神铁路的勘察资料，风沙区施工沿线的破坏宽度一般在 100m 左右，虽修成后路基宽只有数米，其平均破坏宽度仍可按 100m 计。另据调查，公路施工两侧的破坏宽度为 60m 左右。

业场及居住区：居住区等附属功能设施分散为 3 片，包括大柳塔等小区，合计占地面积为 2.14km²，建成后形成裸地面积约 1.07km²。

矿井与露天开采：矿区范围拟建的大中小型矿井，建设施工以及生产对地表有大量的破坏。

由此可以看出，矿区开发对地表的破坏非常严重。

（2）矿区原生地表状况及其对沙漠化进程的影响。矿区大规模施工不仅破坏了地表形态和植被，而且破坏了原生沉积物结构等。矿井开发对土地沙漠化的影响，主要表现在工矿区沙质沉积物的变化，当地特有的自然条件如地表状况、地表风蚀、搬运、堆积强度与沙物质蔓延程度等决定着这些变化。矿区北部，人为扰动的地表物质主要是风成沙、河湖相砂层和基岩，其面积占 84.7%，而砂质黄土的扰动范围只占 12%。据野外调查，当固定沙地在植被破坏后，其蔓延系数为 3（即人为破坏 1 公顷固定沙地，蔓延后周围可形成 3 公顷沙漠化土地）。施工破坏的裸地中原有严重沙漠化土地 35.7%，轻度沙漠化土地 42.8%，潜在沙漠化土地 21.4%，施工后原有的砂黄土地区发生轻度沙漠化，由于植被的完全破坏，使沙漠化的程度逐级加重。

从以上分析可知，矿区开发对地表的直接影响是使沙化土地发展程度加剧，同时由于沙化土地的蔓延，危害程度会进一步加深。

（3）神府煤田开发对土壤侵蚀的影响。大型露天煤田的开采需要铲除地表已有的稀疏植被，开挖和堆积大量岩土，地表形态遭受破坏，而且新移动的岩土在风雨作用下极易风化成岩屑，伴以滑坡、崩塌等重力侵蚀加剧水土流失。同时煤田开采时还需要有一系列的配套建设工程。动用大量土方，或多或少地影响侵蚀。目前神府煤田开发外排废弃土石、废渣折合为 3.38 亿 t，加上矿区及生活设施建设影响使地表的水土流失进一步加强,矿区平均每年增加水土流失为 3684 万 t,神府煤田开矿增加侵蚀量 4.58 亿 t。

四、桂西北喀斯特山区脆弱生态环境

现今中国贫困地区均分布于生态条件十分脆弱的环境中,恶劣的自然条件难以承载日益膨胀的人口。1949 年以来,国家花大力气调拨粮、款救济处于温饱线以下的贫困人民,但至今仍有大量人口未能脱贫。我们研究"脆弱与贫困",意即脆弱的生态环境导致贫困,欲脱贫就要进行综合治理,改造自然环境与开展多种经营、寻找致富之路相结合,但在极端脆弱生态区还必须进行异地开发,将没有生存条件地区的人口疏散,转移至生态条件较好的地区。现以广西西北喀斯特山区为例来讨论这个问题。

本节所研究的地区面积 8.95 万 km²,占全自治区总面积的 37.8%,地势自西北向东南倾斜,形成了峰洼连绵的喀斯特峰丛洼地和峰林谷地,海拔多在数百米与千余米之间,裸露的灰岩面积占喀斯特山区面积的 39.6%。北回归线横贯其间,为南亚热带气候,年降水量 1350~1750mm,年均温 18~22℃。

本区生态系统脆弱,抗干扰能力差,喀斯特地貌异常发育,森林植被急剧减少,水土流失十分严重,灰岩的溶蚀残余物极少,成土速度很慢,加上强烈侵蚀,导致土层薄瘠,全区耕地面积仅占 10%,故缺土是本脆弱区第一大问题。喀斯特地貌的众多溶洞裂隙使丰富的降水流失至地下,下垫面缺乏蓄水能力。土壤缺水,大批水源林被砍伐破坏,加上地下水埋藏深,使近百万人、几十万头牲畜饮水困难,故缺水是本脆弱区的第二大问题。水土资源的缺乏是造成本地区生态脆弱的主导因素,自然条件(地质、地貌、水文、地质等条件)是脆弱的基础,但人类活动加剧了生态脆弱程度,加速了环境的退化,甚至出现了喀斯特荒漠景观。

本区为少数民族地区,人口增长率很高,文化水平低,生产落后,重大项目建设较少,致使经济基础十分薄弱。

研究范围包括河池、百色两地区 23 个县市。首先分析脆弱生境的成因及主导因素,试图将上述各县市有关自然因素数量化,建立数学模型,以脆弱度为指标对全区进行分区;其次对本区贫困状况进行分析,以全区生产潜力及人均需要的能量值为指标,定量分析人口超载的严重程度。将脆弱度与贫困建立关系,加以说明,最后,对脱贫速度进行预测,其中也涉及异地开发这一解决脆弱生境问题的特殊途径。

(一) 广西喀斯特山区农业生产潜力及人口承载力分析

农业生产潜力的概念系指在近期的自然条件及社会经济状况、生产水平下作物可以达到的最大可能产量,生产潜力的研究基于太阳辐射能转换为稳定的生物化学能及人体摄取能量必需值之间的关系。太阳辐射能以其作物光能利用率的多寡产生最大可能产量,再以人摄取食品的能量衍生出承载及超载的概念。作者将桂西北百色、河池区内七个县市气象站资料(1950～1980 年)及有关土壤普查、经济统计、人口等资料用数学模型进行计算机模拟,使用的计算机软件为 ARC/IN-FO。ARC/INFO 将描述地图特征和拓扑关系的 ARC 系统和记录属性数据的关系数据库管理系统 INFO 相结合。两种数据模型的混合兼顾了空间数据和非空间数据的特点,有效地实现了两类数据的操作、处理和管理。部分计算在 VAX Ⅱ 机上进行,大部分计算在微机上用 EXCEL97 做数据库。数据库形式包括经度、纬度、台站编号,高程、大气压力、无霜期、月降水量、日平均气温、空气平均水气压、平均相对湿度、平均日照百分率、12 米高处平均风速及大气上界总辐射值。大气上界太阳辐射值系在 Smithsonian 气象表基础上对每 0.5 度北纬内插而成。计算中将数据库文件变为与 Coverage 相关的 INFO 数据文件,共有 4 种不同的 INFO 数据文件存储 Coverage 的特征属性数据,即 TIC、BID、PAT 和 AAT 文件,它们分别用于地面坐标的配准,矩形范围中弧和标识点的界限,记录多边形或点的数据的属性,而 AAT 是记录描述弧线数据属性的。

计算结果列表 7—14,计算中使用资料为月平均值,精度较高。从表 7—14 可见,本区太阳辐射能量值平均每日 10～11MJ/m²,属中等水平,但总能量足可保证双季稻生长或作物一年三熟;温度条件好,无霜期短,温度系数达 98％ 以上;水分系数低,虽降水多,但岩溶地貌渗透系数达 0.6～0.9 之间,大量水分流入地下,开采困难,因而缺水,土壤系数在 0.4～0.5 之间;土层薄,耕作层仅 13～20cm 左右。这些都是影响生产潜力发挥的障碍因素,造成本地区生产潜力低下,亩产仅 300 公斤左右。表 7—15 为百色、河池两地区各县生产潜值。

表 7—14　桂西北喀斯特山区农业生产潜力及系数值

编号	站名	高程(m)	北纬	东经	年辐射总量(MJ/m²)	蒸发力(mm)	干燥度	温度系数	水分系数	土壤系数	生产潜力(kg/亩)
1	河池	219.3	24°42′	108°03′	3861.9	663.3	0.435	0.989	0.482	0.513	300
2	凤山	485.1	24°33′	107°02′	3981.5	656.1	0.366	0.987	0.377	0.406	288
3	都安	170.1	24°56′	108°06′	3670.0	649.7	0.440	0.997	0.457	0.550	227
4	百色	173.1	23°54′	106°36′	4357.9	733.4	0.398	0.993	0.300	0.519	340
5	田东	111.2	23°37′	107°07′	4431.3	751.5	0.382	0.994	0.315	0.475	316
6	那坡	793.2	23°18′	105°57′	4147.0	700.8	0.394	0.985	0.347	0.506	252
7	靖西	1739.2	23°08′	106°25′	4285.4	718.7	0.401	0.984	0.364	0.475	250

表 7—15　桂西北喀斯特山区各县生产潜力值(单位:kg/亩)

县名	河池	宜山	环江	罗城	都安	大化	东兰	巴马	凤山	南丹	天峨	百色
潜力值	300	303	309	318	227	232	259	268	228	346	256	340
县名	乐业	凌云	田林	西林	隆林	那坡	靖西	德保	田阳	田东	平果	
潜力值	365	249	327	311	303	252	250	242	330	316	306	

以 1992 年粮食作物播种面积 56.23 万公顷计算(河池地区 22.22 万公顷、百色 34.01 万公顷),粮食最大生产潜力值为 24.7 亿 kg,预计达到这样的水平需在 2010 年左右,届时全国已达小康。如人均需粮 400kg,则本区承载量为 617.5 万人,比 1990 年人口 712.59 万人还少 95 万人,说明本区的粮食生产潜力低,不能承载现有人口,必将超载。而以联合国粮农组织制定的标准计算,当人们挣扎在温饱线附近,为维持生活从食品中摄取的能量不能低于 8972KJ/日,如低于此水平,不仅

健康无保证,还将丧失劳动能力,若桂西北石山各县人们都以此标准生活,勉强度日,则本地区可以承载人口 900 万人,在近 20 年时间里尚可容纳 187 万人,但均处于极端穷困状态。按目前石山区人口增长率分析,"八五"期间人口增长率为 12‰,"九五"期间人口增长率为10.9‰,2010 年预计人口达 856.4 万人,距最高承载量仅差几十万人,这是不可想象的。我们的分析计算表明,喀斯特山区生产潜力不足以承载本区人口,目前处于超载状态,至 21 世纪仍为超载状态。上述分析还没有提及耕地面积的减少问题。本区耕地面积的减少源于环境恶化,土壤侵蚀、干旱缺水、土壤向荒漠化方向发展迫使农民将水田改为旱作,又不得不放弃无法耕作的旱地(其中也有一些坡耕地改种林果弃耕还林是很合理的现象)。表 7—16 列出各县自 1980 至 1990 年人均耕地减少值,耕地减少,人口增加,使土地占有量日渐下降。

脆弱生态环境与可持续发展

表 7—16　喀斯特山区各县人均耕地面积变化情况(单位:亩/人)

编号	县名	1980 年人均耕地面积	1985 年人均耕地面积	1990 年人均耕地面积	1980～1990 年变化率
1	河池	2.44	1.88	1.78	—27
2	宜山	2.79	2.21	2.18	—22
3	环江	2.18	1.69	1.65	—24
4	罗城	2.07	1.70	1.67	—19
5	都安	2.15	1.72	1.70	—20
6	大化	—	1.41(1988 年)	1.38	—2
7	东兰	1.50	1.45	1.40	—6
8	巴马	1.81	1.47	1.46	—19
9	凤山	2.43	2.27	1.92	—20
10	南丹	2.05	1.45	1.42	—31
11	天峨	2.39	1.95	1.92	—19
12	百色	1.82	1.61	1.59	—12
13	乐业	1.81	1.23	1.17	—30
14	凌云	1.46	1.39	1.30	—10
15	田林	2.05	1.73	1.69	—17
16	西林	2.07	1.75	1.52	—26
17	隆林	1.91	1.33	1.30	—31
18	那坡	1.89	1.63	1.53	—19

编号	县名	1980 年 人均耕地面积	1985 年 人均耕地面积	1990 年 人均耕地面积	1980～1990 年 变化率
19	靖西	2.34	2.18	2.18	−6
20	德保	2.25	2.06	1.92	−14
21	田阳	2.13	1.90	1.75	−17
22	田东	1.94	1.56	1.50	−22
23	平果	1.70	1.39	1.33	−21

　　低下的生产潜力与超载人口的日渐增长成为喀斯特山区的主要问题，使全区 23 个县中 18 个县成为全国重点扶植的贫困县，其余 5 个县又成为广西自治区扶植的贫困县。而造成贫困的主要原因是脆弱的生态环境，下面将分别阐述脆弱生境指标成因与主导因素以及脆弱与贫困的关系。

（二）脆弱度指标的建立

1．地貌因素

　　目前尚无准确又公认的脆弱度指标可资借鉴。中国幅员辽阔，生态类型复杂多样，造成脆弱的主导因素各异，如黄土高原水土流失是关键因素，西部干旱区、半干旱区缺水严重，而位于南亚热带的桂西北喀斯特山区则既缺土壤又缺可用水。按本区生态因子的数学模型计算，本区土壤及水分因子很低，而影响土壤与水分因子的主要是喀斯特地貌类型所造成的。本区喀斯特类型见图 7—8 所示，峰丛分布在本区西及西北部，石山山体巨大，顶部因受强烈溶蚀，形成许多巨大峰林，其基部彼此联接，海拔高度可达 1000m 以上，相对高度可达 600m，峰丛之间洼地、漏斗、落水洞很发育，红水河上游各县有典型峰丛地貌。峰林分布在本区东北部各县峰林呈现圆柱形、锥形或呈单斜式，溶洞极为发育，河谷较宽浅。此外还有少数弧峰及残丘等。石灰岩山地起伏大，交通不便，可用于栽种的土壤少，地下水埋藏深，是造成植被稀少、生境脆弱的主要原因。表 7—17 列出本区各县喀斯特面积占总面积的比例和各县垦殖指数，喀斯特山地面积越大，则可供开垦的农田就越少。

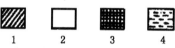

图例:1. 镶嵌式高峰丛洼地区
　　　2. 峰丛洼地低中山区 }峰丛山地类型区
　　　3. 峰林谷地区
　　　4. 边缘峰丛谷地区 }峰林石山类型区
　　　…… 县界
　　　● 县城所在地

图7—7　桂西北喀斯特地貌类型区示意图

表7—17　各县市喀斯特面积与垦殖指数的关系

县名	河池	宜山	环江	罗城	都安	大化	东兰	巴马	凤山	南丹	天峨	百色
岩溶面积比例(%)	60.4	53.4	28.4	44.2	89.0	90.0	49.3	30.6	38.6	27.8	17.0	27.0
垦殖指数(%)	6.96	10.29	4.18	7.88	8.02	6.80	5.72	5.69	5.77	4.12	4.70	5.10
县名	乐业	凌云	田林	西林	隆林	那坡	靖西	德保	田阳	田东	平果	
岩溶面积比例(%)	20.4	42.0	4.60	2.80	30.7	31.6	71.0	63.40	51.4	31.2	64.6	
垦殖指数(%)	4.10	4.35	3.70	5.10	6.97	4.91	10.8	9.34	9.50	7.60	8.65	

2. 土壤因素

（1）土壤类型：土壤耕层厚度是影响农业生产的关键之一。本区土层贫瘠，全区土壤概括起来分为三大类，包括山地黄壤、山地红壤及石灰土，此外水稻土、紫色土等也有分布，但数量微少。图7—8系根据各县资料综合而成,山地黄壤分布在 800m 以上砂页岩和花岗岩山地上,山地红壤分布在低山丘陵、谷地、侵蚀阶地上,分布高程为 200～1000m 范围内,基岩多为砂页岩及第四纪沉积物,本区主要土壤是石灰土。

桂西北石灰岩均为泥盆—三迭纪的沉积灰岩,极易溶蚀,桂西北又高温多雨,故溶蚀风化为喀斯特地形。石灰岩是碳酸盐类岩石,由方解石($CaCO_3$)、白云岩($CaMg(CO_3)_2$)、铁镁白云岩($CaCO_3·(MgFe)CO_3$)及黏土组成。风化过程中,Ca^{++}、Mg^{++}、CO_3^{--} 等被溶于水,成为重碳酸钙—镁水而流失,黏土性风化物残留下来,但峰林地形为陡壁,降水后径流大,逐年溶蚀的风化物常被剥落而随水冲走,故山体一般无土层,仅在岩隙凹处及坡麓处聚积,或在平地上发育为土壤。

本区水热状况变迁频繁,喀斯特地区裂隙、节理、溶洞、伏流遍及各处,水的渗透十分严重,雨季往往排水不畅而漫溢,旱季无水可灌而干涸,水源的分配极不均匀,多旱涝灾害。

石灰岩溶蚀风化物中富含黏粒及钙胶体,土壤具有很大的胶结性能,富含的碳酸盐类使累积的有机质相对稳定,因此其有机质含量并不低,但严重的土壤侵蚀破坏土壤肥力,而且会将熟化的耕层冲走而毁灭土壤。石灰岩地区土层本很薄,土层下即为坚硬的基岩,侵蚀作用将全部土壤及风化壳冲走,使基岩裸露,丧失生产能力。据中科院土壤所研究,石灰土 1 厘米厚土层形成需要 1.3～3.2 万年(赵名茶,1993),所以石灰土土层很浅薄,一般均厚 20～50cm,山坡的中、上部多小于 20cm,仅在坡麓、槽谷洼地及基岩裂隙中可达 70～80cm。

河池地区的红壤,以天峨县面积最大,全区红壤面积 108.6 万公顷,占全区总面积 32.91%,其中耕型土壤 2.7 万公顷,占红壤面积的 2%;石灰岩土 129.1 万公顷,占地区总面积的 39%,其中耕型土壤占石灰岩土面积的 4.58%(表 7—18)。

图例: 1. 山地黄壤 2. 山地砖红壤性红壤 3. 水稻土
4. 石灰土 5. 紫色土 6. 山地红壤

图 7—8 桂西北喀斯特山区土壤分布示意图

表 7—18 河池地区红壤、石灰岩土占全县面积百分比(%)

土类	天峨	凤山	巴马	罗城	环江	河池	东兰	宜山	南丹	都安
山地红壤	80	60	65	62	50	48.2	32	25.8	16.7	8
石灰岩土		34.2		30.7	35.5	41.4	41.5	54.3		83.8

　　百色地区山地红壤类面积 170 万公顷,占土地面积 46.79%,分布于北回归线以北的右江河谷以北。石灰岩土面积 16.8 万公顷。占土地总面积的 4.63%,其中耕型石灰土 5.2 万公顷,占旱地总面积的 36.78%;自然石灰土 11.6 万公顷,占自然土面积 4.8%,各县都有分布,靖西、德保、平果、田阳等县石山地区占面积较多。

　　土层厚度:全区耕层厚度薄,除谷地、盆地极少数水稻土外,耕作层厚为 10~30cm,为说明此问题,引用下列土壤剖面。

　　山地黄壤:凌云县玉洪乡九洞,植被为稀树草地,高程 1300m,母质为页岩。0~9cm 为轻壤土灰黑色,植物根多,pH 值 5.0,有机质 19.29%;9~20cm 为黄棕色中壤土,碎块状结构,植根中等,pH 值5.0,有机质 5.77%;20~48cm 为棕黄色重壤土,块状结构,植物根很少,

pH 值 4.5,有机质 1.29%。

山地红壤:隆林县乌冲松林草地,0～5cm 为灰棕色轻壤,坡积母质碎块,有机质 6%,pH 值 6.0;5～20cm 为棕色中壤,多根,有机质1.88 %,pH 值 5.5;20～40cm 为重壤土,淡红棕色,有机质0.99%,pH 值 4.5。

石灰岩土:隆林县克长南 2 里,0～6cm 为暗棕色中壤土,细粒结构,松散,根多,有机质 11.39%,pH 值 7.1;6～20cm 为暗棕色中壤土,核状结构,紧实多根,pH 值 6.4,有机质含量 4.58%;20～65cm 为褐色重壤土,结构不明显。

石灰岩土耕层厚度用以下 6 个例子列于表 7—19[①]。石灰土与地形部位的关系概括为:岩溶地貌峰丛顶部土层厚 9cm,峰丛上部 30cm,峰丛中部 45cm,峰丛中下部 50cm,坡麓大于 100cm(熊毅,1987)。河池、百色地区土壤厚度分布图绘于图 7—9。

对两地区 23 个县(市)土壤分布及土层厚度作计算,分别求出各县各类土壤分布面积,并将各类土层厚度作一概括计量,石灰岩土耕层厚度平均 13cm,红壤、黄壤薄土层厚 15cm。土壤分布百分数与各类层厚度作统计分析,并将其标准化,23 个县土层厚度系数定于 0 至 1 之间,最大值定为 0,最小值之县取为 1,意在于标示出县之间土层最薄者其脆弱性大。

(2)土壤侵蚀:桂西北喀斯特地貌区中,石灰岩的侵蚀当然为水蚀,其中溶蚀量很大,由于广西处于南亚热带,温度高,平均温度 20℃左右,所以水中 CO_2 扩散速度快,大大加速了碳酸盐的溶解速度,当温度每增加 0.1℃,溶解速度增加 1 倍,故广西西北部灰岩溶蚀速度较寒带高出 4 倍,因而极为发育。中科院地理所林钧枢等绘制了红水河流域灰岩溶蚀速度分布图,他们采用的溶蚀公式为:

$$X = 4ET/100$$

① 广西平果县农业局:《平果土壤志》,1983。

表7—19　石灰岩土耕层厚度

土壤类别	耕型黑色石灰土	耕型棕色石灰土	耕型棕色石灰土	砾质棕泥土	砾石棕泥土	多砾棕泥土
耕作层厚 （cm）	0～12	0～11	0～14	0～12	0～9	0～12
心土层厚 （cm）	12～100	11～45	14～63	12～45	9～80	12～45

脆弱生态环境与可持续发展

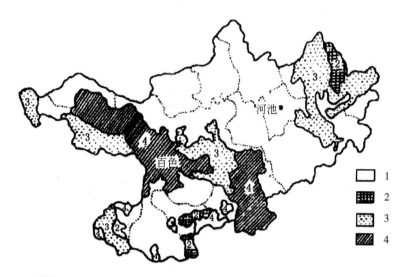

图例: 1.石灰岩土薄土层　2.山地红黄壤薄土层　3.山地红黄壤中土层
　　　4.山地红黄壤厚土层　……石灰岩土分布区中各县县界

图7—9　喀斯特区土层厚度分布示意图

式中，E 为年径流深（dm），T 为水中碳酸盐含量，X 为溶蚀量（mm/千年或 m³/km²·年）。其研究结论为:红水河流域溶蚀量自上游向下游逐渐增大，在广西境内达到 $50～80$mm/千年，桂西北地区降水量在 $1400～1800$ 之间，温度年均变化于 $21～25℃$ 之间，降水及温度因素均促使溶蚀速度加大。其中罗城至环江溶蚀量为 $70～80$mm/千年，河池至宜山为 $80～90$mm/千年，东兰至巴马为 $70～80$mm/千年，都安为 80mm/千年。

桂西北地区碳酸盐岩溶蚀、剥蚀率变化于 $40～90$mm/千年，作用速度不快，更主要的是由于溶蚀作用带走了全部可溶物，仅留下难溶物,逐渐风化残积形成石灰土,但碳酸盐岩难溶物含量很低,平均仅3.5%,所以成土速度十分缓慢,喀斯特区形成耕层厚20cm的土壤需要7.5万年,比其他岩类成土速度慢20倍左右。林钧枢等估计,在现代环境下成土速度或成土量变化于4~172t/km²·年之间。平均为5.39t/km²·年,高值达到83t/km²·年,其土壤允许侵蚀量均为50~80t/km²·年,此值可视为桂西北喀斯特山区的土壤最大允许侵蚀量。以石灰土容重1.34计算,则本区土壤最大允许侵蚀量约为0.74mm/年。

喀斯特山区地面坡度往往大于25°,甚至45°以上,土壤在淋蚀过程中可在短距离内迁入洞穴和溶蚀裂隙,所以土壤的潜在侵蚀模数很大。当地面坡度为15°时,土壤潜在年侵蚀模数为2850t/km²,25°时为3150t/km²,31°时为11700t/km²,46°时为321000t/km²。土壤潜在侵蚀模数往往大于土壤允许侵蚀量,以红水河为例,其河川悬移质输沙模数要大于本流域喀斯特区土壤允许侵蚀量2~7倍。这种长期不平衡侵蚀结果,使本区大面积水土漏失,沦为石芽嶙峋的石山荒漠景观,成为进入中国环境的一种特殊的荒漠化类型。本区裸露的山地占喀斯特山地面积的57.4%。这种土壤侵蚀无限制地发展,使大面积土地退化,耕地缩小,严重影响农业生产发展和人民生活,而对占一定比例的山地红壤来说,本区红、黄土壤侵蚀亦很严重,百色地区又是红壤区严重土壤侵蚀地区之一。影响土壤侵蚀的气候因素,主要是降雨分布不均。百色地区素有干旱之称,但其年降水量已达1226.4mm,因分布不均主要集中在5~9月,占全年雨量79%,日最大降雨量164.4mm,暴雨侵蚀严重,曾有60mm/15分钟之强度,这是引起该区土壤侵蚀的重要原因。

地形因素亦是引起侵蚀的原因之一。区内为山地及丘陵,坡度25~30°及10~20°之间,甚至可达45°以上,径流速度大,流水下切作用明显。

社会条件亦是引起土壤侵蚀的重要因素。农民大片开垦山坡荒地,造成严重侵蚀。山坡旱地一般均在20°以上,有的在30°或40°以上,甚至开垦到山顶,垦后不久即可见细沟侵蚀,3～4 年后肥力大减且出现数十条侵蚀沟。

桂西北山区中有大片第四纪红色黏土母质发育的红壤,土层曾经较深,但目前已侵蚀至心土或砾石层,无法种植作物,只有少量稀疏灌木生长。至于发育在三叠纪砂岩和页岩母质上的红壤,坡度 20°以上,位于高丘坡上,亦被开垦。过牧侵蚀亦较突出,牛群多达 30 头以上践踏及嚼草,破坏植被,踏实表土,减小了渗漏力,高丘坡上有剧烈的片蚀及沟蚀,造成大片丘陵土壤侵蚀,较山地严重得多。

按桂西北喀斯特山区各县各类地貌占总面积的百分比,分别求出不同坡度的土壤侵蚀模数,加总起来为代表土壤侵蚀的系数,最后又按归一化方法,求出各县之间侵蚀强度比值。表 7—20 列出石山区各县地貌类型百分比,其中中山海拔高度 1000～1500m,相对高度差 500～700m,坡度平均 30～40°;低山分布于中山周围,成带成片分布,相对高差 300～500m,平均坡度 25～35°;山丘介于山地丘陵之间,高程 250～500m,比高 100～400m,水土流失严重,丘陵分布于河两岸,高度小于250m,比高 50～250m,坡度 5～25°;台地起伏缓和,切割轻微,高度小于 200m,比高有 10～15m 及 40～45m 两级,坡度 1～10°,土层较厚。

脆弱生态环境与可持续发展

表 7—20　本区部分县市地貌类型(占土地总面积%)

县市名	中山	低山	山丘	丘陵	台地	合计
河池	28.71	44.91	14.19	0.29	11.90	100.00
宜山	0.02	23.01	28.65	34.80	13.52	100.00
环江	11.35	40.57	36.87	5.24	5.97	100.00
罗城	13.89	38.36	27.07	8.38	12.30	100.00
都安	19.86	61.74	10.78	1.48	6.14	100.00
东兰	19.43	51.75	25.77	3.05		100.00
巴马	4.32	52.07	26.80	12.31	4.50	100.00
凤山	89.33	10.24	0.43			100.00
南丹	43.63	42.76	8.85	1.10	3.66	100.00
凌云	61.96	31.36	3.40		3.28	100.00

县市名	中山	低山	山丘	丘陵	台地	合计
隆林	65.72	31.33	0.47		2.48	100.00
那坡	69.48	22.02	6.97		1.53	100.00
靖西	12.80	58.39	1.98	14.95	11.88	100.00
德保	41.32	37.08	7.48	0.71	13.41	100.00
田阳	10.58	32.86	24.65	17.45	14.46	100.00
平果		2.28	41.46	38.63	17.63	100.00

3. 水分因素

以水分利用难度为指标表征全区缺水情况及对生境脆弱的影响，表7—21给出各县降水年际变率(1951～1980年资料)及雨季5～9月年际变率的平均值。

表7—21 降雨年际变率及雨季5～9月平均年际变率(%)

县名	河池	宜山	环江	罗城	都安	大化	东兰	巴马	凤山	南丹	天峨	百色
降水年际变率	15	15	15	115	14	14	14	14	17	20	14	18
5～9月平均年际变率	45	60	60	59	58	57	56	55	45	45	49	55
县名	乐业	凌云	田林	西林	隆林	那坡	靖西	德保	田阳	田东	平果	
降水年际变率	15	15	16	18	18	14	20	16	15	15	16	
5～9月平均年际变率	44	44	46	46	40	40	39	41	40	50	48	

水分利用难度以大气降水渗透系数和地下水埋深两指标进行分析。分析水分利用难度首先要解决的问题是，本区降水如此之多，地表水量应较多，但其地表径流深在喀斯特山区大大低于广西其他高降雨区，如广西全区年平均径流深度为795.0mm，而石山县径流年平均值均小于全区平均值，田阳径流深440.0mm，隆林466.0mm，靖西400mm，各县多年平均径流深度均不足500mm，是全广西地表径流深度的低值区。而在红水河、龙江流域的石山流经区，河流年径流总量达1600多亿 m³，坡降也较大，其水力资源比较丰富，红水河梯级开发中建有天生桥、龙滩、岩滩、大化水电站。河流径流多年变化特征用降水量变差系数表示(CV)，

CV 值越大，径流年际变化越大。石山区 CV 为 0.14～0.20 之间，这是由于石山地区距海稍远，受季风影响相对小一些所致。

径流深分布与径流总量是两个不同概念，尽管石山区河流径流总量占全广西 40％，但平均地表径流深度却较小。以河网密度加以说明，全广西河网密度 0.14km/km²，但石山地区岩溶发育，河网很稀，红水河流域为 0.075km/km²，左江 0.095km/km²，因此，整个石山地区包括红水河流域，右江、左江流域成为全区河网密度的低值区。

① 大气降水渗透系数：大量降水经岩溶裂隙，渗透入地下。应强调指出，喀斯特区水量平衡有其特殊性，即雨水补给地下水比例很大，而径流深却为低值。全石山区平均大气降水渗透系数为 0.61（莫鼎新等，1989），都安为 0.70，靖西为 0.90，百色等县最低为 0.45。

② 地下水埋深：如上所述，岩溶地区地表水发育较弱，降水通过各种通道进入地下，特别是在沟谷深切的地区，如都安等县，岩溶水埋藏很深，造成"上部贫水而下部富水，地表水贵如油，地下水滚滚流"的不均匀现象。由于地下水在喀斯特地区分布、流态和循环十分复杂且难于测定，而使喀斯特地下水系具有"灰箱"的性质，但我们仍希望用现已掌握的数据做一大体定量的估算。

喀斯特区地下水很活跃，石山县中有大量地下河、地下水通道、地下水流、天窗、落水洞、溶水井、地下潭及溢流洞。地表明流与地下暗流交错出现；地表河经断裂地层或地质构造软弱的地带成为地下河，地下伏流又可复出露成为地表河，一个县中岩洞水文点即可有几百处。凡在岩溶管道中，溶洞中运动的水都称为地下河。岩溶地下水资源总量巨大，占地表水资源总量的 41％，占全广西地下水资源总量的 62％。在石山区地下水道有 248 条，这些地下河长度超过 10km，枯水流量 < 0.1m³/s，总枯水期流量 150m³/s 以上。凤山县坡心地下河长达 70km，枯水流量 4.2m³/s。都安地下河共 38 条，干支流共 99 条，枯水期总流量 19.5m³/s，平水期 60m³/s；其中最长的为地苏河，长 57.8km，支流 11 条，补给面积 1080km²，洪水期流量 500m³/s，枯水流量 4.1m³/s，年总流量为黄河的 1/6，却解救不了都安人民缺水的困

脆弱生态环境与可持续发展

境。素有"九分石头一分土"的都安,山高谷深,岩溶发育,蓄水条件差,"一场大雨成涝灾,三天无雨似火烧",不仅无法种庄稼,88万人中仍有24万人饮水困难。石山区地下水埋深在峰丛山地一般平均大于1000m,峰丛洼地50～100m,峰林谷地10～50m,如河池、宜山峰林谷地埋深不足10m,罗城峰丛洼地50～100m埋深,红水河北侧南丹0～50m,东兰、巴马50～100m,红水河南侧在东兰、巴马县境内平均为30～50m,在峰丛深洼则大于100m。取埋深数字再加以标准化,将地下水埋深度与大气降水渗透系数两者共同建立水分利用难度指标,作为脆弱度的水因子数据集。

4. 脆弱度指标

脆弱度指标考虑了地貌因素、土壤因素、水分因素,各子因素级依次为:

地貌因素:喀斯特岩溶面积(A)

　　　　　喀斯特山区地貌类型比值(B)

　　　　　地貌类型平均高程、比高、坡度(C)

土壤因素:土壤类型(D)

　　　　　土层厚度(E)

　　　　　土壤侵蚀强度(F)

水分因素:大气降水渗透系数(G)

　　　　　地下水埋深(H)

脆弱度计算的着眼点是考虑对生态环境的不利因素,脆弱度指标的确定采用各项系数、各项指标的标准化方法:

(1)对原始数据的处理:对23个县各项数据的来源,进行可靠性分析,核对、验证和修正数据。

(2)数据的标准化处理:各项数据单位不同,计算方法各异,为同样用于脆弱度计算,均采用标准化:归一法。

$$F_{ij} = \left[x_{ij} - \underset{i}{Min}(x_{ij}) \right] / \left[\underset{i}{Max}(x_{ij}) - \underset{i}{Min}(x_{ij}) \right]$$

x_{ij} 为第 i 个县的第 j 项因子值,其中 $i = 1, 2, \cdots, 23$; $j = A$,

$B, \cdots, H$；

$\underset{i}{Min}(x_{ij})$ 为所有 23 个县中第 j 项因子值的最小值；

$\underset{i}{Max}(x_{ij})$ 为所有 23 个县中第 j 项因子值的最大值；

F_{ij} 为第 i 个县的第 j 项因子值的标准化值。

（3）脆弱度计算：

$$CR_i = (\sum_{j=A}^{H} F_{ij} \cdot M_j) / \sum_{j=A}^{H} M_j$$

式中 CR_i：第 i 个县的脆弱度，范围在 0～1 之间，越接近于 1 的脆弱程度越大。

M_j 为第 j 项因子的权重，分别列于表 7—22。

表 7—22　脆弱度计算中各项因子的权重

M 值	Ma	Mb	Mc	Md	Me	Mf	Mg	Mh
权重	2	1	1	1	3	4	3	4

（4）河池、百色两地区的脆弱度（表 7—23）。

表 7—23　河池、百色两地区各县市的脆弱度

县名	河池	宜山	环江	罗城	都安	大化	东兰	巴马	凤山	南丹	天峨	百色
脆弱度	0.73	0.73	0.42	0.60	0.92	0.69	0.60	0.48	0.74	0.58	0.53	0.06
县名	乐业	凌云	田林	西林	隆林	那坡	靖西	德保	田阳	田东	平果	
脆弱度	0.74	0.65	0.00	0.37	0.63	0.66	1.00	0.92	0.66	0.58	0.44	

（三）贫困度分析

桂西北石山区人民生活水平低下，1993 年温饱线以下尚有 251 万人。造成贫困的首要因素，与本区脆弱度有关，仅以百色地区为例，全部贫困乡均分布于石山岩溶区（图 7—11）。

分析贫困度使用的因子有各县人均农业生产值（元/人）、单产（kg/亩）、农民人均纯收入（元/人）、农民人均粮食占有量（kg/人）、人均耕地占有量（亩/人）。分析软件用 Minitab，方法同脆弱度分析。各项因子权重不同，其权重依次为 3，4，6，6，2。上述五项计算时均先进行标准化，再按权重求出贫困度值（P）。

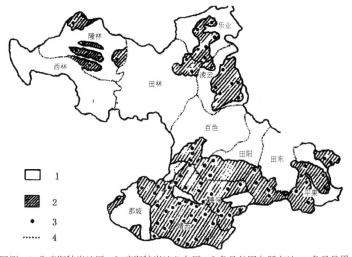

图例：1.非喀斯特岩溶区　2.喀斯特岩溶分布区　3.各县贫困乡所在地　4.各县县界

图 7—10　百色地区各县贫困乡分布与岩溶区分布关系示意图

表 7—24　贫困度(P)指标计算结果

县名	贫困度	县名	贫困度	县名	贫困度	县名	贫困度	县名	贫困度
河池	0.40	大化	0.81	天峨	0.56	田林	0.0	靖西	1.0
宜山	0.47	东兰	0.73	百色	0.02	西林	0.2	德保	0.78
环江	0.29	巴马	0.72	田阳	0.43	田东	0.29	平果	0.30
罗城	0.55	凤山	0.70	乐业	0.31	隆林	0.76		
都安	0.87	南丹	0.57	凌云	0.60	那坡	0.66		

　　对两地区的脆弱度(CR)与贫困度(P)进行回归分析,计算回归方程为:CR= 0.139+ 0.809P。

　　对该线性回归方程进行回归效果检验,知其线性回归效果显著(表7—25)。

表 7—25　脆弱度(CR)与贫困度(P)的线性回归效果分析(F 检验)

源项	平方和	自由度	方差	F 检验	$F_{1-0.01}(1,21)$	效果
回归	0.95426	1	0.95426	36.70	8.02	高度显著
残差	0.54598	21	0.02600			
总和	1.50024	22				

（四）桂西北石山区各县脱贫期望预测

为使桂西北石山区早日脱贫,对本区各县自然条件、经济基础、人口、工农业发展前景进行发展预测,使用的指标有:

① 人口素质（P）:人口素质代表各县管理水平,用大学生率做指标,同样用归一法进行标准化,最大值为1,最小值为0。

② 人均生产总值（G）:反映各县经济发展现有水平,也是治理贫困发展经济的基础。用标准化方法处理。

③ 固定资产（N）:固定资产指工业企业现有资产积累水平,也是预示未来工业发展的条件。

④ 农业生产潜力（D）:以生产潜力值为指标,预示农业生产发展前景。

⑤ 交通指标（T）:以各县每平方公里所拥有的公路里程数代表交通状况,并标准化之。

⑥ 自然资源指标（Z）:以温度、水能、水电站现状及未来发展计划为指标(如红水河梯级开发,以大电站正在建设和准备筹建的装机瓦数为指标),同样标准化之。

⑦ 异地开发人口计划（Y）:用各县异地开发数字为指标,异地开发指人均占地少于0.3亩以上的地区(乡村等),缺水、缺粮、生态环境恶劣之地,计划将其人口(或户数)的1/3迁往外地生境条件好一些的地区,称为之异地开发。将无需异地开发的县定为0,需迁移人数最大的县定为1。

将上述7项指标权重均视为1,7项平均得出脱贫期望预测值,各县指标如表7—26。脱贫预测中百色、河池为最大值,即最快脱贫,其次是宜山、田阳、田东。上述5县(市)均为广西省级贫困县,即比国家支持的其余18县自然条件均好,理应第一批近期脱贫。平果、南丹、环江次之。最困难的有都安、巴马、东兰、凤山等县。

374

脆弱生态环境与可持续发展

表 7—26　各县脱贫期望值

县名	贫困度	县名	贫困度	县名	贫困度	县名	贫困度	县名	贫困度
河池	0.87	大化	0.55	天峨	0.49	田林	0.52	靖西	0.43
宜山	0.69	东兰	0.54	百色	1.0	西林	0.49	德保	0.53
环江	0.62	巴马	0.41	田阳	0.63	田东	0.58	平果	0.65
罗城	0.44	凤山	0.43	乐业	0.41	隆林	0.49		
都安	0.41	南丹	0.64	凌云	0.53	那坡	0.39		

五、青海南部地区脆弱生态环境质量评价模型

青海南部地区(以下简称青南地区)由果洛、玉树藏族自治州与格尔木市唐古拉山乡三个行政单元组成,工作中以其 13 县(乡)资料为分析的数据基础。全部面积 347781km²,占全省面积的 48%,其中唐古拉山乡面积 6.4 万 km²,与玉树州毗连,原属玉树州。但因高山阻隔,交通不便,后划归格尔木市代管,而成为在行政区划中引人注目的一块飞地。在研究青南地区的环境质量时,唐古拉山乡因其代表着可可西里羌塘地区的一片人类生存"禁地",更有其独特的意义。

(一) 青南地区脆弱生态环境质量研究对象与模型建造原理

环境是人类生存的基础,随着人类社会的发展、环境的概念与内涵也越来越深刻,从理论和实践意义上讲,人与环境的关系包括两个方面,一是人类社会经济活动对环境的作用,二是环境对人类的反馈作用。传统的人与环境关系大多侧重于人类对环境的影响,其中特别着重在人类造成的环境污染。而这里讨论的生态环境质量立足于青南高寒地区,其中大于 4000m 的高程造成了青南地区环境质量的特殊问题。由于青南地区自然条件所限制,本区草场成为最主要的自然景观,也是当地人民生产活动的主要依靠。本节首先对草场质量、草场数量、

生产潜力、载畜量与超载量等进行分析，进而探讨自然环境对人类生活、居住及劳动效率的影响。如果说在中国东部地区是生存质量好坏的问题，在青南高原则是人类能否生存的问题。青南地区生态环境中的各项因素，无不与高程密切相关。无论太阳辐射强度、冻土分布深度、优质草场比例或居民点密度、气压、空气中氧气含量等均与各地相对应的高程紧密相关。本节以青南 13 县（乡）为评价单位，将草场资源评价与人类生产、生活条件评价两项相结合，共同建造一综合的生态环境质量评价模型，这就赋予了生态环境质量评价及其模型以新的研究内容。

1. 草地资源评价

生态环境指人或动植物生存的空间环境，包括大气密度及组成、土壤类型与质地、水文状况、气候状况等，在下垫面诸因素中，土地利用与土地覆被状况是最直观的。土地利用与土地覆被是自然环境综合体中的重要一环，是人类生活的立足点，也是环境质量的指示性标志。青南地区土地利用按全国标准划分，玉树、果洛及唐古拉乡中草地面积占 41％～77％（图 7—12）。青南地区耕地极少，尚不足万分之一，无园地可谈，森林占 6％，水域中沼泽比较多，居住、交通地亦少，而无法利用的荒地、裸土等比例仅次于草场，位居第二。辽阔的草场使畜牧业成为本区的支柱产业。以玉树地区为例，其农业总产值占工农业总产值的 96.4％，而农业经济中，牧业产值平均占 88.88％，种植业产值仅占 9.56％。1980 和 1990 年牧业在工农业总产值中所占比例，分别为 64％和 75％，是本区经济的支柱产业。按 1988～1995 年平均值计各行业在国民经济产值中的贡献，依次为牧业、工业、种植业、副业、林业、渔业。畜牧业的贡献突出而高居榜首。如牧业产值为 100，则工业产值仅占 28％，种植业仅 7.65％，林业仅 3％（青海省统计年鉴，1987～1996）。根据本区草场及其支撑的畜牧业占绝对优势的现状，要进行环境质量评价分析，首先应选择在本区最有代表性的草地为讨论对象，草场又是这里生态和经济可持续发展的基础资源。

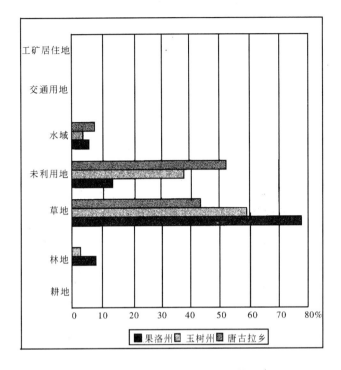

图 7—11　青海南部土地利用结构(%)

2. 高原环境与人类生存、居住及健康的评价

以人类生存居住区的环境质量而论,青南地区无论草场及人类居住区的环境质量都异常严酷。决定生态环境质量的主导因素是青藏高原庞大高耸的山原体系。海拔高于 4000m 的独特地形条件,彻底改变了本地区几亿年前与东部平原相似的自然环境。高耸入对流层 1/2 高度的青南地区,太阳辐射到达高原面的路程短,空气稀薄,污染源很少,气溶胶含量小,辐射量大,成为全国最高中心。太阳辐射能有多次记录超过太阳常数(戴加洗,1990),故太阳能的利用是重要资源,但海拔每升高 1000m,紫外线强度就增加 13%,影响人体健康。加上低温、多年冻土、大风、有沙暴等,都使本地人类居住环境十分恶劣。而最严重的问题在于高原上气压低、氧含量不足,在海拔 4000m 高度,大气含氧量仅为海平面的 64%,5000m 处只占 57%。当静息时,低氧分压使人体生理功能储备减小,生理负荷增加,4000m 时血氧饱和度下降到

84.5%（其安全下线是 75%）。劳动时负荷大大增加，海拔 4000m 以上，劳动能力比平原下降 39.7%左右，高原体力劳动能够适应的最高限度是 5300m。除藏族外，生活在平原的其他民族进驻青藏高原会有约 2%的人患慢性高原病，39.5%患急性高原病，4000m 以上发病率达86.14%（王永珍等，1996）。所以我们研究青南地区环境质量评价时，特别关心高原环境决定的人群生存、居住的可能性及生产劳动效率低下对经济发展的影响，并给予定量指标。

（二）青南生态环境评价模型

1. 模型原理与计算方法

采用草场与人类生存环境两大类模型综合分析，模型中不同量纲使用标准化方法（即归一法）计算，得出各县综合环境评价结论。

2. 青南环境质量评价模型中主导因子——高原面与高程

位于青藏高原腹地占其面积 1/5 的青南高原，典型地反映着青藏高原的巨大和最高的特点，青藏高原水平宽度占据西风带宽度的 1/3 以上，边界层的影响比其面积扩大了一倍，巨大的高原面形成了"热岛"效应，使高原地面的实际温度比按海拔应有的温度提高了 4～8℃，使高原的生态环境不同于独立高山山地。青藏高原高达对流层平均厚度的 1/3，使大气层厚度变薄，直接导致温度低、气压低、含氧量少、山区积雪、冰川发育、存在多年冻土层。青南高原平均高度 4480m，自西北向东南倾斜，生态环境质量评价中各项指标均不同程度地受制于高程这一主导因素，表 7—27 列出了各县海拔最大最小高程与平均高程、县驻地高程。由青南高原上各大山系平均高程的分布也可看出自西北向东南倾斜，西北部昆仑山系的可可西里山平均海拔 5600m，向南之唐古拉山平均海拔 5500m，向西巴颜喀拉山平均海拔 5000m 以上，东部阿尼玛卿山（也叫积石山），青山碧水，森林草原是一派高山狭谷环境。

表 7—27　青南各县(乡)高程表

州县名	最小高程	平均高程	最大高程	驻地高程
果洛藏族自治州	3059	4272	6060	
玛沁县	3059	4292	6060	4211.1
班玛县	3213	4715	4887	3750
甘德县	3615	4238	4888	4050
达日县	3840	4394	5080	3967.5
久治县	3534	4144	5242	3628.5
玛多县	3805	4388	5105	4272.3
唐古拉山　沱沱河乡	4907	5000	6022	4534
玉树藏族自治州	3318	4603	6394	
玉树县	3318	4457	5380	3681
杂多县	3881	4804	5757	3644
称多县	3659	4549	5135	3840
治多县	3908	4802	6394	4203
囊谦县	3519	4424	5603	4068
曲麻莱县	3921	4580	6066	4175

资源来源:Internet 与玉树、果洛州地图(青海省测绘局,1980)。

自然界中各要素之间的关系本是十分复杂的,分析起来也相当困难,但本文试图从纷繁中寻找一些基本规律,使之定量或半定量化,这是生态环境评价模型的基础。诸要素中高程与其他要素存在一定相关关系,其分析如下。

(1)高程与太阳总辐射分布的关系:青南太阳总辐射自东南部 6000MJ/m²·年到西北部 6650MJ/m²·年,县(乡)站点高程见表 7—28,总辐射值计算方法见本文模型部分,其中玉树站是全国辐射观测点,有多年实测数据,并据此对计算数据及精度进行了检验。总辐射随海拔高度上升而增加,两者相关系数为 0.83(自由度为 11,显著度为 0.05)。

(2)高程与冻土深度分布的关系:绘出青南稳定多年冻土深度与高程关系图,x 轴为高程,y 轴为冻土深度,得出相关系数为 0.88(自由度为11,显著度为 0.05)。本区冻土均为多年冻土,冻土的分布和深度受海拔高度的严格控制(李树德等,1996),海拔越高,温度越低,多年冻土越厚。

(3)高程与草场质量分布的关系:青南高原草场分布与高程关系示于图 7—13,图中西部由高于 5000m 的可可西里及唐古拉山等组成;

东部由小于4000m的黄河、长江、澜沧江峡谷组成;中部高程4000～5000m,区域分异十分明显。高原面上草场水平分布自东向西依次为疏林草场—高寒草甸草场—高寒草原草场—荒漠草场(青海省综合农业区划编写组,1985),图中草场类型与高程配合十分清晰。进一步研究高程与草场质量的关系,从草场三级分类(优质、中等、劣质)中选各县(乡)优质草场占全部草场的百分比与高程求关系,相关系数为－0.78(自由度为11,显著度为0.05)。

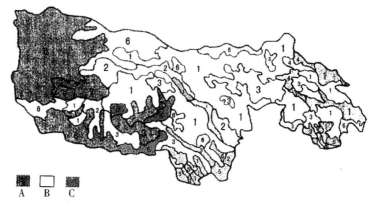

图7—12　青海南部草场分布与高程关系图

图例:A:高程＞5000m;B:高程4000～5000m;C:高程＜4000m。

1:高寒草甸草场;2:高寒草原草场;3:沼泽草场;4:荒漠草场;5:疏林草场;6:非牧地。

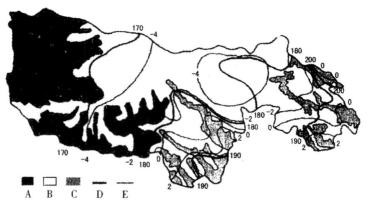

图7—13　青海南部气温及空气中氧含量随高程变化图

图例:A:＞5000m高程;B:4000～5000m高程;C:＜4000m高程;

D:等氧含量线,单位为g/m³;E:等温线,单位为℃。

（4）高程与居民点分布密度的关系：决定居民点分布密度的限制性因素为空气氧分压含量及气温分布。为说明高程与居民点分布密度的关系，绘出图7—14，用于展示青南各种高程与空气氧分压含量及气温分布的关系。高于5000m处，空气氧含量小于175g/m³，气温小于−4℃，低于4000m处，空气氧含量大于190g/m³，气温大于0℃。关于气压分布、氧分压含量及沸点温度与高程关系公式于后述。

气温、冻土深度、氧气含量共同决定着人类是否适宜在当地生存，作者采用居民点密度这一指标来表示。青南地区居民点分布密度与高程的相关系数为−0.92（自由度为11，显著度为0.05），随高度增加居民点密度急剧减少。

3. 模型公式说明

（1）草场面积比例

① 各县土地面积（km²）；

② 各县草场面积比例（％）。

（2）草场能量收支

① 太阳总辐射（单位为 MJ/m²·年）

$$Q = Q_a(a + b \times n/N)$$

式中，Q_a：大气上界的太阳辐射；a,b：系数；n：实际日照时数（小时）；N：可能日照时数（小时）。

② 光合潜力计算公式

$$F(光) = q \times (1-\alpha) \times (1-H) \times (1-\lambda) \times \beta \times B \div e \div w \div g$$

式中 α 为草场对光量子能量的反射率；H 为量子通量密度，单位为微摩尔/（平方米·秒）；λ 为投射到非光合器官上的能量比值；β 为呼吸消耗；B 为草场建群种的遗传系数；e 为经济系数；w 为水分系数；g 为无机质含量成分；q：量子通量密度，单位：$\mu mol/m^2 \cdot s$，$q = Q \times n$，$n = 0.46$。

③ 光温生产潜力与温度影响系数

光温生产潜力公式：$F(光,t) = a(t) \cdot F(光)$

式中,$a(t)$ 为温度影响系数,其计算公式为:

$$a(t) = \begin{cases} 0 & \text{当 } t < t_1 \\ (t-t_1)/(t_2-t_1) & \text{当 } t_1 < t < t_2 \\ 1 & \text{当 } t > t_2 \end{cases}$$

式中 t 为实际温度,t_1 为草类至死的下限温度,t_2 为适宜温度的下限温度。

或使用无霜期计算:

$$a(t) = \begin{cases} 0 & \text{当 } n = 365 \text{ 天} \\ 1 - n/365 & \text{当 } n < 365 \text{ 天} \\ 1 & \text{当 } n = 0 \end{cases}$$

式中,n 为霜期。

④ 光温水生产潜力与水分影响系数

光温水生产潜力公式:$F(\text{光}, t, w) = b(w) \cdot F(\text{光}, t)$

式中,$b(w)$ 为水分影响系数,其计算公式为:

$$b(w) = \begin{cases} 0 & \text{当 } w < w_e \\ 0.3 & \text{当 } w > w_c \\ E_0 & \text{当 } 0.7w_c < w < w_c \\ W_E & \text{当 } w_e < w < 0.7w_c \end{cases}$$

E_0 为蒸发力,用彭曼公式计算出;

$$W_E = [1 + sin\pi \times (E/K \times E_0) - \pi]/2$$

w 为实际土壤水分状况,w_e 为凋萎湿度,w_c 为田间持水量,W_E 为土壤实际蒸发值与相应的草类需水量的比值,E 为土壤实际蒸发值,K 为草类需水系数。

草场生物产量(kg/公顷):用模型计算的潜力值与实测值比较结果,相关系数为 0.902。

草场光能利用率:光能利用率(%)$= Y \times GY/QG$,平均为 0.061%。式中 Y 为产量(kg),QY 为单位产量的量子能需要量,GY 为生长期量子能总能量。

382

脆弱生态环境与可持续发展

4. 草场质量评价

草场质量评价:草场资源的数量评价,是根据不同草场的数量与质量类评定其等级,等表示草场质量的好坏,级表示天然草场产草量的高低(见表7—28、7—29)。草场载畜量与超载情况见表7—30。

表 7—28　果洛州草地等级(%)

等	合计	1 等	2 等	3 等	4 等	5 等		
	100	14.52	64.58	12.43	8.54	0.33		
级	合计	1 级	2 级	3 级	4 级	5 级	6 级	7 级	8 级
	100	0.06	0.88	1.55	21.44	40.38	28.17	7.06	0.46

表 7—29　玉树州草地等级(%)

等	合计	1 等	2 等	3 等	4 等
	100	32.61	46.28	18.42	2.69
级	合计	3 级	4 级	5 级	6 级	7 级
	100	0.27	8.95	44.04	46.72	0.02

表 7—30　各县草场载畜量(%)与超载情况(%)

项目/县名	果洛州	玛沁	玛多	甘德	达日	久治	班玛
载畜量或超载	24.97	17.84	35.19	-4.68	36.09	18.88	14.22
项目/县名	玉树州	玉树	囊谦	称多	治多	杂多	曲麻莱
载畜量或超载	19.50	-14.39	-4.93	27.54	32.29	29.16	12.49

5. 人类生存环境评价

(1)居民点密度:统计青海各县(乡)中单位面积的县、乡、村、牧点数目(青海省统计年鉴,1987~1996)用居民点密度说明人群生存条件受制于自然条件。

(2)气压分布:资料来自青海省气象局(1980)。

(3)各地氧含量:$O_2 = 80.67 \div (273 + t) \times (P - e)$,式中 O_2:含

氧量(克/m³)，t：气温(℃)，P：气压(毫巴)，e：绝对湿度(毫巴)。

(4) 各地沸点温度：沸点温度 t (℃)，用气压高度和沸腾时的饱和水气压构成的公式求出：

$$t = (0.16 \times \log P)/(7.447 - 0.17P)$$

式中，P 为气压(毫巴)。

(5) 国民经济总产值：用国民经济总产值代表经济发展程度，这是各县人群生存质量的重要指标之一。

(6) 风能资源

风能公式：$U = 1/2 \times P \times V^3$

式中，U：风能，P：空气密度，按各地压、温、湿计算：

$$P = 1.293/(1 + 0.00367t) \times (P - 0.378e/760)$$

在无观测资料地区，有经验公式：$P = 1.225e^{0.0001Z}$，其中 P 为对应海拔高度为 Z 的密度。

风能密度：用于估计风能潜力，是垂直于气流单位截面积上的功率，全年平均风能密度为：$u = 1/T \times \int_0^t 1/2 \times p \times V^3 dt$，其中 V 为时刻 t 的风速，T 为全年时间。

(7) 自然灾害：以青南地区春夏旱指标、雪灾、霜冻(青海省气象局，1980) 等进行分析。

雪灾：取决于降雪量多少和地面积雪时间长短，而后者直接与温度高低有关，采用 10 ～ 3 月累计降雪量和积温的离差系数为雪灾指标：

$$S = S_T + S_R$$

式中 S 为雪灾指标，S_T、S_R 分别为降雪量与月平均气温的离差系数。$S > 3.0$ 为一次雪灾年度，$S > 1$，$S = 1$ 为一次严重雪灾年度。青海南部以曲麻莱、清水河、玛多、仁侠姆等站为代表，雪灾出现几率为 13％，严重雪灾为 21％。

霜冻出现几率是 34％，即 3 或 4 年就会发生一次霜冻(王永珍等，1996)。青海南部县(乡)，无霜期除玉树、囊谦外，几乎全部近于零，低温造成本区形成常年永冻区。

脆弱生态环境与可持续发展

表 7—31　模型计算的代表性数据及结果

项目	单位	班玛县	达日县	玛多县	玉树县	杂多县	治多县	囊谦县	曲麻莱县	唐古拉乡
土地面积	万亩	947.77	2522.14	4128.1	2291.55	5941.50	12033.00	1855.05	5786.25	9600
草场面积	万亩	733.27	2227.03	3612.29	1918.94	3753.42	3277.07	1489.94	3725.77	3195.59
太阳总辐射	Mj/m^2	6068.93	6051.32	6473.62	6336	6531	6490	6540	6465	6590
温度系数		0.080	0.045	0.044	0.108	0.101	0.059	0.167	0.045	0.036
水分系数		0.603	0.548	0.346	0.436	0.390	0.500	0.444	0.404	0.251
潜力值	kg/亩	366.8	292.0	176.0	328.0	224.0	213.4	405.0	163.4	81.4
载畜量或超载	%	14.22	36.09	35.19	−14.39	29.16	32.29	−4.93	12.49	
GNP比值		0.586	0.556	0.644	0.832	0.640	0.545	0.903	0.619	
载畜能力	亩/只羊	6.25	8.88	15.1	10.36	14.27	13.99	8.88	22.36	
气压	mb	663.4	627.3	607.8	649.9	619.4	611.2	652.9	607.3	584.1
居民点密度	个居民点/1000km²	5.73	2.66	1.66	11	2.26	0.41	14.08	0.85	0.08
氧气含量	克/m³	194	187	182	185	181	182	193	178	170
生态环境评价等级		1	1	2	1	3	3	1	3	3

（三）结　论

按上述资料与方法计算与分析,生态环境评价计算结果以生态环境评价等级表示,列于表 7—31 之末行。对比青南各县(乡)的生态环境,果洛州东部班玛、久治及玉树州囊谦、玉树县生态环境质量较好,列为第 1 级;称多、玛多等县生态环境质量较恶劣,属第 2 级;治多、曲麻莱县、唐古拉乡的生态环境质量极端恶劣,不易于人类生存、定居。应该说,决定青南地区生态环境质量评价的关键因素还是自然条件,如高程、温度、冻土深度等。

参考文献

1. Lu Changhe: *Breaking the Spiral of Unsustainability: An Exploratory Land Use Study for Ansai, the Loess Plateau of China.* Ph. D. Thesis, Wageningen University, Wageningen, the Netherlands, 2000, p.256.

2. Xiubin Li and Laixiang Sun: *Driving Forces of Arable Land Conversion in China.* Interim Report (IR - 97 - 076 -/Sept) of International Institute for Applied Systems

Analysis. Laxenburg，Austria，1997.

3. 安塞县地方志编纂委员会：《安塞县志》，陕西人民出版社，1993，94～113。

4. 查勇等：《黄土高原水土保持遥感信息综合研究》，中国科学技术出版社，1990。

5. 陈德华：《陕西省安塞县耕地类型图》说明书，中国科学院自然资源综合考察委员会、中国科学院遥感应用研究所、全国高校联合遥感技术应用以及研究中心编：《安塞资源与环境系列图》说明书：黄土高原遥感调查研究，测绘出版社，1998，16～19。

6. 陈隆亨、曲耀光：《河西地区水土资源及其合理开发利用》，科学出版社，1992。

7. 戴加洗：《青藏高原气候》，气象出版社，1990，255～264。

8. 龚家栋："以色列的节水高效农业"，《中国沙漠》，1997，17(1)：83～88。

9. 郭绍礼主编：《晋陕蒙接壤地区环境整治与农业发展研究》，中国科学技术出版社，1995。

10. 黄高宝、胡恒觉、黄鹏："论河西绿洲灌区节水型集约持续农业之发展"，《地域研究与开发》，1996，15(4)：30～36。

11. 黄秉维、陈传康、蔡运龙等："区域持续发展的理论基础—陆地系统科学"，《地理学报》，1996，51(5)：445～453。

12. 江定生主编：《黄土高原水土流失与治理模式》，中国水利水电出版社，1997，第243页。

13. 冷疏影、刘燕华："中国脆弱生态区可持续发展指标体系框架设计"，《中国人口资源与环境》，1999，9(2)：40～45。

14. 李福兴、姚建华：《河西走廊经济发展与环境整治的综合研究》，中国环境科学出版社，1998。

15. 李庆逵："广东、广西初步土壤区划"，《土壤专报》，1958年第33期：21～40。

16. 李树德等："青藏高原的多年冻土"，《青海资源环境与发展研讨会论文集》，气象出版社，1996：2～5。

17. 李玉山："黄土高原土壤水分性质与分区"，《中国科学院西北水土保持所集刊》，1985。

18. 林恒章：《陕西省安塞县地貌类型图》说明书，中国科学院自然资源综合考察委员会、中国科学院遥感应用研究所、全国高校联合遥感技术应用以及研究中心编：《安塞资源与环境系列图》说明书：黄土高原遥感调查研究，测绘出版社，1998：39～42。

19. 刘求实、沈红："区域可持续发展指标体现与评价方法研究"，《中国人口、资源与环境》，1997，7(4)：60～64。

20. 刘恕："对沙漠化农田能转化效率及潜力的分析"，《中国沙漠》，1983，3(4)：23～24。

21. 刘燕华、刘毅、李秀彬："知识经济时代的地理学问题思索"，《地理学报》，1998，53(4)：289～294。

22. 陆甬祥："面向知识经济时代，建设国家创新体系"，《中国科学院企业通讯》，

1998(2):1~6。

23. 罗修岳、张金胜:《陕西省安塞县森林类型图》说明书,见中国科学院自然资源综合考察委员会、中国科学院遥感应用研究所、全国高校联合遥感技术应用以及研究中心编:《安塞资源与环境系列图》说明书:黄土高原遥感调查研究,测绘出版社,1988:20~25。

24. 毛汉英:《人地系统与区域持续发展研究》,中国科学技术出版社,1995:1~10。

25. 毛汉英:"西北地区可持续发展的问题与对策",《地理学报》,1997,16(3):12~22。

26. 莫鼎新等:"广西石山地区自然条件和社会概况",《广西科学院学报》,1989年增刊。

27. 青海省统计局:青海省统计年鉴(1987~1996),中国统计出版社,1996。

28. 青海省综合农业区划编写组:《青海省天然草场类型图》,青海人民出版社,1985。

29. 唐可丽、陈永宗主编:《黄土高原地区土壤侵蚀区域特征及其治理途径》,中国科学技术出版社,1990。

30. 王长耀、关燕宁、郑天和、刘国彬、孙力安:《陕西省安塞县草场类型图》说明书,中国科学院自然资源综合考察委员会、中国科学院遥感应用研究所、全国高校联合遥感技术应用以及研究中心编:《安塞资源与环境系列图》说明书:黄土高原遥感调查研究,测绘出版社,1988:26~29。

31. 王永珍等:"高原环境对人体劳动力的影响",《青海资源环境与发展研讨会论文集》,气象出版社,1996,第209页。

32. 吴应科:"广西石山地区岩溶类型区划及其经济发展模式探讨",《广西科学院学报》,1989年增刊。

33. 熊毅:《中国土壤》,科学出版社,1987。

34. 余刚:《绿色宣言》,中国环境报,1996。

35. 赵存兴主编:《黄土高原地区土地资源》,中国科学技术出版社,1991。

36. 赵名茶:"脆弱生态环境决策支持系统数据库及数学模型的探讨",《生态环境综合整治和恢复技术研究》(第一集),北京科学技术出版社,1993。

37. 赵名茶:"全球 CO_2 倍增对我国自然地域分异及农业生产潜力的影响",《自然资源学报》,1985(2):148~157。

38. 中国科学院《中国自然地理》编委会:《中国自然地理——历史自然地理》,科学出版社,1980。

39. 中国自然资源丛书编委会:《中国自然资源丛书青海卷》,中国环境科学出版社,1996,第284页。

40. 朱震达:《中国土地砂质荒漠化》,科学出版社,1994。

41. 朱震达、刘恕:"关于沙漠化的概念及其发展程度的判断",《中国沙漠》,1984,4(3)。